21世纪高等学校规划教材

SHUZI DIANZI JISHU JICHU

数字电子技术基础

主　编　张星慧　齐　明
副主编　管金华　王凤丽　赵乐森
主　审　姜　华

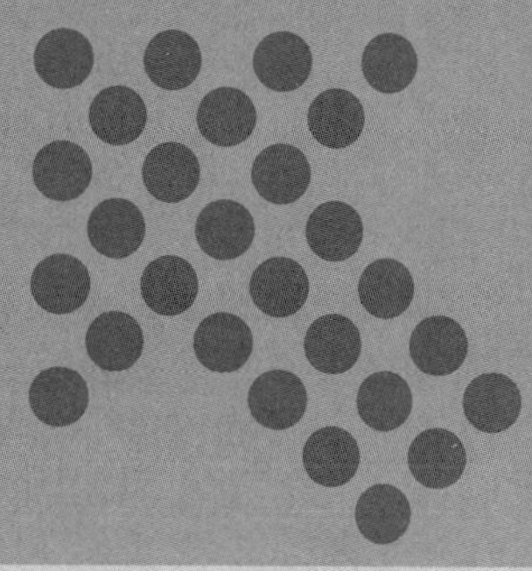

中国电力出版社
CHINA ELECTRIC POWER PRESS

内 容 提 要

本书是根据教育部最新制定的高等院校电子技术课程教学基本要求，结合编者多年的教学实践，为进一步提高学生的综合素质与自主创新能力编写而成。本书语言精练，知识全面，深入浅出，通俗易懂。在保证理论知识够用的同时，注重理论联系实际，培养学生的各方面能力。

全书共分7章，分别是逻辑代数基础、逻辑门电路、组合逻辑电路分析与设计、触发器、时序逻辑电路分析与设计、脉冲信号的产生与整形电路、D/A和A/D转换电路。每章均编有经典例题和习题，章后配有相应的实验题目。教材最后附有习题答案。本教材总学时为54～64（不含实验）。

本书可作为高等院校应用型本科计算机、电子、通信、机电等专业的教材（高职院校可从中选取部分内容讲解），也可作为自学考试和从事电子技术工程人员的自学用书。

图书在版编目（CIP）数据

数字电子技术基础/张星慧，齐明主编．—北京：中国电力出版社，2010.11（2020.7重印）

21世纪高等学校规划教材

ISBN 978-7-5123-0838-1

Ⅰ.①数… Ⅱ.①张…②齐… Ⅲ.①数字电路—电子技术—高等学校—教材 Ⅳ.①TN79

中国版本图书馆CIP数据核字（2010）第175816号

中国电力出版社出版、发行

（北京市东城区北京站西街19号 100005 http：//www.cepp.sgcc.com.cn）

三河市百盛印装有限公司印刷

各地新华书店经售

*

2010年11月第一版 2020年7月北京第七次印刷

787毫米×1092毫米 16开本 18.75印张 455千字

定价**30.00**元

版 权 专 有 侵 权 必 究

本书如有印装质量问题，我社营销中心负责退换

前　言

数字电子技术是高等院校计算机、电子、通信、机电以及一些非电类专业的一门技术性基础课程。通过本课程的学习可以使学生获得数字电子技术的基本理论和基本技能。

本书在编写过程中，以应用型人才培养目标为依据，结合笔者多年工程实践经验，紧紧抓住该技术基础课程的特点，突出课程本身的基础性和实践性，给出了一些深入浅出的练习题目，理论与实践紧密结合，注重技能培养。我们编写的宗旨是：

（1）以基本要求为依据，以够用、实用为尺度，对传统内容进行了处理，精简了不必要的理论讲解与推导，重点放在对知识应用性的介绍。

（2）精选内容，主次分明，详略得当。

（3）考虑到集成电路的发展及应用，本书大幅度压缩分立元件电路的设计和其他次要的内容，加强以集成电路为主的数字集成电路的功能和应用。

（4）为了便于读者掌握数字电子技术的基础知识和电子电路的识图技能，本书在编写中以实用电路为主线，将必要的基础知识与电子实用电路融为一体，使读者能在识图中掌握电子技术的基础知识和电子器件的基本性能，并把其应用到电子电路的设计和制作中。

（5）教材编写注意将培养学生能力的要求贯穿于整个教学中。本教材通过教学目标、教学要求以及例题、习题、实验等多种途径帮助学生建立本课程学习的正确思路，抓住重点，明确思路，真正从“应用”这个角度加强对知识的掌握。

本书由张星慧、齐明担任主编，管金华、王凤丽、赵乐森担任副主编。由姜华担任主审。此外，参加本书编写工作的还有解立明、盖君清、王维兰、刘均波、张虹、李秋潭、刘磊、王宇晓、纪官燚、郑建军、齐丽丽、张淑玲。

编写过程中，由于时间仓促，加之水平有限，书中错误和不妥之处在所难免，敬请各方面的读者予以批评指正，以便今后不断改进。

编　者

2009 年 7 月

目　录

第1章 逻辑代数基础

内容提要

(1) 常用数制及其转换；
(2) 码制及常用代码；
(3) 逻辑运算及逻辑函数的表示方法；
(4) 逻辑代数的基本定律和规则；
(5) 逻辑函数的公式化简法及卡诺图化简法。

1.1 数字电路概述

1.1.1 模拟信号和数字信号

在自然界中有形形色色的物理量，尽管它们的性质各异，但就其变化规律的特点而言，不外乎有两大类：模拟信号和数字信号。

1. 模拟信号

模拟信号是指时间和数值上都是连续变化的信号，它具有无穷多的数值，其数学表达式也较复杂，如正弦函数、指数函数等。如图1-1（a）所示为典型的模拟信号。

人们从自然界感知的许多物理量均属于模拟性质的，如速度、压力、声音、温度等。在工程技术上，为了便于分析，常用传感器将模拟量转换为电流、电压或电阻等电量，以便用电路进行分析和处理。传输、处理模拟信号的电路称为模拟电子线路，简称模拟电路。在模拟电路中主要关心输入、输出信号间的大小、相位、失真等方面的问题。

2. 数字信号

电子系统中一般均含有模拟和数字两种构件。模拟电路是系统中必需的组成部分。但是，数字电路便于存储、分析或传输信号，更具优越性。

数字信号是指时间和数值上都不连续变化的信号，即数字信号具有离散性，如图1-1（b）所示。交通信号灯控制电路、智力竞赛抢答电路，以及计算机键盘输入电路中的信号，

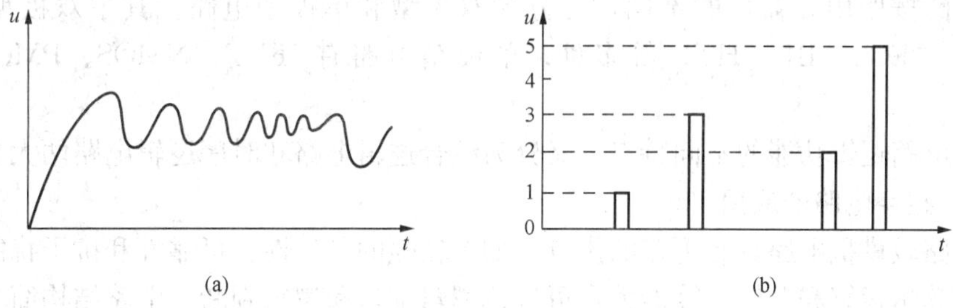

图1-1 模拟信号与数字信号

（a）模拟信号；（b）数字信号

都是数字信号。对数字信号进行传输、处理的电子线路称为数字电子线路，简称数字电路。在数字电路中主要关心输入、输出之间的逻辑关系。

1.1.2 数字电路的特点

(1) 数字电路中的工作信号是不连续的数字信号，反映在电路上只有高电平和低电平两种状态，因此在分析数字电路时采用二进制数码 0 和 1 来表示电路中的高、低两种电平状态。

(2) 与模拟电路相同，数字电路也是由半导体器件如二极管、三极管、场效应管组成，但不同电路中器件的工作状态不同。数字电路在稳态情况下，半导体器件工作于开、关状态，这种开关状态是利用器件的导通和截止来实现的，器件的导通和截止反映在电路上就是电流的有无、电压的高低，这种有和无、高和低相对立的两种状态，正好可用二进制数码 0 和 1 来表示。因此，数字电路中的信号采用的是二进制表示，二进制数码 0 和 1 在此只代表两种不同的状态，没有数量的大小。例如，用 0 和 1 分别表示一件事的是与非、真与假，一盏灯的亮与灭，一个开关的开通与断开等。

(3) 数字电路对元件的精度要求不高，允许有较大的误差，只要在工作时能够可靠地区分 0 和 1 两种状态就可以了。因此，数字电路便于集成化、系列化生产。它具有使用方便、可靠性高、价格低廉等特点。

(4) 与模拟电路不同，数字电路讨论的是输入与输出之间抽象的逻辑关系，使用的主要方法是逻辑分析和逻辑设计，主要工具是逻辑代数，所以数字电路又称逻辑电路。

(5) 数字电路能够对数字信号进行各种逻辑运算和算术运算，因此广泛应用于数控装置、智能仪表以及计算机中。

1.1.3 数字电路的分类

数字电路按其组成的结构不同可分为分立元件电路和集成电路两大类。分立元件电路是最基本的电路，它是由二极管、三极管、电阻、电容等元器件组成，并且所有元件都裸露在外，没有封装。随着集成电路的飞速发展，分立元件电路已逐步被取代，集成电路按集成度的大小分为小规模集成电路（SSI，集成度为 1～10 门/片）、中规模集成电路（MSI，集成度为 10～100 门/片）、大规模集成电路（LSI，集成度为 100～1000 门/片）、超大规模集成电路（VLSI，集成度大于 1000 门/片）。集成电路从应用的角度可分为通用型和专用型两大类，通用型是已被定型的标准化、系列化的产品，适用于不同的数字设备；专用型是指为某种特殊用途专门设计，具有特定的复杂而完整功能的功能块型产品，只适用于专用的数字设备。

数字电路按所用元器件的不同，可分为双极型和单极型电路。其中双极型电路又有 TTL、DTL、ECL、IIL、HTL 等多种；单极型电路有 JFET、NMOS、PMOS、CMOS 四种。

按数字电路逻辑功能的不同特点，又分为组合逻辑电路和时序逻辑电路两大类。

1.1.4 数字电路的应用

数字电路较模拟电路具有更多的优点，如有较强的稳定性、可靠性和抗干扰能力，精度较高，具有算术运算和逻辑运算能力，可进行逻辑推理和逻辑判断，电路结构简单，便于制造和集成等。因此，数字电路的应用领域越来越广泛。

在数字通信系统中，可以用若干个 0 和 1 编成各种代码，分别代表不同的含义，用以实现信息的传送。

利用数字电路的逻辑推理和判断功能，可以设计出各式各样的数控装置，用来实现对生产和过程的自动控制。其工作过程是：首先用传感器在现场采集受控对象的数据，求出它们与设定数据的偏差，接着由数字电路进行计算、判断，然后产生相应的控制信号，驱动伺服装置对受控对象进行控制或调整。这样不仅能通过连续监控提高生产的安全性和自动化水平，同时也提高了产品的质量，降低了成本，减轻了劳动强度。

在数字电子技术基础上发展起来的数字电子计算机，是当代科学技术最杰出的成就之一。今天，电子计算机不仅成了近代自动控制系统中不可缺少的一个重要组成部分，而且已经渗透到了国民经济和人民生活的各个领域，成为人们工作、生活、学习不可或缺的重要组成部分，并在许多方面产生了根本性的变革。尤其是计算机网络技术的飞速发展，使人们获取信息、享受网络服务更为便捷。

然而，数字电路的应用也具有它的局限性。前面已提到，在自动控制和测量系统中，被控制和被测量的对象往往是一些连续变化的物理量，即模拟信号，而模拟信号不能直接为数字电路所接收，这就给数字电路的使用带来很大的不便。为了用数字电路处理这些模拟信号，必须用专门的电路将它们转换为数字信号（称为模—数转换）；而经数字电路分析、处理输出的数字量往往还要通过专门的电路转换成相应的模拟信号（称为数—模转换）才能为执行机构所接收。这样一来，不但导致了整个设备的复杂化，而且也使信号的精度受到影响，数字电路本身可以达到的高精度也因此失去了意义。因此，在使用数字电路时，应具体情况具体分析，以便于操作、提高生产效率为目的。

1.2 数　　制

数制即计数体制，它是按照一定规则表示数值大小的计数方法。日常生活中最常用的计数体制是十进制，数字电路中常用的是二进制，有时也采用八进制和十六进制。对于任何一个数，可以用不同的进制来表示。

1.2.1 各种数制

1. 十进制（Decimal）

十进制是我们最常使用的数制。在十进制中，共有 0～9 十个数码，所以它的运算规则是“逢十进一，借一当十”，故为十进制；同一数字符号在不同的数位代表的数值不同。设某十进制数 N_{10} 有 n 位整数，m 位小数，则可表示为

$$N_{10} = \sum_{i=-m}^{n-1} k_i 10^{i-1} \tag{1 - 1}$$

其中 k_i 为第 i 位的系数，可取 0，1，2，3，…，9；10^{i-1} 为第 i 位的权；10 为进位基数，基数和权是进位制的两个要素，利用基数和权，可以将任何一个数表示成多项式的形式。例如，十进制数 509.67 可表示成

$$(509.67)_{10} = 5\times10^2 + 0\times10^1 + 9\times10^0 + 6\times10^{-1} + 7\times10^{-2}$$

这种表示方法称为多项式表示法或按权展开式。

2. 二进制（Binary）

在数字电路中，应用最广的是二进制。二进制数中只有 0、1 两个数字符号，所以运算

规则是“逢二进一，借一当二”，各位的权为 2^{i-1}，k_i 为第 i 位的系数，设某二进制数 N_2 有 n 位整数，m 位小数，则可表示为

$$N_2 = \sum_{i=-m}^{n-1} k_i 2^{i-1} \tag{1-2}$$

利用式（1-2）可以将任何一个二进制数转换为十进制数。

【例 1-1】 将二进制数 1101.11 转换为十进制数。

解 $(1101.11)_2 = 1\times 2^3 + 1\times 2^2 + 0\times 2^1 + 1\times 2^0 + 1\times 2^{-1} + 1\times 2^{-2} = (13.75)_{10}$

计算机内采用的是二进制表示法，采用二进制具有以下优点：

(1) 二进制只有 0 和 1 两个代码，因此，在数字系统中，可用电子器件的两种不同状态来表示这两个代码，实现起来非常方便。例如，用晶体管的导通和截止来表示 0 和 1，或用低电平和高电平来表示 0 和 1 等。所以，二进制数的物理实现简单、易行、可靠，并且存储和传送也方便。

(2) 二进制运算规则简单，有利于简化计算机的内部结构，提高运算速度。

二进制数的缺点是书写位数太多，不便于记忆，为此数字系统通常用八进制和十六进制。

3. 八进制（Octal）

八进制有 0、1、2、3、4、5、6、7 八个数码，基数为 8，它的运算规则是“逢八进一，借一当八”。任意一个八进制数 N_8 可表示为

$$N_8 = \sum_{i=-m}^{n-1} k_i 8^{i-1} \tag{1-3}$$

利用式（1-3）可将任意一个八进制数转换为十进制数。

【例 1-2】 将八进制数 372.5 转换为十进制数。

解 $(372.5)_8 = 3\times 8^2 + 7\times 8^1 + 2\times 8^0 + 5\times 8^{-1} = (250.625)_{10}$

4. 十六进制（Hexadecimal）

十六进制数采用十六个数码，而且“逢十六进一，借一当十六”。这十六个数码是 0、1、2、3、4、5、6、7、8、9、A（对应于十进制数中的 10）、B(11)、C(12)、D(13)、E(14)、F(15)。十六进制数的基数是 16，仿照式（1-1），任一十六进制数 N_{16} 可表示为

$$N_{16} = \sum_{i=-m}^{n-1} k_i 16^{i-1} \tag{1-4}$$

利用式（1-4）可将任意一个十六进制数转换为十进制数。

【例 1-3】 将十六进制数 4E6.B7 转换为十进制数（小数取 3 位）。

解 $(4E6.B7)_{16} = 4\times 16^2 + 14\times 16^1 + 6\times 16^0 + 11\times 16^{-1} + 7\times 16^{-2}$

$\approx (1255.563)_{10}$

上面几个例题说明，当把二进制、八进制、十六进制数转换为十进制时，先按权展开为多项式，然后按十进制数进行计算，结果便是十进制数。在转换过程中要注意各位权的幂不要写错，系数为 0 的那些项可以不写。

十进制数（Decimal）、二进制数（Binary）、八进制数（Octal）、十六进制数（Hexadecimal）也常采用第一个字母 D、B、O、H 作为其标识，加在数的后面。

例如，$(F58.B2)_{16}$ 可写成 F58.B2H，还可写成 $(F58.B2)_H$。

二进制数与八进制数、十进制数、十六进制数之间的对应关系如表 1-1 所列。

表 1-1　二进制数与八进制数、十进制数、十六进制数之间的对应关系

十进制数	二进制数	八进制数	十六进制数	十进制数	二进制数	八进制数	十六进制数
0	0	0	0	9	1001	11	9
1	1	1	1	10	1010	12	A
2	10	2	2	11	1011	13	B
3	11	3	3	12	1100	14	C
4	100	4	4	13	1101	15	D
5	101	5	5	14	1110	16	E
6	110	6	6	15	1111	17	F
7	111	7	7	16	10000	20	10
8	1000	10	8				

1.2.2 数制转换

人们习惯用十进制，但送入机器时，必须将十进制数转换成数字系统能识别的二进制数。用二进制表示一个比较大的数时，位数较长不容易读写和记忆，这时常采用八进制和十六进制作为二进制的缩写。因此，务必要熟练掌握不同数制之间的转换。

1. 十进制数转换成非十进制数

（1）十进制转换成二进制。

整数部分：用除 2 取余的方法进行转换，转换结果为“先余为低，后余为高”。

小数部分：用乘 2 取整的方法进行转换，转换结果为“先整为高，后整为低”。

【例 1-4】 将 $(38.125)_{10}$ 转换成二进制。

解 整数部分

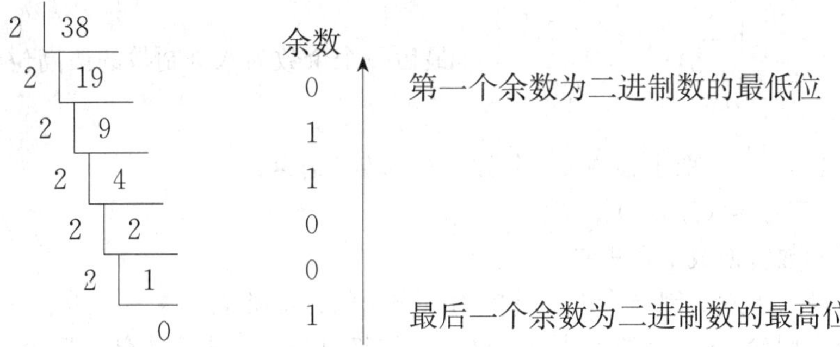

小数部分

0.125×2=0.250　　取出整数 0　　第一个整数为二进制数的最高位

0.250×2=0.50　　取出整数 0

0.50×2=1.00　　取出整数 1　　最后一个整数为二进制数的最低位

所以有：$(38.125)_{10} = (100110.001)_2$

【例 1-5】 把十进制小数 0.39 转换成二进制小数。

①要求误差不大于 2^{-7}。

②要求误差不大于 0.2%。

解 ①要求误差不大于 2^{-7}，只需保留至小数点后 7 位，计算过程如下：

$$0.39\times2=0.78\cdots\cdots0$$

$$0.78\times2=1.56\cdots\cdots1$$
$$0.56\times2=1.12\cdots\cdots1$$
$$0.12\times2=0.24\cdots\cdots0$$
$$0.24\times2=0.48\cdots\cdots0$$
$$0.48\times2=0.96\cdots\cdots0$$
$$0.96\times2=1.92\cdots\cdots1$$

因此，$(0.39)_{10}\approx(0.0110001)_2$

②由于$\frac{1}{2^9}=\frac{1}{512}<0.2\%$，因此要求误差不大于0.2%，只需保留至小数点后9位。

接（1）的计算过程有：

$$0.92\times2=1.84\cdots\cdots1$$
$$0.84\times2=1.68\cdots\cdots1$$

因此，$(0.39)_{10}\approx(0.011000111)_2$

（2）十进制数转换成八进制。

十进制转换为八进制与十进制转换为二进制的方法类似。

整数部分：用除8取余的方法进行转换，转换结果为“先余为低，后余为高”。

小数部分：用乘8取整的方法进行转换，转换结果为“先整为高，后整为低”。

【例1-6】 将$(84.5)_{10}$转换成八进制。

解 整数部分

除数	被除数/商	余数	
8	84		
8	10	4	第一个余数为八进制数的最低位
8	1	2	↑
	0	1	最后一个余数为八进制数的最高位

小数部分

$0.5\times8=4.0$ 取出整数4，余数为0，转换结束。

综上可得：$(84.5)_{10}=(124.4)_8$

（3）十进制数转换成十六进制。

十进制转换为十六进制与十进制转换为二进制的方法类似。

整数部分：用除16取余的方法进行转换，转换结果为“先余为低，后余为高”；

小数部分：用乘16取整的方法进行转换，转换结果为“先整为高，后整为低”。

【例1-7】 将$(1002.45)_{10}$转换成十六进制。

解 整数部分

除数	被除数/商	余数	
16	1002		
16	62	10	第一个余数为十六进制数的最低位
16	3	14	↑
	0	3	最后一个余数为十六进制数的最高位

小数部分

$$0.45\times16=7.20\cdots\cdots7$$

$$0.20\times16=3.20\cdots\cdots3$$

$$0.20\times16=3.20\cdots\cdots3$$

$$0.20\times16=3.20\cdots\cdots3$$

得到：$(1002.45)_{10}\approx(3EA.7333)_{16}$

因此，转换误差校核为整数、小数两部分。又因为整数部分无误差，小数部分误差校核为：

$$(0.45)_{10}=7\times16^{-1}+3\times16^{-2}+3\times16^{-3}+3\times16^{-4}=0.449\ 997$$

可以看出，从二进制、八进制、十六进制转换为十进制，或十进制整数转换为二进制，都能做到完全准确。但把十进制小数转换为其他进制小数时，除少数可以完全准确外，大多数会存在误差，这时就要根据精度的要求进行“四舍五入”。

2. 二进制数与八进制数之间的转换

由于1位八进制数有0～7八个数码，3位二进制数正好有000～111八种组合，它们之间有以下简单的对应关系

八进制数	0	1	2	3	4	5	6	7
二进制数	000	001	010	011	100	101	110	111

利用这种对应关系，可以很方便地在八进制数与二进制数之间进行转换。

将二进制数转换为八进制数的方法是：以小数点为界，将二进制数的整数部分从低位开始，小数部分从高位开始，每3位分成一组，头尾不足3位的补0，然后将每组3位二进制数转换为1位八进制数。

【例1-8】 将$(10111010011.01011)_2$转换成八进制。

解

010	111	010	011	.	010	110
2	7	2	3	.	2	4

所以，$(10111010011.01011)_2=(2723.24)_8$

将八进制转换为二进制，只要将每1位八进制用3位二进制数表示即可。

【例1-9】 将$(3274.65)_8$转换成二进制。

解

3	2	7	4	.	6	5
011	010	111	100	.	110	101

所以，$(3274.65)_8=(011010111100.110101)_2$

3. 二进制数与十六进制数之间的转换

由于1位十六进制数有16个代码，而4位二进制数正好有0000～1111十六种组合，它们之间也存在简单的对应关系。利用这种对应关系，可以很方便地在十六进制数与二进制数之间进行转换。转换方法与二、八进制数的转换类似，只是将二进制数中3位一组改为4位一组。

【例1-10】 将二进制数$(11010111010.011101)_2$转换成十六进制数。

解

0110	1011	1010	.	0111	0100
6	B	A	.	7	4

所以，$(11010111010.011101)_2=(6BA.74)_{16}$

【例1-11】 将十六进制数$(94E.B0C)_{16}$转换成二进制数。

解

9	4	E	.	B	0	C
1001	0100	1110	.	1011	0000	1100

所以，$(94E.B0C)_{16}=(100101001110.101100001100)_2$

4. 其他进制数转换成十进制数

将其他进制数转换成十进制数时，只要将该数写成按权展开式，然后将各项相加求出最终结果即可，此处不再赘述。

1.2.3 二进制正、负数的表示法

在十进制数中，可以在数字前面加上“+”、“−”号来表示正、负数，显然数字电路不能直接识别“+”、“−”号。因此，在数字电路中把一个数的最高位作为符号位，并用0表示“+”号，用1表示“−”号，像这样的符号也数码化的二进制数称为机器数。原来带有“+”、“−”号的数称为真值。例如：

十进制数	+67	−67
二进制数（真值）	+1000011	−1000011
计算机内（机器数）	01000011	11000011

通常，二进制正、负数（机器数）有3种表示方法：原码、反码和补码。

1. 原码

用首位表示数的符号，0表示正，1表示负，其他位则为数的真值的绝对值，这样表示的数就是数的原码。

【例1-12】 求$(+105)_{10}$和$(-105)_{10}$的原码。

解
$$[(+105)_{10}]_{原}=[(+1101001)_2]_{原}=(01101001)_2$$
$$[(-105)_{10}]_{原}=[(-1101001)_2]_{原}=(11101001)_2$$

0的原码有两种，即
$$[+0]_{原}=(00000000)_2$$
$$[-0]_{原}=(10000000)_2$$

原码简单易懂，与真值转换起来很方便。但若是两个异号的数相加或两个同号的数相减就要做减法，做减法就必须判别这两个数哪一个绝对值大，用绝对值大的数减去绝对值小的数，运算结果的符号就是绝对值大的那个数的符号，这样操作比较麻烦，运算的逻辑电路也较难实现。于是，为了将加法和减法运算统一成只做加法运算，就引入了反码和补码。

2. 反码

反码用得较少，它只是求补码的一种过渡。

正数的反码与其原码相同，负数的反码是这样求的：先求出该负数的原码，然后原码的符号位不变，其余各位按位取反，即0变1，1变0。

【例1-13】 求$(+65)_{10}$和$(-65)_{10}$的反码。

解 $[(+65)_{10}]_{原}=(01000001)_2$ $[(-65)_{10}]_{原}=(11000001)_2$

则 $[(+65)_{10}]_{反}=(01000001)_2$ $[(-65)_{10}]_{反}=(10111110)_2$

很容易验证：一个数的反码的反码就是这个数本身。

3. 补码

正数的补码与其原码相同，负数的补码是它的反码加1。

【例1-14】 求$(+63)_{10}$和$(-63)_{10}$的补码。

解 $[(+63)_{10}]_{原}=(00111111)_2$ $[(+63)_{10}]_{反}=(00111111)_2$

则 $$[(+63)_{10}]_{补}=(00111111)_2$$

$$[(-63)_{10}]_{原}=(10111111)_2 \qquad [(-63)_{10}]_{反}=(11000000)_2$$

则 $$[(-63)_{10}]_{补}=(11000001)_2$$

同样可以验证：一个数的补码的补码就是其原码。

引入了补码以后，两个数的加、减法运算就可以统一用加法运算来实现，此时两数的符号位也当成数值直接参加运算，并且有这样一个结论：两数和的补码等于两数补码的和。所以在数字系统中一般用补码来表示带符号的数。

【例 1-15】 用二进制补码运算求出 14+10、14−10、−14+10 和−14−10。

解 由于 14+10 和−14−10 的绝对值为 24，所以必须用有效数字为 5 位的二进制数才能表示，再加上一位符号位，就得到 6 位的二进制补码。

根据前述计算补码的方法可知，+14 的二进制补码应为 001110（最高位为符号位），−14的二进制补码为 110010，+10 的二进制补码为 001010，−10 的二进制补码为 110110。计算结果分别为

$$\begin{array}{rr} +14 & 0\ \ 01110 \\ +10 & 0\ \ 01010 \\ \hline +24 & 0\ \ 11000 \end{array} \qquad \begin{array}{rr} +14 & 0\ \ 01110 \\ -10 & 1\ \ 10110 \\ \hline +4 & (1)\ 0\ \ 00100 \end{array}$$

$$\begin{array}{rr} -14 & 1\ \ 10010 \\ +10 & 0\ \ 01010 \\ \hline -4 & 1\ \ 11100 \end{array} \qquad \begin{array}{rr} -14 & 1\ \ 10010 \\ -10 & 1\ \ 10110 \\ \hline -24 & (1)\ 1\ \ 01000 \end{array}$$

从例 1-15 可以看出，若将两个加数的符号位和来自最高有效数字位的进位相加，得到的结果（舍弃产生的进位）就是和的符号。

需要指出的是，在两个同符号数相加时，它们的绝对值之和不可超过有效数字位所能表示的最大值，否则会得出错误的计算结果。

1.3 码制和常用代码

在数字设备中，任何数据和信息都要用二进制代码表示。二进制中只有两个符号：0 和 1。例如，对于 n 位二进制数，它有 2^n 种不同的组合，即可以代表 2^n 种不同的信息。指定用某一二进制代码组合去代表某一信息的过程叫编码。由于这种指定是任意的，所以存在多种多样的编码方案。本节介绍几种常用的编码。

1.3.1 二—十进制编码（BCD 码）

二—十进制编码是一种用 4 位二进制代码表示 1 位十进制数的编码，简称 BCD（Binary Coded Decimal）码。1 位十进制数有 0～9 十个数码，而 4 位二进制数有 16 种组态，指定其中的任意 10 种组态来表示十进制的 10 个数，因此 BCD 编码方案有很多，常用的有 8421 码、余 3 码、2421 码、5421 码等，如表 1-2 所列。

表 1-2 所列各种 BCD 码中，8421 码、2421 码和 5421 码都属于有权码，而余 3 码属于无权码。

表 1-2 几种常见的BCD码

十进制数 \ 编码种类	8421码	余3码	2421码	5421码
0	0 0 0 0	0 0 1 1	0 0 0 0	0 0 0 0
1	0 0 0 1	0 1 0 0	0 0 0 1	0 0 0 1
2	0 0 1 0	0 1 0 1	0 0 1 0	0 0 1 0
3	0 0 1 1	0 1 1 0	0 0 1 1	0 0 1 1
4	0 1 0 0	0 1 1 1	0 1 0 0	0 1 0 0
5	0 1 0 1	1 0 0 0	1 0 1 1	1 0 0 0
6	0 1 1 0	1 0 0 1	1 1 0 0	1 0 0 1
7	0 1 1 1	1 0 1 0	1 1 0 1	1 0 1 0
8	1 0 0 0	1 0 1 1	1 1 1 0	1 0 1 1
9	1 0 0 1	1 1 0 0	1 1 1 1	1 1 0 0
权	8 4 2 1		2 4 2 1	5 4 2 1

1. 8421BCD 码

8421BCD 码是最常用的一种 BCD 码，它和自然二进制码的组成相似，4 位的权值从高到低依次是 8、4、2、1。但不同的是，它只选取了 4 位自然二进制码 16 个组合中的前 10 个组合，即 0000～1001，分别用来表示 0～9 十个十进制数，称为有效码，剩下的 6 个组合 1010～1111 没有采用，称为无效码。8421BCD 码与十进制数之间的转换只需直接按位转换即可。例如

$$(509.37)_{10}=(0101\quad 0000\quad 1001.0011\quad 0111)_{8421BCD}$$

$$(0111\quad 0100\quad 1000.0001\quad 0110)_{8421BCD}=(748.16)_{10}$$

2. 余 3 码

余 3 码由 8421 码加 3（0011）得到，或者说是选取了 4 位自然二进制码 16 个组合中的中间 10 个，而舍弃头、尾 3 个组合而形成。

余 3 码也常用于 BCD 码的运算电路中。若将两个余 3 码相加，其和将比所表示的十进制数及所对应的二进制数多 6，当和为 10 时，正好等于二进制数的 16，于是便从高位自动产生进位信号。一个十进制数用余 3 码表示时，只要按位表示成余 3 码即可。例如

$$(85.93)_{10}=(1011\quad 1000.1100\quad 0110)_{余3BCD}$$

3. 2421BCD 码和 5421BCD 码

2421BCD 码和 5421BCD 码都是有权码，从高位到低位的权值依次为：2、4、2、1 和 5、4、2、1，这两种码的编码方案都不是唯一的，表 1-2 中给出的是其中一种方案。

2421BCD 码在进行运算时，也具有和余 3 码类似的特点。

5421BCD 码较明显的一个特点是：最高位连续 5 个 0 后又连续 5 个 1。若计数器采用该种代码进行编码，在最高位可产生对称方波输出。

【例 1-16】 分别用 8421BCD 码、5421BCD 码、余 3 BCD 码代换下列十进制数。

（1）$(23)_{10}$；（2）$(605)_{10}$。

解 （1）$(23)_{10}=(0010\ 0011)_{8421BCD}$

$(23)_{10}=(0010\ 0011)_{5421BCD}$

$(23)_{10} = (0101\ 0110)_{余3BCD}$

(2) $(605)_{10} = (0110\ 0000\ 0101)_{8421BCD}$

$(605)_{10} = (1001\ 0000\ 1000)_{5421BCD}$

$(605)_{10} = (1001\ 0011\ 1000)_{余3BCD}$

1.3.2 可靠性编码

代码在产生和传输的过程中，难免会发生错误，为减少错误的发生，或者在发生错误时能迅速地发现和纠正，在工程应用中普遍采用了可靠性编码。利用该技术编出的代码叫可靠性代码，格雷码和奇偶校验码是其中最常用的两种。

1. 格雷码

格雷码有多种编码形式，但所有格雷码都有两个显著的特点：一是相邻性，二是循环性。相邻性是指任意两个相邻的代码间仅有1位的状态不同；循环性是指首尾的两个代码也具有相邻性。因此，格雷码也称循环码。表1-3列出了典型的格雷码与十进制码及二进制码的对应关系。

表1-3　典型格雷码与十进制码及二进制码的对应关系

十进制码	二进制码	格雷码	十进制码	二进制码	格雷码
0	0000	0000	8	1000	1100
1	0001	0001	9	1001	1101
2	0010	0011	10	1010	1111
3	0011	0010	11	1011	1110
4	0100	0110	12	1100	1010
5	0101	0111	13	1101	1011
6	0110	0101	14	1110	1001
7	0111	0100	15	1111	1000

由于格雷码具有以上特点，因此时序电路中采用格雷码编码时，能防止波形出现“毛刺”，并可提高工作速度。这是因为，其他编码方法表示的数码，在递增或递减过程中可能发生多位数码的变化。例如，8421BCD码表示的十进制数，从7（0111）递增到8（1000）时，4位数码均发生了变化。但事实上数字电路（如计数器）的各位输出不可能完全同时变化，这样在变化过程中就可能出现其他代码，造成严重错误。如第1位先变为1，然后再其他位变为0，就会出现从0111变到1111的错误。而格雷码由于其任何两个代码（包括首尾两个）之间仅有1位状态不同，所以用格雷码表示的数在递增或递减过程中不易产生差错。

2. 奇偶校验码

数码在传输、处理过程中，难免发生一些错误，即有的1错成0，有的0错成1。奇偶校验码是一种能够检验出这种差错的可靠性编码。

奇偶校验码由信息位和校验位两部分组成，信息位是要传输的原始信息，校验位是根据规定算法求得并添加在信息位后的冗余位。奇偶校验码分奇校验和偶校验两种。以奇校验为例，校验位产生的规则是：若信息位中有奇数个1，校验位为0，若信息位中有偶数个1，校验位为1。偶校验正好相反。也就是说，通过调节校验位的0或1使传输出去的代码中1的个数恒为奇数或偶数。

接收方对收到的加有校验位的代码进行校验。信息位和校验位中1的个数的奇偶性符合约定的规则，则认为信息没有发生差错，否则可以确定信息已经出错。

表 1 - 4 所列为 8421BCD 码的奇校验码和偶校验码。

这种奇偶校验只能发现错误，但不能确定是哪一位出错，而且只能发现代码的一位出错，不能发现两位或更多位出错。但由于其实现起来较容易，信息传送效率也高，而且由于两位或两位以上出错的几率相当小，所以奇偶校验码用来检测代码在传送过程中的出错是相当有效的，被广泛应用于数字系统中。

奇偶校验码只能发现一位出错，但不能定位错误，因而也就不能纠错。汉明校验码就是一种既能发现错误又能定位错误的可靠性编码，汉明校验的基础是奇偶校验，可以看成是多重的奇偶校验码。

表 1 - 4　　8421BCD 码的奇校验码和偶校验码

十进制数	奇校验码		偶校验码	
	信息位	校验位	信息位	校验位
0	0000	1	0000	0
1	0001	0	0001	1
2	0010	0	0010	1
3	0011	1	0011	0
4	0100	0	0100	1
5	0101	1	0101	0
6	0110	1	0110	0
7	0111	0	0111	1
8	1000	0	1000	1
9	1001	1	1001	0

1.3.3　字符码

字符码是对字母、符号等编码的代码。目前使用比较广泛的是 ASCII 码，它是美国信息交换标准码（American Standard Code for Information Interchange）的简称。ASCII 码用 7 位二进制数编码，可以表示 2^7（128 个）字符，其中 95 个可打印字符，33 个不可打印和显示的控制字符，如表 1 - 5 所列。

表 1 - 5　　标准 ASCII 码表

$B_3B_2B_1B_0$ \ $B_6B_5B_4$		0	1	2	3	4	5	6	7
		000	001	010	011	100	101	110	111
0	0000	NUL	DLE	SP	0	@	P	′	p
1	0001	SOH	DC1	!	1	A	Q	a	q
2	0010	STX	DC2	″	2	B	R	b	r
3	0011	ETX	DC3	＃	3	C	S	c	s
4	0100	EOT	DC4	$	4	D	T	d	t
5	0101	ENG	NAK	%	5	E	U	e	u
6	0110	ACK	SYN	&	6	F	V	f	v

续表

$B_3B_2B_1B_0$ \ $B_6B_5B_4$		0	1	2	3	4	5	6	7
		000	001	010	011	100	101	110	111
7	0111	BEL	ETB	'	7	G	W	g	w
8	1000	BS	CAN	(	8	H	X	h	x
9	1001	HT	EM	)	9	I	Y	i	y
A	1010	LF	SUB	*	:	J	Z	j	z
B	1011	VT	ESC	+	;	K	[	k	{
C	1100	FF	FS	,	<	L	\	l	|
D	1101	CR	GS	-	=	M	]	m	}
E	1110	SO	RS	.	>	N	∧	n	~
F	1111	SI	VS	/	?	O	_	o	DEL

由表1-5可以看出，数字和英文字母都是按顺序排列的，只要知道其中一个数字或字母的ASCII码，就可以求出其他数字或字母的ASCII码。具体特点为：数字0～9的ASCII码表示成十六进制数为30H～39H，即任一数字字符的ASCII码等于该数字值加上+30H；字母的ASCII码中，小写字母a～z的ASCII码表示成十六进制数为61H～7AH，而大写字母A～Z的ASCII码表示成十六进制数为41H～5AH，同一字母的大小写其ASCII码不同，且小写字母的ASCII码比大写字母的ASCII码大20H。

为了使用更多的字符，大部分系统采用扩充的ASCII码。扩充ASCII码用8位二进制数编码，共可表示256($2^8=256$)个符号。其中编码范围在00000000～01111111之间的编码所对应的符号与标准ASCII码相同，而10000000～11111111之间的编码则定义了另外128个图形符号。

1.4 逻辑代数

1.4.1 逻辑变量与逻辑函数

1849年，英国数学家乔治·布尔（George Boole）首先提出了描述客观事物逻辑关系的数学方法——布尔代数。因为布尔代数广泛地用于解决开关电路及数字逻辑电路的分析设计上，故又把布尔代数称为开关代数或逻辑代数。值得注意的是，逻辑代数与数学中的普通代数是不同的，尽管有些运算在形式上是一样的，但其含义不同，在学习过程中，一定要加以区别。

逻辑代数中，也用字母来表示变量，这种变量叫做逻辑变量。逻辑变量的取值只有0和1，这里的0和1不再表示数量的大小，只表示两种不同的逻辑状态，如是和非、开和关、高和低等。

在研究事件的因果关系时，决定事件变化的因素称为逻辑自变量，对应事件的结果称为逻辑因变量，也叫逻辑结果，以某种形式表示逻辑自变量与逻辑结果之间的函数关系称为逻辑函数。例如，当逻辑自变量A，B，C，D，…的取值确定后，逻辑因变量Y的取值也就唯一确定了，则称F是A，B，C，D，…的逻辑函数。记为

$$Y=F(A,B,C,D,\cdots)$$

在数字系统中，逻辑自变量通常就是输入信号变量，逻辑因变量（即逻辑结果）就是输出信号变量。数字电路讨论的重点就是输出变量与输入变量之间的逻辑关系。

1.4.2 基本逻辑运算

逻辑代数中有3种基本的逻辑关系，即与逻辑关系、或逻辑关系和非逻辑关系。与之相对应，也有3种基本的逻辑运算，分别是与、或、非逻辑运算。

1. 与运算

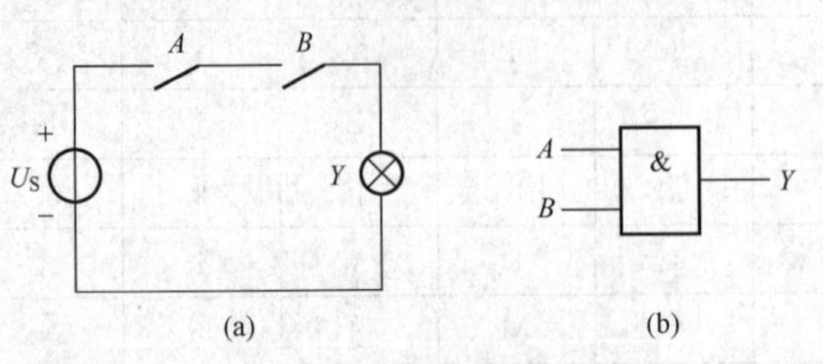

图1-2 与运算电路及符号
(a) 电路；(b) 符号

实际生活中与逻辑关系的例子很多。例如，在如图1-2（a）所示的电路中，电源U_s通过开关A和B给灯泡Y供电，只有当开关A和B全部闭合时，灯泡Y才会亮，若有一个或两个开关断开，灯泡Y都不会亮。从这个电路可以总结出这样的逻辑关系："只有当一件事（灯亮）的几个条件（开关A与B都接通）全部具备时，这件事才发生"，这种关系称为与逻辑。这一关系可以用如表1-6所示的功能来表示。

若用二值逻辑0和1来表示如图1-2（a）所示电路的逻辑关系，把开关和灯分别用字母A、B和Y表示，并用0表示开关断开和灯灭，用1表示开关闭合和灯亮，这种用字母表示开关和灯的过程称为设定变量，用二进制代码0和1表示开关和灯有关状态的过程称为状态赋值。经过状态赋值得到的反映开关状态和电灯亮灭之间逻辑关系的表称为真值表，如表1-7所列。

表1-6 图1-2（a）所示电路的功能表

开关A	开关B	灯Y
断开	断开	灭
断开	闭合	灭
闭合	断开	灭
闭合	闭合	亮

表1-7 与关系真值表

A	B	Y
0	0	0
0	1	0
1	0	0
1	1	1

若用逻辑表达式来描述上面的关系，则可写为

$$Y = A \cdot B \tag{1-5}$$

式中"·"表示A和B的与运算，读作"与"，也叫做逻辑乘。在不致引起混淆的前提下，"·"可省略。如图1-2（b）所示是与运算的逻辑符号。

2. 或运算

实际生活中或逻辑关系的例子也很多，在如图1-3（a）所示的电路中，当开关A和B中至少有一个闭合时，灯泡Y就会亮。由此可总结出另一种逻辑关系："当一件事情的几个条件中只要有一个条件得到满足，这件事就会发生"，这种逻辑关系称为或逻辑。

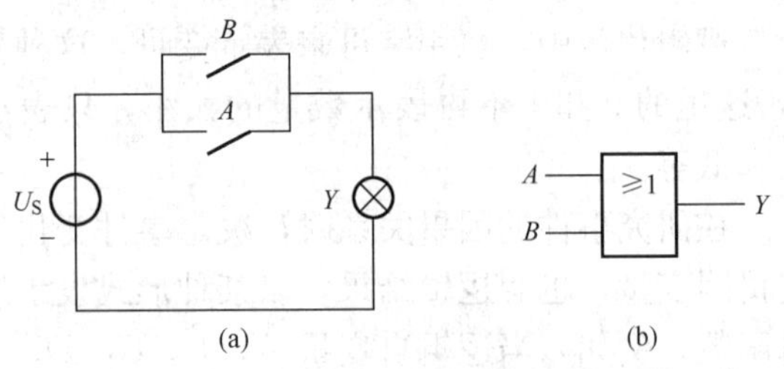

图1-3 或运算电路及符号
(a) 电路；(b) 符号

在同上的状态赋值条件下，或运算的表达式和真值表分别如式（1-6）和表1-8所列。

$$Y = A + B \tag{1-6}$$

式中符号“+”表示A和B的或运算，读作“或”，也叫做逻辑加。如图1-3（b）所示是或运算的逻辑符号。

3. 非运算

在如图1-4（a）所示的开关电路中，当开关A闭合时，灯泡Y不亮；只有当开关A断开时，灯泡Y才会亮。由此可总结出第三种逻辑关系，即“一件事情的发生是以其相反的条件为依据”，这种逻辑关系称为非逻辑。非就是相反，就是否定。非运算的表达式和真值表分别如式（1-7）和表1-9所列。

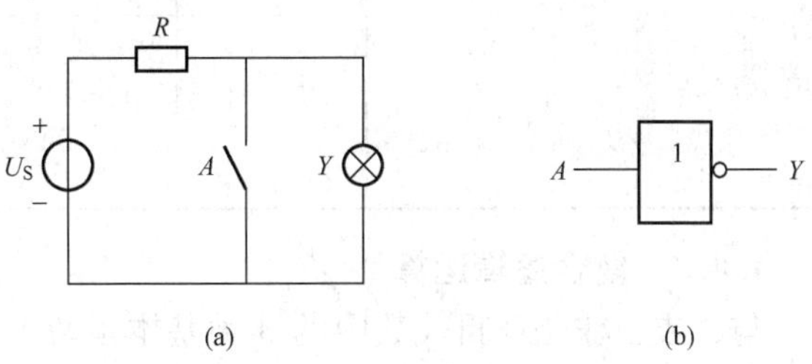

图1-4　非运算电路及符号

（a）开关电路；（b）非运算逻辑符号

$$Y = \overline{A} \tag{1-7}$$

式（1-7）中，字母上方的“—”表示非运算，读作非或反。如图1-4（b）所示是非运算的逻辑符号。

表1-8　　或关系真值表

A	B	Y
0	0	0
0	1	1
1	0	1
1	1	1

表1-9　　非关系真值表

A	Y
0	1
1	0

表1-10归纳了3种基本逻辑运算的表达式、真值表、逻辑符号和运算特征，其中逻辑符号从上到下依次为国标符号、国外流行符号之一和国内曾用符号。

表1-10　　基 本 逻 辑 运 算

运算名称	逻辑表达式	真值表	逻辑符号	运算特征
与	$F=A\cdot B$	AB F 00 0 01 0 10 0 11 1	A, B → & → F A, B → F A, B → F	输入全为1时， 输出$F=1$
或	$F=A+B$	AB F 00 0 01 1 10 1 11 1	A, B → ≥1 → F A, B → F A, B → + → F	输入全为0时， 输出$F=0$

续表

运算名称	逻辑表达式	真值表	逻辑符号	运算特征
非	$F=\overline{A}$	A F 0 1 1 0	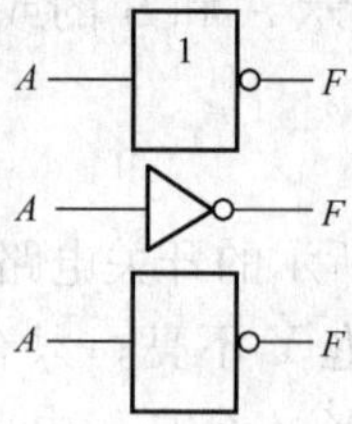	输出与输入取值相反

1.4.3 复合逻辑运算

与、或、非是逻辑代数中的 3 种基本运算，实际的逻辑问题往往比与、或、非复杂得多，不过这些复杂的逻辑运算都可以通过 3 种基本的逻辑运算组合而成。最常见的复合逻辑运算有与非运算、或非运算、异或运算、同或运算以及与或非运算，其逻辑表达式、真值表、逻辑符号及运算特征如表 1-11 所列，其中与或非没有相应的国外流行符号。

表 1-11 复合逻辑运算

运算名称	逻辑表达式	真值表	逻辑符号	运算特征
与非	$F=\overline{A\cdot B}$	AB F 00 1 01 1 10 1 11 0	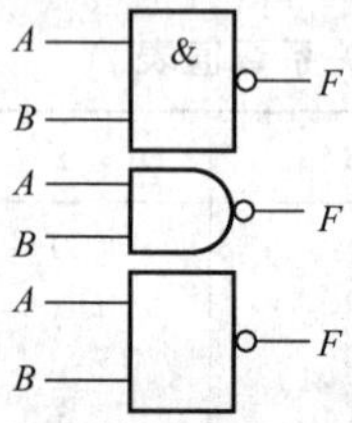	输入全为 1 时，输出 $F=0$
或非	$F=\overline{A+B}$	AB F 00 1 01 0 10 0 11 0	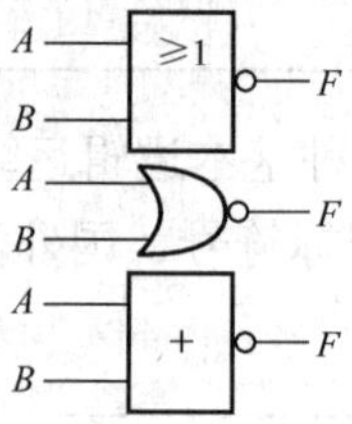	输入全为 0 时，输出 $F=1$
与或非	$F=\overline{AB+CD}$	AB CD F 0 0 1 0 1 0 1 0 0 1 1 0	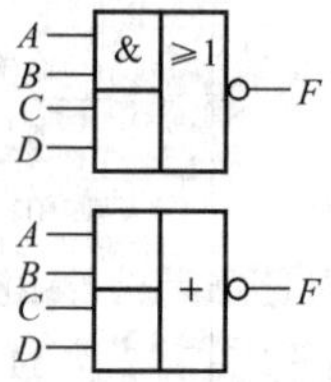	与项全为 0 时，输出 $F=1$
异或	$F=A\oplus B$ $=\overline{A}B+A\overline{B}$	AB F 00 0 01 1 10 1 11 0	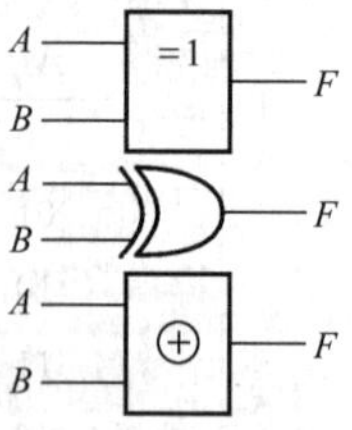	输入奇数个 1 时，输出 $F=1$

续表

运算名称	逻辑表达式	真值表	逻辑符号	运算特征
同或（异或非）	$F=A\odot B$ $=\overline{A\oplus B}$ $=AB+\overline{A}\,\overline{B}$	AB F 00 1 01 0 10 0 11 1	A, B → =1 → F A, B → 异或非门 → F A, B → ⊕ → F	输入偶数个0时，输出 $F=1$

1.4.4 几个概念

1. 高、低电平的概念

前面已多次提到高、低电平的概念，今后还要经常用到。这里“电平”就是“电位”，电位的单位是伏特（V）。在数字电路中，人们习惯于用高、低电平来描述电位的高低。高电平（V_H）、低电平（V_L）是两种不同的状态，它们表示的都是一定的电压范围，而不是一个固定不变的数值。例如，在TTL电路中，常规定高电平的额定值为3V，低电平的额定值为0.2V，而从0～0.8V都算作低电平，从1.8～5V都算作高电平。如果超出规定的范围（V_L 高于上限值和 V_H 低于下限值时），则不仅会破坏电路的逻辑功能，而且还可能造成器件性能下降甚至损坏。

2. 正、负逻辑的概念

数字电路是以输入、输出电平的高、低来表示逻辑值0或1的。若规定以高电平表示逻辑1，低电平表示逻辑0，这种规定称为正逻辑。反之，若规定以高电平表示逻辑0，低电平表示逻辑1，这种规定称为负逻辑。前面讨论各种逻辑运算的逻辑功能时，都采用的是正逻辑。

值得注意的是，同一逻辑运算，可以采用正逻辑，也可以采用负逻辑。正逻辑与负逻辑的规定不涉及逻辑电路本身的结构与性能好坏，但不同的规定可使同一电路具有不同的逻辑功能。

例如，假定某逻辑运算的输入、输出电平关系如表1-12所列。

按正逻辑规定可得到表1-13所列的真值表，由真值表可知，它是与运算。

按负逻辑规定可得到表1-14所列的真值表，由真值表可知，它是或运算。

表1-12 输入、输出电平关系

输入		输出
A	B	F
L	L	L
L	H	L
H	L	L
H	H	H

表1-13 正逻辑真值表

输入		输出
A	B	F
0	0	0
0	1	0
1	0	0
1	1	1

表1-14 负逻辑真值表

输入		输出
A	B	F
1	1	1
1	0	1
0	1	1
0	0	0

由此可知，正逻辑与运算等价于负逻辑或运算。同理，正逻辑的或运算等价于负逻辑的与运算，正逻辑的与非运算等价于负逻辑的或非运算，正逻辑的或非运算等价于负逻辑的与

非运算。但是对于非运算电路来说，不管是正逻辑还是负逻辑，其逻辑功能不变。

本书所涉及的逻辑电路，如无特别说明，采用的都是正逻辑。

1.5 逻辑函数的表示方法及其相互转换

一个逻辑函数可以采用真值表、逻辑表达式、逻辑图、波形图和卡诺图5种表示形式。虽然各种表示形式具有不同的特点，但它们都能表示出输出变量与输入变量之间的逻辑关系，并且可以相互转换。下面分别介绍。

1.5.1 真值表

真值表也叫逻辑真值表，它是将输入、输出变量之间各种取值的逻辑关系经过状态赋值后用0、1两个数字符号列成的表格。

在如图1-5所示的电灯控制电路中，若设开关A、B接到S_1用1表示、接到S_0用0表示，电灯亮用1表示、不亮用0表示，可以得到反映开关A、B和电灯Y状态关系的真值表，如表1-15所列。

真值表的优点是：能够直观明了地反映出输入变量与输出变量之间的取值对应关系，而且当把一个实际问题抽象为逻辑问题时，使用真值表最为方便，所以在数字电路的逻辑设计中，首先就是根据要求列出真值表。

真值表的主要缺点是：不能进行运算，而且当变量比较多时，真值表就会变得比较复杂。一个确定的逻辑函数，只有一个真值表，因此真值表具有唯一性。

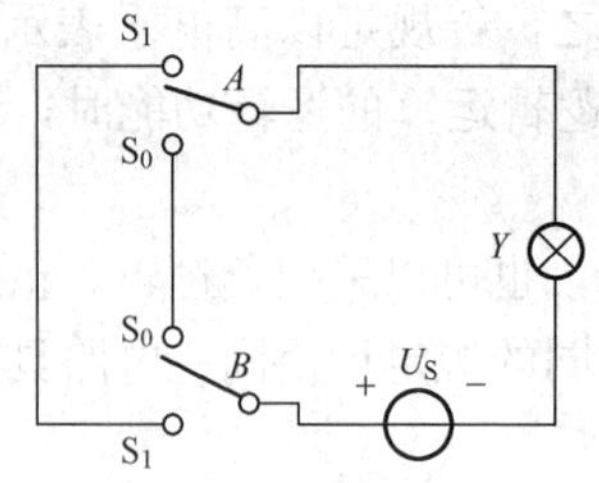

图1-5 电灯控制电路

表1-15 电灯控制电路真值表

A	B	Y
0	0	1
0	1	0
1	0	0
1	1	1

1.5.2 逻辑表达式

逻辑表达式是用与、或、非3种基本运算组合而成的表示逻辑关系的一种数学表示形式。

1. 由真值表求逻辑表达式的方法

(1) 标准与或式。由真值表可以方便地写出逻辑表达式，其方法如下：在真值表中，找出那些使函数值为1的变量取值组合，在变量取值组合中，变量值为1的写成原变量（字母上无非号的变量），为0写成反变量（字母上带非号的变量），这样对应于使函数值为1的每一种变量取值组合，都可写出唯一的乘积项（也叫与项）。只要将这些乘积项加（或）起来，即可得到函数的逻辑表达式。显然从表1-15不难得到

$$Y = \overline{A}\,\overline{B} + AB = A \odot B$$

将输入变量A、B的4种取值组合分别代入这个表达式进行计算，然后与真值表进行比较，即可验证该表达式的正确性。

这样得到的表达式即为逻辑函数的标准与或式。之所以叫做标准与或式，是因为表达式中的乘积项具有标准的形式。这种标准的乘积项，我们称之为逻辑函数的最小项。因此，标准与或式又可称作最小项之和表达式。

（2）最小项。

1）最小项的定义。最小项是逻辑代数中一个重要的概念。在图 1 - 5 所示的电灯控制电路的例子中，变量 Y 是变量 A、B 的函数，它是一个两变量函数。对于两变量函数共有 4 种取值组合：00、01、10、11。相应的乘积项也有 4 个：$\overline{A}\,\overline{B}$、$\overline{A}B$、$A\overline{B}$、$AB$，这些乘积项就是最小项。同样，对于三变量逻辑函数，共有 8 种取值组合：000、001、010、011、100、101、110、111。与之对应的 8 个最小项是：$\overline{A}\,\overline{B}\,\overline{C}$、$\overline{A}\,\overline{B}C$、$\overline{A}B\overline{C}$、$\overline{A}BC$、$A\overline{B}\,\overline{C}$、$A\overline{B}C$、$AB\overline{C}$、$ABC$。

以三变量逻辑函数为例，可以看出最小项的组成特点为：①每个最小项都由三个因子组成；②最小项中，每一个变量都以原变量或反变量的形式作为一个因子出现且仅出现一次。很显然，一个 n 变量的逻辑函数，共有 2^n 种取值组合，也就有 2^n 个最小项。

2）最小项的性质。表 1 - 16 列出了三个变量 A、B、C 全部最小项的真值表。

表 1 - 16　变量 *A*、*B*、*C* 全部最小项的真值表

A	B	C	$\overline{A}\,\overline{B}\,\overline{C}$	$\overline{A}\,\overline{B}C$	$\overline{A}B\overline{C}$	$\overline{A}BC$	$A\overline{B}\,\overline{C}$	$A\overline{B}C$	$AB\overline{C}$	ABC
0	0	0	1	0	0	0	0	0	0	0
0	0	1	0	1	0	0	0	0	0	0
0	1	0	0	0	1	0	0	0	0	0
0	1	1	0	0	0	1	0	0	0	0
1	0	0	0	0	0	0	1	0	0	0
1	0	1	0	0	0	0	0	1	0	0
1	1	0	0	0	0	0	0	0	1	0
1	1	1	0	0	0	0	0	0	0	1

从表中不难看出，当输入变量取某一种组合时，最小项具有的性质为：①仅有 1 个最小项的值为 1；②全体最小项之和恒为 1；③任意两个最小项的乘积为 0。

通常，对于两个最小项，若它们只有 1 个因子不同，则称其为逻辑相邻的最小项，简称逻辑相邻项。如$\overline{A}B\overline{C}$和 $AB\overline{C}$是逻辑相邻项，$\overline{A}BC$ 和 ABC 也是逻辑相邻项。两个逻辑相邻项可以合并成 1 项，并且消去 1 个因子。例如，$\overline{A}B\overline{C}+AB\overline{C}=B\overline{C}$。这一特性正是卡诺图化简逻辑函数的依据。

今后，为了叙述方便，给每个最小项编上号，用 m_i 表示。$\overline{A}\,\overline{B}\,\overline{C}$、$\overline{A}\,\overline{B}C$、$\overline{A}B\overline{C}$、…、$ABC$ 分别用 m_0、m_1、m_2、…、m_7 表示。最小项的序号就是其对应变量取值组合当成二进制数时所对应的十进制数。

【例 1 - 17】　写出函数 $F=\overline{A+BC}+\overline{A}B+C$ 的标准与或式（最小项之和形式）。

解　$F=\overline{A+BC}+\overline{A}B+C=\overline{A}\cdot\overline{BC}+\overline{A}B+C$

$$
\begin{aligned}
&=\overline{A}(\overline{B}+\overline{C})+\overline{A}B+C=\overline{A}\cdot\overline{B}+\overline{A}\cdot\overline{C}+\overline{A}B+C\\
&=\overline{A}(\overline{B}+B)(C+\overline{C})+\overline{A}\cdot\overline{C}(B+\overline{B})+C(A+\overline{A})(B+\overline{B})\\
&=\overline{A}\cdot\overline{B}C+\overline{A}\cdot\overline{B}\cdot\overline{C}+\overline{A}BC+\overline{A}B\,\overline{C}+\overline{A}B\,\overline{C}+\overline{A}\cdot\overline{B}\cdot\overline{C}+ABC\\
&\quad+A\,\overline{B}C+\overline{A}BC+\overline{A}\cdot\overline{B}C\\
&=\overline{A}\cdot\overline{B}\cdot\overline{C}+\overline{A}\cdot\overline{B}C+\overline{A}B\,\overline{C}+\overline{A}BC+A\,\overline{B}C+ABC\\
&=m_0+m_1+m_2+m_3+m_5+m_7\\
&=\textstyle\sum_m(0,1,2,3,5,7)
\end{aligned}
$$

顺便指出：如果把真值表中使函数值为 0 的那些变量取值组合所对应的最小项加起来，则可得到逻辑函数的反函数的标准与或式。

（3）最大项。

1）最大项的定义及性质。在 n 变量逻辑函数中，若 M 为 n 个变量之和，而且这 n 个变量均以原变量或反变量的形式在 M 中出现一次，则称 M 为该组变量的最大项。

例如，对于三变量函数，其最大项有（$\overline{A}+\overline{B}+\overline{C}$）、（$\overline{A}+\overline{B}+C$）、（$\overline{A}+B+\overline{C}$）、（$\overline{A}+B+C$）、（$A+\overline{B}+\overline{C}$）、（$A+\overline{B}+C$）、（$A+B+\overline{C}$）、（$A+B+C$）共 8 个。可见，一个 n 变量的逻辑函数，共有 2^n 个最大项，其数目与最小项是相等的。

输入变量的每一组取值都使一个对应的最大项的值为 0。例如，在三变量 A、B、C 的最大项中，当 $A=1$、$B=0$、$C=1$ 时，（$\overline{A}+B+\overline{C}$）$=0$。若将最大项为 0 的 ABC 取值视为一个十进制数，并以其对应的十进制数给最大项编号，则（$\overline{A}+B+\overline{C}$）可记为 M_5。以此类推，三变量函数的 8 个最大项（$\overline{A}+\overline{B}+\overline{C}$）、（$\overline{A}+\overline{B}+C$）、（$\overline{A}+B+\overline{C}$）、…、（$A+B+C$）中，其编号分别记为 M_7、M_6、M_5、…、M_0 表示。

根据最大项的定义同样可以得到它的主要性质，即

当输入变量取某一种组合时：①仅有 1 个最大项的值为 0；②全体最大项之积恒为 0；③任意两个最大项之积为 1；④只有一个变量不同的两个最大项的乘积等于各相同变量之和。

根据最大项和最小项的定义乃至性质不难发现，最大项和最小项之间存在如下关系

$$M_i=\overline{m_i} \tag{1-8}$$

例如，$m_0=\overline{A}\,\overline{B}\,\overline{C}$，则 $\overline{m_0}=\overline{\overline{A}\,\overline{B}\,\overline{C}}=A+B+C=M_0$。

2）逻辑函数的最大项之积形式。任一逻辑函数同样可以化成唯一的最大项之积形式（即标准或与式）。方法是：首先把函数式化成若干多项式相乘的或与形式（亦称“和之积”形式）。然后利用基本公式 $A\overline{A}=0$ 将每个多项式中缺少的变量补齐，就可以将函数式的或与形式化成最大项之积的形式了。

【例 1-18】 将逻辑函数 $Y=\overline{A}B+AC$ 化为最大项之积的形式。

解 此处首先利用基本公式 $A+BC=(A+B)(A+C)$ 将 Y 化成或与形式，然后再补齐所缺少的变量。

$$
\begin{aligned}
Y&=\overline{A}B+AC=(\overline{A}B+A)(\overline{A}B+C)\\
&=(A+B)(\overline{A}+C)(B+C)\\
&=(A+B+C\overline{C})(\overline{A}+B\overline{B}+C)(A\overline{A}+B+C)\\
&=(A+B+C)(A+B+\overline{C})(\overline{A}+B+C)(\overline{A}+\overline{B}+C)
\end{aligned}
$$

$$=M_0M_1M_4M_6=\prod_M(0,1,4,6)$$

2. 逻辑表达式的特点

(1) 优点：书写方便，形式简洁，不会因为变量数目的增多而变得复杂；便于运算和演变，也便于用相应的逻辑符号来实现。

(2) 缺点：在反映输入变量与输出变量的取值对应关系时不够直观。

1.5.3　逻辑图

逻辑图是用逻辑符号表示逻辑关系的图形表示方法。与表达式 $Y=\overline{A}\,\overline{B}+AB$ 对应的逻辑图如图 1-6 所示。

逻辑图的优点比较突出。逻辑图中的逻辑符号和实际使用的电路器件有着明显的对应关系，所以它比较接近于工程实际。在工作中，要了解某个数字系统或者数控装置的逻辑功能时，都要用到逻辑图，因为它可以把许多繁杂的实际电路的逻辑功能层次分明地表示出来。在制作数字设备时，首先也要通过逻辑设计画出逻辑图，再把逻辑图变成实际电路。

1.5.4　波形图

波形图也叫时序图，它是由输入变量的所有可能取值组合的高、低电平及其对应的输出变量的高、低电平所构成的图形。它是用变量随时间变化的波形来反映输入、输出间对应关系的一种图形表示法。

画波形图时要特别注意，横坐标是时间轴，纵坐标是变量取值（高、低电平或二进制代码 1 和 0），由于时间轴相同，变量取值又十分简单，所以在波形图中可略去坐标轴。具体画波形时，还要注意务必将输出与输入变量的波形在时间上对应起来，以体现输出决定于输入。

根据表 1-15 和给定的 A、B 波形对应画出 Y 的波形，如图 1-7 所示。

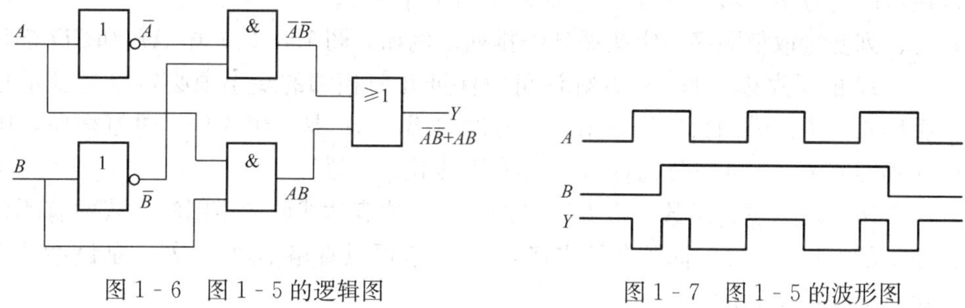

图 1-6　图 1-5 的逻辑图　　　图 1-7　图 1-5 的波形图

此外，可以利用示波器对电路的输入、输出波形进行测试、观察，以判断电路的输入、输出是否满足给定的逻辑关系。因此说，波形图的优点是便于电路的调试和检测，实用性强，在描述输出与输入变量的取值对应关系上也比较直观。在计算机硬件课程中，通常用波形图来分析计算机内部各部件之间的工作关系。

1.5.5　卡诺图

1. 逻辑函数的卡诺图

卡诺图是一种最小项方格图，它是由美国工程师卡诺（Karnaugh）设计的，每一个小方格对应一个最小项，n 变量逻辑函数有 2^n 个最小项，因此 n 变量卡诺图中共有 2^n 个小方格。另外，小方格在排列时，应保证几何位置相邻的小方格，在逻辑上也相邻。所谓几何相邻，是指空间位置上的相邻，包括紧挨着的，以及相对的（卡诺图中某一行或某一列的两头）。

画卡诺图时，根据函数中变量数目 n，将图形分成 2^n 个方格，方格的编号和最小项的编号相同，由方格外面行变量和列变量的取值决定。图 1 - 8（a）、(b)、(c）分别是 3 变量、4 变量和 5 变量的卡诺图。约定：

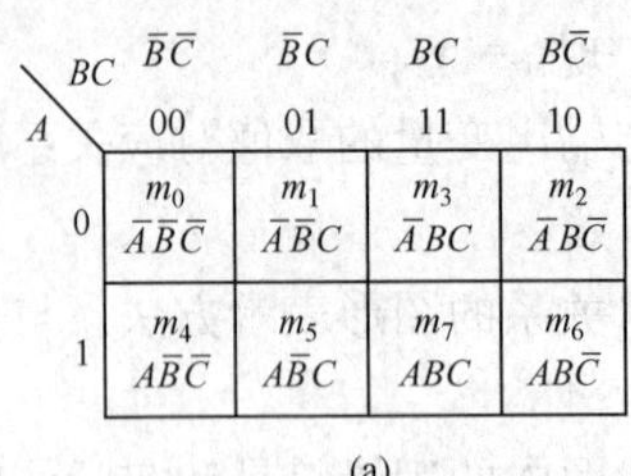

A \ BC	$\overline{B}\overline{C}$ 00	$\overline{B}C$ 01	BC 11	$B\overline{C}$ 10
0	m_0 $\overline{A}\overline{B}\overline{C}$	m_1 $\overline{A}\overline{B}C$	m_3 $\overline{A}BC$	m_2 $\overline{A}B\overline{C}$
1	m_4 $A\overline{B}\overline{C}$	m_5 $A\overline{B}C$	m_7 ABC	m_6 $AB\overline{C}$

(a)

AB \ CD	00	01	11	10
00	m_0	m_1	m_3	m_2
01	m_4	m_5	m_7	m_6
11	m_{12}	m_{13}	m_{15}	m_{14}
10	m_8	m_9	m_{11}	m_{10}

(b)

AB \ CDE	000	001	011	010	110	111	101	100
00	0	1	3	2	6	7	5	4
01	8	9	11	10	14	15	13	12
11	24	25	27	26	30	31	29	28
10	16	17	19	18	22	23	21	20

(c)

图 1 - 8　变量卡诺图

(a) 3 变量；(b) 4 变量；(c) 5 变量

(1) 写方格编号时，以列变量为高位组，行变量为低位组（当然也可用相反的约定）。例如，图 1 - 8（b）中，$AB=10$，$CD=01$ 的方格对应编号为 $m_9(1001=9)$ 的最小项，那么就可以在对应的方格中填上 m_9，或只简单地填上序号 9。

(2) 行、列变量取值顺序一定按循环码排列，例如，图 1.8（b）中 AB 和 CD 都是按照 00，01，11，10 的顺序排列的。这样标注可以保证几何相邻的最小项必定也是逻辑相邻的最小项。循环码可由二进制数码推导出来。若设 $B_3B_2B_1B_0$ 是一组 4 位二进制数码，则对应的 4 位循环码 $G_3G_2G_1G_0$ 可用公式 $G_i=B_{i+1}\oplus B_i$ 求出。

(3) 用卡诺图表示逻辑函数。根据逻辑函数最小项表达式画卡诺图时，式中有哪些最小项，就在相应的方格中填 1，而其余的方格填 0（0 也可以省略不填）。若不是最小项之和形式，可先化成最小项之和形式。

【例 1 - 19】　画出逻辑函数 $Y=A\overline{B}C+\overline{A}BC+AB$ 的卡诺图。

解　式中 $A\overline{B}C$、$\overline{A}BC$ 已是最小项。含有与项 AB 的最小项有两个：ABC 和 $AB\overline{C}$。故在 m_3、m_5、m_6、m_7 相应的小方格中填 1，如图 1 - 9 所示。

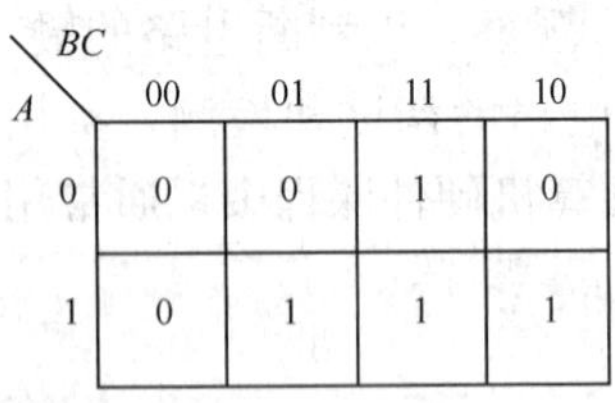

A \ BC	00	01	11	10
0	0	0	1	0
1	0	1	1	1

图 1 - 9　[例 1 - 19] 用图

若逻辑函数不是与或式，应先变换成与或式（不必变换成最小项表达式），然后把含有各个与项的最小项在对应小方格内填 1，即得函数的卡诺图。

根据真值表画逻辑函数的卡诺图就更简单了。其实，卡诺图与真值表在表示一个逻辑函数时非常类似，只不过一个是图，一个是表，它们都是将对应于变量的每种取值组合下的函数值一一列出来。这里不再举例。

2. 卡诺图的特点

卡诺图表示逻辑函数最突出的优点是：用几何位置相邻表达了构成函数的各个最小项在逻辑上的相邻性，这也是用卡诺图化简逻辑函数的依据。这一点将在 1.7.3 节中介绍。

1.6　逻辑代数的基本公式、定律和规则

1.6.1　基本公式

1. 常量之间的关系

$$0 \cdot 0 = 0 \qquad 1 + 1 = 1$$
$$0 \cdot 1 = 0 \qquad 1 + 0 = 1$$
$$1 \cdot 1 = 1 \qquad 0 + 0 = 0$$
$$\overline{0} = 1 \qquad \overline{1} = 0$$

2. 变量和常量的关系

$$A \cdot 1 = A \qquad A + 0 = A$$
$$A \cdot 0 = 0 \qquad A + 1 = 1$$
$$A \cdot \overline{A} = 0 \qquad A + \overline{A} = 1$$

1.6.2　基本定律

1. 与普通代数相似的定律

(1) 交换律　$A+B=B+A$　　$A \cdot B=B \cdot A$

(2) 结合律　$(A+B)+C=A+(B+C)$　　$(A \cdot B) \cdot C = A \cdot (B \cdot C)$

(3) 分配律　$A+BC=(A+B)(A+C)$　　$A \cdot (B+C) = A \cdot B + A \cdot C$

2. 逻辑代数的一些特殊定律

(1) 同一律　$A+A=A$　　$A \cdot A=A$

(2) 反演律（又称摩根定律）

$$\overline{A+B} = \overline{A} \cdot \overline{B} \qquad \overline{A \cdot B} = \overline{A} + \overline{B}$$

(3) 还原律　$\overline{\overline{A}}=A$

3. 常用公式

(1) $A+AB=A$

证明：
$$A + AB = A(1+B) = A \cdot 1 = A$$

(2) $A+\overline{A}B=A+B$

证明：
$$A + \overline{A}B = (A+\overline{A})(A+B) = A+B$$

(3) $AB+A\overline{B}=A$

证明：
$$AB + A\overline{B} = A(B+\overline{B}) = A \cdot 1 = A$$

(4) $A(A+B)=A$

证明：
$$A(A+B) = A \cdot A + A \cdot B = A + AB = A(1+B) = A \cdot 1 = A$$

(5) $AB+\overline{A}C+BC=AB+\overline{A}C$

证明：
$$AB+\overline{A}C+BC = AB+\overline{A}C+BC(A+\overline{A})$$
$$=AB+\overline{A}C+ABC+\overline{A}BC$$

$$=AB(1+C)+\overline{A}C(1+B)$$
$$=AB+\overline{A}C$$

利用常用公式（5），可消去表达式中的冗余项。公式（5）中，与项 BC 正是与项 AB 和$\overline{A}C$ 的冗余项。

在进行逻辑代数的分析和运算时要注意，逻辑代数的运算顺序和普通代数一样：先括号，然后乘，最后加；逻辑乘号可以省略不写。先或后与的运算式，或运算时要加括号。

4. 有关异或运算的一些公式

（1）交换律 $A\oplus B=B\oplus A$

（2）结合律 $(A\oplus B)\oplus C=A\oplus(B\oplus C)$

（3）分配律 $A\cdot(B\oplus C)=A\cdot B\oplus A\cdot C$

（4）常量和变量的异或运算

$$A\oplus 1=\overline{A} \qquad A\oplus 0=A$$
$$A\oplus A=0 \qquad A\oplus\overline{A}=1$$

（5）因果互换律

如果 $A\oplus B=C$

则有 $A\oplus C=B$

$B\oplus C=A$

证明：把 $A\oplus B=C$ 两边同时异或 B 可得

$$A\oplus B\oplus B=C\oplus B$$
$$A\oplus 0=B\oplus C$$
$$A=B\oplus C$$

同理，把 $A\oplus B=C$ 两边同时异或 A 可得 $B=A\oplus C$ 。

若要证明上述各等式成立，只需列出等式两边的真值表即可证明，读者可以自己证明。

1.6.3 基本规则

1. 代入规则

在任何一个包含变量 A 的逻辑等式中（变量 A 在此是泛指），若以另外一个逻辑式代入式中所有 A 的位置，则等式仍成立，这就是所谓的代入规则。例如，已知$\overline{A\cdot B}=\overline{A}+\overline{B}$，若用 $Y=BC$ 代替式中的 B，则$\overline{A\cdot BC}=\overline{A}+\overline{BC}=\overline{A}+\overline{B}+\overline{C}$。依次类推，$\overline{A\cdot B\cdot C\cdot\cdots}=\overline{A}+\overline{B}+\overline{C}+\cdots$ ，这即是多个变量的反演律。可见，代入规则可以扩大公式的使用范围。

2. 反演规则

对于任何一个逻辑表达式 Y，若将式中所有的“·”换成“+”，“+”换成“·”，0 换成 1，1 换成 0，原变量换成反变量，反变量换成原变量，这样得到的逻辑函数就是原函数的反函数 $\overline{Y}$，这一规则称为反演规则。

运用反演规则可以直接求得一个函数 Y 的反函数 $\overline{Y}$。

注意：运用反演规则求反函数时，不是一个变量上的反号应保持不变；而且要特别注意运算符号的优先顺序——先算括号，再算乘积，最后算加。

【例 1-20】 求下列逻辑函数的反函数。

(1) $F=AB+(\overline{A}+B)(C+D+E)$

(2) $F=[A+(B\overline{C}+CD)\cdot E]+G$

(3) $F=\overline{ABC+\overline{AB}(A+BC)}$

解 利用反演规则，求得各函数的反函数为

(1) $\overline{F}=(\overline{A}+\overline{B})(A\overline{B}+\overline{C}\cdot\overline{D}\cdot\overline{E})$

(2) $\overline{F}=\overline{A}\cdot[(\overline{B}+C)(\overline{C}+\overline{D})+\overline{E}]\cdot\overline{G}$

(3) $\overline{F}=\overline{(\overline{A}+\overline{B}+\overline{C})\cdot\overline{\overline{A}+\overline{B}}}+\overline{A}\cdot(\overline{B}+\overline{C})$

3. 对偶规则

若两逻辑式相等，则它们的对偶式也相等，这就是对偶规则。

所谓对偶式是这样定义的：对于任何一个逻辑式 Y，若将其中所有的“· ”换成“+”，“+”换成“· ”，0 换成 1，1 换成 0，则得到一个新的逻辑式 Y'，这个 Y' 就称为 Y 的对偶式，或者说 Y 和 Y' 互为对偶式。

【例 1-21】 求下列逻辑函数的对偶式。

(1) $F=A\cdot\overline{B+\overline{D}}+(AC+BD)E$

(2) $F=\overline{\overline{AB}+C+D+E}$

(3) $F=(A+B)(B+AC)+D$

解 利用对偶规则，求得各函数的对偶式为

(1) $F'=(A+\overline{B\cdot\overline{D}})[(A+C)\cdot(B+D)+E]$

(2) $F'=\overline{\overline{A+B}\cdot C\cdot D\cdot E}$

(3) $F'=[AB+B(A+C)]\cdot D$

对偶规则的意义在于：如果两个函数式相等，则它们的对偶式也相等。前面介绍的基本公式和定律中，左右两列等式之间的关系即是利用了对偶规则。显然，利用对偶规则，可以使要证明的公式数目减少一半。当证明了某两个函数式相等之后，根据对偶规则，它们的对偶式也必然相等。

运用对偶规则时，同样要注意反演规则中提到的两点注意事项。

1.7 逻辑函数的化简

通过前面的学习可以知道，逻辑函数表达式越简单，实现这个逻辑函数的逻辑电路所需要的门电路数日就越少，这样一来，不但降低了成本，还提高了电路的工作速度和可靠性。因此，在设计逻辑电路时，化简逻辑函数是很必要的。

1.7.1 “最简”的概念及最简表达式的几种形式

1. “最简”的概念

所谓逻辑函数的最简表达式（以与或式为例），必须同时满足以下两个条件：

(1) 与项（乘积项）的个数最少，这样可以保证所需门电路数目最少。

(2) 在与项个数最少的前提下，每个与项中包含的因子数最少，这样可以保证每个门电路输入端的个数最少。

2. 最简表达式的几种形式

一个逻辑函数的最简表达式，常按照式中变量之间运算关系的不同，分成最简与或式、最简与非—与非式、最简或与式、最间或非—或非式、最简与或非式。例如，某一逻辑函数 Y，其最简表达式可表示为

(1) 与或表达式 $Y=A\overline{B}+BC$

(2) 与非—与非式 $Y=\overline{\overline{A\overline{B}}\cdot\overline{BC}}$

(3) 或与表达式 $Y=(A+B)\cdot(\overline{B}+C)$

(4) 或非—或非表达式 $Y=\overline{\overline{A+B}+\overline{\overline{B}+C}}$

(5) 与或非表达式 $Y=\overline{\overline{A}\,\overline{B}+B\overline{C}}$

不同的表达式将用不同的门电路来实现，而且各种表达形式之间可以相互转换。应当指出，最简或与表达式是最基本的表达形式，由最简与或表达式可以转换成其他各种形式。

【例 1-22】 已知 $Y=A\overline{B}+BC$，求其最简与非—与非表达式。

解 由与或式转换成与非—与非式，通常采用两次求反的方法。

$$Y=\overline{\overline{Y}}=\overline{\overline{A\overline{B}+BC}}=\overline{\overline{A\overline{B}}\cdot\overline{BC}}$$

【例 1-23】 已知 $Y=AB+\overline{A}C$，求其最简或与表达式。

解 求最简或与式的方法前面已经介绍过，即在反函数最简与或表达式的基础上取反，再用反演律去掉反号，便可得到函数的最简或与表达式。

利用反演规则可求得 Y 的反函数为

$$\overline{Y}=(\overline{A}+\overline{B})(A+\overline{C})=\overline{A}\cdot\overline{C}+A\overline{B}+\overline{B}\cdot\overline{C}=\overline{A}\cdot\overline{C}+A\overline{B}$$

于是可得 $$Y=\overline{\overline{Y}}=\overline{\overline{A}\cdot\overline{C}+A\overline{B}}=\overline{\overline{A}\cdot\overline{C}}\cdot\overline{A\overline{B}}=(A+C)\cdot(\overline{A}+B)$$

【例 1-24】 已知 $Y=AB+\overline{A}C$，求其最简或非—或非表达式。

解 在最简或与式的基础上，两次取反，再用反演律去掉下面的非号，所得到的便是函数的最简或非—或非表达式。

$$Y=AB+\overline{A}C=AB+\overline{A}C+BC=(A+C)\cdot(\overline{A}+B)$$
$$=\overline{\overline{(A+C)(\overline{A}+B)}}=\overline{\overline{A+C}+\overline{\overline{A}+B}}$$

【例 1-25】 已知 $Y=AB+\overline{A}C$，求其最简与或非表达式。

解 在最简或非—或非式的基础上，利用反演律，即可得到最简与或非表达式。

$$Y=AB+\overline{A}C=\overline{\overline{A+C}+\overline{\overline{A}+B}}$$
$$=\overline{\overline{A}\cdot\overline{C}+A\overline{B}}$$

从以上几个例子不难看出，只要有了函数的最简与或式，再用反演律进行适当变换，就可以得到其他几种形式的最简式。

1.7.2 逻辑函数的公式化简法

逻辑函数的公式化简法实际上就是应用逻辑代数的公式、定律，对逻辑函数进行运算和变换，以求得逻辑函数的最简形式。常用的方法有以下几种。

1. 并项法

根据 $AB+A\overline{B}=A$ 可以把两项合并为一项，保留相同因子，消去互为相反的因子。例如

$$Y=AB+ACD+\overline{A}B+\overline{A}CD$$
$$=(A+\overline{A})B+(A+\overline{A})CD=B+CD$$

2. 吸收法

根据 $A+AB=A$ 可将 AB 项消去。A 和 B 可代表任何复杂的逻辑式。例如

$$Y = AB + AB\overline{C} + ABD = AB$$

3. 消项法

根据$AB+\overline{A}C+BC=AB+AC$可将$BC$项消去。A、B和C可代表任何复杂的逻辑式。例如

$$Y = A\overline{C} + \overline{A}\,\overline{B} + \overline{B}\,\overline{C} = A\overline{C} + \overline{A}\,\overline{B}$$

4. 消因子法

根据$A+\overline{A}B=A+B$可将$\overline{A}B$中的因子$\overline{A}$消去。A和B可代表任何复杂的逻辑式。例如

$$Y = AC + \overline{A}B + B\overline{C} = AC + B\overline{AC} = AC + B$$

5. 配项法

根据$A+A+\cdots=A$可以在逻辑函数式中重复写入某一项，以获得更加简单的化简结果。例如

$$\begin{aligned} Y &= \overline{A}B\overline{C} + \overline{A}BC + ABC \\ &= \overline{A}B\overline{C} + \overline{A}BC + (ABC + \overline{A}BC) \\ &= \overline{A}B(\overline{C} + C) + BC(\overline{A} + A) = \overline{A}B + BC \end{aligned}$$

【例1-26】 用公式法化简下列逻辑函数。

(1) $F = A(B+\overline{C}) + A\overline{C} + \overline{B}C + B\overline{C} + B\overline{D} + \overline{B}D + ADE$

(2) $F = (A \oplus B)C + ABC + \overline{A}\cdot\overline{B}C$

(3) $F = AC + \overline{B}C + B\overline{D} + C\overline{D} + A(B+\overline{C}) + \overline{A}BC\overline{D} + A\overline{B}DE$

解 (1)
$$\begin{aligned} F &= A(B+\overline{C}) + A\overline{C} + \overline{B}C + B\overline{C} + B\overline{D} + \overline{B}D + ADE \\ &= (A\overline{\overline{B}C} + \overline{B}C) + B\overline{C} + B\overline{D} + \overline{B}D + ADE \\ &= A + \overline{B}C + B\overline{C} + B\overline{D} + \overline{B}D + ADE \\ &= (A + ADE) + \overline{B}C + B\overline{D} + B\overline{C} + \overline{B}D \\ &= A + \overline{B}C + B\overline{D} + B\overline{C} + \overline{B}D \\ &= A + B\overline{C} + \overline{B}D + \overline{D}C \end{aligned}$$

(2)
$$\begin{aligned} F &= (A \oplus B)C + ABC + \overline{A}\cdot\overline{B}C \\ &= (A \oplus B)C + (AB + \overline{A}\cdot\overline{B})C \\ &= C[(A \oplus B) + \overline{A \oplus B}] = C \end{aligned}$$

(3)
$$\begin{aligned} F &= AC + \overline{B}C + B\overline{D} + C\overline{D} + A(B+\overline{C}) + \overline{A}BC\overline{D} + A\overline{B}DE \\ &= AC + \overline{B}C + B\overline{D} + C\overline{D} + A\overline{\overline{B}C} + A\overline{B}DE \\ &= AC + \overline{B}C + B\overline{D} + C\overline{D} + A + A\overline{B}DE \\ &= A + \overline{B}C + B\overline{D} + C\overline{D} \\ &= A + \overline{B}C + B\overline{D} \end{aligned}$$

用公式法化简逻辑函数，需要对逻辑代数的基本公式和常用公式比较熟悉，它没有固定的规律，适于化简变量比较多的逻辑函数。

1.7.3 逻辑函数的卡诺图化简法

1. 卡诺图化简逻辑函数的理论依据

由于卡诺图中几何位置相邻的最小项也具有逻辑相邻性，而逻辑函数化简的实质就是合并逻辑相邻的最小项。因此，直接在卡诺图中合并几何相邻的最小项即可，合并的具体方法是将所有几何相邻的最小项圈在一起进行合并。如图1-10～图1-12所示，分别画出了两个最小项、4个最小项、8个最小项合并成一项的情况。

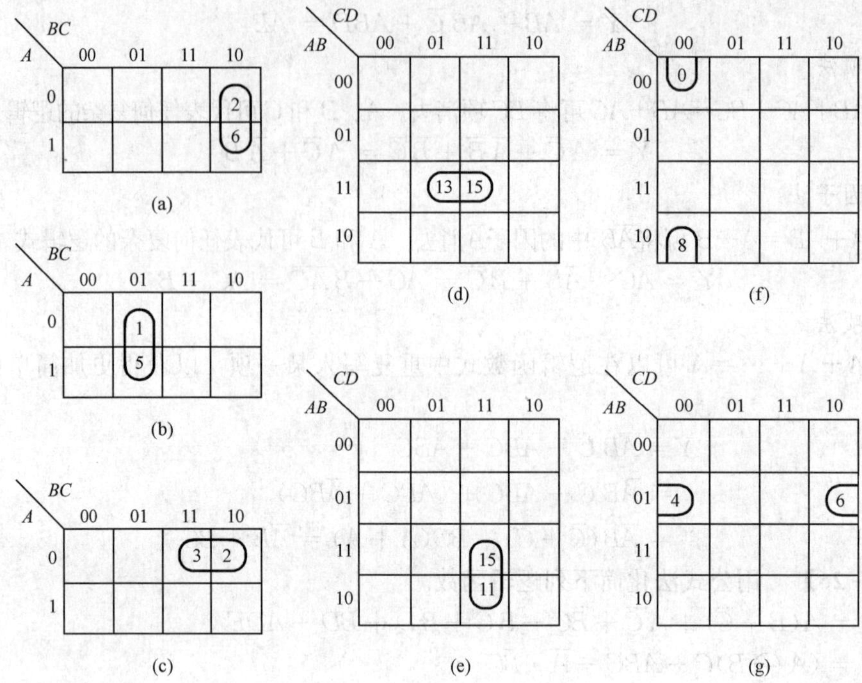

图 1 - 10　两个最小项的合并

(a) $\overline{A}B\overline{C}+AB\overline{C}=B\overline{C}$；(b) $\overline{A}\,\overline{B}C+A\overline{B}C=\overline{B}C$；(c) $\overline{A}B\overline{C}+\overline{A}BC=\overline{A}B$；(d) $AB\overline{C}D+ABCD=ABD$；(e) $A\overline{B}CD+ABCD=ACD$；(f) $\overline{A}\,\overline{B}\,\overline{C}\,\overline{D}+A\overline{B}\,\overline{C}\,\overline{D}=\overline{B}\,\overline{C}\,\overline{D}$；(g) $\overline{A}B\overline{C}\,\overline{D}+\overline{A}BC\overline{D}=\overline{A}B\overline{D}$

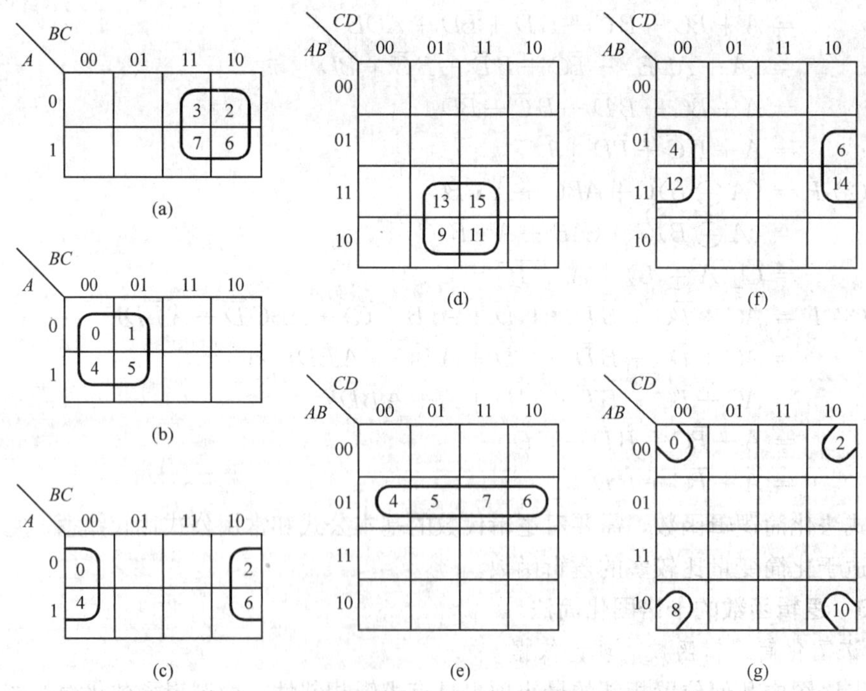

图 1 - 11　4 个最小项的合并

(a) $\overline{A}B\overline{C}+\overline{A}BC+AB\overline{C}+ABC=B$；(b) $\overline{A}\,\overline{B}\,\overline{C}+\overline{A}\,\overline{B}C+A\overline{B}\,\overline{C}+A\overline{B}C=\overline{B}$；(c) $\overline{A}\,\overline{B}\,\overline{C}+\overline{A}B\overline{C}+A\overline{B}\,\overline{C}+AB\overline{C}=\overline{C}$；(d) $A\overline{B}\,\overline{C}D+A\overline{B}CD+AB\overline{C}D+ABCD=AD$；(e) $\overline{A}B\overline{C}\,\overline{D}+\overline{A}B\overline{C}D+\overline{A}BC\overline{D}+\overline{A}BCD=\overline{A}B$；(f) $\overline{A}B\overline{C}\,\overline{D}+\overline{A}BC\overline{D}+AB\overline{C}\,\overline{D}+ABC\overline{D}=B\overline{D}$；(g) $\overline{A}\,\overline{B}\,\overline{C}\,\overline{D}+\overline{A}\,\overline{B}C\overline{D}+A\overline{B}\,\overline{C}\,\overline{D}+A\overline{B}C\overline{D}=\overline{B}\,\overline{D}$

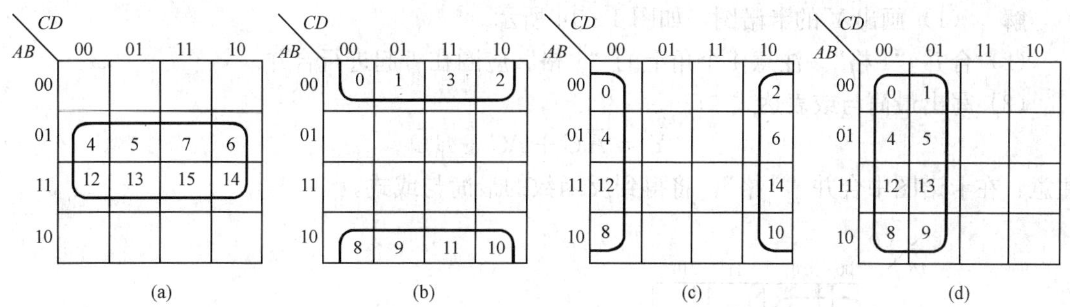

图 1 - 12 8 个最小项的合并

(a) B；(b) $\overline{B}$；(c) $\overline{D}$；(d) $\overline{C}$

2. 卡诺图化简逻辑函数的一般步骤

(1) 画出逻辑函数的卡诺图。画逻辑函数的卡诺图就是在卡诺图中将函数所包含的最小项方格内填 1，其余方格填 0（0 也可不填）。

(2) 合并几何相邻的最小项。实际上是将几何相邻的填有 1 的方格（简称“1 格”）圈在一起进行合并，保留相同的变量，消去不同的变量。每圈一个圈，就得到一个与项。

(3) 将所有的与项相加，即可得到函数的最简与或表达式。

以上三步中，第一步是基础，第二步是难点，为了正确化简逻辑函数，圈出几何相邻的“1 格”最关键。

3. 圈“1 格”的注意事项

(1) 每个圈中只能包含 2^n 个“1 格”，并且可消掉 n 个变量，被合并的“1 格”应该排成正方或矩形；

(2) 圈的个数应尽量少，圈越少，与项越少；

(3) 圈应尽量大，圈越大，消去的变量越多；

(4) 有些“1 格”可以多次被圈，但每个圈中应至少有一个“1 格”只被圈过一次；

(5) 要保证所有“1 格”全部圈完，无几何相邻项的“1 格”，独立构成一个圈；

(6) 圈“1 格”的方法不止一种，因此化简的结果也就不同，但它们之间可以转换。

最后需注意一点：卡诺图中 4 个角上的最小项也是几何相邻最小项，可以圈在一起合并。

【例 1 - 27】 卡诺图化简函数 $Y=\sum_m(1,4,5,6,8,12,13,15)$。

解 (1) 画出 Y 的卡诺图，如图 1 - 13 所示。

(2) 合并“1 格”。图中画了 1 个“四格组”的圈，4 个“两格组”的圈，但这种方案是错误的，因为“四格组”圈中所有“1 格”都被圈过两次。正确方案是只保留图中 4 个“两格组”的圈。

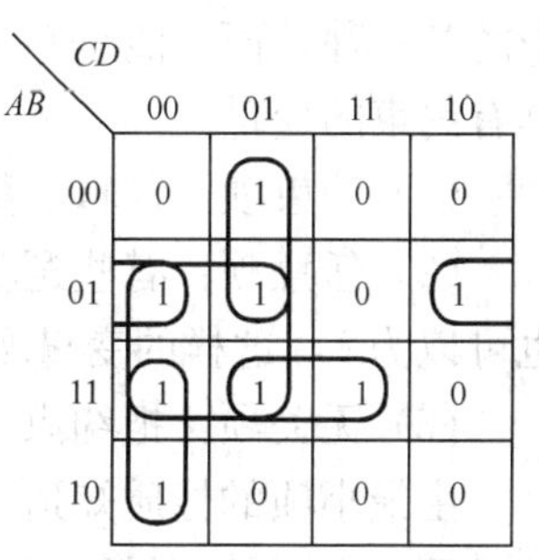

1 - 13 ［例 1 - 27］Y 的卡诺图

(3) 写出最简与或表达式

$$Y=\overline{A}\,\overline{C}D+\overline{A}B\overline{D}+A\overline{C}\,\overline{D}+ABD$$

【例 1 - 28】 利用卡诺图化简函数

$$Y=\overline{A}\,\overline{C}+AC+A\overline{B}\,\overline{C}\,\overline{D}+\overline{A}\,\overline{B}C\overline{D}$$

解 （1）画出 Y 的卡诺图，如图 1 - 14 所示。

（2）合并“1 格”。注意 4 个角上的“1 格”应圈在一起进行合并。

（3）写出最简与或表达式

$$Y=\overline{A}\,\overline{C}+AC+\overline{B}\,\overline{D}$$

注意：在卡诺图中合并“0 格”，将得到反函数的最简与或式。

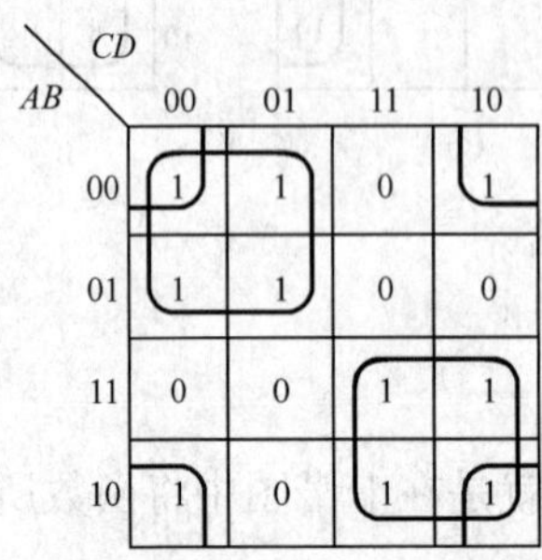

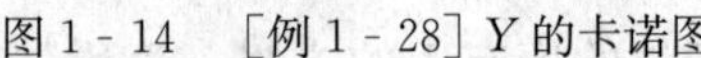
图 1 - 14 ［例 1 - 28］Y 的卡诺图

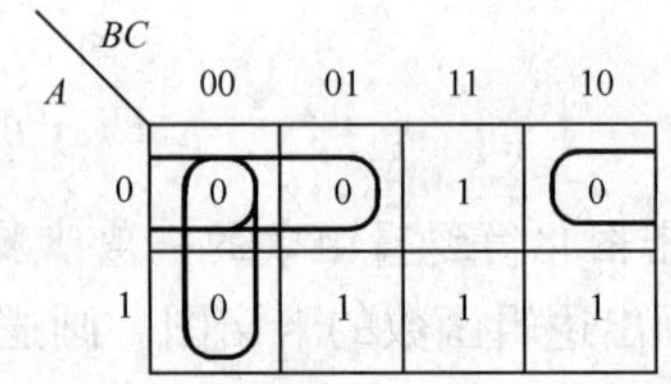

图 1 - 15 ［例 1 - 29］Y 的卡诺图

【例 1 - 29】 函数 $Y=AB+BC+CA$，用卡诺图求出 $\overline{Y}$ 的最简与或表达式。

解 （1）画出 Y 的卡诺图，如图 1 - 15 所示。

（2）合并“0 格”。

（3）写出 $\overline{Y}$ 的最简与或表达式

$$\overline{Y}=\overline{A}\,\overline{B}+\overline{B}\,\overline{C}+\overline{A}\,\overline{C}$$

与公式化简法相比，卡诺图化简逻辑函数具有直观、简便，易于掌握化简结果的准确程度等优点，因而广泛应用于数字电路的分析和设计过程中。

1.7.4 具有无关项的逻辑函数的化简

1. 约束项、任意项和逻辑函数中的无关项

在分析某些逻辑函数时，经常会遇到输入变量的取值不是任意的。对输入变量的取值所加的限制称为约束，把这一组变量称为具有约束的一组变量。

例如，有 3 个变量 A、B、C，它们分别表示一台电动机的正转、反转和停止命令，$A=1$ 表示正转，$B=1$ 表示反转，$C=1$ 表示停止。因为电机任何时候只能执行其中的一个命令，所以不允许两个或两个以上的变量同时为 1。A、B、C 的取值可能是 001、010、100 当中的某一种，而不能是 000、011、101、110、111 中的任何一种。因此，A、B、C 是一组具有约束的变量。

（1）约束项：逻辑函数中不会出现的变量取值组合所对应的最小项称为约束项。

（2）任意项：有些逻辑函数，当变量取某些组合时，函数的值可以任意，既可以为 0，也可以为 1，这样的变量取值组合所对应的最小项称为任意项。

（3）无关项：把约束项和任意项统称为逻辑函数的无关项。

由最小项的性质知道，只有对应变量取值出现时，最小项的值才会为 1。而约束项对应的是不会出现的变量取值，任意项对应的取值一般也不会出现，所以无关项的值总等于 0。

（4）约束条件：由无关项加起来所构成的值为 0 的逻辑表达式称为约束条件。因为无关项的值恒为 0，而无论多少个 0 加起来还是 0，所以约束条件是一个值恒为 0 的条件等式。

上例中的约束条件可表示为

$$\overline{A}\,\overline{B}\,\overline{C}+\overline{A}BC+A\,\overline{B}C+AB\,\overline{C}+ABC=0$$

2. 无关项在化简逻辑函数中的应用

在真值表和卡诺图中，无关项所对应的函数值往往用符号“×”表示。在逻辑表达式中，通常用字母 d 表示无关项。化简具有无关项的逻辑函数时，如果能合理地利用这些无关项，一般都可以得到更加简单的化简结果。具体做法是：在公式法化简中，可以根据化简的需要加上或去掉约束条件。因为在逻辑表达式中，加上或去掉 0，函数是不会受影响的。在卡诺图化简法中，可以根据化简的需要包含或去掉无关项。因为合并最小项时，如果圈中包含了约束项，则相当于在相应的乘积项上加上了该约束项，而约束项的值恒为 0，显然函数不会受影响。

【例 1 - 30】 函数 Y 的变量 A、B、C 是具有约束的变量，表 1 - 17 所列是其真值表，试分别用公式法和卡诺图求出 Y 的最简与或表达式。

表 1 - 17　　［例1 - 30］的真值表

A	B	C	Y	说明
0	0	0	0	—
0	0	1	1	—
0	1	0	1	—
0	1	1	×	不会出现
1	0	0	1	—
1	0	1	×	不会出现
1	1	0	×	不会出现
1	1	1	×	不会出现

解　(1) 用公式法化简

$$Y=\overline{A}\,\overline{B}C+\overline{A}B\,\overline{C}+A\,\overline{B}\,\overline{C}$$

约束条件　$\overline{A}BC+AB\,\overline{C}+A\,\overline{B}C+ABC=0$

加上约束条件后进行化简

$$\begin{aligned}Y&=\overline{A}\,\overline{B}C+\overline{A}B\,\overline{C}+A\,\overline{B}\,\overline{C}+\overline{A}BC+AB\,\overline{C}+A\,\overline{B}C+ABC\\&=(\overline{A}\cdot\overline{B}C+\overline{A}BC)+(\overline{A}B\,\overline{C}+AB\,\overline{C})+(A\,\overline{B}\,\overline{C}+A\,\overline{B}C)+ABC\\&=\overline{A}C+B\overline{C}+(A\overline{B}+ABC)\\&=\overline{A}C+B\overline{C}+A(\overline{B}+BC)\\&=\overline{A}C+B\overline{C}+A\overline{B}+AC\\&=(\overline{A}C+AC)+B\overline{C}+A\overline{B}\\&=C+B\overline{C}+A\overline{B}\\&=C+B+A\end{aligned}$$

(2) 用图形法化简

1) 画出函数 Y 的卡诺图，如图 1 - 16 所示。

2) 合并最小项，约束项均当作 1 处理。

3) 写出最简与或表达式。

$$Y=A+B+C$$

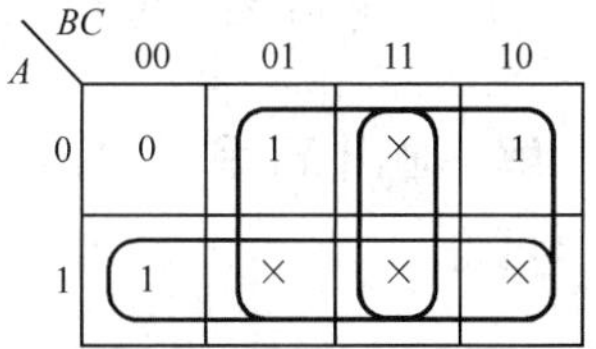

1 - 16　［例 1 - 30］中 Y 的卡诺图

结果与公式法求出的相同。

【例 1 - 31】 写出判断一个 1 位十进制数是否为奇数的逻辑表达式，并进行化简。

解 采用 8421BCD 码编码方式，则描述该问题的逻辑函数的真值表如表 1 - 18 所列。

表 1 - 18 判断 1 位十进制数是否为奇数的函数真值表

十进制数	BCD码				Y
	A	B	C	D	
0	0	0	0	0	0
1	0	0	0	1	1
2	0	0	1	0	0
3	0	0	1	1	1
4	0	1	0	0	0
5	0	1	0	1	1
6	0	1	1	0	0
7	0	1	1	1	1
8	1	0	0	0	0
9	1	0	0	1	1
10	1	0	1	0	×
11	1	0	1	1	×
12	1	1	0	0	×
13	1	1	0	1	×
14	1	1	1	0	×
15	1	1	1	1	×

表中对于十进制数 0～9，函数的取值是确定的。但对于十进制数的 10～15，由于它们不属于 1 位的十进制数，函数可以随意取值。因此该逻辑函数是具有无关项的逻辑函数。

由表 1 - 18 可写出逻辑表达式为

$$Y(A,B,C,D)=\sum_m(1,3,5,7,9)+\sum_d(10,11,12,13,14,15)$$

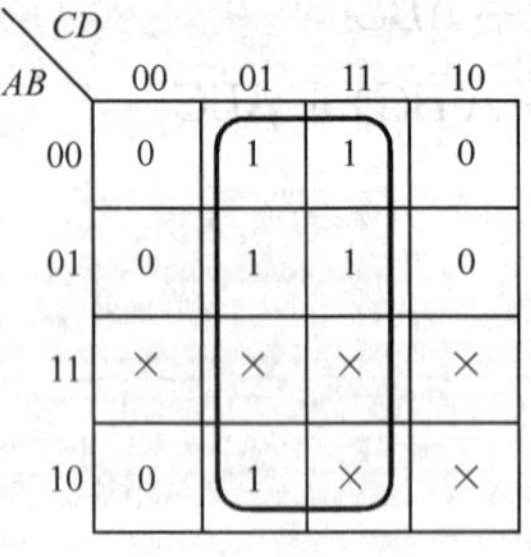

图 1 - 17 ［例 1 - 31］的函数卡诺图

根据表 1 - 18 画出函数的卡诺图，如图 1 - 17 所示。化简结果为

$$Y=D$$

【例 1 - 32】 用卡诺图法将下列具有约束的逻辑函数化简成最简与或式。

(1) $\begin{cases} Y_1=\overline{A}\,\overline{B}\,\overline{C}+AB\,\overline{C}+A\,\overline{B}\,\overline{C} \\ \overline{A}B\,\overline{C}+ABC+A\,\overline{B}C=0 \end{cases}$

(2) $Y_2(A,B,C,D)=\sum_m(2,3,4,7,12,13,14)+\sum_d(5,6,8,9,10,11)$

解 画出 Y_1 和 Y_2 的卡诺图，如图 1 - 18 所示。

可得

$$Y_1=\overline{C}$$

$$Y_2=B\overline{D}+B\overline{C}+\overline{A}C$$

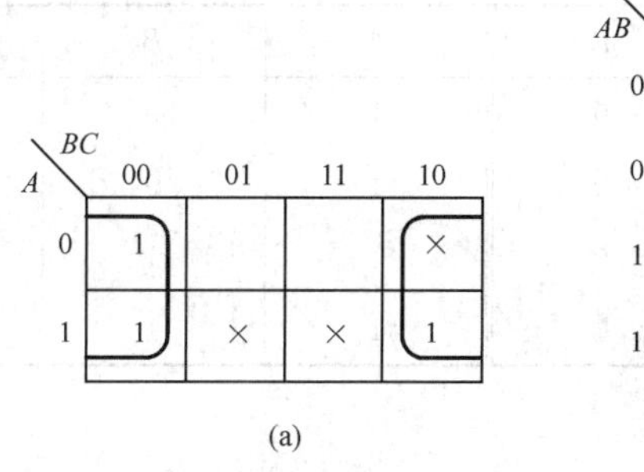

(a)

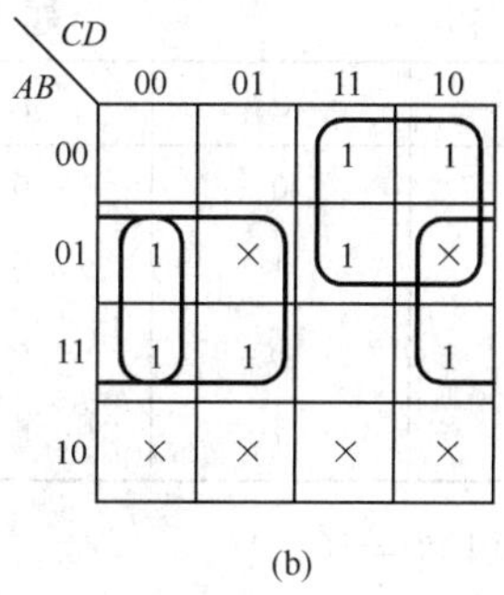

(b)

图 1-18 [例 1-32] 用图

(a) Y_1 的卡诺图；(b) Y_2 的卡诺图

本 章 小 结

1. 数字电路研究的主要问题是输入变量与输出函数间的逻辑关系，它的工作信号在时间和数值上是离散的，用二值量 0、1 表示。

2. 二进制是数字电路的基本计数体制；十六进制有 16 个数字符号，4 位二进制数可表示 1 位十六进制数。常用的码制为 8421BCD 码。

3. 逻辑代数有 3 种基本的逻辑运算（关系）——与、或、非，由它们可组合或演变成几种复合逻辑运算——与非、或非、异或、同或和与或非等。

4. 逻辑函数有 5 种常用的表示方法——真值表、逻辑表达式、逻辑图、波形图、卡诺图。它们虽然各具特点，但都能表示输出函数与输入变量之间的取值对应关系。5 种表示方法可以相互转换，其转换方法是分析和设计数字电路的必要工具，在实际中可根据需要选用。

5. 逻辑函数的化简是分析、设计数字电路的重要环节。实现同样的功能，电路越简单，成本就越低，且工作越可靠。化简逻辑函数有两种方法，公式法和卡诺图法各有所长，又各有不足，应熟练掌握。

6. 在实际逻辑问题中，输入变量之间常存在一定的制约关系，称为约束；把表明约束关系的等式称为约束条件。在逻辑函数的化简中，充分利用约束条件可使逻辑表达式更加简化。

习 题 1

1-1 填空题

(1) 某逻辑函数真值表如表 1-19 所示，则最小项之和表达式为 $L(A,B,C)=$____________________，最简与或式为 $L=$________________。

(2) 逻辑函数 $L=A\overline{B}+\overline{A}C$ 的对偶式为 $L'=$________________，最简或与式为 $L=$________________。

(3) $(174)_{10}=(\qquad\qquad)_2=(\qquad\qquad)_{8421BCD}$。

(4) $(37.483)_{10}=(\qquad\qquad)_2=(\qquad\qquad)_{16}$。

表 1-19　　题 1-1 (1) 表

A	B	C	L	A	B	C	L
0	0	0	0	1	0	0	1
0	0	1	0	1	0	1	1
0	1	0	0	1	1	0	0
0	1	1	1	1	1	1	0

(5) $(101110.011)_2 = (\qquad)_{10}$。

(6) $(254.76)_{10} = (\qquad)_8$。

(7) $(4DE.C8)_{16} = (\qquad)_{10}$。

(8) $(23F.45)_{16} = (\qquad)_2$。

(9) 将 $Y(A,B,C)=\sum_m(3,5,6,7)$ 的最大项表示为________。

1-2　选择题

(1) 同模拟信号相比，数字信号的特点是它的________。一个数字信号只有________种取值，分别表示为________和________。

A. 连续性，2，0，1　　B. 数字性，2，0，1

C. 对偶性，2，0，1　　D. 离散性，2，0，1

(2) 以下说法正确的是（　　）。

A. 数字信号在大小上不连续，时间上连续，模拟信号则相反

B. 数字信号在大小上连续，时间上不连续，模拟信号则相反

C. 数字信号在大小和时间上均连续，模拟信号则相反

D. 数字信号在大小和时间上均不连续，模拟信号则相反

(3) 下列几种说法中与 BCD 码的性质不符的是（　　）。

A. 一组 4 位二进制数组成的 BCD 码只能表示 1 位十进制数

B. BCD 码是一种人为选定的 0～9 的十个数字的代码

C. BCD 码是一组 4 位二进制数，能表示 16 以内的任何一个十进制数

D. BCD 码有多种

(4) 若将一异或门（输入端为 A、B）当作反相器使用，则 A、B 端应按（　　）连接。

A. A 或 B 中有一个接 1　　B. A 或 B 中有一个接 0

C. A 和 B 并联使用　　D. 不能实现

(5) 已知逻辑门电路的输入信号 A、B 和输出信号 Y 的波形如图 1-19 (a) 所示，则该电路实现（　　）逻辑功能。

A. 与非　　B. 异或　　C. 或　　D. 无法判断

(6) 已知逻辑门电路的输入信号 A、B 和输出信号 Y 的波形如图 1-19 (b) 所示，则该电路实现（　　）逻辑功能。

A. 与非　　B. 异或　　C. 或　　D. 无法判断

(7) 下列一组数中的最大数为（　　）。

A. $(11)_{10}$　　B. $(10110)_2$

C. $(10010001)_{8421BCD}$　　D. $(110)_8$

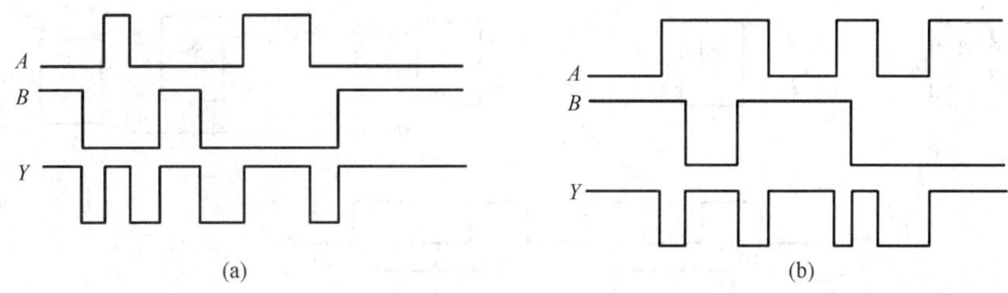

图 1-19 题 1-2 (5)、(6) 图

(8) 已知有 4 个逻辑变量，它们能组成的最大项的个数为（　　），这 4 个逻辑变量的任意两个最小项之积恒为（　　）。

1-3 写出下列二进制数的原码、反码和补码。

(1) $(+1110)_2$　(2) $(+10110)_2$　(3) $(-1110)_2$　(4) $(-10110)_2$

1-4 试用 8 位二进制补码计算下列各式，并用十进制数表示结果。

(1) 12+9　(2) 11−3　(3) −29−25　(4) −120+30

1-5 根据反演规则和对偶规则，直接写出下列函数的反函数和对偶式。

(1) $W=\overline{A}\cdot\overline{B}+A\overline{C}+BC$　　(2) $X=\overline{A}C+\overline{\overline{B}C+A(\overline{B}+\overline{CD})}$

(3) $Y=(\overline{A}+\overline{B})\cdot\overline{(B+C)(A+\overline{C})}$　　(4) $Z=\overline{A}B\cdot\overline{\overline{B}C+D}+A(B+\overline{C})$

1-6 列出下列各函数的真值表。

(1) $Y(A、B、C)=AC+A\overline{B}$　　(2) $Y(A、B、C)=A\oplus B\oplus C$

1-7 试用真值表证明下列等式成立

(1) $(A+B)(\overline{A}+C)(B+C)=(A+B)(\overline{A}+C)$

(2) $AB(A\oplus B\oplus C)=ABC$

(3) $\overline{A}\,\overline{B}+AB=\overline{A\overline{B}+\overline{A}B}$

(4) $\overline{A+B+C}=\overline{A}\,\overline{B}\,\overline{C}$

1-8 电路如图 1-20 所示。设开关闭合表示为 1，断开表示为 0；灯亮表示为 1，灯灭表示为 0。试分别列出（a）、（b）、（c）各电路中灯泡 Y 与开关 A、B、C 关系的真值表，写出函数表达式，并画出相应的逻辑符号。

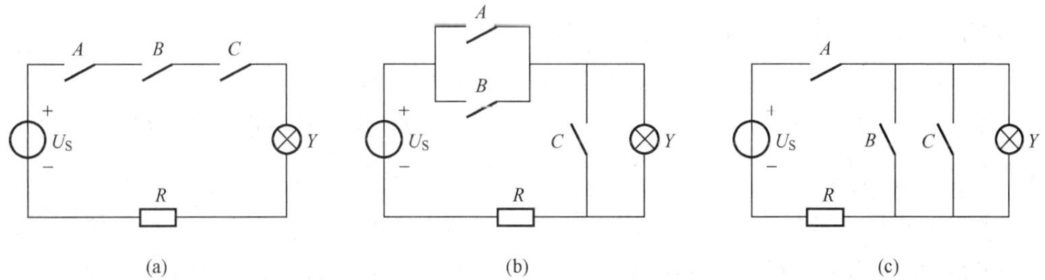

图 1-20 题 1-8 图

1-9 将下列各式展开成最小项之和的形式。

(1) $F=A+B\overline{C}+\overline{A}C$　　(2) $F=B(A+\overline{C})(A+\overline{B}+C)$

(3) $F=(A\oplus B)\overline{\overline{A}\cdot\overline{B}+AB}+AB$　　(4) $F=\overline{\overline{A}(\overline{B}+C)}$

1-10 根据图 1-21 中所给的输入变量 A、B、C 的波形，分别画出输出 $Y_1\sim Y_4$ 的波形。

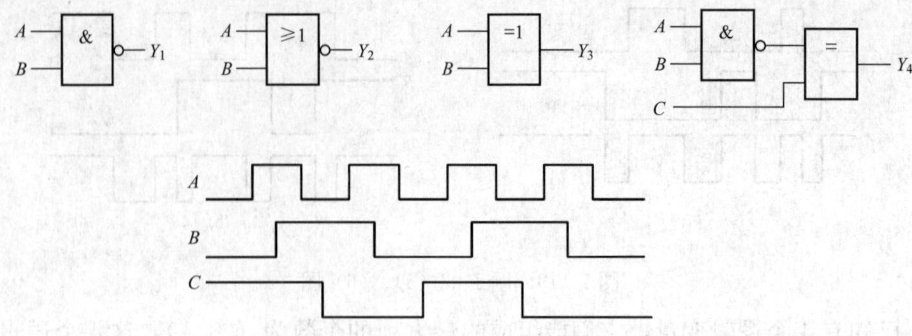

图 1 - 21　题 1 - 10 图

1 - 11　将逻辑函数 $F=A\oplus B$ 变换为以下形式，并分别画出对应的电路图。

(1) 与或式　(2) 与非式　(3) 或与式　(4) 或非式　(5) 与或非式

1 - 12　试写出如图 1 - 22 所示各逻辑图输出变量的逻辑表达式。

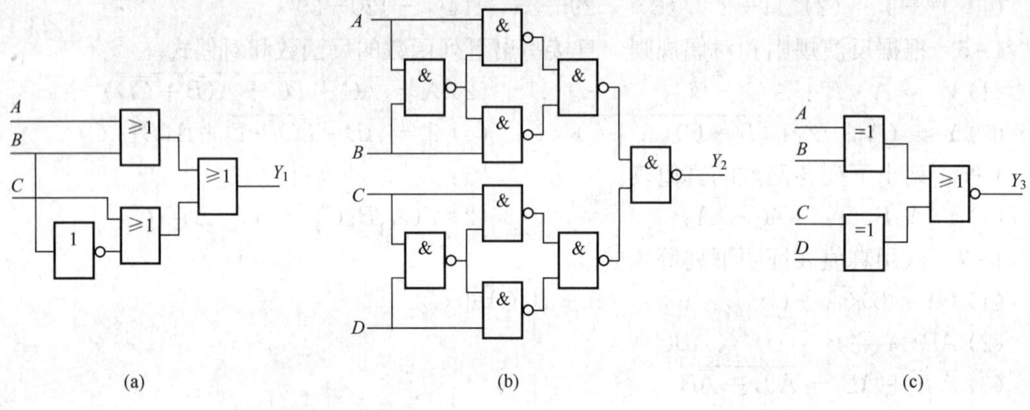

图 1 - 22　题 1 - 12 图

1 - 13　用公式法化简下列逻辑函数为最简与或表达式。

(1) $Y_1=A\overline{B}(C+D)+B\overline{C}+\overline{A}\cdot\overline{B}+\overline{A}C+BC+\overline{B}\cdot\overline{C}\cdot\overline{D}$

(2) $Y_2=A(\overline{B}+C+D)(B+\overline{D})$

(3) $Y_3=A+A\overline{B}\,\overline{C}+\overline{A}CD+\overline{C}E+\overline{D}E$

(4) $Y_4=AB\overline{C}\,\overline{D}+A\overline{B}\,\overline{D}+B\overline{C}D+AB\overline{C}+\overline{B}\,\overline{D}+B\overline{C}$

(5) $Y_5=\overline{ABC}+AB\overline{C}$　　(6) $Y_6=A+B+C+\overline{A}\,\overline{B}\,\overline{C}$

(7) $Y_7=(B+\overline{B}C)(A+AD+B)$　　(8) $Y_8=(A+B+C)(\overline{A}+\overline{B}+\overline{C})$

(9) $Y_9=A\overline{D}+A\overline{C}+C\overline{D}+AD$　　(10) $Y_{10}=\overline{A\overline{C}B}+\overline{A\overline{C}+B}+BC$

(11) $Y_{11}=A\overline{B}+B\overline{C}+\overline{A}B+AC$　　(12) $Y_{12}=A\overline{B}+\overline{A}+B+\overline{C}+AC$

(13) $Y_{13}=AB(C+D)+(\overline{A}+\overline{B})\cdot\overline{\overline{C}\cdot\overline{D}}+\overline{C\oplus D}\cdot\overline{D}$

(14) $Y_{14}=AD+AB+\overline{A}C+A\overline{D}+BD+A\overline{B}EF+\overline{B}EF$

(15) $Y_{15}=\overline{A\oplus C\cdot\overline{\overline{B}(A\overline{C}\cdot\overline{D}+\overline{A}C\overline{D})}}$

1 - 14　用卡诺图法化简下列逻辑函数为最简与或表达式。

(1) $Y_1=A\overline{B}D+\overline{A}BD+\overline{A}\,\overline{B}\,\overline{C}+\overline{A}CD+\overline{A}\,\overline{B}\,\overline{D}$

(2) $Y_2=\overline{A}\,\overline{B}\,\overline{C}+\overline{A}\,\overline{C}\,\overline{D}+\overline{A}BC+ABD+\overline{A}C\,\overline{D}+AC\,\overline{D}$

(3) $Y_3=A\overline{B}+B\overline{C}+\overline{A}\,\overline{\overline{B}\cdot\overline{C}}+\overline{A}BC$

(4) $Y_4=A\overline{B}+B\overline{C}+C\overline{D}+\overline{A}D+AC+A\overline{C}$

(5) $Y_5=A\overline{B}CD+\overline{B}\,\overline{C}D+(A+C)B\overline{D}$

(6) $Y_6(A,B,C)=\sum_m(0,1,2,5)$

(7) $Y_7(A,B,C)=\sum_m(0,2,4,6,7)$

(8) $Y_8(A,B,C)=\sum_m(0,1,2,3,4,5,6)$

(9) $Y_9(A,B,C)=\sum_m(0,1,2,3,6,7)$

(10) $Y_{10}(A,B,C,D)=\sum_m(0,1,8,9,10)$

(11) $Y_{11}(A,B,C,D)=\sum_m(0,1,2,3,4,9,10,12,13,14,15)$

(12) $Y_{12}(A,B,C,D)=\sum_m(0,4,6,8,10,12,14)$

(13) $Y_{13}(A,B,C,D)=\sum_m(1,3,8,9,10,11,14,15)$

(14) $Y_{14}(A,B,C,D)=\sum_m(3,5,8,9,11,13,14,15)$

(15) $Y_{15}(A,B,C,D)=\sum_m(0,2,3,4,8,10,11)$

(16) $Y_{16}(A,B,C,D)=\sum_m(0,1,2,3,4,9,10,11,12,13,14,15)$

(17) $Y_{17}(A,B,C,D)=\sum_m(0,1,4,6,8,9,10,12,13,14,15)$

(18) $Y_{18}(A,B,C,D)=\sum_m(2,4,5,6,7,11,12,14,15)$

1-15 化简下列具有约束项的逻辑函数，求出最简与或表达式。

(1) $Y_1(A,B,C,D)=\sum_m(3,4,5,6)+\sum_d(10,11,12,13,14,15)$

(2) $Y_2(A,B,C,D)=\sum_m(1,3,5,7,8,9)+\sum_d(11,12,13,15)$

(3) $Y_3(A,B,C,D)=\sum_m(0,2,6,7,8,10,12)+\sum_d(5,11)$

(4) $Y_4(A,B,C,D)=\sum_m(0,1,8,10)+\sum_d(2,3,4,5,11)$

(5) $Y_5(A,B,C,D)=\sum_m(0,2,7,8,13,15)+\sum_d(1,5,6,9,10,11,12)$

(6) $Y_6(A,B,C,D)=\sum_m(2,4,6,7,12,15)+\sum_d(0,1,3,8,9,11)$

(7) $Y_7(A,B,C,D)=\sum_m(1,2,4,12,14)+\sum_d(5,6,7,8,9,10)$

(8) $Y_8(A,B,C,D)=\sum_m(0,2,3,4,5,6,11,12)+\sum_d(8,9,10,13,14,15)$

(9) $\begin{cases}Y_9=\overline{A}\,\overline{C}D+\overline{A}BCD+\overline{A}\,\overline{B}D\\AB+AC=0\end{cases}$

(10) $\begin{cases}Y_{10}=AB\overline{C}+\overline{A}BC\overline{D}+\overline{A}\,\overline{B}CD\\AB+AC=0\end{cases}$

(11) $\begin{cases}Y_{11}=\overline{B}\,\overline{C}\,\overline{D}+B\overline{C}D+\overline{A}\,\overline{B}C+\overline{A}\,\overline{B}\,\overline{D}\\AC+BC=0\end{cases}$

1-16 已知某逻辑函数 $F=A\overline{B}+B\overline{C}+C\overline{A}$。试用真值表、卡诺图和逻辑图表示。

1-17 写出如图 1-23 所示各逻辑图的函数表达式，并化简成最简与或式。

1-18 某工厂有 4 个股东，分别拥有 40%、30%、20%和 10%的股份。一个议案要获得通过，必须至少有超过一半股权的股东投赞成票。试列出该厂股东对议案进行表决的电路的真值表，并求出最简与或式。

1-19 已知有 4 个运动员参加拳击比赛，举行拳击比赛的条件有：

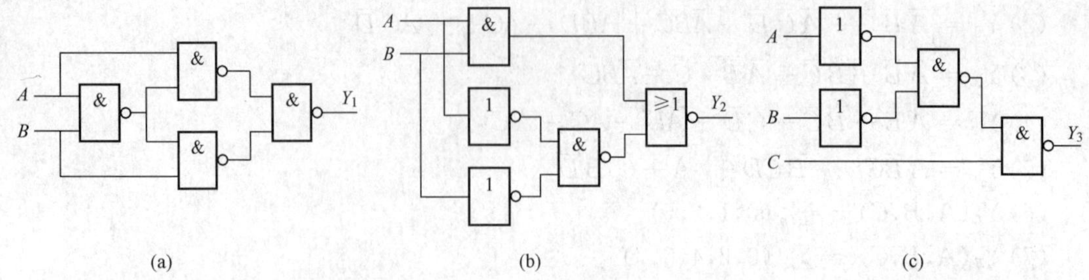

图 1-23 题 1-17 图

(1) 只有在有其他运动员在场的条件下，A 才可与任何运动员比赛。

(2) B 只与 C 比赛，而且是在无其他运动员在场的情况下。

(3) C 可与任何运动员比赛，但只要 D 在场则拒绝比赛。

(4) D 宣布不与任何运动员比赛。

试求出举行一次拳击比赛的逻辑表达式，并用逻辑语言解释之。

1-20 某报警电路有 4 条输入信号线，线 A 接隐蔽的控制开关，线 B 接带锁壁柜中钢制保险箱下面的压力传感器，线 C 接时钟，线 D 接带锁壁柜柜门开关。各条线满足如下条件时产生逻辑 1 的电压。

A：隐蔽的控制开关关闭　　B：钢制保险箱处于正常位置

C：时钟在 10：00～16：00 之间　　D：带锁壁柜柜门关闭

当出现下列任意一种或多种情况时，报警电路发出报警信号：

(1) 隐蔽的控制开关关闭而其保险箱移动了。

(2) 时钟的时间在 10：00～16：00 之外时，带锁壁柜柜门打开了。

(3) 隐蔽的控制开关断开而且带锁壁柜柜门打开了。

试列出该报警电路的真值表。

本章实验　集成逻辑门电路的功能检测

一、实验目的

1. 了解门电路的逻辑符号、门电路方框图及引脚功能，验证常用门电路的逻辑功能。
2. 熟悉实验环境，掌握常用实验仪器的使用。

二、实验仪器与器材

1. 部分 74LS 系列集成电路（00，04，08，27，32），部分 CMOS 系列集成电路。
2. 直流稳压电源。
3. 万用表。
4. 发光二极管及其限流电阻。
5. 波段开关等。

三、实验原理

用以实现各种逻辑运算的电路称作门电路，如与门、或门、与或非门等。门电路实际上是一种条件开关电路，由于门电路的输入、输出信号之间存在着一定的逻辑关系，所以又称为逻辑门电路。集成逻辑门是数字电路中应用最广泛最基本的一类器件。

集成电路也叫芯片，通用型集成电路的封装形式是双列直插式，其管脚（也叫引脚）按电路需要有8、14、16、20、24、28和40脚等。判断管脚排列顺序的方法是：将集成电路的正面对准使用者，以左边缺口为标志，管脚号从左下角（有标志“·”）开始为第1管脚，后面的依次按逆时针方向递增。

集成电路的管脚，分别对应逻辑符号图中的输入端和输出端。TTL集成电路的电源和地一般在芯片的两端。例如对于双列直插式14管脚的芯片，7脚为电源地（GND），14脚为电源正极 V_{CC}（+5V），其余管脚为输入端和输出端引线。CMOS集成电路管脚排列的特点是：V_{DD}接电源正极（+3～+18 V）；V_{SS}接电源负极（通常接地）。如图1-24所示分别为四-2输入与非门74LS00、六反相器74LS04、四-2输入与门74LS08、三-3输入或非门74LS27、四-2输入或门74LS32的引脚排列图。

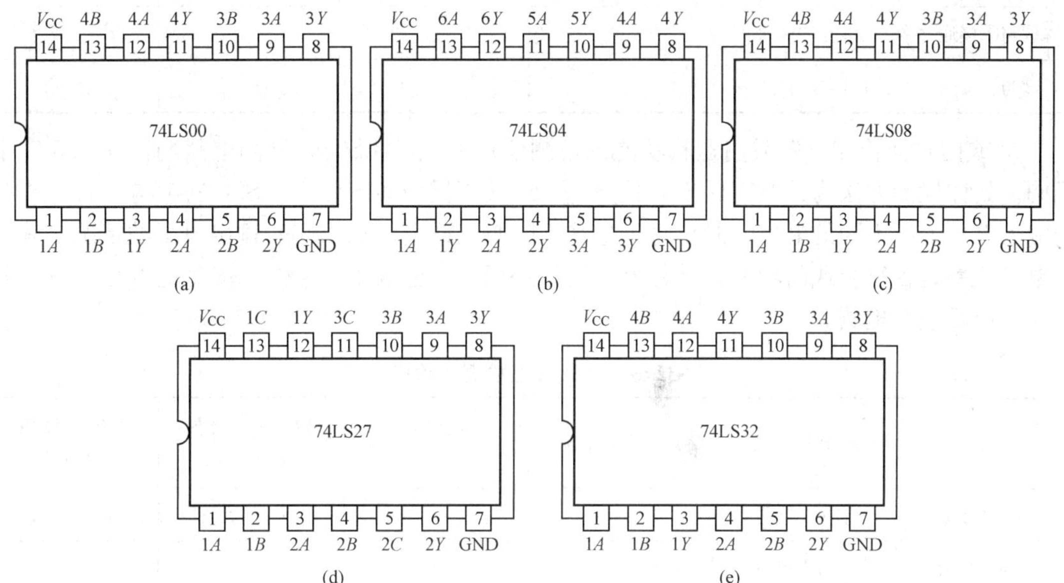

图1-24 集成门电路的引脚排列图

（a）四-2输入与非门；（b）六反相器；（c）四-2输入与门；（d）三-3输入或非门；（e）四-2输入或门

四、实验内容与步骤

1. 与门功能检测。对与门逻辑功能的检测使用的是74LS08，检测电路如实验图1-25所示。

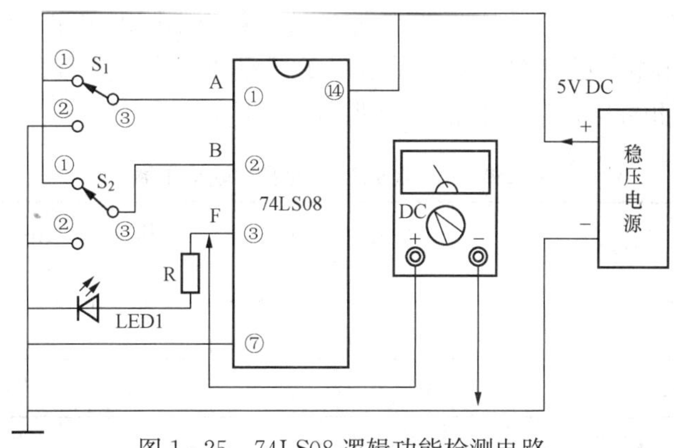

图1-25 74LS08逻辑功能检测电路

具体检测方法为：改变转换开关 S_1 和 S_2 接不同位置，使 74LS08 的①与②脚（与门的输入端）处于不同的电平，测出每种电平下③脚（与门的输出端）输出电平的情况，确认其电平关系是否符合与门功能，并将检测的结果填入表 1 - 20 中。图 1 - 25 是以 74LS08 内的门 1 为例，其他 3 只门的检测方法与门 1 相同。

表 1 - 20　　74LS08 与门逻辑功能检测实验记录表

S_1 连接情况	S_2 连接情况	灯亮、灭情况	万用表示值（V）	输出逻辑状态（填 1 或 0）	结论（写出逻辑表达式）
③与②接通	③与②接通				
③与②接通	③与①接通				
③与①接通	③与②接通				
③与①接通	③与①接通				

2. 或门功能检测。对或门逻辑功能的检测使用的是 74LS32，检测电路与图 1 - 25 完全相同。具体检测方法为：改变转换开关 S_1 和 S_2 接不同位置，使 74LS32 的①与②脚（或门的输入端）处于不同的电平，测出每种电平下③脚（或门的输出端）输出电平的情况，确认其电平关系是否符合或门功能，并将检测的结果填入实验表 1 - 21 中。按照此方法可以对其他 3 只或门进行检测。

表 1 - 21　　74LS32 或门逻辑功能检测实验记录表

S_1 连接情况	S_2 连接情况	灯亮、灭情况	万用表示值（V）	输出逻辑状态（填 1 或 0）	结论（写出逻辑表达式）
③与②接通	③与②接通				
③与②接通	③与①接通				
③与①接通	③与②接通				
③与①接通	③与①接通				

3. 非门功能检测。对非门逻辑功能的检测使用的是 74LS04，检测电路与图 1 - 25 相似，不同的是非门只有一个输入端，因此只需一个转换开关。具体检测方法为：改变转换开关 S_1 接不同位置，使 74LS04 的①脚（非门的输入端）处于不同的电平，测出每种电平下②脚（非门的输出端）输出电平的情况，确认其电平关系是否符合非门功能，并将检测的结果填入表 1 - 22 中。按照此方法可以对其他 5 只非门进行检测。

表 1 - 22　　74LS04 非门逻辑功能检测实验记录表

S_1 连接情况	灯亮、灭情况	万用表示值（V）	输出逻辑状态（填 1 或 0）	结论（写出逻辑表达式）
③与②接通				
③与①接通				

4. 与非门功能检测。对与非门逻辑功能的检测使用的是 74LS00（或 CD4011），检测电路与图 1 - 25 完全相同。具体检测方法为：改变转换开关 S_1 和 S_2 接不同位置，使 74LS00 的①与②脚（与非门的输入端）处于不同的电平，测出每种电平下③脚（与非门的输出端）输出电平的情况，确认其电平关系是否符合与非门功能，并将检测的结果填入表 1 - 23 中。按照此方法可以对其他 3 只与非门进行检测。

表 1 - 23　　74LS00 与非门逻辑功能检测实验记录表

S_1 连接情况	S_2 连接情况	灯亮、灭情况	万用表示值（V）	输出逻辑状态（填 1 或 0）	结论（写出逻辑表达式）
③与②接通	③与②接通				
③与②接通	③与①接通				
③与①接通	③与②接通				
③与①接通	③与①接通				

5. 或非门功能检测。对或非门逻辑功能的检测使用的是 74LS27。检测电路与图 1 - 25 相似，不同的是 74LS27 是一种三 - 3 输入或非门，其内部每个或非门均有三个输入端，因此需要三个转换开关。具体检测方法为：改变转换开关 S_1、S_2 和 S_3 接不同位置，使 74LS27 的③、④、⑤脚（或非门的输入端）处于不同的电平，测出每种电平下⑥脚（或非门的输出端）输出电平的情况，确认其电平关系是否符合或非门功能，并将检测的结果填入表 1 - 24 中。按照此方法可以对其他 2 只或非门进行检测。

表 1 - 24　　74LS27 或非门逻辑功能检测实验记录表

S_1 连接情况	S_2 连接情况	S_3 连接情况	灯亮、灭情况	万用表示值（V）	输出状态（填 1 或 0）	结论（写逻辑表达式）
③与②接通	③与②接通	③与②接通				
③与②接通	③与②接通	③与①接通				
③与②接通	③与①接通	③与②接通				
③与②接通	③与①接通	③与①接通				
③与①接通	③与②接通	③与②接通				
③与①接通	③与②接通	③与①接通				
③与①接通	③与①接通	③与②接通				
③与①接通	③与①接通	③与①接通				

五、实验报告要求

1. 将获得的实验结果与理论值进行比较，分析误差存在的原因。

2. 参照图 1 - 25，自行画出 74LS32、74LS04、74LS00 和 74LS27 的逻辑功能检测电路。

3. 在上述实验操作中应注意哪些问题？

4. 若将门电路的输入信号端置 1，除了可以将其接＋5V 电源外，还有什么办法？这种办法有何弊端？

第2章　逻辑门电路

内容提要

(1) 半导体二极管、三极管、场效应管的开关特性；
(2) 二极管与门、二极管或门、三极管非门；
(3) 集成TTL门电路的工作特性、型号、参数及使用；
(4) 集成CMOS门电路的工作特性、型号、参数及使用；
(5) TTL与CMOS之间的接口电路。

用以实现各种逻辑运算的电子电路称为门电路。与第1章所讲的基本逻辑运算和复合逻辑运算相对应，常用的门电路在逻辑功能上有与门、或门、非门、与非门、或非门、异或门、同或门、与或非门等。本章首先讨论分立元件门电路。在此基础上，重点介绍集成TTL门电路和集成MOS门电路以及它们之间的接口技术。

2.1　半导体器件的开关特性

在逻辑代数中，变量的取值不是0就是1，是一种二值量。在数字电路中，与之对应的是电子元件的两种状态。能实现这两种状态的电子元件称为电子开关。二极管、三极管和场效应管在数字电路中就是构成这种电子开关的基本开关元件。理想情况下，开关状态的转换是瞬间完成的，但实际中这种理想开关是不存在的。

2.1.1　半导体二极管的开关特性

1. 开关条件及特点

图2-1是硅二极管的电路符号以及伏安特性曲线。由特性曲线可知，二极管具有单向导电性。图2-2是硅二极管构成的开关电路，其中输入信号 u_i 为跳变的电压信号，高电平 $U_{iH}=5V$，低电平 $U_{iL}=-2V$。

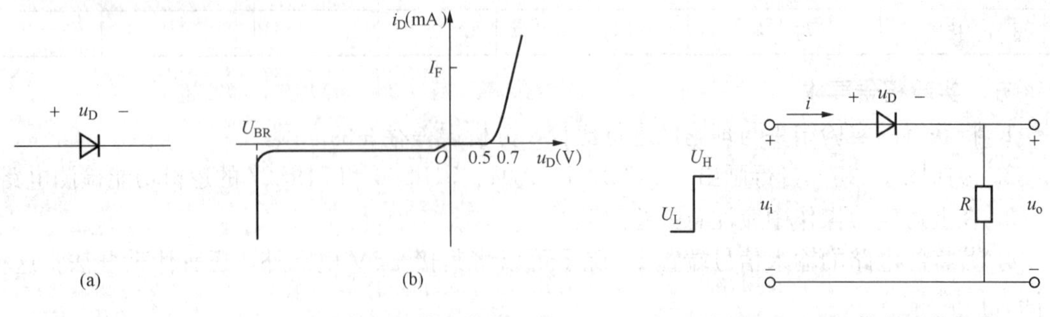

图2-1　硅二极管的电路符号及伏安曲线
(a) 符号；(b) 伏安特性

图2-2　二极管的开关电路

当二极管的正偏电压为高电平，即 $u_i=U_{iH}=5V$ 时，如图2-3（a）所示，二极管导通，且有0.7V的压降，其等效电路如图2-3（b）所示（理想情况下，二极管正偏时可看成短路，相当于开关闭合）。若 $u_i=U_{iL}=-2V$，如图2-3（c）所示，此时二极管反偏截止，$i\approx 0$，其等效电路如图2-3（d）所示，二极管相当于开关断开。

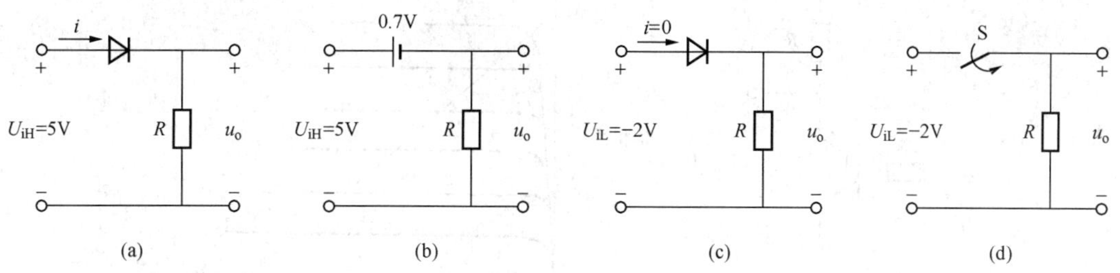

图2-3 二极管的开关特性

（a）正偏导通；（b）正偏等效电路；（c）反偏截止；（d）反偏等效电路

2. 二极管的开关时间

在如图2-2所示的二极管开关电路中，当输入信号 u_i 是跳变电压时，流过二极管的电流 i 的波形滞后于输入电压 u_i 的变化，如图2-4所示。

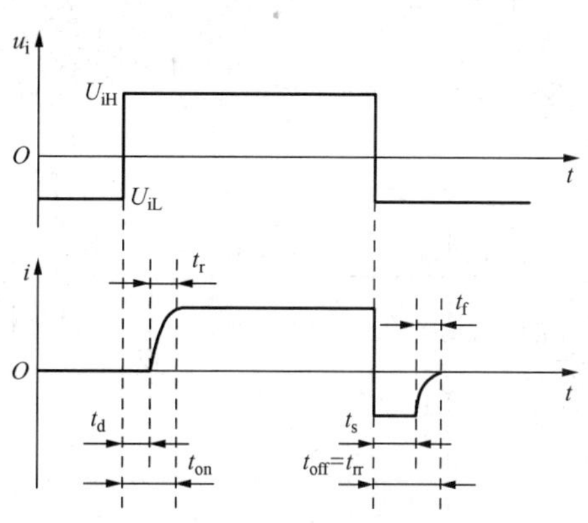

图2-4 二极管的开关时间

因为二极管由一个PN结组成，所以当外加输入信号突变时，空间电荷区的电荷有一个积累和释放的过程，如同电容器的充、放电一样，表现出一定的电容效应，称其为结电容。

（1）开通时间 t_{on}。由于结电容的存在，当输入电压 u_i 由 U_{iL} 跳变到 U_{iH} 时，二极管要经过导通延迟时间 t_d 和上升时间 t_r 之后，才能由截止状态转换到导通状态。其原因在于，当 u_i 由 U_{iL} 跳变到 U_{iH} 时，PN结内部要建立起足够的电荷梯度才开始形成正向扩散电流，因而正向导通电流的建立要稍滞后于输入电压正跳变的时间。所以半导体二极管的开通时间为

$$t_{on}=t_d+t_r \tag{2-1}$$

（2）关闭时间 t_{off}。当输入电压 u_i 由 U_{iH} 跳变到 U_{iL} 时，二极管经过存储时间 t_s 和下降时间 t_f 之后，才会由导通状态转换到截止状态。其原因在于，当 u_i 由 U_{iH} 跳变到 U_{iL} 时，由于PN结内尚存在一定数量的存储电荷，所以有较大的瞬态反向电流，随着存储电荷的释放，反向电流逐渐减小并趋近于零，最后稳定在一个微小的数值，即达到反向饱和电流。将反向电流从它的峰值衰减到它十分之一值时所经过的时间称做关闭时间。关闭时间也叫做反向恢复时间，用 t_{re} 表示。二极管的关断时间为

$$t_{off}=t_s+t_f \tag{2-2}$$

由于二极管的开通时间 t_{on} 比关闭时间 t_{off} 短得多，所以一般情况下可以忽略不计，而只考虑关闭时间，即反向恢复时间。一般开关二极管的反向恢复时间也只有几个纳秒。例如，用于高速开关电路的平面型硅开关管2CK系列，$t_{re}\leqslant 5ns$。

值得注意的是，当二极管外加跳变电压且信号变化频率很高时，因结电容的充、放电，二极管将失去单向导电性，不能起开关作用。因此，对二极管的最高工作频率应有一定的限制。

2.1.2 半导体三极管的开关特性

1. 开关条件及特点

图 2-5（a）、（b）分别为三极管的开关电路和输出特性。

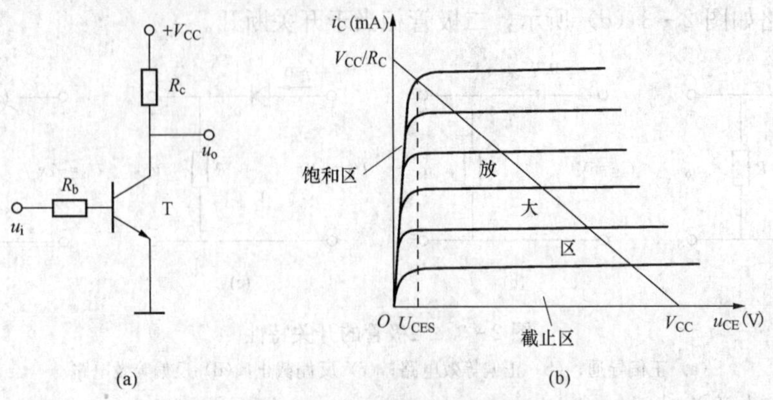

图 2-5 三极管电路及输出特性

（a）电路；（b）输出特性

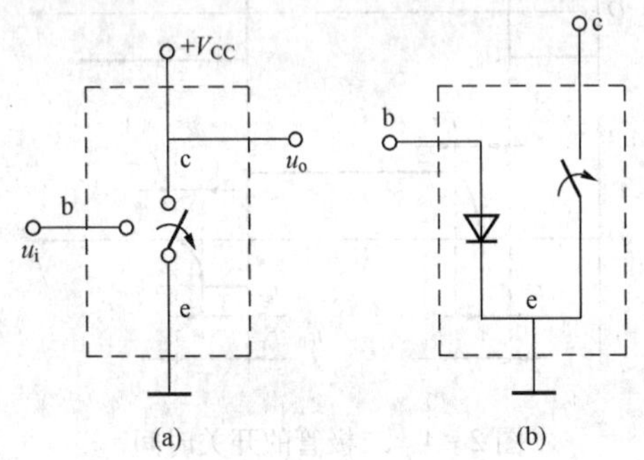

图 2-6 三极管开关等效电路

（a）截止状态；（b）饱和导通状态

当输入电压 $u_i = U_{iL} < 0.5V$ 时，三极管因发射结电压小于其导通电压而截止，工作在特性曲线的截止区。此时，$i_B \approx 0$，$i_C \approx 0$，如果忽略三极管的穿透电流，则 $u_o = V_{CC}$，c-e 间相当于开关断开。三极管截止时的等效电路如图 2-6（a）所示，三个电极如同断开的开关。

当输入电压 $u_i > 0.5V$ 且 $u_{BC} < 0V$ 时，三极管因发射结正偏、集电结反偏而处于放大状态，故工作在输出特性的放大区。此时，$i_C = \beta i_B$，i_C 受 i_B 的控制，三极管 c-e 间等效为一个受控电流源，$u_{CE} = V_{CC} - i_C R_c$。

当输入电压 u_i 继续增大时，i_B 随之增大，$i_C = \beta i_B$ 也随之增大，u_{CE} 则随之减小，当 u_{CE} 减小至与 u_{BE}（0.7V）相同时，管子进入饱和状态。通常认为 $u_{CE} = U_{BE}$ 的状态为临界饱和状态。临界饱和状态下三极管的基极电流、集电极电流和管压降可表示为 I_{BS}、I_{CS} 和 U_{CES}，则

$$I_{CS} = \frac{V_{CC} - U_{CES}}{R_c} \tag{2-3}$$

同时，它还满足 $I_{CS} = \beta I_{BS}$ 的关系，故可求出三极管进入饱和状态时的 I_{BS} 值

$$I_{BS} = \frac{I_{CS}}{\beta} = \frac{V_{CC} - U_{CES}}{\beta R_c} \tag{2-4}$$

若输入电压继续增大，管子的基极电流 i_B 将大于 I_{BS}，三极管进入饱和状态，工作在输出特性的饱和区。此时，输出电压小于 u_{BE}，通常情况下，三极管工作在饱和状态时，$u_o = U_{CES} \leqslant 0.3V$（硅管）。其等效电路如图 2-6（b）所示，三极管 c-e 间相当于一个小于 0.3V 压降的闭合开关。实际 i_B 与 I_{BS} 的比值越大，则 U_{CES} 越小。

【例 2-1】 在如图 2-5（a）所示电路中，$R_c = 1k\Omega$，$R_b = 10k\Omega$，$V_{CC} = 5V$，$\beta = 50$，三极管饱和时的 $u_{BE} = 0.7V$，$U_{CES} = 0.3V$。分别求当输入电压 $u_i = 0.3V$、1V、3V 时的输出

电压 u_o，并判断三极管的工作状态。

解　(1) 当 $u_i=0.3V$ 时，由于 $u_{BE}<0.5V$，所以基极电流 $i_B\approx 0$，三极管工作在截止状态，集电极电流 $i_C\approx 0$，故输出电压 $u_o=V_{CC}-i_C R_c=5V$。

(2) 当 $u_i=1V$ 时，三极管导通，基极电流

$$i_B=\frac{u_i-u_{BE}}{R_b}=\frac{1-0.7}{10}=0.03(mA)$$

三极管临界饱和时的基极电流

$$I_{BS}=\frac{V_{CC}-U_{CES}}{\beta R_c}=\frac{5-0.3}{50\times 1}=0.094(mA)$$

显然 $0<i_B<I_{BS}$，所以三极管工作在放大状态。此时，$i_C=\beta i_B=0.7mA$，输出电压 $u_o=u_{CE}=V_{CC}-i_C R_c=3.5V$。

(3) 当 $u_i=3V$ 时，三极管导通，基极电流

$$i_B=\frac{u_i-u_{BE}}{R_b}=\frac{3-0.7}{10}=0.23(mA)$$

三极管临界饱和时的基极电流

$$I_{BS}=\frac{V_{CC}-U_{CES}}{\beta R_c}=\frac{5-0.3}{50\times 1}=0.094(mA)$$

显然 $i_B>I_{BS}$，所以三极管工作在饱和状态。此时输出电压 $u_o=U_{CES}=0.3V$。

2. 三极管的开关时间

在如图 2-5 (a) 所示的三极管开关电路中，当输入信号 u_i 是跳变电压时，三极管集电极电流 i_c 和输出电压 u_o 的变化都滞后于输入电压 u_i 的变化，如图 2-7 所示。

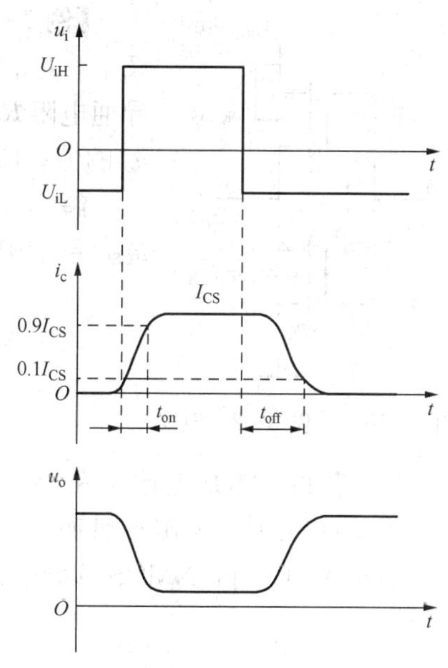

图 2-7　三极管的开关时间

当 u_i 由 U_{iL} 跳变到 U_{iH} 时，三极管由截止变为饱和导通，基区电荷有一个建立的过程；当 u_i 由 U_{iH} 跳变到 U_{iL} 时，三极管由饱和导通变为截止，基区电荷有一个释放过程，这些过程都需要一定的时间。把 u_i 正跳变瞬间开始到 i_c 上升到 $0.9I_{CS}$ 所需的时间称为开通时间，用 t_{on} 表示；把 u_i 负跳变瞬间开始到 i_c 减小到 $0.1I_{CS}$ 所需的时间称为关闭时间，用 t_{off} 表示。

由以上分析可知，三极管开、关时间的存在，影响着电路的开关速度。一般来说，关闭时间 t_{off} 大于开通时间 t_{on}。因此，降低饱和深度、减少饱和管基区电荷，可以加快释放时间，是提高三极管开关速度的关键。若输入电压 u_i 的频率过高，三极管将来不及完成饱和状态与截止状态的相互转换，从而失去开关作用。因此，对三极管的最高工作频率应有一定的限制。

2.1.3　MOS 管的开关特性

图 2-8 (a)、(b) 分别为 NMOS 管和 PMOS 管的开关电路。

MOS 管的开关特性与三极管类似。以 NMOS 管的开关电路 2-8 (a) 为例，当其栅—源电压 u_{GS} 小于开启电压 U_{TN} 时，管子截止，工作在漏极特性的截止区，此时漏—源间的电

阻极高，约为$10^9\Omega$以上；如果负载电阻R_D远远小于MOS管的截止内阻R_{OFF}，则输出端输出为高电平U_{OH}，并且$U_{OH}\approx V_{DD}$。MOS管的D—S间相当于开关断开，如图2-8（a）所示电路的等效电路如图2-9（a）所示。

当$u_{GS}\geqslant U_{TN}$时，MOS管导通并工作在可变电阻区，漏—源间导通内阻R_{ON}很小，如果负载电阻R_D远远大于R_{ON}，则输出端为低电平U_{oL}，并且$U_{oL}=0$，此时D-S间如同一个闭合的开关。其等效电路图如图2-9（b）所示。

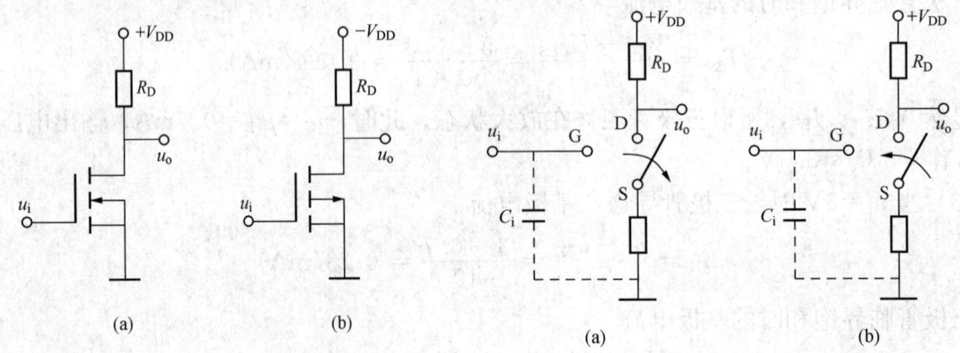

图2-8 MOS管开关电路
（a）NMOS；（b）PMOS

图2-9 NMOS管的开关等效电路
（a）截止状态；（b）导通状态

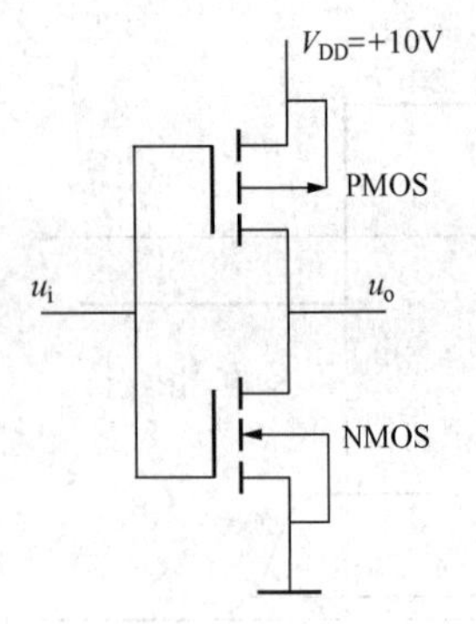

图2-10 ［例2-2］电路

【例2-2】 电路如图2-10所示。已知$U_{TN}=|U_{TP}|=4V$（U_{TN}、U_{TP}分别为NMOS管和PMOS管的开启电压，U_{TP}为负值），导通电阻$R_{ON}=500\Omega$。求：（1）当u_i分别为0V和10V时输出电压u_o的值；（2）若将PMOS管改为10kΩ的电阻，u_o的值是多少？

解 （1）当$u_i=0V$时，$u_{GSN}=0V<U_{TN}$，NMOS管截止，$u_{GSP}=-10V<U_{TP}$，PMOS管导通。所以

$$U_o=V_{DD}=10V$$

当$u_i=10V$时，$u_{GSN}=10V>U_{TN}$，NMOS管导通，$u_{GSP}=0V>U_{TP}$，PMOS管截止。所以

$$U_o=0V$$

（2）若将PMOS管改为$R_D=10k\Omega$的电阻，则

当$u_i=0V$时，NMOS管截止，故$u_o=V_{DD}=10V$；

当$u_i=10V$时，NMOS管导通，因为$R_{ON}=500\Omega$，故

$$u_o=V_{DD}\frac{R_{ON}}{R_{ON}+R_D}\approx 0.48V$$

2.2 分立元件门电路

尽管现在很少使用分立元件门电路，但所有集成门电路都是在分立元件门电路的基础上发展、演变而得到的。因此，在学习集成门电路之前，有必要学习有关分立元件门电路的一些简单的工作原理。

2.2.1　二极管与门

与门是实现与逻辑功能的电路，它有多个输入端和一个输出端。由二极管构成的与门电路如图 2-11（a）所示，u_A、u_B 为输入电压信号，u_Y 为输出电压信号；图 2-11（b）为与门的逻辑符号，其中 A、B 为输入变量，Y 为输出变量。

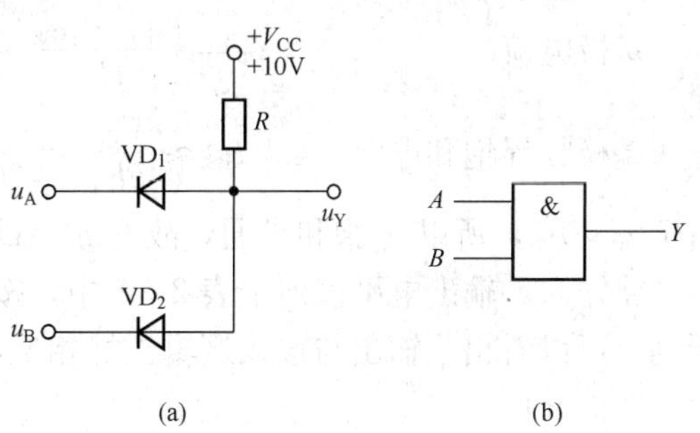

图 2-11　二极管与门

（a）电路；（b）逻辑符号

（1）当输入电压 u_A、u_B 均为低电平 0V 时，二极管 VD_1、VD_2 均导通。若将二极管视为理想开关，则输出电压 u_Y 为低电平 0V。

（2）当输入电压 u_A、u_B 中有一个为低电平 0V 时，设 u_A 为低电平 0V，u_B 为高电平 5V，则二极管 VD_1 抢先导通，VD_2 因此而截止，输出电压 u_Y 为低电平 0V。

（3）当输入电压 u_A、u_B 均为高电平 5V 时，二极管 VD_1、VD_2 均导通，输出电压 u_Y 为高电平 5V。

将上述情况下输入、输出电平值列于表 2-1 中，按正逻辑赋值得到该电路逻辑真值表如表 2-2 所列，从中可以看出，电路的输入信号只要有一个为低电平，输出便是低电平，只有输入全为高电平时，输出才是高电平，即实现与逻辑功能，其逻辑表达式为

$$Y = A \cdot B$$

表 2-1　与门电压关系表

u_A（V）	u_B（V）	VD_1	VD_2	u_Y（V）
0	0	导通	导通	0.7
0	5	导通	截止	0.7
5	0	截止	导通	0.7
5	5	导通	导通	5.7

表 2-2　与门真值表

A	B	Y
0	0	0
0	1	0
1	0	0
1	1	1

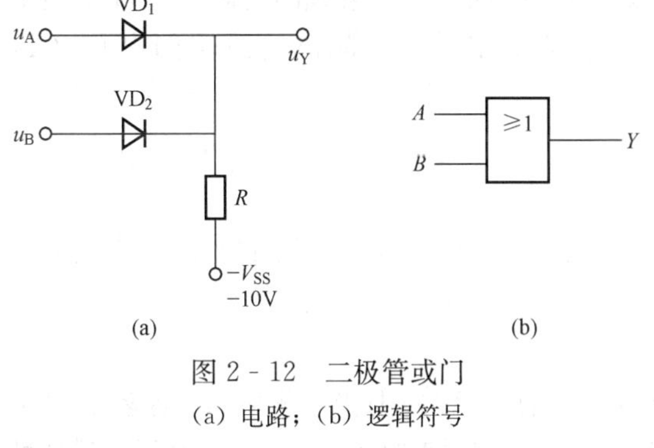

图 2-12　二极管或门

（a）电路；（b）逻辑符号

2.2.2　二极管或门

或门是实现或逻辑功能的电路，它也有多个输入端和一个输出端。由二极管构成的或门电路如图 2-12（a）所示，u_A、u_B 为输入电压信号，u_Y 为输出电压信号，其输入信号的高、低电平仍取 5V 和 0V，图 2-12（b）所示为或门的逻辑符号。

或门工作原理的分析和与门类似，这里不再赘述，请读者自行分析。

2.2.3　三极管非门（反相器）

实现非逻辑功能的电路是非门电路，也称反相器。利用三极管的开关特性，可以实现非逻辑运算。图 2-13（a）是三极管非门电路，图 2-13（b）为非门的逻辑符号。

当 $u_i = U_{iL} = 0V$ 时，三极管截止，$i_B = i_C \approx 0$，所以 $u_o = V_{CC} = 5V$ 为高电平。

当 $u_i = U_{iH} = 5V$ 时，发射结正偏，此时三极管 T 是否工作于饱和导通状态，需要进行如下判断：

基极电流 $$i_B = \frac{U_{iH} - u_{BE}}{R_b} = \frac{5 - 0.7}{4.3} = 1(\text{mA})$$

基极临界饱和电流 $$I_{BS} \approx \frac{V_{CC}}{\beta R_c} = \frac{5}{30 \times 1} \approx 0.17(\text{mA})$$

由于 $i_B > I_{BS}$，所以 T 饱和导通，故有 $u_o = U_{CES} \leqslant 0.3\text{V}$ 为低电平。

将输入、输出电平值列于表 2-3 中，按正逻辑赋值得到该电路逻辑真值表，如表 2-4 所列。可以看出，输出与输入逻辑正好相反，实现了非逻辑功能，其逻辑表达式为

$$Y = \overline{A}$$

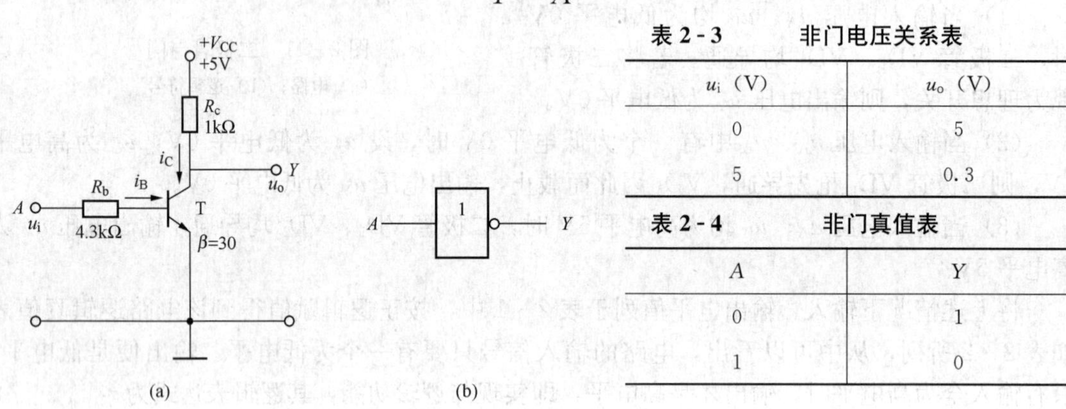

表 2-3 非门电压关系表

u_i (V)	u_o (V)
0	5
5	0.3

表 2-4 非门真值表

A	Y
0	1
1	0

图 2-13 三极管非门

(a) 电路；(b) 逻辑符号

2.3 集成 TTL 门电路

现代数字电路广泛采用了集成电路。根据半导体器件的类型，数字集成门电路分为 MOS 集成门电路和双极型（晶体三极管）集成门电路。MOS 集成门电路中，使用最多的是 CMOS 集成门电路。双极型集成门电路中，使用最多的是 TTL 集成门电路。TTL 门电路的输入、输出都是由晶体三极管组成，所以人们称它为晶体管—晶体管逻辑门电路（Transistor Transistor Logic），简称 TTL 门。

2.3.1 集成 TTL 与非门

1. 电路组成

TTL 门电路的基本形式是与非门，图 2-14 中的（a）和（b）分别为 TTL 与非门的基本电路及逻辑符号。

电路内部分为三级。

（1）输入级：由多发射极三极管 T_1 和电阻 R_1 组成，多发射极三极管 T_1 有多个发射极，作为门电路的输入端。VD_1、VD_2 是输入端保护二极管，为抑制输入电压负向过低而设置的。

（2）中间放大级：由 T_2、R_2、R_3 组成，T_2 集电极输出驱动 T_3，发射极输出驱动 T_4。

（3）输出级：由 T_3、T_4、D_3 和 R_4 组成。

2. 工作原理

在图 2-14（a）中，若输入端中至少有一个是低电平 0V，则 T_1 管基极电位 $u_{B1} = 0.7\text{V}$，这 0.7V 电压不能使 T_1 集电结、T_2 发射结、T_4 发射结三个 PN 结导通，所以 T_2、

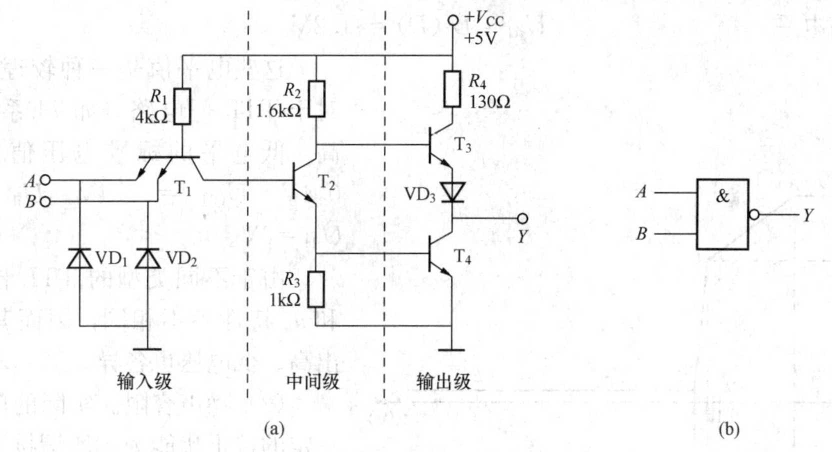

图 2-14 TTL 与非门

(a) 电路；(b) 逻辑符号

T_4 截止。此时，V_{CC}通过 R_2 使 T_3 导通，$u_o = V_{CC} - I_{B3}R_2 - u_{BE3} - u_{D3} \approx V_{CC} - u_{BE3} - u_{D3} \approx 5 - 0.7 - 0.7 = 3.6$（V），输出为高电平 U_{OH}。

当输入信号 A、B 均为高电平 3V 时，T_1 基极电位升高，足以使 T_1 集电结、T_2 发射结、T_4 发射结三个 PN 结导通，三个 PN 结一旦导通，T_1 基极电位即被钳位于 2.1V。T_1 的发射结反偏，集电结正偏，处于倒置工作状态，T_1 失去电流放大作用。三极管 T_2、T_4 导通后，进入饱和区，$u_o = U_{CES4} = 0.3$V，输出为低电平 U_{OL}。

由此可见，只要输入端有一个为低电平，则输出高电平；只有输入端全为高电平时，才输出低电平。所以图 2-14（a）实现的是与非逻辑关系。

如图 2-15 所示是两种 TTL 集成与非门 74LS00 和 74LS20 的引脚排列图。74LS00 内部集成了 4 个完全相同的 2 输入与非门，故简称为四-2 输入与非门；74LS20 为二-4 输入与非门。

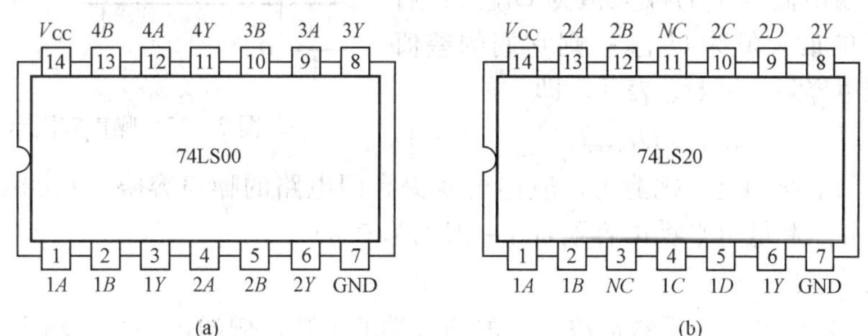

图 2-15 TTL 与非门 74LS00 和 74LS20 的引脚排列图

(a) 74LS00；(b) 74LS20

3. 主要技术参数

（1）输入、输出的高低电平。图 2-16 为 TTL 与非门的电压传输特性，它描述了与非门输出电压 u_o 与输入电压 u_i 之间的变化关系。由电压传输特性曲线可以求得输入和输出高、低电平的数值为：

输出高电平 $U_{OH} \approx U_O$（A 点）$= 3.6$V

输出低电平 $U_{OL} = U_{CES} = 0.2$V

输入低电平 $U_{iL} = U_i$（B 点）$= 0.4$V

输入高电平　　　　　　　　$U_{iH}=U_i(D)=1.2V$

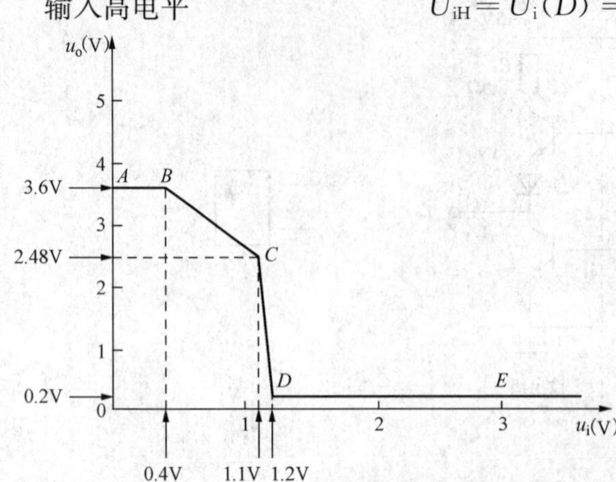

图 2-16　TTL 与非门的电压传输特性

这些电平值是一种较理想的情况。对于 TTL 门电路（如 74 系列）来说，高、低电平的标准电压值为：$U_{OL}=0.4V$，$U_{OH}=2.4V$，$U_{iL}=0.8V$，$U_{iH}=2V$。

由于不同类型的 TTL 器件，其 u_i 和 u_o 特性各不相同，因而其输入和输出高、低电压也各异。

（2）噪声容限。实际的门电路都有一定的抗干扰能力。所谓抗干扰能力是指：电路在干扰信号的作用下，维持原来逻辑状态的能力。把在保证电路输出逻辑值不变（或者说 u_o 变化范围不超过允许限度）的条件下，输入电平的允许波动范围称为输入端噪声容限。

在实际的数字系统中，往往前一级电路的输出就是后一级电路的输入。在如图 2-17 所示的噪声容限示意图中，若设前级输出高电平的最小值为 U_{OHmin}，后级输入高电平的最小值为 U_{iHmin}，则它们的差值称为高电平噪声容限，用 U_{NH} 表示，即

$$U_{NH}=U_{OHmin}-U_{iHmin} \qquad (2-5)$$

若设前级输出低电平的最大值为 U_{OLmax}，后级输入低电平的最大值为 U_{iLmax}，则它们的差值称为低电平噪声容限，用 U_{NL} 表示，即

$$U_{NL}=U_{iLmax}-U_{OLmax} \qquad (2-6)$$

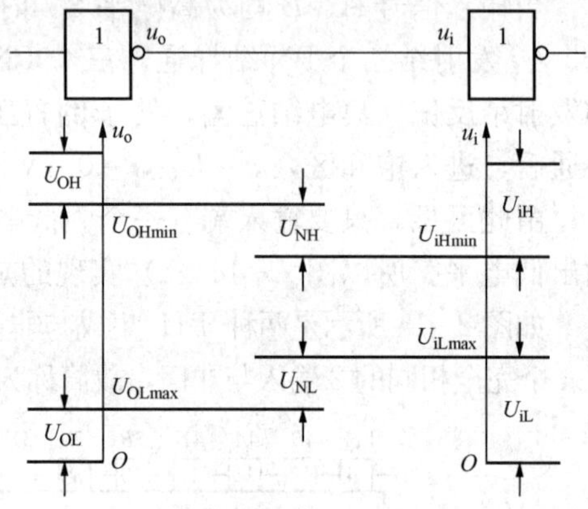

图 2-17　噪声容限示意图

为了提高门电路的抗干扰能力，应尽可能提高门电路的噪声容限。7400 系列门电路高电平噪声容限 U_{NH} 和低电平噪声容限 U_{NL} 一般均为 0.4V。

（3）扇入、扇出系数。

1）TTL 门电路的扇入系数取决于它的输入端的个数，例如，一个 3 输入的与非门，其扇入系数 $N_i=3$。

2）扇出系数的情况则稍复杂。由于实际应用中，门电路输出端一般总接有一个或几个门（这里以 TTL 与非门带同类门作为负载为例来讨论）。承受前级门输出信号的后级门称为前级门的负载门；带动负载门的前级门称为驱动门。驱动门输出的电流称为驱动电流；流经驱动门又流经负载门的电流称为负载电流。

负载电流又有两种情况，一种是负载门电流灌入驱动门输出端，这种负载叫做灌电流负载，如图 2-18（a）所示，此时，驱动门输出为低电平 U_{OL}，为了保证输出 U_{OL} 不高于规定值（0.4V），要求负载门的个数不能无限制地增加。在输出为低电平的情况下，所能驱动同类门的个数由下式决定，即

$$N_{OL} = \frac{I_{OL}}{I_{iL}} \tag{2-7}$$

式中 I_{OL}为驱动门的输出端电流，I_{iL}为负载门输入端电流，N_{OL}即为输出为低电平时的扇出系数。

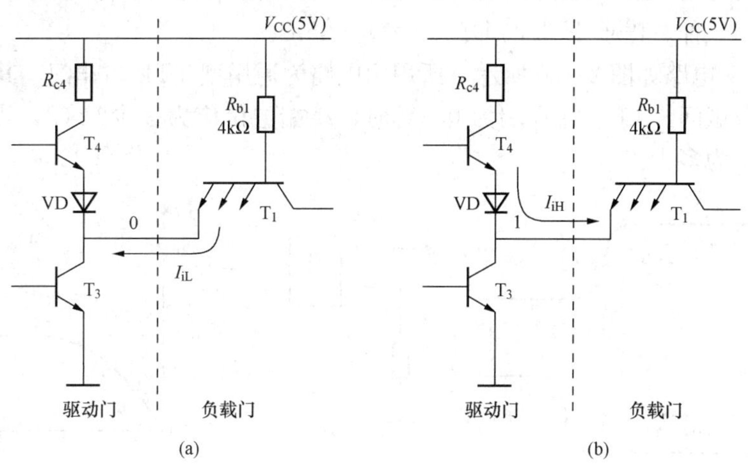

图 2 - 18 与非门的带负载能力

（a）灌电流负载；（b）拉电流负载

另一种情况是，负载门电流是从驱动级中拉出来的，这种负载叫拉电流负载，如图 2 - 18（b）所示，此时，驱动门输出为高电平 U_{OH}，同样，输出高电平 U_{OH}也不能低于规定值（2.4V）。这样，输出为高电平时的扇出系数为

$$N_{OH} = \frac{I_{OH}}{I_{iH}} \tag{2-8}$$

式中 I_{OH}为驱动门的输出端电流，I_{iH}为负载门输入端电流。

扇出系数用来表征门电路的带负载能力，其值越大，带负载能力越强。一般 TTL 器件的数据手册中，并不给出扇出系数，而须用计算或实验的方法求得，并注意在设计时要留有余地，以保证数字电路或系统能正常运行。

通常，输出低电平电流 I_{OL}大于输出高电平电流 I_{OH}，$N_{OL} \neq N_{OH}$，因而，在实际的工程设计中，常取二者中的较小者。

【例 2 - 3】 已知 TTL 与非门电路 T1004 的 $I_{OH}=400\mu A$，$I_{OL}=16mA$，$I_{IL}=-1.6mA$，$I_{iH}=40\mu A$。求该电路的扇出系数 N。

解 当输出高电平时

$$N_{OH} = \frac{I_{OH}}{I_{iH}} = \frac{400}{40} = 10$$

当输出为低电平时

$$N_{OL} = \frac{I_{OL}}{I_{iL}} = \frac{16}{1.6} = 10$$

由于 $N_{OH}=N_{OL}$，所以扇出系数 $N=10$。如果 $N_{OL} \neq N_{OH}$，则取较小者。

（4）传输延迟时间。传输延迟时间是表征门电路开关速度的参数。由于门电路中的二极管、三极管在状态转换过程中都需要一定的时间，且电路中有寄生电容的影响，因此，门电路从接收信号到输出响应会有一定的延迟。图 2 - 19 所示画出了与非门输入、输出的对应波

形。平均延迟时间 t_{pd} 为

$$t_{pd}=\frac{1}{2}(t_{PHL}+t_{PLH}) \tag{2-9}$$

传输延迟时间是决定开关速度的重要参数。通常根据 t_{pd} 的大小将门电路划分为低速门、中速门、高速门三种。普通 TTL 与非门 t_{pd} 为 6～15ns。

【例 2-4】 电路如图 2-20 所示，所用门电路为通用型 TTL 与非门，其输入负载特性在图中已给出。试问：(1) 当 B 端为 0.3V 时，A 端电位应为多少？(2) 当 B 端为 3.6V 时，A 端电位应为多少？

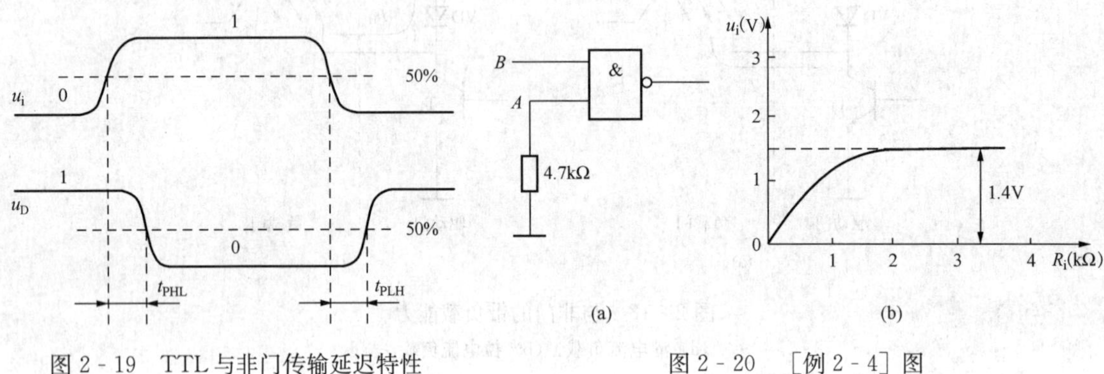

图 2-19 TTL 与非门传输延迟特性　　图 2-20 ［例 2-4］图

解 (1) 当 B 端接 0.3V 时，则 TTL 与非门的 U_{B1} 被钳位在 1V，考虑发射结导通电压 0.7V，故 A 端电位为 0.3V。

(2) 当 B 端电位为 3.6V 时，则 TTL 与非门的 U_{B1} 被钳位在 2.1V，考虑发射结导通电压 0.7V，故 A 端的电位为 1.4V。

2.3.2 集成 TTL 非门、或非门、集电极开路门和三态门

1. TTL 非门（反相器）

如图 2-21 (a) 所示是 TTL 非门的基本电路，除了输入级 T_1 由多发射极三极管改为单发射极三极管外，其余部分如图 2-14 (a) 所示的与非门完全一样。如图 2-21 (b) 所示为集成反相器 74LS04 的引脚排列图，74LS04 中包含 6 个相互独立的反相器。

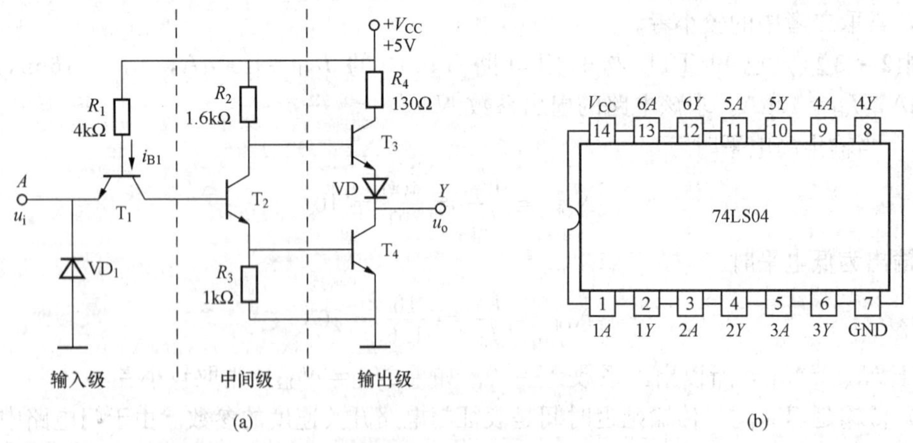

图 2-21 TTL 非门

(a) 电路；(b) 74LS04 的引脚排列图

当输入电压 $u_i=U_{iL}=0V$ 时，T_1 基极电流 i_{B1} 流入发射极，即由非门输入端流出，因此 $i_{B2}=0$，T_2 截止，显然 T_4 基极也没有电流，也截止。而 T_3 和 VD 将导通，$u_o=U_{OH}=3.6V$，输出为高电平。当输入电压 $u_i=U_{iH}=3.6V$ 时，T_1 倒置，i_{B1} 流入 T_2 基极，使 T_2 饱和导通，进而使 T_4 饱和导通，而 T_3 和 VD 将截止，$u_o=U_{OL}\leqslant 0.3V$，输出为低电平。于是，电路实现了非逻辑关系。

2. TTL 或非门

如图 2 - 22（a）所示是 TTL 或非门的电路图，R_1、T_1、R'_1、T'_1构成输入级；T_2、T'_2和 R_2、R_3 构成中间级；R_4、T_3、VD、T_4 构成输出级。如图 2 - 22（b）所示为集成 TTL 或非门 74LS02 的引脚排列图，74LS02 中包含 4 个相互独立的或非门。

当输入信号 A、B 中只要有一个为高电平，例如 A 端 $u_i=U_{iH}=3.6V$，那么 i_{B1} 就会经过 T_1 集电结流入 T_2 基极，使 T_2、T_4 饱和导通，使得输出 $u_o=U_{OL}\leqslant 0.3V$，为低电平。只有当输入信号 A、B 全为低电平时，i_{B1}、i'_{B1}均分别流入 T_1、T'_1发射极，T_2、T'_2均截止，T_4 也截止，T_3、VD 导通，输出为高电平。即电路实现的是或非逻辑功能。

此外，还有 TTL 与门、TTL 或门、TTL 与或非门等，它们的电路结构都是在 TTL 与非门的基础上稍加变化得到，此处不再介绍。图 2 - 23 给出了几种 TTL 集成门电路的引脚排列图，如图 2 - 23（a）所示是 TTL 与或非门 74LS51 的引脚排列图，74LS51 中集成了两个相互独立的与或非门，其中 $1Y=\overline{1A\cdot 1B+1C\cdot 1D}$，$2Y=\overline{2A\cdot 2B\cdot 2C+2D\cdot 2E\cdot 2F}$；如图 2 - 23（b）所示是 TTL 异或门 74LS86 的引脚排列图，74LS86 中包含 4 个相互独立的异或门。

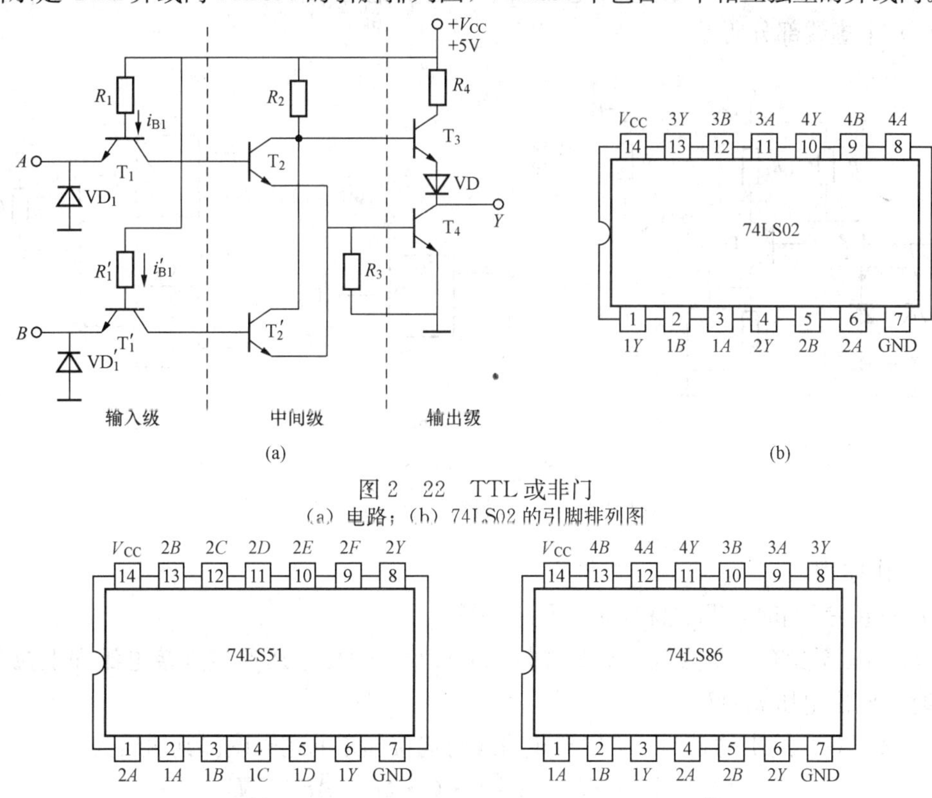

图 2 - 22　TTL 或非门

（a）电路；（b）74LS02 的引脚排列图

图 2 - 23　TTL 与非门 74LS00 和 74LS20 的引脚排列图

（a）74LS51；（b）74LS86

3. 集电极开路门（OC 门）

（1）线与。在工程实践中，往往需要将两个或多个逻辑门的输出端并联，以实现与逻辑的功能，称为线与。

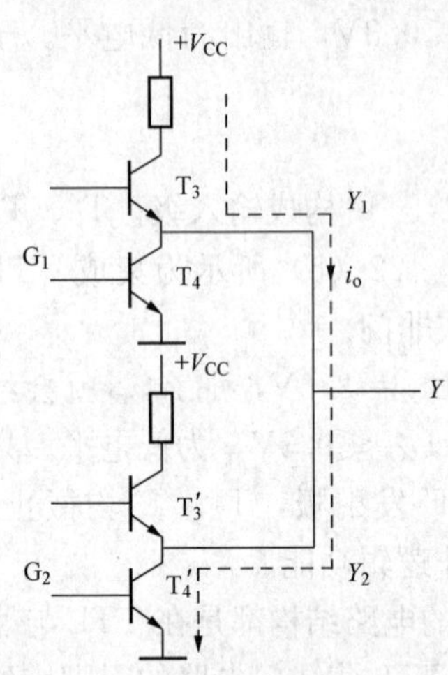

图 2 - 24 两个与非门输出端并联时电流流通情况

然而，前面介绍的 TTL 门电路，其输出端不允许并联使用，也就无法实现线与功能。这是因为，对于一般的 TTL 门电路（以 TTL 与非门为例），若将两个（或多个）与非门的输出端直接相连，如图 2 - 24 所示，与非门 G_1 与 G_2 输出端并联起来，当 G_1 门输出高电平，G_2 门输出低电平时，G_1 门的 T_3 导通，G_2 门的 T_4' 导通，将产生较大的电流 i_o 从 G_1 门流经 G_2 门，然后流入参考点。该电流值将远远超出器件的额定值，很容易将器件损坏。

为了解决这一问题，可以采用集电极开路门（OC 门）。OC 门的输出端可以直接相连，实现线与。

（2）OC 门的电路组成及工作原理。

1）电路组成。图 2 - 25（a）是集电极开路与非门的电路结构，图 2 - 25（b）是其逻辑符号。与普通的与非门电路相比，输出管 T_3 的集电极开路，去掉了 R_4、T_3 和 D_3。需要特别强调的是，只有输出端外接电源电压 V_{CC} 和上拉电阻 R_L，OC 门才能正常工作，如图 2 - 25（a）中虚线部分所示。

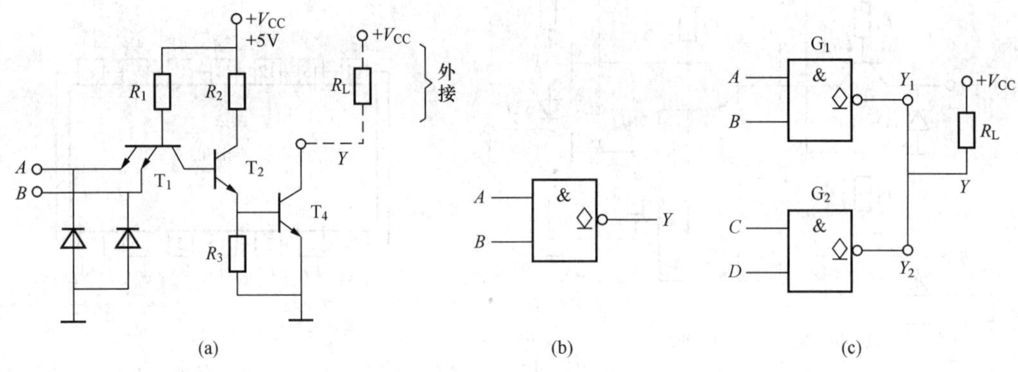

图 2 - 25 TTL OC 门
（a）电路；（b）逻辑符号；（c）线与连接

2）工作原理。

当 $u_A = u_B = U_{iH}$ 时，T_4 饱和，$u_o = U_{CES} = U_{OL}$。

当 u_A、u_B 至少有一个为低电平 U_{iL} 时，T_4 截止，输出电压通过外接电源和上拉电阻获得，此时，输出电压 $u_o = U_{OH}$。

图 2 - 25（c）给出的是两个 OC 与非门线与连接起来的逻辑图。其输出为

$$Y = Y_1 \cdot Y_2 = \overline{A \cdot B} \cdot \overline{C \cdot D} = \overline{AB + CD}$$

在如图 2 - 25（c）所示电路中，只要 R_L 选得合适，就不会因电流过大而烧坏芯片。因此，实际应用中，必须要合理选取上拉电阻的阻值。

(3) 上拉电阻 R_L 的估算。

1) R_{Lmax}的计算。将 n 个 OC 门线与连接，输出端接有 m 个与非门作为负载，且每个负载门均有 k 个输入端，则负载门总输入端个数为 $g=mk$，如图 2-26 (a) 所示。

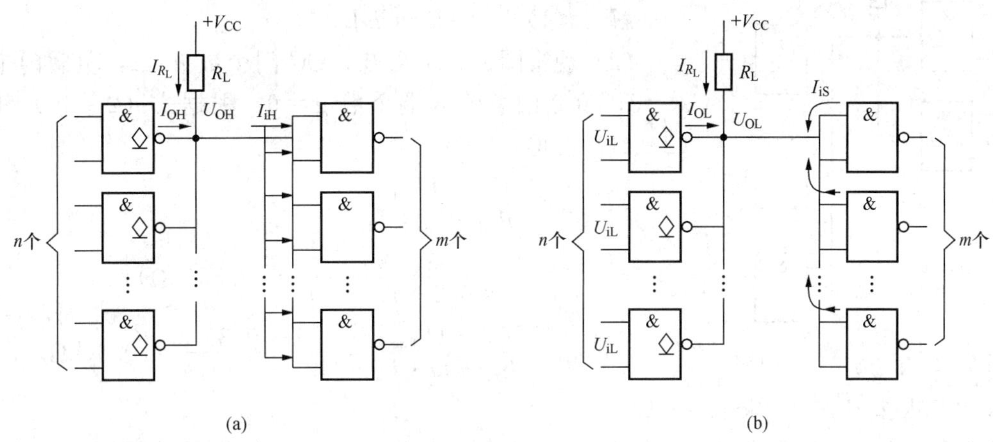

图 2-26 R_L 的计算

(a) R_{Lmax}的计算；(b) R_{Lmin}的计算

当所有 OC 门都为截止状态时，输出电压 u_o 为高电平 U_{OH}时，为保证输出高电平 U_{OH}不低于规定值，R_L 不能太大，即 R_L 应有上限值。如图 2-26 (a) 所示电路中，流过 R_L 的最小电流为

$$I_{R_{Lmin}} = nI_{OH} + mk \cdot I_{iH}$$

为了保证输出高电平 U_{OH}不低于允许的高电平最小值 U_{OHmin}，必须保证

$$I_{R_{Lmin}} \cdot R_L \leqslant V_{CC} - U_{OHmin}$$

即

$$R_{Lmax} = \frac{V_{CC} - U_{OHmin}}{nI_{OH} + mk \cdot I_{IH}} \tag{2-10}$$

2) R_{Lmin}的计算。当任何一个 OC 门处于导通状态时，输出电压 u_o 将变为低电平 U_{OL}。而且，应当确保在最不利的情况下——所有负载电流全部流入唯一的一个导通门时，输出低电平仍低于规定值，则 R_L 的阻值不能太小，即 R_L 应有下限值。

根据如图 2-26 (b) 所示电路，可求得流过 R_L 的最大电流为

$$I_{R_{Lmax}} = I_{OL} + m \cdot I_{iS}$$

为了保证输出低电平 U_{OL}不超过允许低电平的最大值 U_{OLmax}，必须保证

$$I_{R_{Lmax}} \cdot R_L \geqslant V_{CC} - U_{OLmax}$$

即

$$R_{Lmin} = \frac{V_{CC} - U_{OLmax}}{I_{OL} + m \cdot I_{IS}} \tag{2-11}$$

当 R_{Lmax}和 R_{Lmin}的值确定后，只要根据实际需要在这两个值之间选择一个标称值电阻即可。

【例 2-5】 电路如图 2-27 所示。已知 OC 门输出低电平时允许的最大负载电流 $I_{OL}=12mA$，输出高电平时的漏电流 $I_{OH}=200\mu A$，与非门输入漏电流 $I_{iH}=50\mu A$，输入短路电流

$|I_{iS}|=1.4mA$，$V_{CC}=5V$。要求OC门输出高电平$U_{OH}\geqslant 3V$，输出低电平$U_{OL}\leqslant 0.35V$。

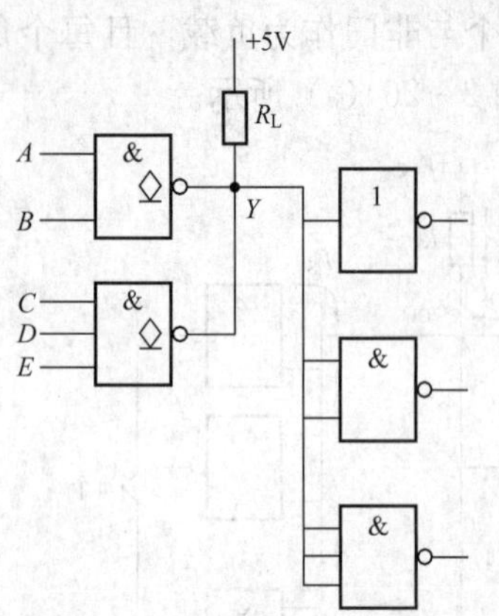

图2-27 ［例2-5］电路

(1) 写出OC门输出端Y的逻辑表达式。

(2) 求上拉电阻R_L的取值范围。

解 (1) $Y=\overline{AB}\cdot\overline{CDE}$

(2) 观察图2-27可知，OC门个数$n=2$，负载门个数$m=3$，负载门总输入端个数$g=6$。根据式（2-10）和式（2-11）可得

$$R_{Lmax}=\frac{V_{CC}-U_{OHmin}}{nI_{OH}+g\cdot I_{iH}}=\frac{5-3}{2\times 0.2+6\times 0.05}=2.85(k\Omega)$$

$$R_{Lmin}=\frac{V_{CC}-U_{OLmax}}{I_{OL}+m\cdot I_{iS}}=\frac{5-0.35}{12-3\times 1.4}=0.6(k\Omega)$$

所以，$2.85k\Omega\geqslant R_L\geqslant 0.6k\Omega$。

【例2-6】 二极管发光电路如图2-28所示。已知发光二极管的导通压降为1.5V，正常发光时，$10mA\leqslant I_D\leqslant 15mA$，$U_D=1.8V$。与非门带灌电流负载能力$I_{OL}=16mA$，带拉电流负载能力$I_{OH}=-4000\mu A$，输出高电平$U_{OH}=3.4V$，输出低电平$U_{OL}=0.3V$。OC门带灌电流负载能力$I_{OL}=18mA$，截止时输出漏电流$I_{OH}=200\mu A$，输出低电平$U_{OL}=0.3V$。试问：

(1) 两电路处于何种状态时发光二极管发光。

(2) 电阻R_1和R_2的取值范围。

(3) 若将图2-28（b）中OC门接成具有推拉输出级的普通TTL与非门，会发生什么情况。

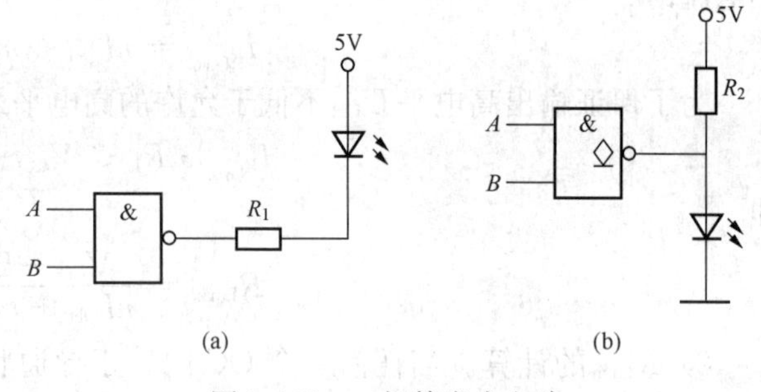

图2-28 二极管发光电路

解 本题的主要问题是计算电阻R_1和R_2的取值范围。R_1和R_2的取值范围必须保证逻辑门处于合理的工作状态。

(1) 在图2-28（a）中，当与非门输出低电平时，发光二极管发光；在图2-28（b）中，当OC门输出高电平时，发光二极管发光。

(2) 在图2-28（a）中，当与非门输出低电平时，发光二极管发光，输出电流的最大容许值是I_{OL}，此时R_1取得最小值。

$$R_{1min}=\frac{V_{CC}-U_D-U_{OL}}{I_{OL}}=200\Omega$$

当与非门输出低电平时，为保证发光二极管能发光，输出电流的最小值应大于I_{Dmin}，此时R_1取得最大值。

$$R_{1max}=\frac{V_{CC}-U_D-U_{OL}}{I_{Dmin}}=320\Omega$$

因此，$200\Omega\leqslant R_1\leqslant 320\Omega$。

在图2-28（b）中，当OC门输出低电平时，发光二极管截止，输出电流的最大容许值是 I_{OL}，此时 R_2 取得最小值。

$$R_{2min}=\frac{V_{CC}-U_{OL}}{I_{OL}}=261\Omega$$

当OC门输出高电平时，为保证发光二极管发光，输出电流的最小值应大于 $I_{Dmin}+I_{OH}$（OC门截止时输出的漏电流），此时 R_2 取得最大值。

$$R_{2max}=\frac{V_{CC}-U_{D}}{I_{Dmin}+I_{OH}}=343\Omega$$

因此，$261\Omega\leqslant R_2\leqslant 343\Omega$。

（3）当将OC门换成普通TTL与非门之后，在输出低电平时，发光二极管不发光；当输出高电平时，由于与非门输出端至发光二极管正极之间没有限流电阻，故发光二极管和TTL与非门有可能烧坏。

4．三态门（TSL门）

（1）电路结构及逻辑符号。基本的TTL门电路，其输出有高电平和低电平两种状态。无论哪种输出，门电路的直流输出电阻都很小，都是低阻输出。

TTL三态门又称TSL门（Three State Logic），它有三种输出状态，分别是：高电平、低电平和高阻态（禁止态）。其中，在高阻状态下，输出端相当于开路。三态门是在普通门的基础上，加上使能控制信号和控制电路构成的。如图2-29（a）所示是使能端 EN 低电平有效的三态与非门的电路图及逻辑符号，“EN 低电平有效”是指当使能控制端信号 EN 为低电平时，电路才实现与非逻辑功能，输出高电平及低电平，而当 EN 为高电平时，输出

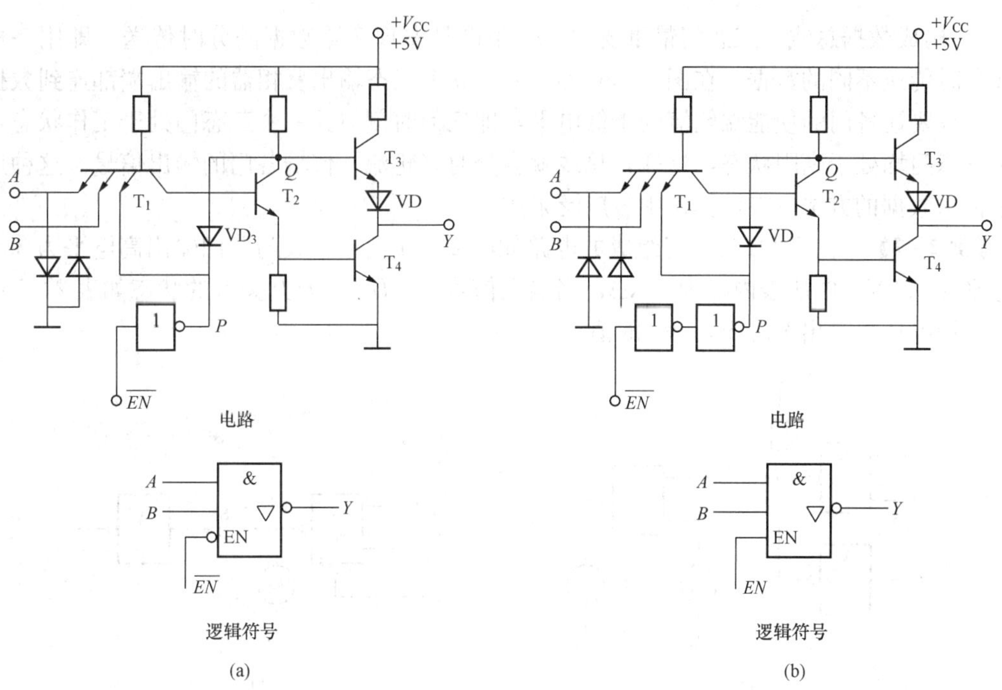

图2-29 三态输出与非门

（a）使能端低电平有效；（b）使能端高电平有效

为高阻无效状态。图 2-29（*b*）是使能端 EN 高电平有效的三态与非门的电路图及逻辑符号，其 EN 的有效电平与图 2-29（a）正好相反。

（2）应用举例。图 2-30 所示是三态门应用中的几个例子。

1）用做多路开关。在图 2-30（a）中，两个三态非门是并联的，使能端$\overline{EN}$是整个电路的使能端。当$\overline{EN}=0$ 时，G_1 使能、G_2 禁止，$Y=\overline{A_1}$；当$\overline{EN}=1$ 时，G_1 禁止、G_2 使能，$Y=\overline{A_2}$；G_1、G_2 构成两个开关，可以根据需要将信号$\overline{A_1}$或$\overline{A_2}$反相后送到输出端。

2）用于信号双向传输。在图 2-30（b）中，两个三态非门并联起来构成双向开关，当$\overline{EN}=0$ 时信号向右传送，$A_2=\overline{A}_1$；当$\overline{EN}=1$ 时信号向左传送，$A_1=\overline{A_2}$。

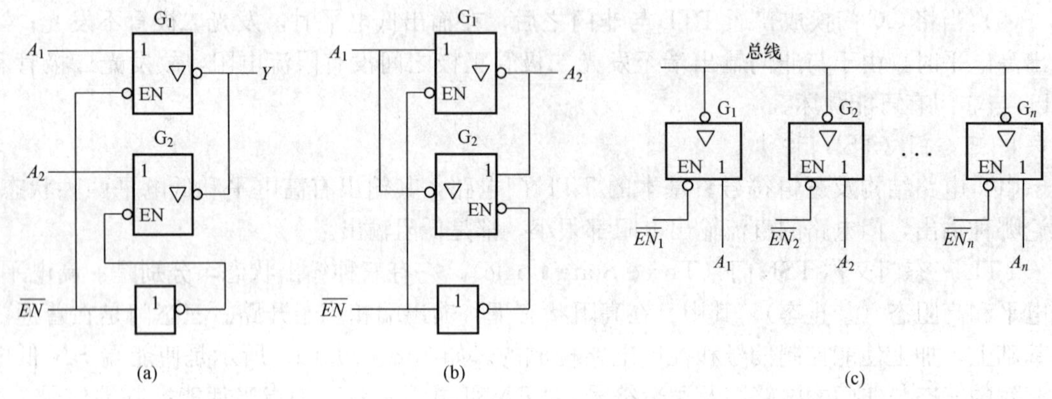

图 2-30　三态门应用举例

（a）多路开关；（b）双向传输；（c）单向总线

3）构成数据总线。三态门最重要的一个用途是实现多路数据的分时传送，即用一根传输线分时传送不同的数据。在图 2-30（c）中，*n* 个三态输出反相器的输出端都连到数据总线上。只要让各门的使能端轮流处于低电平，即任何时刻只让一个三态门处于工作状态，而其余三态门均处于高阻状态，这样，总线就会分时（轮流）传输各门的输出信号。这种用总线来传送数据的方法，在计算机中被广泛采用。

【例 2-7】 由 TTL 与非门组成的电路如图 2-31 所示，设与非门输出高电平为 3.6V，低电平为 0.3V，电压表内阻为 20kΩ，当输入信号 A、B、C 及开关 S 的状态如表 2-5 所示时，试用电压表测出 V_1、V_2、V_3 的值。

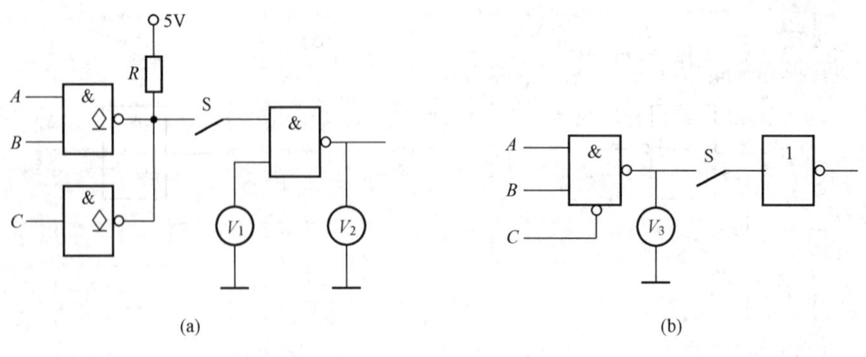

图 2-31　[例 2-7] 图

解 (1) 分析如图 2-31 (a) 所示电路。

当 ABC=000，S 断开时，与非门输入端相当于接入高电平，即逻辑 1，因此 V_1=1.4V，V_2=0.3V。

当 ABC=010，S 闭合时，两个 OC 门的输出经线与之后为逻辑 1，因此 V_1=1.4V，V_2=0.3V。

当 ABC=101，S 闭合时，两个 OC 门的输出经线与之后为逻辑 0，因此 V_1=0.3V，V_2=3.6V。

当 ABC=110，S 闭合时，两个 OC 门的输出经线与之后为逻辑 0，因此 V_1=0.3V，V_2=3.6V。

表 2-5 [例 2-7] 工作状态表

A	B	C	S
0	0	0	断开
0	1	0	闭合
1	0	1	闭合
1	1	0	闭合

(2) 分析如图 2-31 (b) 所示电路。

当 ABC=000，S 断开时，三态门为工作态，所以 V_3=3.6V。

当 ABC=010，S 闭合时，三态门为工作态，所以 V_3=3.6V。

当 ABC=101，S 闭合时，三态门为高阻态，三态门与负载门断开，所以 V_3=1.4V。

当 ABC=110，S 闭合时，三态门为工作态，所以 V_3=0.3V。

2.3.3 改进型 TTL 门电路——抗饱和 TTL 门电路

晶体三极管的开关时间限制了 TTL 门的开关速度。为了提高 TTL 门电路的开关速度，人们在三极管的基极和集电极间跨接肖特基二极管，如图 2-32 (b) 所示，以缩短三极管的开关时间。肖特基二极管也称快速恢复二极管，它的导通电压较低，约为 0.4～0.5V，因此开关速度极短，可实现 1ns 以下的高速度，其电路符号如图 2-32 (a) 所示。加接了肖特基二极管的三极管称为肖特基三极管，其电路符号如图 2-32 (c) 所示。由肖特基三极管组成的门电路称做肖特基 TTL 门，即 STTL 门，它的 t_{pd}在 10ns 以内。除典型的肖特基型（即 STTL 型）外，还有低功耗肖特基型（LSTTL）、先进的肖特基型（ASTTL）、先进的低功耗型（ALSTTL）等，它们的技术参数各有特点，是在 TTL 工艺的发展过程中逐步形成的。

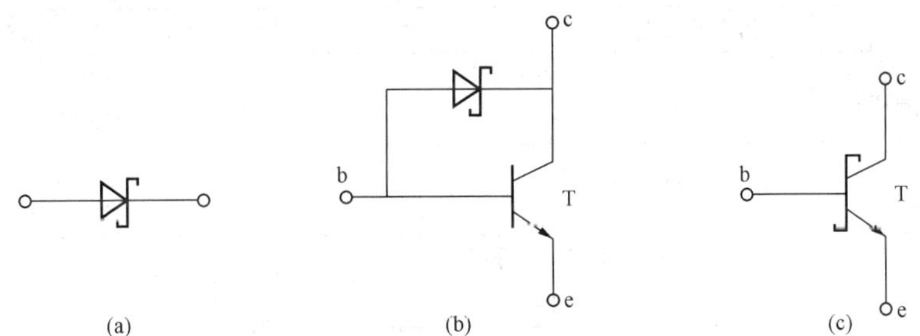

图 2-32 肖特基二极管及三极管

(a) 肖特基二极管；(b) 接有肖特基二极管的三极管；(c) 肖特基三极管

下面将基本 TTL 门和肖特基 TTL 门电路的性能进行比较，列于表 2-6 中。

表 2-6 TTL 门电路的各种系列的性能比较

参数 \ 类型	通用 TTL (74 系列)	高速 TTL (74H 系列)	肖特基 TTL (74S 系列)	低功耗肖特基 TTL (74LS 系列)
t_{pd} (ns)	10	6	3	9
P_D (mW)	10	22	20	2
DP (pJ)	100	80	60	18

现将常用 TTL 集成门电路列于表 2-7 中，供读者参考。

表 2-7 常用 TTL 门电路一览表

逻辑功能	种类	名称	型号
与非门	普通型	四-2 输入端与非门	7400，74H00 74S00，74LS00
		三-3 输入端与非门	7410，74H10 74S10，74LS10
		二-4 输入端与非门	7420，74H20 74S20，74LS20
		8 输入端与非门	7430，74H30 74S30，74LS30
	OC 门	四-2 输入端与非门	7403，74H03 74S03，74LS03
		三-3 输入端与非门	7412，74LS12
		二-4 输入端与非门	7422，74H22 74S22，74LS22
或非门	普通型	四-2 输入端或非门	7402，74S02，74LS02
		三-3 输入端或非门	7427，74LS27
		双-4 输入端或非门	7425
与门	普通型	四-2 输入端与门	7408，74H08 74S08，74LS08
		三-3 输入端与门	74H11，74S11，74LS11
		二-4 输入端与门	74H21，74LS21
	OC 门	四-2 输入端与门	7409，74S09，74LS09
		三-3 输入端与门	7415，74S15，74LS15
或门		四-2 输入端或门	7432，74S32，74LS32
反相器	普通型	六反相器	7404，74H04 74S04，74LS04
		六反相器	7405，74H05 74S05，74LS05
与或非门	普通型	3-3，2-2 输入端双与或非门	74LS51
		4-4 输入端与或非门	74LS55
		4-3-2-2 输入端与或非门	74S64
		2-3-3-2 输入端与或非门	74LS54
		2-2-3-2 输入端与或非门	74H54
		2-2-2-2 输入端与或非门	7454
	OC 门	4-3-2-2 输入端与或非门	74S65
异或门		四-2 输入异或门	7486，74L86 74LS86
		四异或门	74S135
三态门		四总线缓冲器	74LS125，74LS126
		六总线驱动器	74LS365A

2.3.4 使用TTL门电路的注意事项

1. 电源电压范围

TTL集成电路对电源的要求比较严格，当电源电压超过5.5V时，将损坏器件；若电源电压低于4.5V，器件的逻辑功能将不正常。因此在以TTL门电路为基本器件的系统中，电源电压应满足5V ±0.5V。

2. 对输入信号的要求

输入信号的电平不能高于+5.5V和低于0V。

3. 消除动态尖峰电流

尖峰电流要干扰门电路的正常工作，严重时会造成逻辑错误。降低尖峰电流应注意布线时尽量减小分布电容，并降低电源内阻。常用的方法是在电源与地线之间接入0.01～0.1μF的高频滤波电容。同时，为了保证系统正常工作，必须保证电路良好接地。

4. 电路外引线脚的连接

(1) 正确判别电路的电源端和接地端，不能接反，否则会使集成电路烧坏。

(2) 输出端应通过电阻与低内阻电源连接。

(3) 除OC门和三态门外，其他门电路的输出端不允许直接并联使用。

5. 门电路多余输入端的处理

(1) 与系列门多余输入端的处理。与系列门包括与门、与非门、与或非门等。TTL与系列门的多余输入端可以直接悬空处理，从理论上分析相当于接高电平输入，但这样容易使电路受到外界干扰而产生错误动作。因此对于这类电路，其多余输入端最好接一个固定高电平，例如接电源V_{CC}的方法。

(2) 或系列门多余输入端的处理。或系列门包括或门、或非门等。TTL或系列门的多余输入端不可以悬空，应采取直接接地的方法，以保证电路逻辑功能的正确性。

此外，在使用门电路时，还应注意功耗与散热问题。正常工作时，门电路的功耗不可超过其最大功耗，否则会出现热失控而引起逻辑功能紊乱，甚至还会导致集成电路损坏。

2.3.5 ECL门电路

ECL电路是发射极耦合逻辑（Emitter Coupled Logic）的缩写。ECL电路是一种非饱和的高速逻辑电路。由于TTL电路的两个逻辑电平是以晶体管的截止和饱和两种状态来表示的，当晶体管进入饱和和退出饱和状态时会产生存储延迟特性，由此将严重影响电路的工作速度。为了进一步提高门电路的工作速度，人们研制出了ECL电路。如图2 33所示为ECL或/或非门的典型电路结构，它由多输入端发射极耦合差动放大器、基准电压源和射极输出级三部分组成。

ECL电路的最大特点是速度快，因为其中的晶体管只工作在放大和截止两种状态，不进入饱和状态。目前，ECL电路是各种数字集成电路中工作速度最快的一种。例如，Motorola公司的MECL100K系列集成电路中，门电路的传输延迟时间仅为0.75ns。

ECL电路在提高工作速度的同时，也带来了两个突出的缺点。由于晶体管工作在非饱和状态，这就使电路的功耗大大增加。此外，由于输入电平受T_1、T_3集电极电位和T_5、T_6发射结（见图2-33）导通压降的影响，所以稳定性较差。因此，一般只在某些超高速的数字系统中才考虑选用ECL电路。

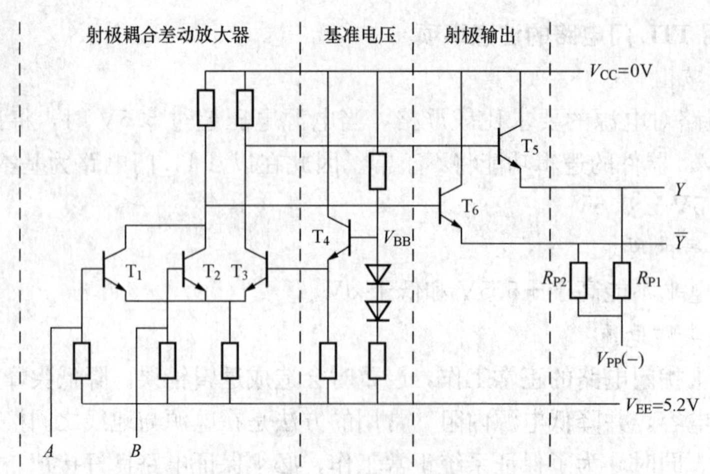

图 2-33 ECL 或/或非门电路

2.4 集成 MOS 门电路

集成 MOS 电路是数字集成电路的一个重要系列，它具有低功耗、抗干扰性强、制造工艺简单、易于大规模集成等优点，因此得到广泛应用。MOS 集成电路有 N 沟道 MOS 管构成的 NMOS 集成电路、P 沟道 MOS 管构成的 PMOS 集成电路，以及 N 沟道 MOS 管和 P 沟道 MOS 管共同组成的 CMOS 集成电路。CMOS 是"互补金属—氧化物—半导体"（Complementary Metal Oxide Semiconductor）的英文缩写。由于 CMOS 电路中巧妙地利用了 N 沟道增强型 MOS 管和 P 沟道增强型 MOS 管特性的互补性，因而不仅电路结构简单，而且在电气特性上也有突出的优点。正因为如此，CMOS 电路的制作工艺在数字集成电路中得到了广泛应用。

2.4.1 CMOS 门电路

1. CMOS 反相器

在 CMOS 逻辑电路中，反相器（非门）和传输门是最基本的两种电路单元。各种逻辑功能的门电路和很多更加复杂的逻辑电路都是在这两种单元的基础上组合而成的。

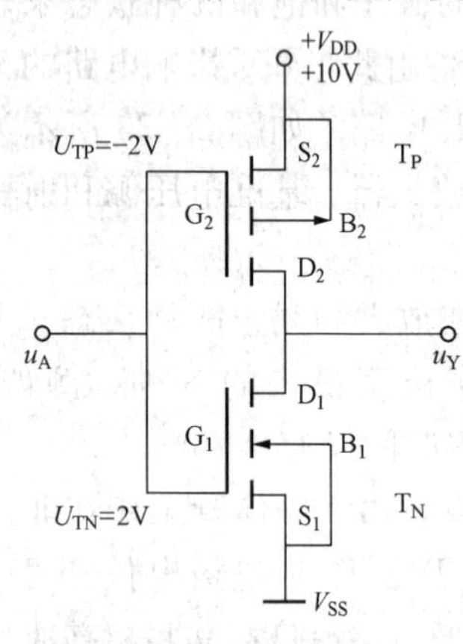

图 2-34 CMOS 反相器

CMOS 反相器电路如图 2-34 所示，G_1 为 NMOS 管，G_2 为 PMOS 管，且 $V_{DD} > |U_{TP}| + U_T$，U_{TP} 为 PMOS 管的阈值电压，U_{TN} 为 NMOS 管的阈值电压，G_1、G_2 栅极连在一起作为输入端，漏极连在一起作为输出端。

当输入电压 $u_A = V_{DD} = 10V$ 高电平时，G_1 导通，G_2 截止，输出低电平；当输入 $u_A = 0V$ 低电平时，G_1 截止，G_2 导通，输出为高电平。因此电路实现了非逻辑运算，是非门（反相器）。

2. CMOS 与非门

CMOS 与非门电路如图 2-35 所示，T_{N1}、T_{N2} 是串联的驱动管，T_{P1}、T_{P2} 是并联的负载管。当输入端 A、B 同时为高电平时，T_{N1}、T_{N2} 导通，T_{P1}、T_{P2} 截止，输出端 Y 为低电平；当

输入端 A、B 中有一个为低电平时，T_{N1}、T_{N2} 中必有一个截止，T_{P1}、T_{P2} 中必有一个导通，输出 Y 为高电平。因此该电路实现了与非逻辑功能。

3. CMOS 或非门

CMOS 或非门电路如图 2-36 所示，T_{N1}、T_{N2} 是并联的驱动管，T_{P1}、T_{P2} 是串联的负载管。当输入端 A、B 中有一个为高电平时，T_{N1}、T_{N2} 中必有一个导通，相应的 T_{P1}、T_{P2} 中必有一个截止，输出端 Y 为低电平；当输入端 A、B 全为低电平时，T_{N1}、T_{N2} 截止，T_{P1}、T_{P2} 导通，输出 Y 为高电平。电路实现了或非逻辑功能。

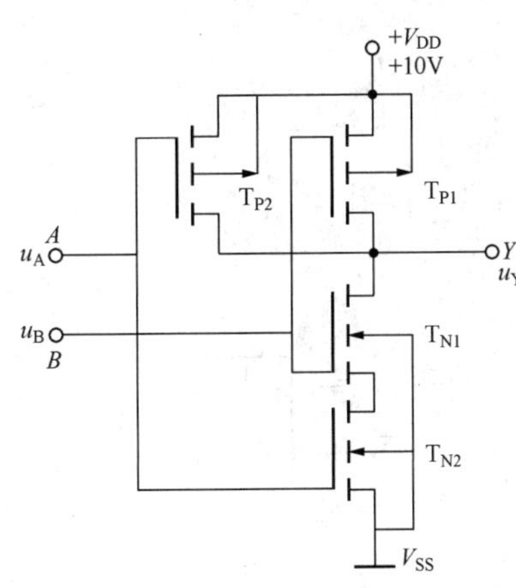

图 2-35 CMOS 与非门

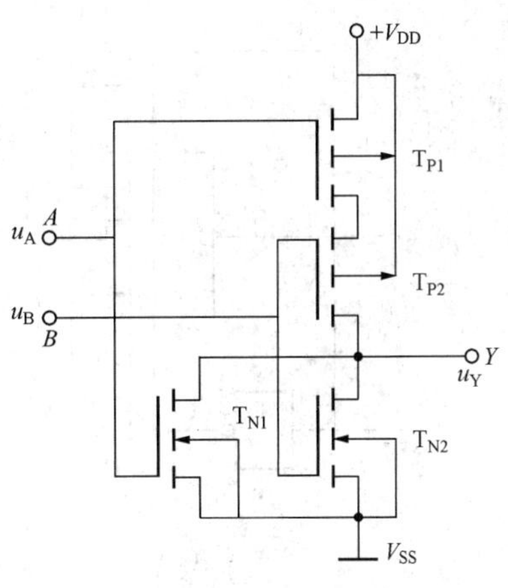

图 2-36 CMOS 或非门

4. CMOS 传输门

如图 2-37（a）所示是 CMOS 传输门电路，如图 2-37（b）所示是它的逻辑符号。图中 T_1、T_2 分别是 NMOS 管和 PMOS 管，它们的结构和参数均对称。两管的栅极引出端分别接高、低电平不同的控制信号 C 和 $\overline{C}$，源极相连作输入端，漏极相连作输出端。

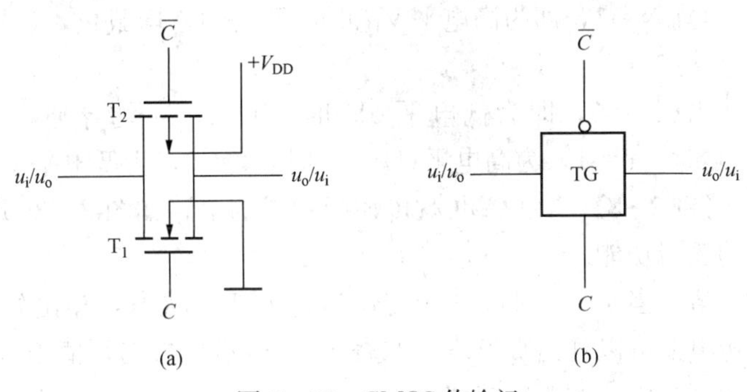

图 2-37 CMOS 传输门

（a）电路；（b）逻辑符号

设控制信号的高、低电平分别为 V_{DD} 和 0V，$U_{TN}=|U_{TP}|$ 且 $V_{DD}>2U_{TN}$。

当控制信号 $U_C=0$、$U_{\overline{C}}=V_{DD}$（即 $C=0$、$\overline{C}=1$）时，在输入信号 u_i 为 $0\sim V_{DD}$ 的范围内，$U_{GSN}<U_{TN}$、$U_{GSP}>U_{TP}$，两管均截止，输入和输出之间是断开的。

当控制信号 $U_C=V_{DD}$、$U_{\overline{C}}=0$（即 $C=1$、$\overline{C}=0$）时，在输入信号 u_i 为 $0\sim V_{DD}$ 的范围内，至少有一只管子导通。即当 u_i 在 $0\sim(V_{DD}-U_{TN})$ 间变化时，NMOS 管导通，当 u_i 在 $|U_{TP}|\sim V_{DD}$ 间变化时，PMOS 管导通。因此，当 $C=1$、$\overline{C}=0$ 时，输入电压在 $0\sim V_{DD}$ 范围内变化，都将传输到输出端，即

$$u_o=u_i\big|_{C=1,\overline{C}=0}$$

综上所述，通过控制 C、$\overline{C}$ 端的电平值，即可控制传输门的通断。另外，由于 MOS 管

具有对称结构，源极和漏极可以互换，所以CMOS传输门的输入端、输出端可以互换，因此传输门是一个双向开关。

顺便指出，图2-37（a）中u_i和u_o可以是模拟信号，这时CMOS传输门作为模拟开关。

5. CMOS三态门

如图2-38所示是CMOS三态非门的电路图和逻辑符号。A是输入信号，Y是输出信号，$\overline{EN}$是控制信号端（EN上面的“非号”表明低电平有效），也叫使能端。

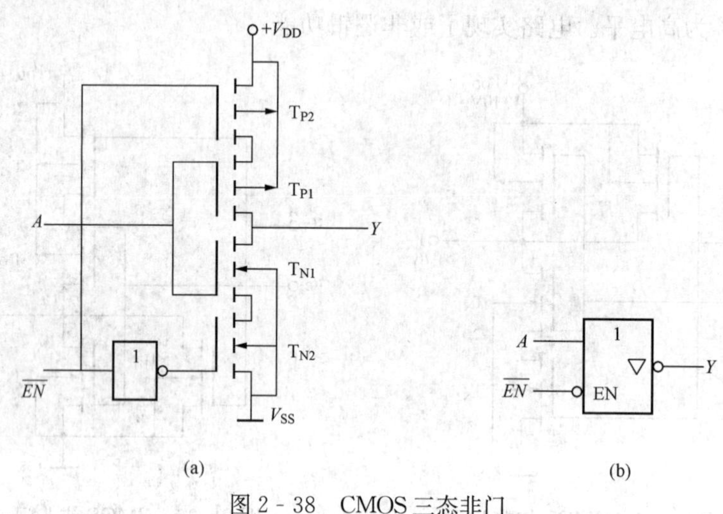

图2-38 CMOS三态非门

（a）电路；（b）逻辑符号

当$\overline{EN}=1$，即为高电平V_{DD}时，T_{P2}、T_{N2}均截止，Y与地和电源都断开了，输出端呈现高阻状态。

当$\overline{EN}=0$，即为低电平0V时，T_{P2}、T_{N2}均导通，T_{P1}、T_{N1}构成反相器，故$Y=\overline{A}$，$A=0$时，$Y=1$，为高电平；$A=1$时，$Y=0$，为低电平。

【例2-8】 由CMOS传输门构成的电路如图2-39所示，试列出其真值表，说明该电路的逻辑功能。

解 当$CS=1$时，4个传输门均为断开状态，输出处于高阻状态。当$CS=0$时，依次分析电路可以列出真值表，如表2-8所示，根据真值表可得$L=\overline{A+B}$。该电路实现三态输出的2输入或非逻辑功能。

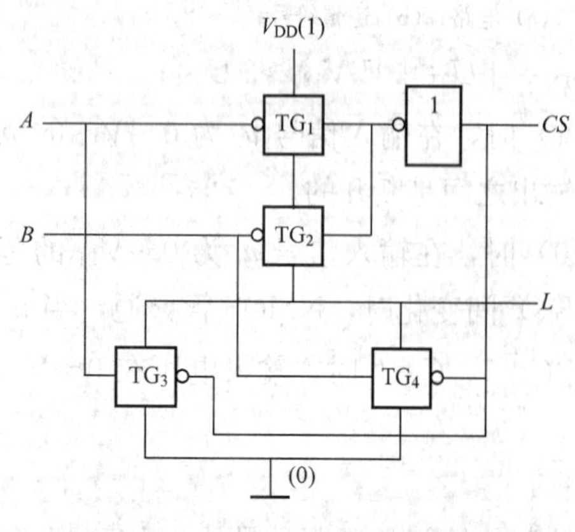

图2-39 ［例2-8］图

表2-8 ［例2-8］真值表

CS	A	B	L
1	×	×	高阻态
0	0	0	1
0	0	1	0
0	1	0	0
0	1	1	0

2.4.2 CMOS集成门电路及其使用规则

国产CMOS系列数字集成电路主要有C000和CC4000两个系列。C000系列是我国早期的CMOS集成电路产品，工作电压为7～15V。CC4000（CC14000）系列与国际上CD4000（MC14000）系列对应，工作电压为3～18V，能与TTL电路共用电源，也便于连接，是目前发展较快、应用较普遍的CMOS器件。高速CMOS电路CC74HC××系列与国际上MM74××系列相对应。表2-9列出了CC4000和CC74HC××系列的主要性能比较。

表2-9 CC4000系列与CC74HC××系列性能比较

性能 系列	静态功耗 P_D（mW）	传输延迟时间 t_{pd}（ns）	上升、下降时间 $t_r \cdot t_f$（ns）	最高工作频率 f_{max}（MHz）	电源电压 V_{DD}、V_{CC}（V）
CC4000（CC14000）	2.5	90	80	3	3～18
CC74HC××	2.5	9	6	25	2～6

现将常用CMOS集成门电路的型号及相应国外型号对照列于表2-10中。

表2-10 常用CMOS门电路一览表

逻辑功能	名称	国产型号	国外型号
反相器 缓冲/变换器	六反相器	CC4069 C033	CD4069，MC14069 CD4069，MC14069
	双互补对加反相器	CC4007 C042	CD4007，MC14007 CD4007，MC14007
	六反相缓冲/变换器	C4009（双电源） CC4049	CD4009 CD4049，MC14049
	六同相缓冲/变换器	C4010（双电源） CC4050	CD4010 CD4050，MC14050
或非门	二-4输入或非门	CC4002 C037	CD4002，MC14002
	三-3输入或非门	CC4025 C038	CD4025，MC14025
	四-2输入或非门	CC4001 C039	CD4001，MC14001
与非门	二-4输入与非门	CC4012 C034	CD4012，MC14012
	三-3输入与非门	CC4023 C035	CD4023，MC14023
	四-2输入与非门	CC4011 C036	CD4011，MC14011
或门	二-4输入或门	CC4072 C032	CD4072，MC14072
	三-3输入或门	CC4075	CD4075，MC14075
	四-2输入或门	CC4071	CD4071，MC14071

续表

逻辑功能	名　称	国产型号	国外型号
与门	二-4 输入与门	CC4082 C031	CD4082，MC14082
	三-3 输入与门	CC4073	CD4073，MC14073
	四-2 输入与门	CC4081	CD4081，MC14081
与或非门	二-2-2 输入与或非门	CC4085	CD4085
三态门	可选通三态输出六反相/缓冲器	CC4502	CD4502，MC14502
模拟开关	四双向模拟开关	CC4066 C544	CD4066，MC14066 CD4066，MC14066
	单 8 路模拟开关	CC4051 C541	CD4051，MC14051 CD4051，MC14051
	双 4 路模拟开关	CC4052 C542	CD4052，MC14052 CD4052，MC14052
异或门	四异或门	CC4070 C660	CD4070，MC14070

集成 CMOS 电路与集成 TTL 电路相比，CMOS 电路比 TTL 电路功耗低，抗干扰能力强，电源电压适用范围宽，扇出能力强；TTL 电路比 CMOS 电路延迟时间短、工作频率高。在使用时，可根据电路的要求及门电路的特点进行选用。

CMOS 集成门电路在使用时应注意 3 个问题。

1. 对电源的要求

（1）CMOS 电路可以在很宽的电源电压范围内提供正常的逻辑功能，如 C000 系列为 7～15V，CC4000 系列为 3～18V。

（2）V_{DD}与V_{SS}（接地端）绝对不允许接反。否则无论是保护电路或内部电路都可能因过大电流而损坏。

2. 对输入端的要求

（1）为保护输入级 MOS 管的氧化层不被击穿，一般 CMOS 电路输入端都有二极管保护网络，这就给电路的应用带来一些限制。

1）输入信号必须在V_{DD}～V_{SS}之间取值，以防二极管因正偏电流过大而烧坏。一般$V_{SS} \leqslant U_{iL} \leqslant 0.3V_{DD}$；$0.7V_{DD} \leqslant U_{IH} \leqslant V_{DD}$。$u_i$ 的极限值为（$V_{SS}-0.5V$）～（$V_{DD}+0.5V$）。

2）每个输入端的典型输入电流为 10pA。输入电流以不超过 1mA 为佳。

（2）多余输入端一般不允许悬空。与门及与非门的多余输入端应接至V_{DD}或高电平，或门和或非门的多余输入端应接至V_{SS}或低电平。

3. 对输出端的要求

（1）集成 CMOS 电路的输出端不允许直接接V_{DD}或V_{SS}，否则将导致器件损坏。

（2）一般情况下不允许输出端并联。因为不同的器件参数不一致，有可能导致 NMOS 和 PMOS 同时导通，形成大电流。但为了增加驱动能力，可以将同一芯片上相同门电路的输入端、输出端分别并联使用。

2.4.3　TTL与MOS门电路之间的接口技术

在数字系统中，常遇到不同类型集成电路混合使用的情况。由于输入输出电平、带负载能力等参数的不同，不同类型的集成电路相互连接时，需要合适的接口电路。下面介绍TTL与MOS门电路之间的接口技术。

1. TTL门电路驱动MOS门电路

（1）当$V_{CC}=V_{DD}=5V$时。TTL电路一般可以直接驱动CMOS电路。由于CMOS输入高电平时要求$U_{iH}>3.5V$，而TTL输出高电平下限$U_{OH(min)}=2V$，通常在TTL输出端加上一个上拉电阻R，如图2-40（a）所示。

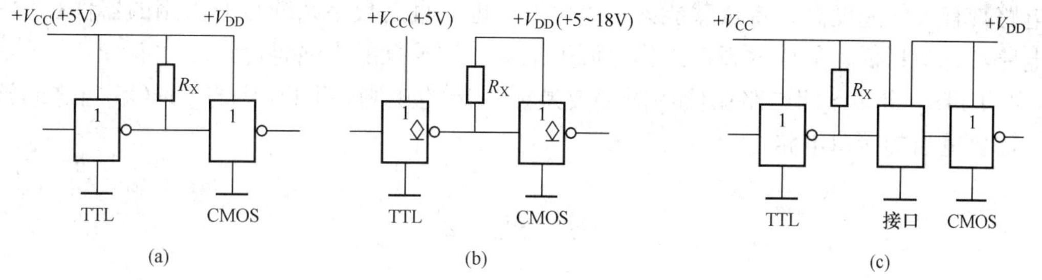

图2-40　TTL电路驱动CMOS电路

（a）加上拉电阻；（b）用OC门；（c）加接口电路

（2）当$V_{DD}=3\sim18V$时。可采用将TTL电路改用OC门，如图2-40（b）所示，或采用具有电平移动功能的CMOS电路作为接口电路的方法，如图2-40（c）所示。

2. CMOS门电路驱动TTL门电路

（1）当$V_{DD}=V_{CC}=5V$时。CMOS电路一般可以直接驱动一个TTL门，当被驱动的门数量较多时，由于CMOS输出低电平吸收负载电流的能力较小，而TTL输入低电平时$|I_{iL}|$较大，可以采用以下方法，如图2-41所示。如图2-41（a）所示是在同一芯片上将CMOS门并接使用，以提高驱动电路的带负载能力；如图2-41（b）所示是增加了一级CMOS驱动电路。另外，还有采用增加漏极开路门驱动的方法。

（2）当$V_{DD}=3\sim18V$时。宜采用CMOS缓冲器作接口电路，如图2-41（c）所示。

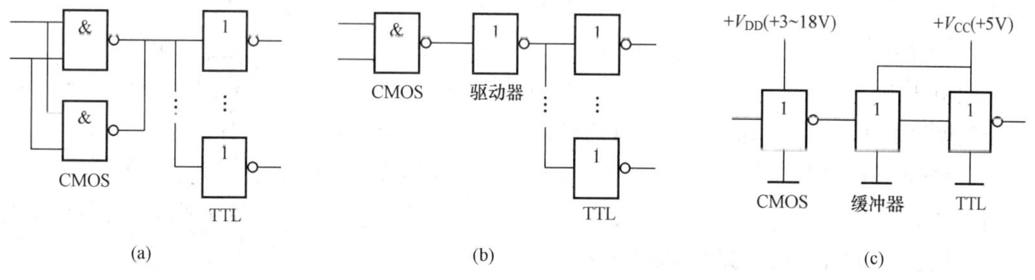

图2-41　CMOS电路驱动TTL电路

（a）CMOS并接；（b）加驱动器；（c）加接口电路

应该指出，TTL与CMOS门电路之间的接口电路形式多种多样，实用中应根据情况进行选择。

本章小结

1. 半导体二极管、三极管和 MOS 管在数字电路中通常工作在开关状态，它们是组成基本门电路的核心元件。

2. 分立元件门电路是组成逻辑门的基本形式，虽然目前已被集成电路所取代，但它有助于理解门电路的一些基本工作原理和分析方法。

3. 集成门电路分为 TTL 和 CMOS 两大类，是目前广泛被采用的两种集成电路。TTL 门电路具有工作速度高、带负载能力强等优点，也一直是数字系统普遍采用的器件；CMOS 门电路具有功耗低、集成度高、工作电源范围宽、抗干扰能力强等优点。

4. TTL、CMOS 门电路在使用时，要遵循一定的规则。TTL 门与 CMOS 门之间连接时，需要适当的接口电路。

习 题 2

2-1 填空题

(1) 数字集成电路中的晶体三极管常工作在________和________状态。

(2) TTL 门电路输入端悬空时，应视为________；此时如果用指针式万用表测量其电压，读数约为________。

(3) TTL 与非门的额定高电平 U_{OH}＝________ V；额定低电平 U_{OL}＝________ V（设电源电压为 5V）。

(4) TTL 门电路的低电平噪声容限为________；高电平噪声容限为________。

(5) CT74、CT74H、CT74LS 三个系列的 TTL 集成电路，其中功耗最小的是________，速度最快的是________，综合性能指标最好的是________。

(6) 已知某与非门的电压传输特性、输入特性和输出特性曲线图分别如图 2-42 曲线所示。试求它的如下参数：

输出高电平 U_{OH}＝________ V；输出低电平 U_{OL}＝________ V；

输入短路电流 I_{iS}＝________ mA；高电平输入电流 I_{iH}＝________ mA；

关门电平 U_{OFF}＝________ V；开门电平 U_{ON}＝________ V（关门电平 U_{OFF} 表示使与非门关断所需的最大输入电平；开门电平 U_{ON} 表示使与非门开通的最小输入电平）；

低电平噪声容限 U_{NL}＝________ V；高电平噪声容限 U_{NH}＝________ V；

扇出系数 N_O＝________；门槛电平 U_{TH}＝________ V（门槛电平 U_{TH} 是指电压传输特性曲线上转折区所对应的输入电平）；

最大拉电流 I_{OH}＝________ mA；最大灌电流 I_{OL}＝________ mA。

(7) 三态门的主要用途是可以________轮流传送几个不同的数据或控制信号。

(8) 用工作速度来评价 ECL、TTL、CMOS 集成电路，速度快的集成电路依次为________。

(9) TTL 与非门的两个状态通常称为关态和开态，当输入有一个为低电平时，对应的是________状态；当输入全为高电平时，对应的是________状态。

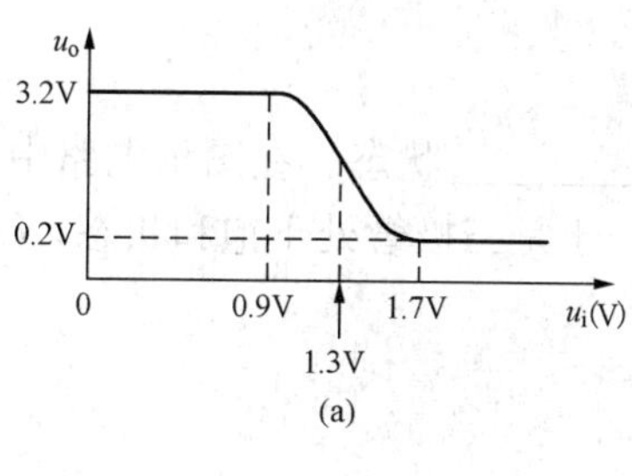

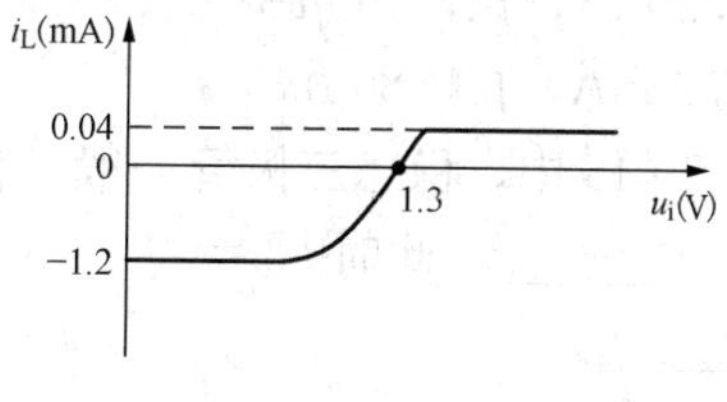

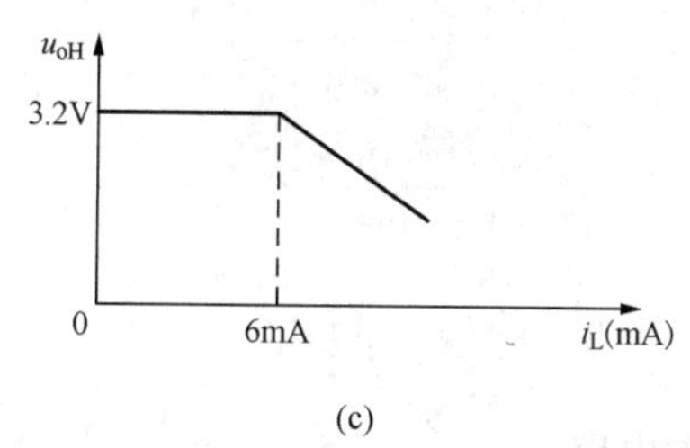

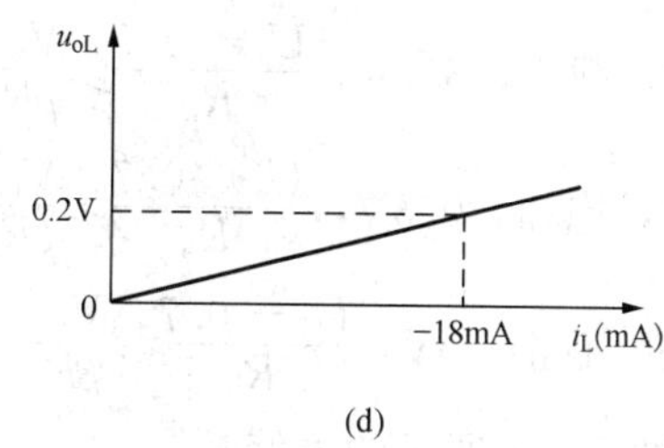

图 2-42 题 2-1 图

2-2 选择题

(1) 如图 2-43 所示为各 CC4000 系列 CMOS 门电路，则其输出分别为________。

A. Y_1 为高电平，Y_2 为高电平，Y_3 为低电平，Y_4 为高电平

B. Y_1 为低电平，Y_2 为低电平，Y_3 为高电平，Y_4 为低电平

C. Y_1 为低电平，Y_2 为低电平，Y_3 为低电平，Y_4 为高电平

D. Y_1 为高电平，Y_2 为低电平，Y_3 为低电平，Y_4 为低电平

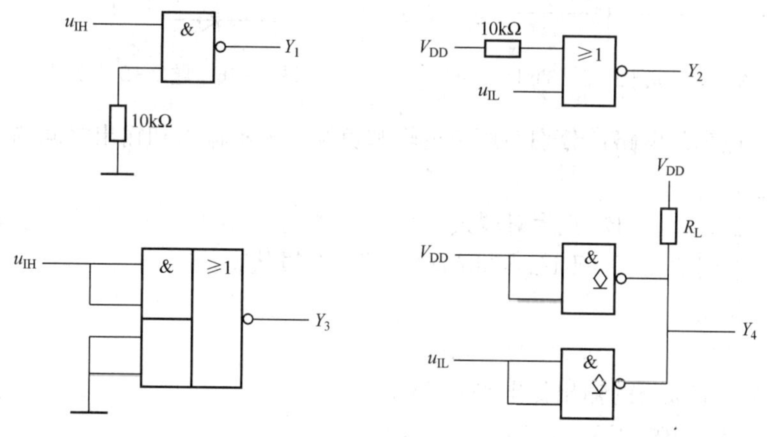

图 2-43 题 2-2 (1) 图

(2) 由 TTL 门组成的电路如图 2-44 所示。已知它们的输入短路电流为 $I_{IS}=1.6$mA，高电平输入漏电流为 $I_{IH}=40\mu$A，试问，当 $A=B=1$ 时，G_1 的电流称为________电流，数值为________；$A=0$ 时，G_1 的电流称为________电流，数值为________。

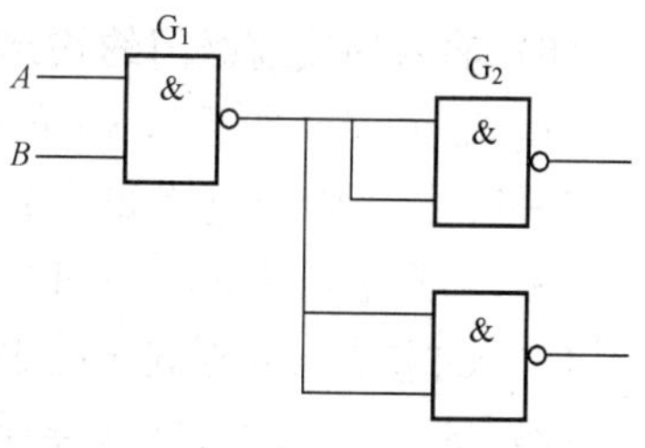

图 2-44 题 2-2 (2) 图

A. 拉，3.2 mA，灌，160μA

B. 灌，6.4 mA，拉，160μA

C. 灌，3.2 mA，拉，160μA

D. 灌，3.2 mA，拉，80μA

(3) 在图 2-45 中，稳态三极管一般工作在__________状态。在图示电路中，$U_i<0V$，则三极管 T __________，此时 U_o=__________ V，于是三极管处于饱和状态，U_i 应满足的条件为__________。

A. 放大，截止，5V，$\frac{U_i-0.7}{R_b}\geqslant\frac{V_{CC}}{\beta R_c}$

B. 开关，截止，3.7V，$\frac{U_i-0.7}{R_b}\geqslant\frac{V_{CC}}{\beta R_c}$

C. 开关，饱和，0.3V，$\frac{U_i-0.7}{R_b}\geqslant\frac{V_{CC}}{\beta R_c}$

D. 开关，截止，5V，$\frac{U_i-0.7}{R_b}\geqslant\frac{V_{CC}}{\beta R_c}$

(4) 如图 2-46 所示的电路是__________逻辑电路。

A. 或门　　B. 与门　　C. 或非门　　D. 与非门

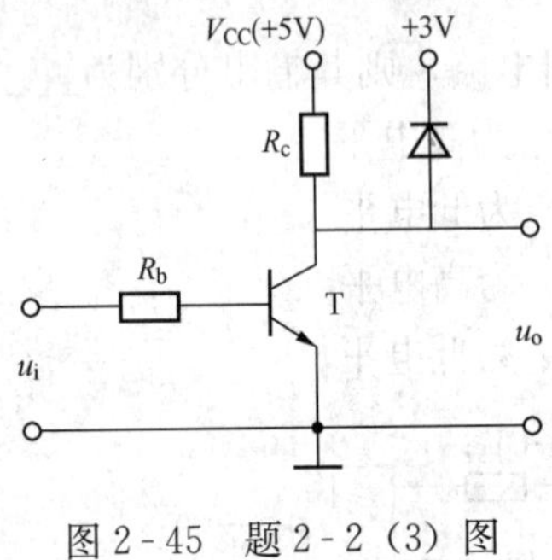

图 2-45 题 2-2 (3) 图

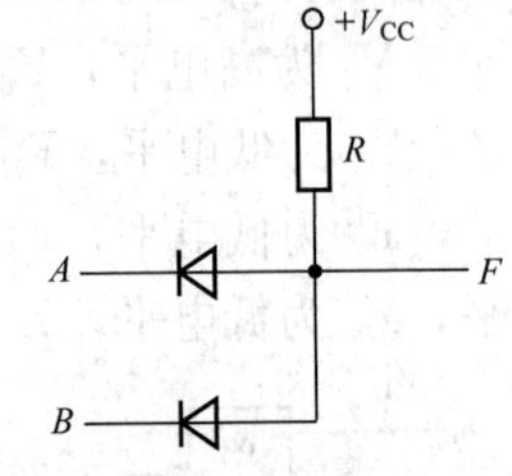

图 2-46 题 2-2 (4) 图

(5) 对同一逻辑门电路，分别使用正逻辑和负逻辑表示输入和输出之间的关系，其表达式____________。

A. 互为反函数　　B. 互为对偶式　　C. 相等　　D. 答案都不正确

2-3 指出下列情况下，TTL 与非门输入端的逻辑状态。

(1) 输入端接地；

(2) 输入端接电压低于 0.8V 的电源；

(3) 输入端接前级门的输出低电平 0.3V；

(4) 输入端接电源电压 V_{CC}=5V；

(5) 输入端悬空；

(6) 输入端接前级门的输出高电平 2.7～3.6V；

(7) 输入端接高于 1.8V 的电压。

2-4 二极管门电路如图 2-47 所示，试写出 Y_1 和 Y_2 的表达式。

2-5 分立元件非门如图 2-48 所示。

(1) 试求使三极管截止的最大输入电压值；

(2) 试求使三极管饱和导通的最小输入电压值。

(3) 试判断在输入电压分别为 0、3、5V 时，三极管的工作状态，并求解输出电压的值；

（4）为使输入高电平时三极管深度饱和，可采用哪些措施。

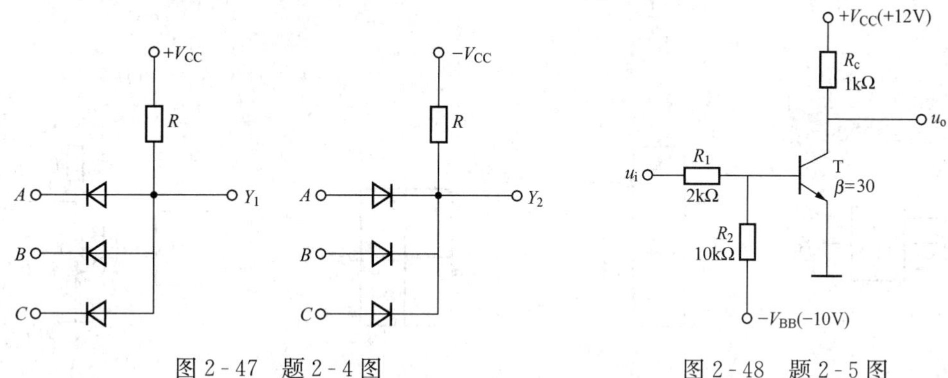

图 2-47 题 2-4 图　　图 2-48 题 2-5 图

2-6 说明如图 2-49 所示各个 TTL 门电路输出端的逻辑状态，写出相应输出信号的逻辑表达式。

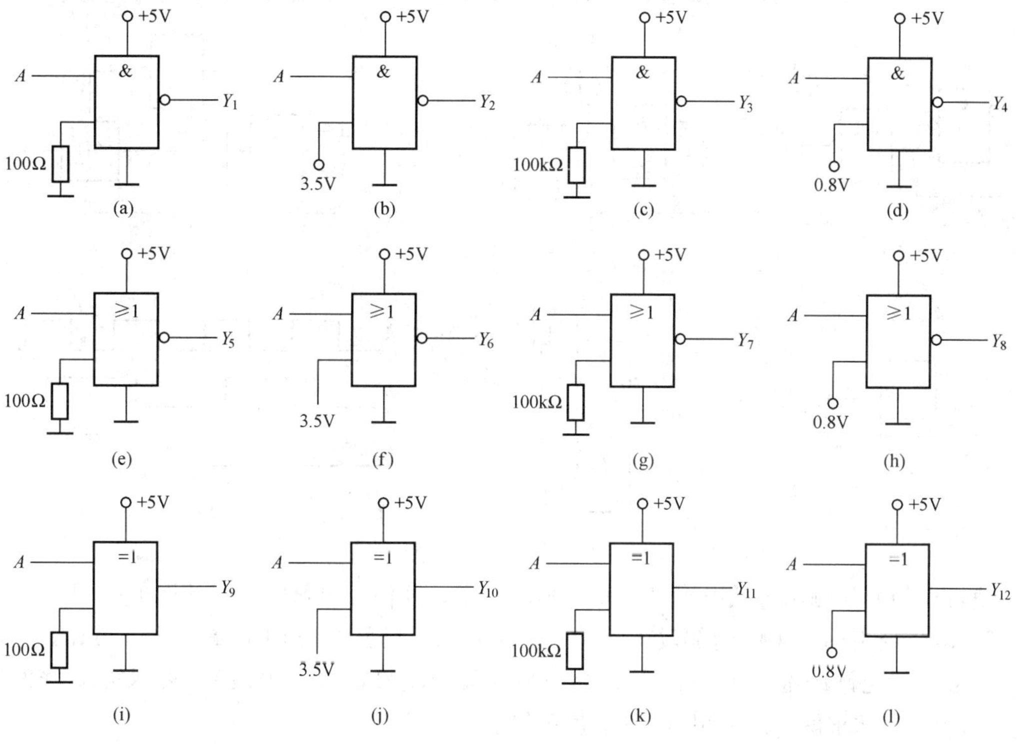

图 2-49 题 2-6 图

2-7 TTL 电路如图 2-50 所示。试根据逻辑表达式所示功能检查电路有无错误，若有则改正。

2-8 CMOS 电路如图 2-51 所示，写出 $Y_1 \sim Y_5$ 的逻辑表达式，并根据所给输入信号 A、B、C 的波形画出输出信号 $Y_1 \sim Y_5$ 的波形。

2-9 已知电源电压 $V_{CC}=5V$，发光二极管导通电压为 2V，正向电流大于 10mA 才发光；TTL 与非门的 $I_{OL}=16mA$，输出低电平 $U_{OL}=0.3V$。试用 TTL 与非门驱动发光二极

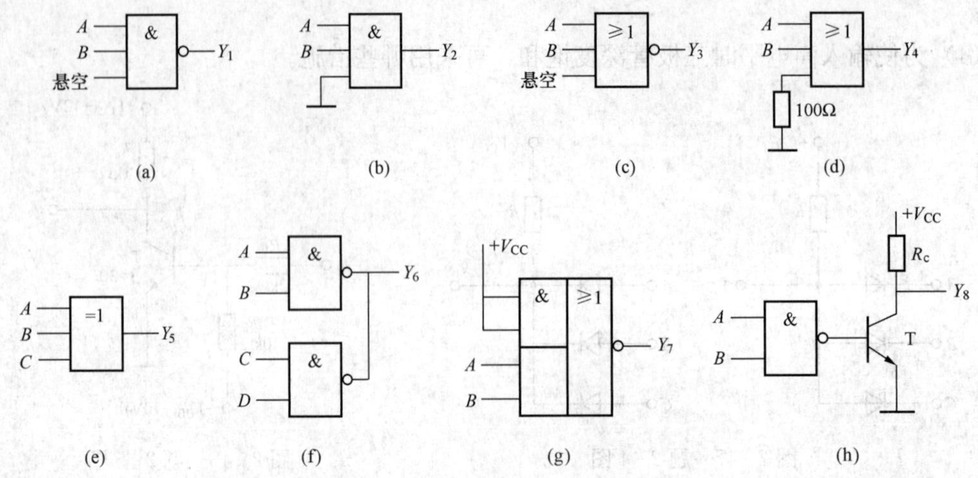

图 2-50　题 2-7 图

(a) $Y_1=\overline{AB}$；(b) $Y_2=AB$；(c) $Y_3=\overline{A+B}$；(d) $Y_4=\overline{A+B}$

(e) $Y_5=A\oplus B\oplus C$；(f) $Y_6=\overline{AB}\cdot\overline{CD}$；(g) $Y_7=\overline{AB}$；(h) $Y_8=AB$

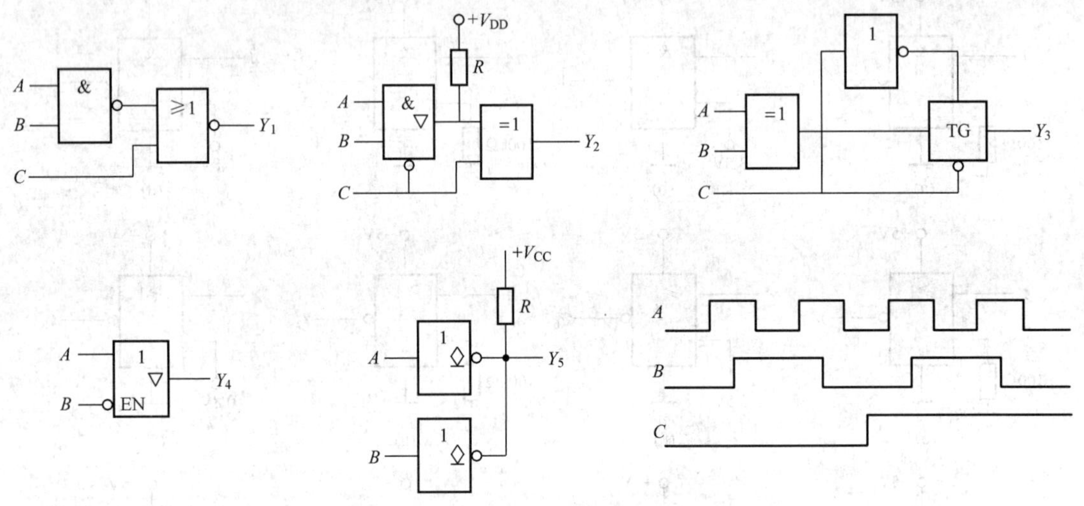

图 2-51　题 2-8 图

管，使之在与非门输出为低电平时发光，画出图来，并估算电路中电阻的取值范围。

2-10　今用两个 OC 门驱动 6 个 TTL 与非门。已知与非门的 $I_{iS}=-1.5\text{mA}$，$I_{iH}=50\mu\text{A}$；OC 门允许的灌电流 $I_{OL}\geqslant 25\text{mA}$，最大漏电流 $I_{OH}\leqslant -100\mu\text{A}$；要求 $U_{OH}\geqslant 2.7\text{V}$，$U_{OL}\leqslant 0.35\text{V}$。试求解负载电阻 R_L 的取值范围。

2-11　现有一片四-2 输入与非门（74LS00），欲实现 $Y=\overline{AB+CD}$，电路应如何连接？画出逻辑图及芯片引脚连线图。

2-12　图 2-52 所示为一个由 TTL 与非门组合而成的与或非电路，若只用了 A、B 及 C、D 四个输入端，那么 E、F 端应如何处理，可以悬空吗？若只用了 A、B 及 C、D 和 E 端，那么 F 端应如何处理？

2-13　与非门电路如图 2-53 所示。A 为控制端，B 为信号输入端，输入信号为一串矩形脉冲，当 6 个脉冲过后，与非门就关闭，问控制端 A 的信号应如何连接？并画出用与门、或门、或非门代替与非门作门控电路时的波形图。

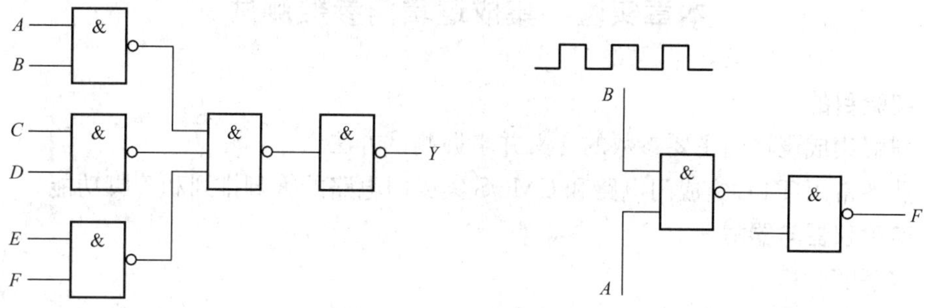

图 2-52 题 2-12 图　　图 2-53 题 2-13 图

2-14 试用图 2-54 所示的电路控制一个指示灯，设 $F=1$ 时灯亮，$F=0$ 时灯灭，U_1 和 U_2 为控制端信号，静态时 U_1 和 U_2 均为 0。

(1) $U_1=0$，U_2 加入一正阶跃信号时灯亮，问 U_2 信号消失后灯是否保持亮？为什么？

(2) 灯亮后，要使它熄灭，控制端的信号应如何安排？

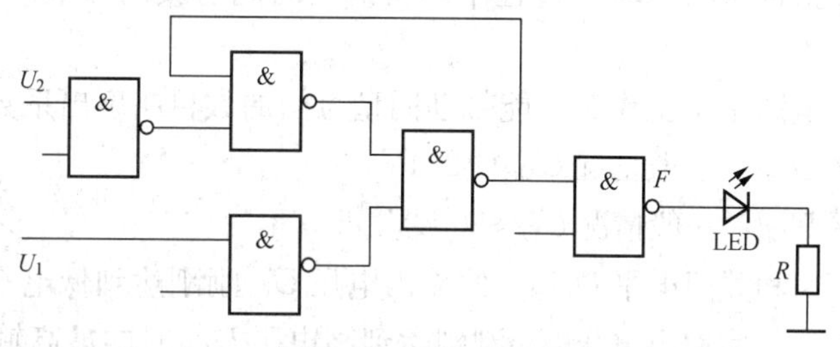

图 2-54 题 2-14 图

2-15 图 2-55 所示为几种 TTL 电路驱动 CMOS 电路和 CMOS 电路驱动 TTL 电路的连接图。试检查电路连接方式是否正确，若有错误则改正，并简述理由。

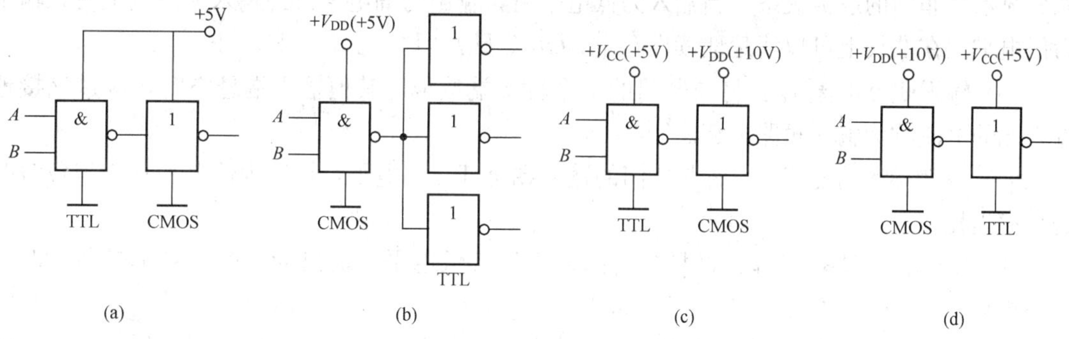

图 2-55 题 2-15 图

2-16 已知图 2-56 所示各电路的逻辑表达式分别为：$Y_1=\overline{A+B}$，$Y_2=\overline{AB}$，$Y_3=AB$，$Y_4=A$，试将多余输入端 C 进行适当处理，分别设各门为 TTL 电路和 CMOS 电路。

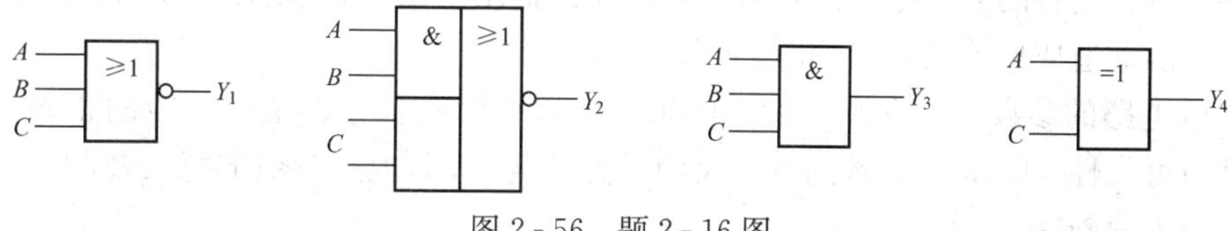

图 2-56 题 2-16 图

本章实验　集成逻辑门参数测试

一、实验目的

（1）理解集成逻辑门主要参数的含义并掌握测试方法。

（2）熟悉常用TTL集成门电路和CMOS集成门电路的管脚排列和管脚功能。

二、实验仪器与器材

（1）数字实验箱。

（2）双踪示波器。

（3）万用表。

（4）TTL四-2输入与非门74LS00，CMOS四-2输入与非门CC4011。

三、实验原理

与非门的参数分为静态参数和动态参数两种。静态参数指电路处于稳定的逻辑状态下测得的参数，动态参数指逻辑状态转换过程中测得的与时间有关的参数。TTL与非门主要参数如下：

（1）扇出系数：电路正常工作时，能带动同型号门的数目叫扇出系数。

（2）输出高电平U_{OH}：一般情况$U_{OH} \geqslant 2.4V$。

（3）输出低电平U_{OL}：一般情况$U_{OL} \leqslant 0.4V$。

（4）开门电平U_{ON}和关门电平U_{OFF}：使输出电压U_O刚刚达到低电平U_{OL}时的最低输入电压称为开门电平U_{ON}。使输出电压U_O刚刚达到高电平U_{OH}时的最高输入电压称为关门电平U_{OFF}。

（5）电压传输特性曲线：输出电压随输入电压变化的关系曲线如图2-57所示。它能够充分显示与非门的逻辑关系，当输入为低电平时，输出为高电平。当输入为高电平时，输出为低电平。在曲线上可以清楚地读出U_{OH}、U_{OL}、U_{ON}、U_{OFF}。

（6）输入短路电流I_{IS}：将与非门的一个输入端接地，其他输入端悬空时，流过该接地输入端的电流称为输入短路电流。

（7）空载导通功耗P_{ON}：将与非门的输入端全部接高电平，输出为低电平且不带负载时的功率损耗。

（8）空载截止功耗P_{OFF}：将与非门的输入端接低电平，输出为高电平且不带负载时的功率损耗。

（9）输入漏电流I_{ID}：将与非门的一个输入端接高电平，另一个输入端接低电平时，流过高电平输入端的电流。

（10）平均传输延迟时间t_{pd}，是一个交流参数。由于二极管、三极管开关状态的转换和负载电容、寄生电容的充放电都需要时间，从而使输出电压的波形总比输入电压的波形滞后一定时间，因此造成传输延迟。如图2-58所示。

CMOS电路的参数是对它本身特性的描述，这些参数应包括逻辑功能的正确与否、性能的优劣与可靠性。CMOS参数的意义及测试方法与TTL电路参数的意义及测试方法基本相同，此处不再叙述。

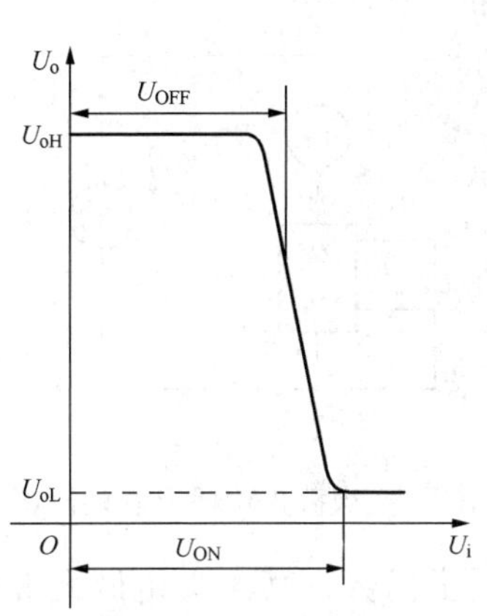

图 2-57 电压传输特性曲线

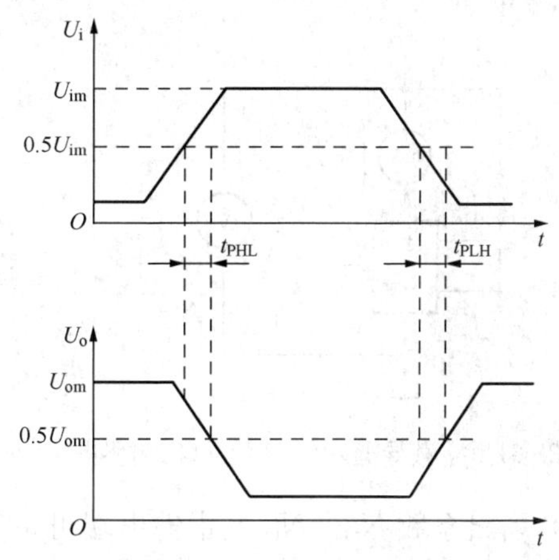

图 2-58 平均延迟时间 t_{pd}

四、实验内容与步骤

实验前首先观察数字实验箱的面板结构和布局，检查电源是否正常。然后选择实验用的集成电路，按要求插在实验箱的面板上。根据实验接线图接好连线，特别注意 V_{CC} 及地线不能接错，检查无误后再接通电源，进行实验。对于初学者来说，容易认错集成块的管脚，因此必须认真检查，如若发现集成块发热，应立即切断电源。发热的原因一般是反接了电源，或者输出端对地短路。

(1) TTL 与非门参数的测试（74LS00）。

1）低电平输入电流 I_{iL}。低电平输入电流又称输入短路电流（I_{iS}），是一个非常重要的参数，它反映了对前一级负载的大小，按图 2-59 连线，测得 I_{iL}=____________ mA。

2）输入漏电流 I_{iD}。按图 2-60 连线，测得 I_{iD}=____________ μA。

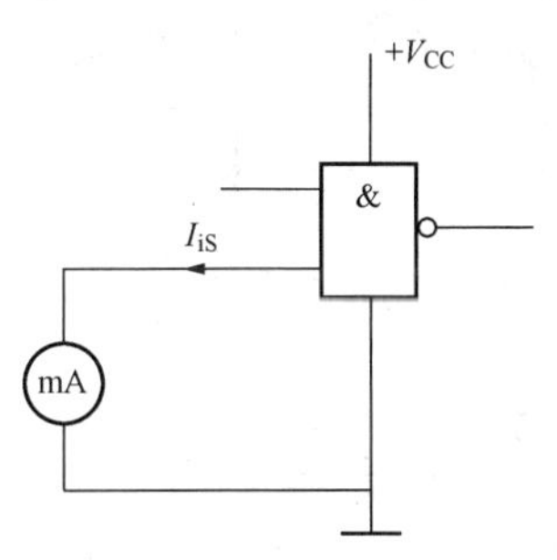

图 2-59 输入短路电流 I_{iS} 的测试电路

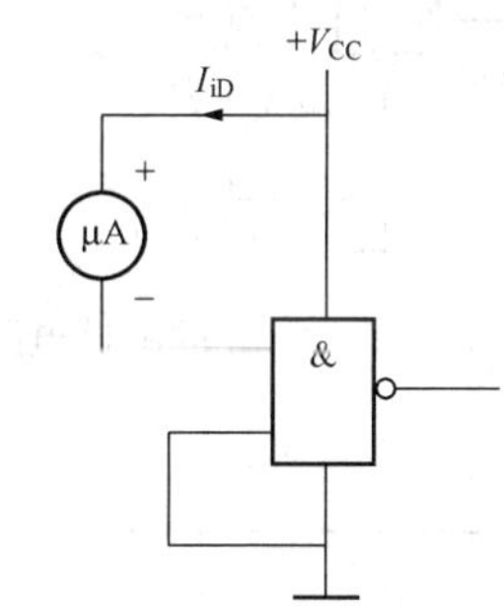

图 2-60 输入漏电流 I_{iD} 的测试电路

3）空载导通功耗 P_{ON}。$P_{ON}=I_{CCL}\times V_{CC}$，其中，$I_{CCL}$ 为空载时电源导通电流，V_{CC} 为电源电压（+5V）。按图 2-61 连线，测得 I_{CCL}=____________ mA，算出 P_{ON} 的值。通常对与非门的要求是 $P_{ON}<50$mW。

4）空载截止功耗 P_{OFF}。$P_{OFF}=I_{CCH}\times V_{CC}$，其中，$I_{CCH}$ 为空载截止电流，V_{CC} 为电源电压（+5V）。按图 2-62 连线，测得 I_{CCH}=____________ mA，算出 P_{OFF} 的值。通常对与非门的要求是 $P_{OFF}<25$mW。

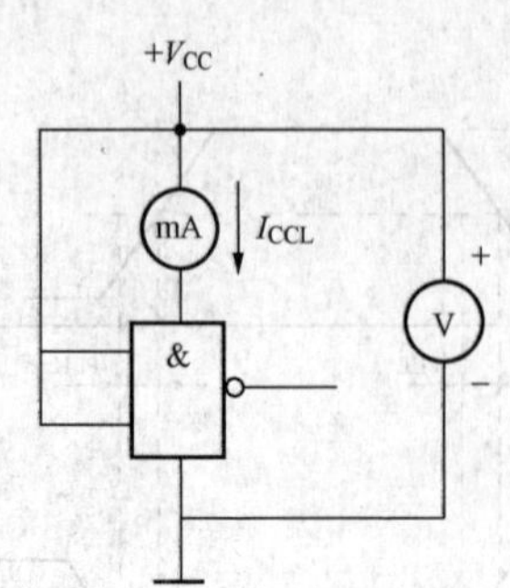

图 2-61 空载导通功耗 P_{ON} 的测试电路

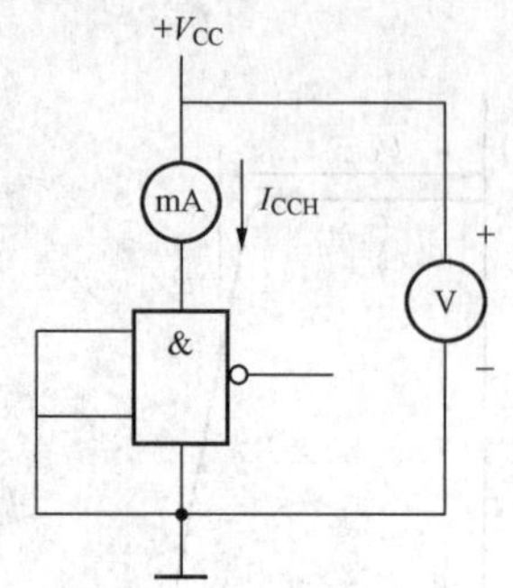

图 2-62 空载截止功耗 P_{OFF} 的测试电路

5）扇出系数 N_O。N_O 是指输出端可带动的最多同类门数，其意义是最大带负载能力。$N_O=\frac{I_{Omax}}{I_{IS}}$。$I_{Omax}$ 为 $U_{OL}\leqslant 0.35V$ 时准许灌入的最大灌入负载电流。按图 2-63 连线，调节 R_L（1kΩ）值，使输出电压 $U_{OL}=0.35V$，测出此时的 $I_{Omax}=$ ________ mA，按公式算出 N_O 的值。

6）电压传输特性。与非门输出电压随输入电压的变化曲线即为电压传输特性 $u_o=f(u_i)$，电压传输特性反映了与非门的逻辑关系，按图 2-64 连线，调节 R_P，使 u_i 从 0V 至 2.5V 变化，逐点测出 u_i 和 u_o，并将测试结果记录在表 2-11 中，画出特性曲线。

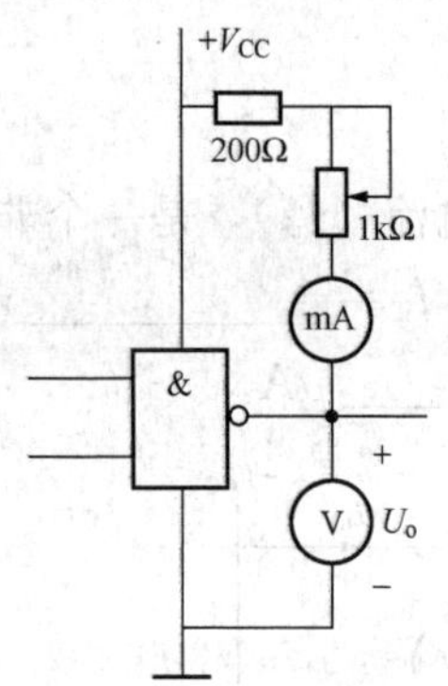

图 2-63 扇出系数 N_O 的测试电路

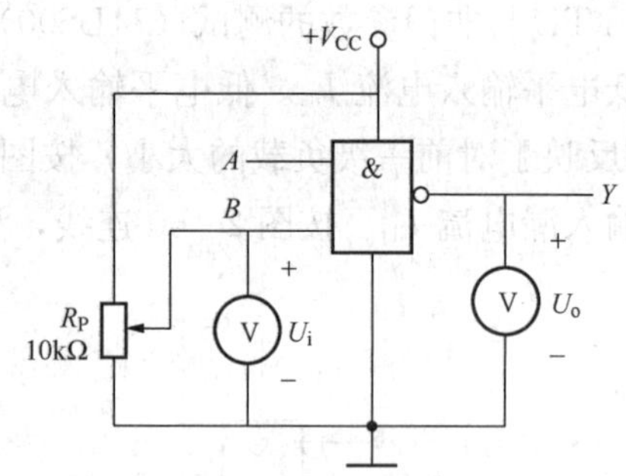

图 2-64 TTL 与非门电压传输特性的测试电路

表 2-11 TTL 与非门电压传输特性

U_i（V）	0.3	0.8	1.0	1.1	1.2	1.3	1.35	1.4	1.5	2.0	2.5
U_o（V）											

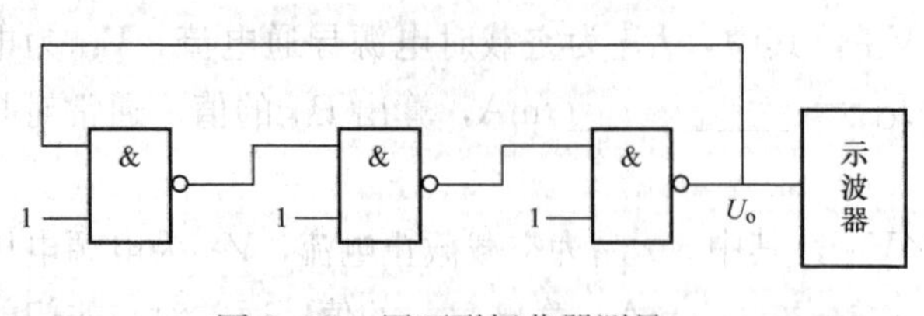

图 2-65 用环形振荡器测量 t_{pd}

7）平均传输延迟时间 t_{pd}。TTL 与非门的动态参数主要指传输延迟时间。目前常用环形振荡器法测试 t_{pd}，测试原理图如图 2-65 所示。假设每一个与非门的延迟时间都相等，3 个与非门构成的环形振荡器的周期为 $T=$

$6t_{pd}$，则 $t_{pd}=\frac{T}{6}$，其中，周期 T 可用示波器或频率计测量。

（2）CMOS与非门参数测试（CC4011）。CMOS器件的特性参数也有静态和动态之分，测试CMOS器件静态参数的电路与测量TTL器件静态参数的电路基本相同，只是要注意CMOS器件和TTL器件的使用规则不一样，对各管脚的处理要符合逻辑关系。另外，CMOS器件的 I_{CCL}、I_{CCH} 的值非常小，仅为几微安，为保证输出电路的条件，输出端使用的测量表的内阻应该足够大，一般使用数字电表。

1）电压传输特性。CMOS与非门输出电压随输入电压的变化曲线即为电压传输特性，电压传输特性反映了CMOS与非门的逻辑关系。测试电路图与TTL与非门电压传输特性测试图基本一致（见图2-64），注意电源电压改为 V_{DD}。按表2-12测出 u_i、u_o，并画出特性曲线。CMOS与非门的输出高电平接近电源电压 V_{DD}，输出低电平接近0V，CMOS与非门的转换电压称为阈值电压 U_T，$U_T=\frac{1}{2}V_{DD}$。

表2-12　CMOS与非门电压传输特性

U_i（V）	2.0	4.0	5.0	5.5	5.8	6.0	6.2	6.5	7.0	8.0
U_o（V）										

2）平均传输延迟时间 t_{pd}。利用环形振荡器可测出CMOS与非门传输延迟时间，测试电路图与TTL与非门 t_{pd} 的测试图基本一致（见图2-65）。假设每一个与非门的延迟时间都相等，3个与非门构成的环形振荡器的周期为 $T=6t_{pd}$，则 $t_{pd}=\frac{T}{6}$，其中，周期 T 可用示波器或频率计测量。

五、实验报告与要求

（1）整理实验数据，把测得的参数值与它的规范值做比较。

（2）画出测试集成门电路各参数的原理图，并证明测试条件，画出实测的电压传输特性曲线。

六、预习要求与思考题

1. 预习要求

（1）常用仪器设备（数字实验箱、双踪示波器、数字万用表）的结构、原理和使用方法。

（2）熟悉本实验待测集成块74LS00、CC4011的外引线排列，并懂得主要参数的含义及测试方法。

2. 思考题

（1）为什么TTL与非门输入端悬空就相当于输入逻辑高电平?

（2）测量扇出系数 N_O 的原理是什么?

（3）与非门的功耗与工作频率和外接负载情况有关吗？为什么?

（4）TTL和CMOS与非门的一个输入端，分别通过500Ω左右的电阻和10kΩ的电阻接地，其余输入端接高电平，试问两种器件在这两种情况下的输出逻辑值各为多少？请用实验加以验证。

第3章　组合逻辑电路分析与设计

内容提要

(1) 组合逻辑电路的分析方法与设计方法；

(2) 编码器、译码器、加法器、数据选择器、数据分配器的工作原理及使用方法；

(3) 组合电路中的竞争—冒险现象及消除方法。

数字电路按照逻辑功能的不同分为两大类：一类是组合逻辑电路，简称组合电路；另一类是时序逻辑电路，简称时序电路。本章讨论组合电路，首先介绍组合电路的结构和功能特点、一般分析方法和设计方法，然后以编码器、译码器、加法器、数值比较器、数据选择器和数据分配器为例重点讲述常用中规模集成组合电路的功能、使用方法及典型应用。

3.1　组合逻辑电路的特点及分析设计方法

3.1.1　组合电路的特点

1. 功能特点

组合电路在任意时刻的输出仅仅取决于该时刻输入信号的状态，而与该时刻之前电路的状态无关。简而言之，组合电路"无记忆性"。

如图3-1所示是一个有多输入端和多输出端的组合电路框图，其中A_1、A_2、…、A_m为输入逻辑变量，Y_1、Y_2、…、Y_n为输出逻辑变量，输出与输入之间的关系表示为

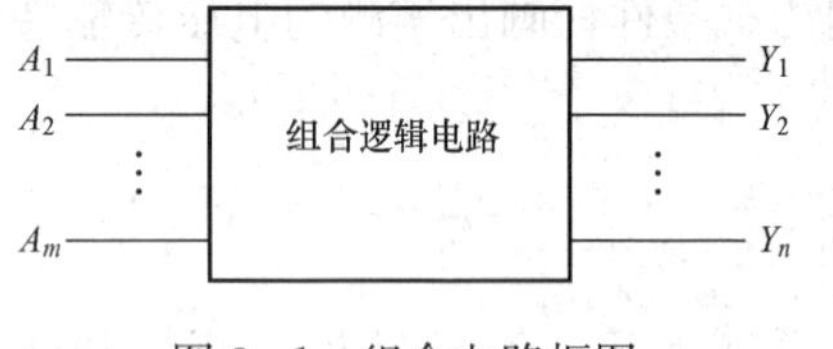

图3-1　组合电路框图

$$\begin{cases} Y_1 = f_1(A_1、A_2、\cdots、A_m) \\ Y_2 = f_2(A_1、A_2、\cdots、A_m) \\ \quad\vdots \qquad\qquad \vdots \\ Y_n = f_n(A_1、A_2、\cdots、A_m) \end{cases} \tag{3-1}$$

2. 结构特点

组合电路之所以具有以上功能特点，归根结底是由于结构上满足以下特点：

(1) 不包含记忆（存储）元件。

(2) 不存在输出到输入的反馈回路。

需要指出的是，在第2章介绍的各种门电路均属于组合电路，它们是构成复杂组合电路的单元电路。

3.1.2　组合电路的一般分析方法

分析组合电路，就是根据已知的逻辑图，找出输出变量与输入变量之间的逻辑关系，从而确定电路的逻辑功能。分析组合电路，通常遵循以下步骤：

(1) 根据给定逻辑图写出输出变量的逻辑表达式。

（2）用公式法或卡诺图法化简逻辑表达式。

（3）根据化简后的表达式列出真值表。

（4）根据真值表所反映的输出与输入变量的取值对应关系，说明电路的逻辑功能。

【例 3-1】　试分析如图 3-2 所示电路的逻辑功能。

解　（1）从输入端依次写出逻辑表达式：

$$L_1=\overline{AB}\qquad L_2=A+B\qquad L_3=\overline{L_2\cdot C}$$

$$F=\overline{L_1\cdot L_3}=\overline{\overline{AB}\cdot\overline{(A+B)\cdot C}}$$

（2）列出逻辑函数真值表，如表 3-1 所示。

（3）逻辑功能分析。由真值表可知，当 A、B、C 中有多数个为 1 时，F 即为 1。因此，如图 3-2 所示电路具有多数表决的功能，是一个多数表决电路。

表 3-1　［例3-1］真值表

A	B	C	F
0	0	0	0
0	0	1	0
0	1	0	0
0	1	1	1
1	0	0	0
1	0	1	1
1	1	0	1
1	1	1	1

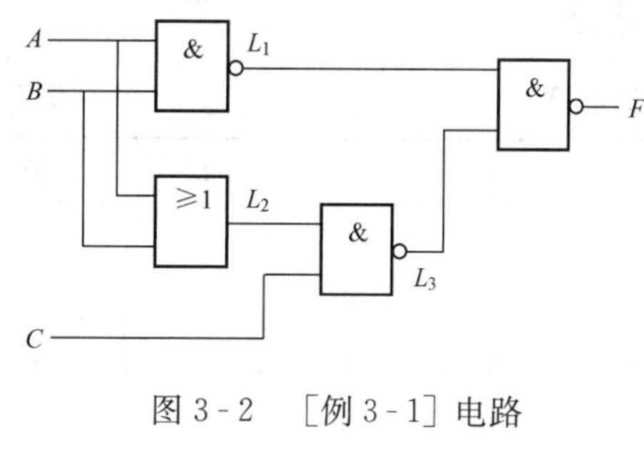

图 3-2　［例 3-1］电路

【例 3-2】　分析图 3-3 所示电路的逻辑功能。

解　（1）写逻辑表达式。

$$L=\overline{A\cdot\overline{ABC}}\qquad M=\overline{B\cdot\overline{ABC}}$$

$$N=\overline{C\cdot\overline{ABC}}\qquad Y=\overline{LMN}=\overline{L}+\overline{M}+\overline{N}$$

（2）化简。

$$\begin{aligned}Y&=\overline{LMN}=\overline{L}+\overline{M}+\overline{N}\\&=A(\overline{A}+\overline{B}+\overline{C})+B(\overline{A}+\overline{B}+\overline{C})+C(\overline{A}+\overline{B}+\overline{C})\\&=A\overline{B}+A\overline{C}+B\overline{A}+B\overline{C}+\overline{A}C+\overline{B}C\\&=\overline{A}B+\overline{B}C+\overline{C}A\text{（或}=A\overline{B}+B\overline{C}+C\overline{A}\text{）}\end{aligned}$$

（3）由化简后的表达式列出真值表，如表 3-2 所列。

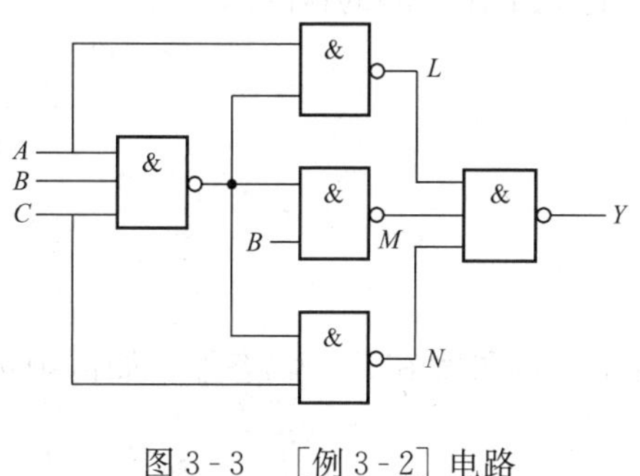

图 3-3　［例 3-2］电路

表 3-2　［例 3-2］真值表

A	B	C	Y
0	0	0	0
0	0	1	1
0	1	0	1
0	1	1	1
1	0	0	1
1	0	1	1
1	1	0	1
1	1	1	0

(4) 分析逻辑功能。

由真值表可知，只要 A、B、C 的取值不一样，输出 Y 就为 1；否则，当 A、B、C 取值一样时，Y 为 0。所以，这是一个三变量的非一致电路。

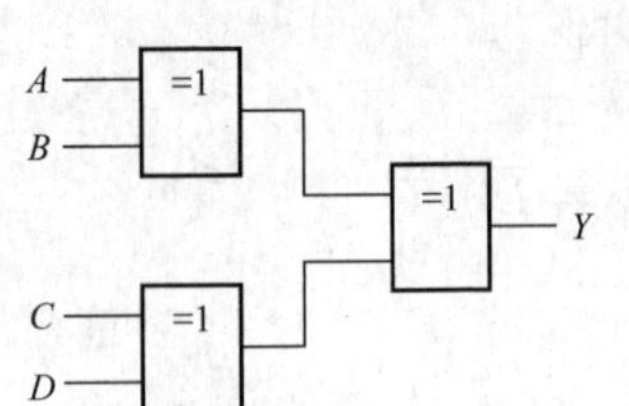

图 3-4 [例 3-3] 电路

【例 3-3】 试分析图 3-4 所示电路的逻辑功能。

解 (1) 写出图 3-4 的逻辑表达式

$$Y = A \oplus B \oplus C \oplus D$$

(2) 由逻辑表达式得真值表，见表 3-3。

(3) 分析逻辑功能。

由真值表可知，当 4 个输入变量中有奇数个 1 时，输出为 1；否则，输入变量中有偶数个 1 时，输出为 0，这样根据输出结果就可以校验输入 1 的个数是否为奇数，因此图 3-4 所示的电路是一个 4 输入变量的奇校验电路。

表 3-3　[例3-3] 真值表

A	B	C	D	Y	A	B	C	D	Y
0	0	0	0	0	1	0	0	0	1
0	0	0	1	1	1	0	0	1	0
0	0	1	0	1	1	0	1	0	0
0	0	1	1	0	1	0	1	1	1
0	1	0	0	1	1	1	0	0	0
0	1	0	1	0	1	1	0	1	1
0	1	1	0	0	1	1	1	0	1
0	1	1	1	1	1	1	1	1	0

3.1.3 组合电路的一般设计方法

组合电路的设计与分析过程相反，它是根据已知的逻辑问题，首先列出真值表，然后求出逻辑函数的最简表达式，继而画出逻辑图。组合电路的设计通常以电路简单、所用器件最少为目标。前面介绍的用公式法和卡诺图法化简逻辑函数，就是为了获得最简表达式，以便使用最少的门电路组合成逻辑电路。但是由于在设计中普遍采用中、小规模集成电路，一片集成电路包括几个至几十个同一类型的门电路，因此应根据具体情况，尽可能减少所用器件的数目和种类，这样可以使组装好的电路结构紧凑，达到工作可靠的目的。

组合电路的设计可遵循以下步骤：

(1) 设定输入、输出变量并进行状态赋值。

(2) 根据功能要求列出真值表。

(3) 根据真值表写出逻辑表达式并化成最简。

(4) 根据最简表达式画出逻辑图。

【例 3-4】 设计一个燃油锅炉自动报警器。要求燃油喷嘴在开启状态下，如锅炉水温或压力过高则发出报警信号。要求用与非门实现。

解 (1) 设定变量并进行状态赋值。

将喷嘴开关、锅炉水温、压力分别用 A、B、C 表示；$A=1$ 表示喷嘴开关打开，$A=0$ 表示喷嘴开关关闭；B、C 为 1 表示温度、压力过高，为 0 表示温度、压力正常。报警信号作为输出变量用 F 表示，$F=0$ 表示正常，$F=1$ 报警。

（2）根据题意列真值表，如表 3 - 4 所示。

（3）根据真值表写表达式并化为最简。

$$F = A\overline{B}C + AB\overline{C} + ABC = AB + AC$$

由于要求用与非门实现，所以需将表达式变换成与非一与非式，即

$$F = AB + AC = \overline{\overline{AB + AC}} = \overline{\overline{AB} \cdot \overline{AC}}$$

（4）画逻辑图。用与非门实现的逻辑图如图 3 - 5 所示。

表 3 - 4　　[例 3 - 4] 真值表

A	B	C	F
0	0	0	0
0	0	1	0
0	1	0	0
0	1	1	0
1	0	0	0
1	0	1	1
1	1	0	1
1	1	1	1

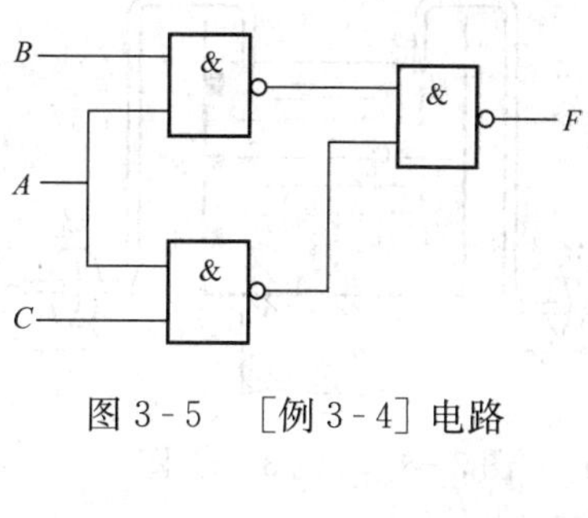

图 3 - 5　[例 3 - 4] 电路

【例 3 - 5】　设 A、B、C 为某保密锁的 3 个按键，当 A 键单独按下时，锁既不打开也不报警；只有当 A、B、C 或者 A、B 或者 A、C 分别同时按下时，锁才能被打开；当不符合上述组合状态时，将发出报警信息。试分别用与非门和或非门设计此保密锁的逻辑电路。

解　（1）设定变量并进行状态赋值。设 A、B、C 为 3 个按键，按下为 1，不按为 0。设 F 和 G 分别为开锁信号和报警信号，开锁为 1，不开锁为 0，报警为 1，不报警为 0。

（2）根据题意列真值表，如表 3 - 5 所示。

表 3 - 5　　[例 3 - 5] 真值表

A	B	C	F	G
0	0	0	0	0
0	0	1	0	1
0	1	0	0	1
0	1	1	0	1
1	0	0	0	0
1	0	1	1	0
1	1	0	1	0
1	1	1	1	0

（3）根据真值表写表达式并化为最简。

$$F = A\overline{B}C + AB\overline{C} + ABC = AB + AC$$

$$G = \overline{A} \cdot \overline{B}C + \overline{A}B\overline{C} + \overline{A}BC = \overline{A}B + \overline{A}C$$

若用与非门实现，需将表达式变换成与非一与非式，即

$$F = AB + AC = \overline{\overline{AB + AC}} = \overline{\overline{AB} \cdot \overline{AC}}$$

$$G = \overline{A}B + \overline{A}C = \overline{\overline{\overline{A}B + \overline{A}C}} = \overline{\overline{\overline{A}B} \cdot \overline{\overline{A}C}}$$

若用或非门实现，需将表达式变换成或非一或非式。根据第 1 章介绍的求或非一或非式的方法，可得

$$F = AB + AC = \overline{\overline{A} + \overline{B + C}}$$

$$G = \overline{A}B + \overline{A}C = \overline{A + \overline{B + C}}$$

（4）画逻辑图。用与非门和或非门实现的逻辑图分别如图 3 - 6 和图 3 - 7 所示。

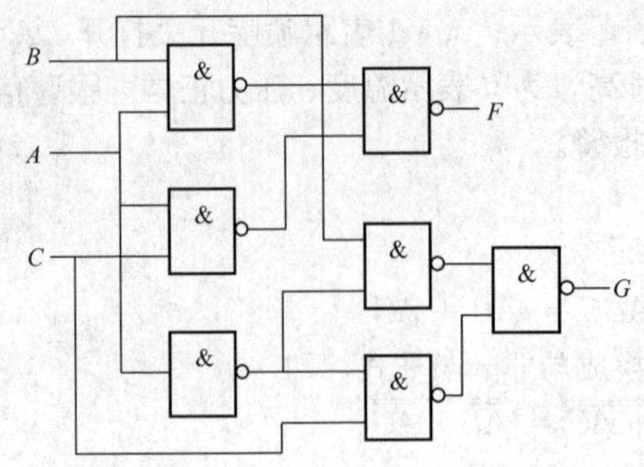

图 3-6　［例 3-5］与非门实现的电路

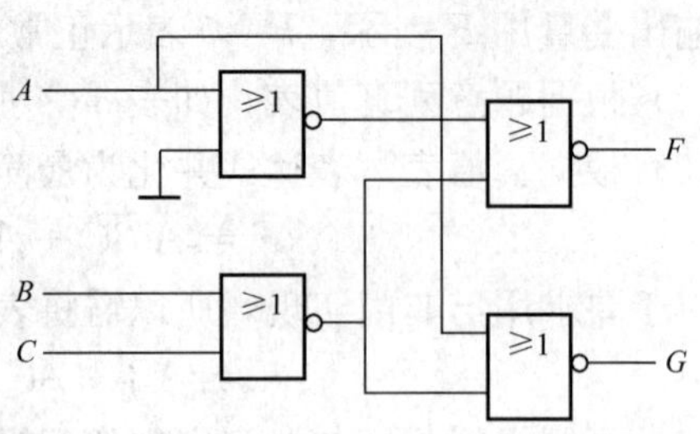

图 3-7　［例 3-5］或非门实现的电路

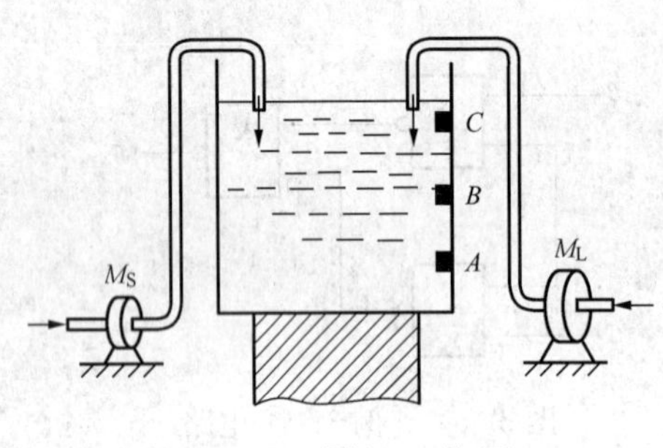

图 3-8　［例 3-6］图

【例 3-6】　有一水箱由大、小两台水泵 M_L 和 M_S 供水，如图 3-8 所示。水箱中设置了 3 个水位检测元件 A、B、C。水面低于检测元件时，检测元件给出高电平；反之给出低电平。现要求当水位超过 C 点时水泵停止工作；水位低于 C 点而高于 B 点时 M_S 单独工作；水位低于 B 点而高于 A 点时 M_L 单独工作；水位低于 A 点时 M_L 和 M_S 同时工作。试根据以上要求设计一个控制两台水泵自动工作的电路。

解　本题是一个具有约束项的逻辑函数问题，设计时需要注意。

(1) 状态赋值。用 A、B、C 等于 1 分别表示检测元件 A、B、C 给出高电平，用 A、B、C 等于 0 分别表示检测元件 A、B、C 给出低电平；用 $M_L=1$、$M_S=1$ 分别表示水泵 M_L 和 M_S 工作，用 $M_L=0$、$M_S=0$ 分别表示水泵 M_L 和 M_S 停止工作。

(2) 根据题意得真值表，如表 3-6 所列。

(3) 根据真值表写表达式并用卡诺图化简得

$$M_S = A + \overline{B}C$$
$$M_L = B$$

(4) 由最简表达式可得逻辑图如图 3-9 所示。

表 3-6　［例 3-6］真值表

A	B	C	M_S	M_L
0	0	0	0	0
0	0	1	1	0
0	1	0	×	×
0	1	1	0	1
1	0	0	×	×
1	0	1	×	×
1	1	0	×	×
1	1	1	1	1

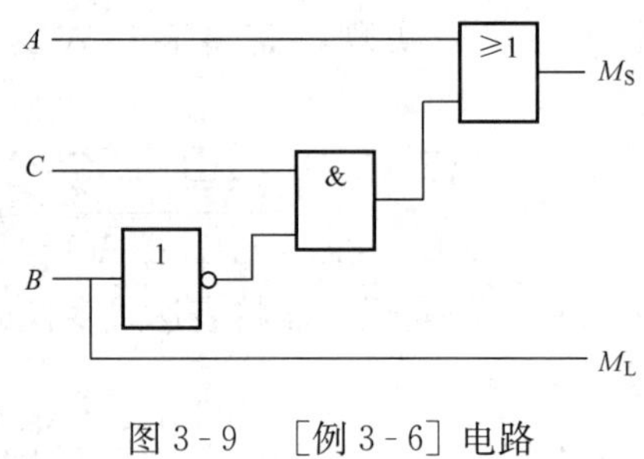

图 3-9　［例 3-6］电路

3.2　常用组合逻辑电路介绍

编码器、译码器、加法器、数据选择器、数值比较器、数据分配器、函数发生器等电路是常用的组合逻辑电路，它们经常、大量地出现在各种数字系统中。为了使用方便，已经将这些逻辑电路制成了中、小规模集成电路产品。在设计大规模集成电路时，也经常调用这些模块作为所设计电路的组成部分。下面就分别介绍这些电路的工作原理及使用方法。

3.2.1　编码器

1. 什么是编码

一般地说，用文字、符号或者数字表示特定对象的过程都可以叫做编码。数字电路中的编码是指用二进制代码表示特定对象的过程。能够实现编码功能的电路称做编码器。

n 位二进制代码可以组成 2^n 种不同的状态，也就可以表示 2^n 个不同的信息。若要对 N 个输入信息进行编码，则满足

$$N \leqslant 2^n \qquad (3-2)$$

n 为二进制代码的位数，也即输入变量的个数。当 $N=2^n$ 时，是利用了 n 个输入变量的全部组合进行的编码，称为全编码，实现全编码的电路叫做全编码器（或称二进制编码器）；当 $N<2^n$ 时，是利用了 n 个输入变量的部分状态进行的编码，称为部分编码。

2. 二进制编码器

二进制编码器也叫全编码器，其框图如图 3-10 所示。

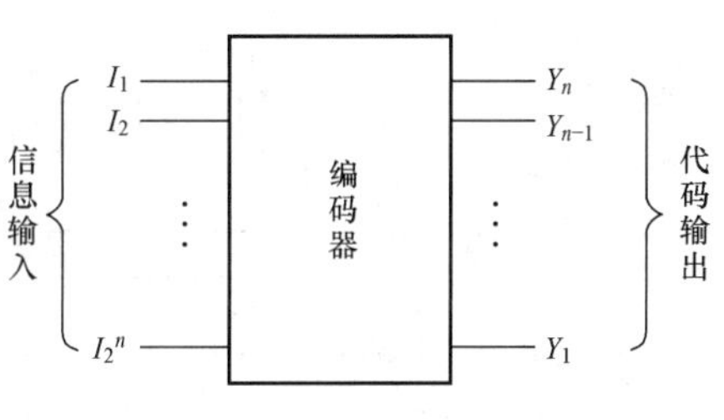

图 3-10　二进制编码器

框图中，输入信号 I_1、I_2、…、I_{2^n} 为 2^n 个有待于编码的信息，输出信号 Y_n、Y_{n-1}、…、Y_1 为 n 位二进制代码，其中 Y_n 为代码的最高位，Y_1 为最低位。例如，当 $n=3$ 时，称为 3 位二进制编码器；当 $n=4$ 时，称为 4 位二进制编码器。

对于编码器而言，在编码过程中，一次只能有一个输入信号被编码，被编码的信号必须是有效电平，有效电平可能是高电平，也有可能是低电平，这与电路设计有关，不同编码器，其有效电平可能不同。例如，某个编码器的输入有效电平是高电平，表明只有当输入信号为高电平时才能被编码，而输入为低电平时不能被编码。对于输出的二进制代码来说，可能是原码，也有可能是反码，这也取决于电路的构成。例如，十进制数“9”的 4 位原码是 1001，而反码是 0110。

二进制编码器又分为普通编码器和优先编码器。

（1）普通编码器。以 3 位二进制普通编码器为例。表 3-7 是该编码器的真值表，由表可以看出：

1）输入信号为低电平有效，因此输入信号“I”上面带有反号。

2）输入信号之间互相排斥，即不允许有两个或两个以上输入信号同时为有效电平，因此，这种普通编码器又称作互斥编码器。

3）输出信号为原码，所以“Y”上面没有反号，这种二进制编码器又可称作 8 线-3 线（8/3 线）编码器。

表 3-7　　3 位二进制编码器真值表

$\bar{I}_7$	$\bar{I}_6$	$\bar{I}_5$	$\bar{I}_4$	$\bar{I}_3$	$\bar{I}_2$	$\bar{I}_1$	$\bar{I}_0$	Y_2	Y_1	Y_0
0	1	1	1	1	1	1	1	1	1	1
1	0	1	1	1	1	1	1	1	1	0
1	1	0	1	1	1	1	1	1	0	1
1	1	1	0	1	1	1	1	1	0	0
1	1	1	1	0	1	1	1	0	1	1
1	1	1	1	1	0	1	1	0	1	0
1	1	1	1	1	1	0	1	0	0	1
1	1	1	1	1	1	1	0	0	0	0

根据真值表可以写出输出变量 Y_2、Y_1、Y_0 的表达式为

$$Y_2 = \overline{\bar{I}_7 \cdot \bar{I}_6 \cdot \bar{I}_5 \cdot \bar{I}_4}$$

$$Y_1 = \overline{\bar{I}_7 \cdot \bar{I}_6 \cdot \bar{I}_3 \cdot \bar{I}_2}$$

$$Y_0 = \overline{\bar{I}_7 \cdot \bar{I}_5 \cdot \bar{I}_3 \cdot \bar{I}_1}$$

由表达式画出逻辑电路图如图 3-11（a）所示。图 3-11（b）是该 8/3 线互斥编码器的逻辑符号。在逻辑符号中，方框内的变量符号一般不带“—”号，而且用正体。

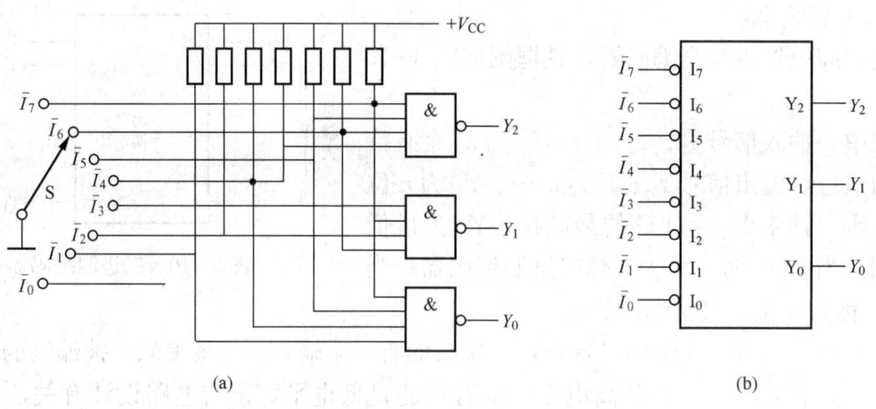

图 3-11　8/3 线普通编码器

（a）逻辑图；（b）逻辑符号

（2）优先编码器。与普通编码器不同，优先编码器允许同时有几个输入信号为有效电平，但电路只能对其中优先级别最高的信号进行编码。

同样以 8/3 线优先编码器为例，设输入信号 $I_7 \sim I_0$ 为高电平有效（“I”上不带反号），输出为原码（Y_2、Y_1、Y_0 上也没有反号）。若输入信号的优先级别依次为 I_7、I_6、…、I_1、I_0，则可以得到表 3-8 所列的真值表（表中“×”表示取 0 取 1 均可）。显然，表中输入信号允许同时有多个为有效电平 1。

由表 3-8 可分别写出 Y_2、Y_1、Y_0 的表达式如下

$$Y_2 = I_7 + \bar{I}_7 I_6 + \bar{I}_7 \bar{I}_6 I_5 + \bar{I}_7 \bar{I}_6 \bar{I}_5 I_4 = I_7 + I_6 + I_5 + I_4$$

$$Y_1 = I_7 + \bar{I}_7 I_6 + \bar{I}_7 \bar{I}_6 \bar{I}_5 \bar{I}_4 I_3 + \bar{I}_7 \bar{I}_6 \bar{I}_5 \bar{I}_4 \bar{I}_3 I_2 = I_7 + I_6 + \bar{I}_5 \bar{I}_4 I_3 + \bar{I}_5 \bar{I}_4 I_2$$

$$Y_0 = I_7 + \overline{I}_7\overline{I}_6I_5 + \overline{I}_7\overline{I}_6\overline{I}_5\overline{I}_4I_3 + \overline{I}_7\overline{I}_6\overline{I}_5\overline{I}_4\overline{I}_3\overline{I}_2I_1$$
$$= I_7 + \overline{I}_6I_5 + \overline{I}_6\overline{I}_4I_3 + \overline{I}_6\overline{I}_4\overline{I}_2I_1$$

表 3-8 **8/3 线优先编码器真值表**

I_7	I_6	I_5	I_4	I_3	I_2	I_1	I_0	Y_2	Y_1	Y_0
1	×	×	×	×	×	×	×	1	1	1
0	1	×	×	×	×	×	×	1	1	0
0	0	1	×	×	×	×	×	1	0	1
0	0	0	1	×	×	×	×	1	0	0
0	0	0	0	1	×	×	×	0	1	1
0	0	0	0	0	1	×	×	0	1	0
0	0	0	0	0	0	1	×	0	0	1
0	0	0	0	0	0	0	1	0	0	0

若用与或非门实现且反码输出，即输出为 $\overline{Y}_2$、$\overline{Y}_1$、$\overline{Y}_0$，则上面的式子可写成

$$\overline{Y}_2 = \overline{I_7 + I_6 + I_5 + I_4}$$
$$\overline{Y}_1 = \overline{I_7 + I_6 + \overline{I}_5\overline{I}_4I_3 + \overline{I}_5\overline{I}_4I_2}$$
$$\overline{Y}_0 = \overline{I_7 + \overline{I}_6I_5 + \overline{I}_6\overline{I}_4I_3 + \overline{I}_6\overline{I}_4\overline{I}_2I_1}$$

如果输入为低电平有效，即 $\overline{I}_7 \sim \overline{I}_0$ 以反变量输入，则根据 $\overline{Y}_2$、$\overline{Y}_1$、$\overline{Y}_0$ 的表达式可画出8/3线优先编码器的逻辑图，如图 3-12 所示。特别地，当输入低电平有效时，常将反相器的“o”画在输入端，如图中 $G_1 \sim G_7$。另外注意，图中 $\overline{I}_0$ 为隐含码，即当输入信号 $\overline{I}_7 \sim \overline{I}_1$ 均无输入时（即 $\overline{I}_7 \sim \overline{I}_1$ 均为 1），$\overline{Y}_2$、$\overline{Y}_1$、$\overline{Y}_0$ 均为 1，此即 $\overline{I}_0$ 的编码。

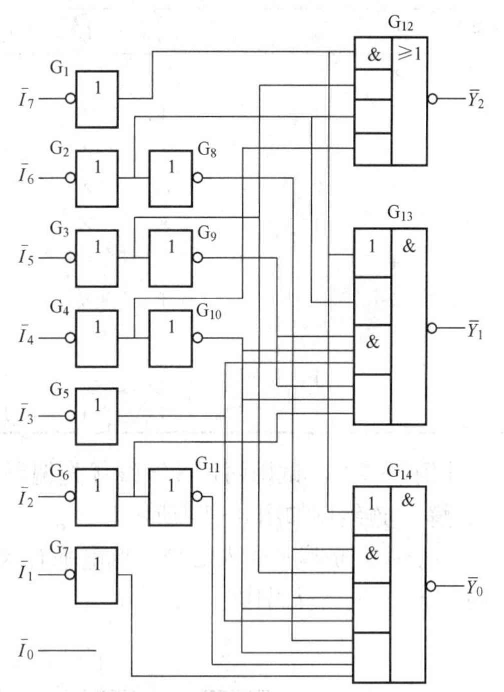

图 3-12 8/3 线优先编码器逻辑图

(3) 集成 8/3 线优先编码器。图 3-13 (a) 是集成 TTL 8/3 线优先编码器 74LS148 的引脚排列图，图 3-13 (b) 是其逻辑符号，在理论分析中，采用的都是集成电路的逻辑符号。而集成电路的外部引脚排列图多用于实际连线中。表 3-9 是它的真值表。74LS148 除了具备如表 3-8 所示的 8/3 线优先编码器的功能外，还增加了一些功能端 $\overline{ST}$、$\overline{Y}_S$ 和 $\overline{Y}_{EX}$。

$\overline{ST}$ 为使能端，低电平有效，即当 $\overline{ST}=0$ 时，电路才处于工作状态，对输入信号进行编码。否则，当 $\overline{ST}=1$ 时，编码被禁止，输出为无效的高阻态，用 1 表示。

$\overline{Y}_S$ 和 $\overline{Y}_{EX}$ 分别称作选通输出端和扩展输出端，它们均用于编码器的级联扩展。级联应用时将高位片的 $\overline{Y}_S$ 端与低位片的 $\overline{ST}$ 端连接起来，可以扩展编码器的功能，并且要使 $\overline{Y}_S=0$，必须使 $\overline{I}_7 \sim \overline{I}_0$ 均为无效电平 1。$\overline{Y}_{EX}$ 在级联应用时可作输出位的扩展端。

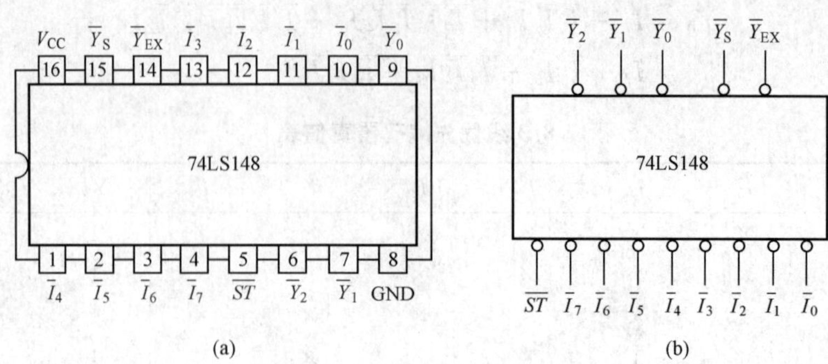

图 3-13 8/3 线编码器 74LS148

(a) 引脚排列图；(b) 逻辑符号

表 3-9　　74LS148 的真值表

输入									输出				
$\overline{ST}$	$\overline{I}_7$	$\overline{I}_6$	$\overline{I}_5$	$\overline{I}_4$	$\overline{I}_3$	$\overline{I}_2$	$\overline{I}_1$	$\overline{I}_0$	$\overline{Y}_2$	$\overline{Y}_1$	$\overline{Y}_0$	$\overline{Y}_{EX}$	$\overline{Y}_S$
1	×	×	×	×	×	×	×	×	1	1	1	1	1
0	1	1	1	1	1	1	1	1	1	1	1	1	0
0	0	×	×	×	×	×	×	×	0	0	0	0	1
0	1	0	×	×	×	×	×	×	0	0	1	0	1
0	1	1	0	×	×	×	×	×	0	1	0	0	1
0	1	1	1	0	×	×	×	×	0	1	1	0	1
0	1	1	1	1	0	×	×	×	1	0	0	0	1
0	1	1	1	1	1	0	×	×	1	0	1	0	1
0	1	1	1	1	1	1	0	×	1	1	0	0	1
0	1	1	1	1	1	1	1	0	1	1	1	0	1

【例 3-7】 试用两片 8/3 线优先编码器 74LS148 级联，构成 16/4 线编码器。

解 连线图如图 3-14 所示。

$\overline{A}_{15}$～$\overline{A}_0$ 是编码输入信号，低电平有效，$\overline{A}_{15}$ 优先级别最高，$\overline{A}_0$ 优先级别最低；$\overline{Z}_3$～$\overline{Z}_0$ 组成 4 位二进制反码作输出信号。

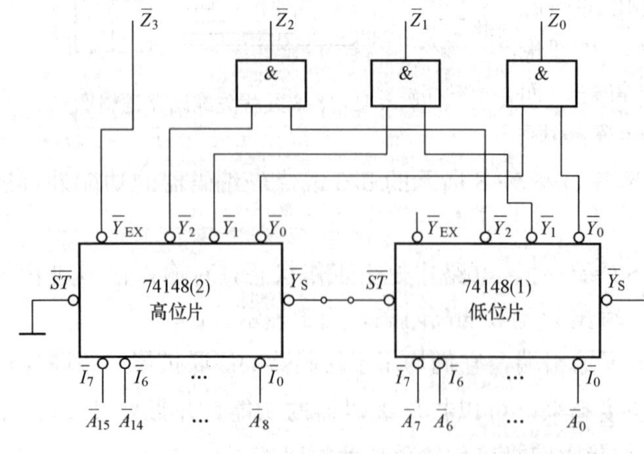

图 3-14 [例 3-7] 的连线图

当高位片无输入而低位片有输入时（即 $\overline{A}_{15}$～$\overline{A}_8$ 全为 1，$\overline{A}_7$～$\overline{A}_0$ 中至少有一个为 0 时），高位片的 $\overline{Y}_S=0$，低位片工作，$\overline{Z}_3=1$，输出为 $\overline{A}_7$～$\overline{A}_0$ 的编码 1000～1111(反码)。

当高位片有输入时（即 $\overline{A}_{15}$～$\overline{A}_8$ 中至少有一个为低电平时），高位片的 $\overline{Y}_S=1$，低位片停止工作，$\overline{Z}_3=0$，输出为 $\overline{A}_{15}$～$\overline{A}_8$ 的编码 0000～0111（反码）。

3. 十进制编码器

将 10 个输入信号 I_9～I_0 分别

编成对应的 8421BCD 码的电路称为十进制编码器。

十进制编码器有 10 个输入信号，输出是 4 位二进制代码。4 位二进制代码可以组成 16 种状态，而十进制编码器只需其中的 10 个，因而它属于部分编码，可称为 10/4 线编码器。又因为其输出多为 8421BCD 码，故也称为二—十进制编码器或 8421BCD 码编码器。

计算机的键盘输入逻辑电路就是由编码器组成。如图 3-15 所示是用 10 个按键和门电路组成的 8421BCD 码编码器，其功能如表 3-10 所列，其中 $\overline{I}_0 \sim \overline{I}_9$ 代表 10 个按键，即对应十进制数 0～9 的输入键，低电平有效；A、B、C、D 为输出代码，组成 4 位 8421BCD 码，且为原码，A 为代码的最高位，D 为最低位。GS 为控制使能标志，高电平有效，GS 为高电平时，表明有信号输入，编码器工作，否则，GS 为低电平时，无信号输入，编码器不工作。

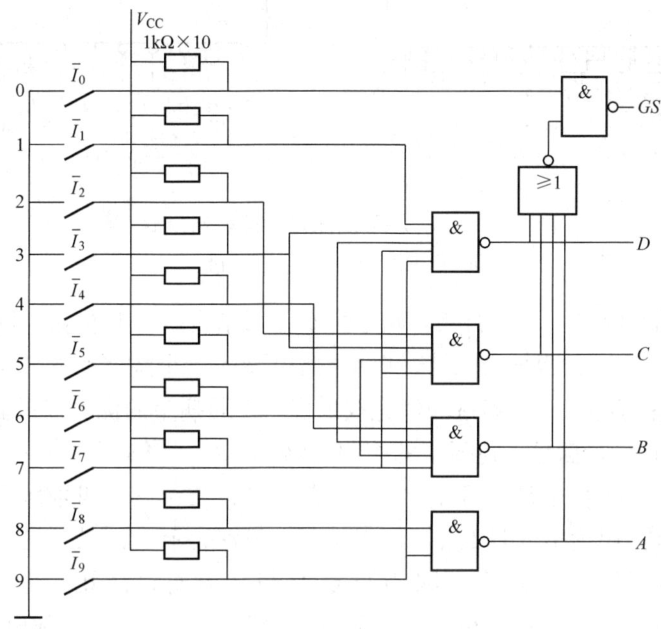

图 3-15　8421BCD 码编码器的逻辑图

表 3-10　　10 个按键 8421BCD 码编码器功能表

输入										输出				
$\overline{I}_9$	$\overline{I}_8$	$\overline{I}_7$	$\overline{I}_6$	$\overline{I}_5$	$\overline{I}_4$	$\overline{I}_3$	$\overline{I}_2$	$\overline{I}_1$	$\overline{I}_0$	A	B	C	D	GS
1	1	1	1	1	1	1	1	1	1	0	0	0	0	0
1	1	1	1	1	1	1	1	1	0	0	0	0	0	1
1	1	1	1	1	1	1	1	0	1	0	0	0	1	1
1	1	1	1	1	1	1	0	1	1	0	0	1	0	1
1	1	1	1	1	1	0	1	1	1	0	0	1	1	1
1	1	1	1	1	0	1	1	1	1	0	1	0	0	1
1	1	1	1	0	1	1	1	1	1	0	1	0	1	1
1	1	1	0	1	1	1	1	1	1	0	1	1	0	1
1	1	0	1	1	1	1	1	1	1	0	1	1	1	1
1	0	1	1	1	1	1	1	1	1	1	0	0	0	1
0	1	1	1	1	1	1	1	1	1	1	0	0	1	1

集成十进制编码器中，常见的是10线-4线优先编码器74LS147，如图3-16（a）所示为74LS147的引脚排列图，图3-16（b）是它的逻辑符号。74LS147的输入端为$\overline{I}_0 \sim \overline{I}_9$，低电平有效，优先权从$\overline{I}_9$到$\overline{I}_0$依次降低；输出端为$\overline{Y}_3$、$\overline{Y}_2$、$\overline{Y}_1$、$\overline{Y}_0$，组成4位8421BCD码，$\overline{Y}_3$为最高位，$\overline{Y}_0$为最低位，且输出为反码。

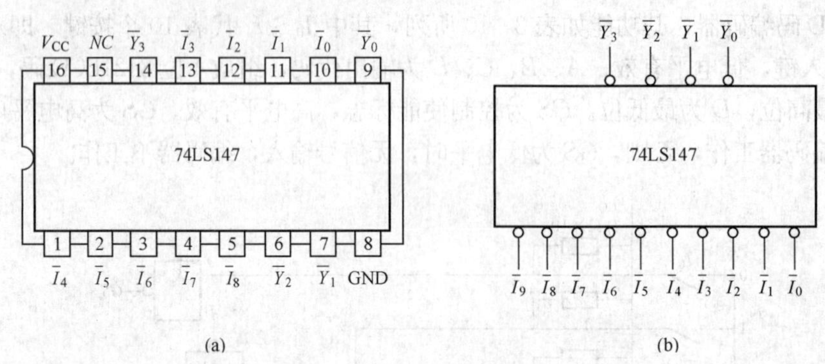

图3-16 10线-4线优先编码器74LS147

（a）引脚排列图；（b）逻辑符号

【例3-8】 某医院有一、二、三、四号病室，每室设有呼叫按钮，同时在护士值班室内对应地装有一、二、三、四号指示灯。现在的情况是，4个病室的按钮可以同时按下，但值班室一次只有一盏灯亮，一号病室的优先权最高，四号病室的优先权最低。试用优先编码器74LS148和门电路设计满足上述要求的控制电路。

解 选取输入变量B_1、B_2、B_3、B_4分别表示一、二、三、四号病室的按钮，按下时变量为0，否则为1。用输出变量L_1、L_2、L_3、L_4分别表示一、二、三、四号指示灯，变量为0表示灯亮，否则表示灯灭。因为只要控制4盏灯，故用二位输出即可。选用74LS148的低4位输入端$\overline{I}_0 \sim \overline{I}_3$和低二位输出端$\overline{Y}_1$、$\overline{Y}_0$即可。控制电路的功能可用表3-11来描述。

表3-11　　控制电路功能表

$B_1(\overline{I}_3)$	$B_2(\overline{I}_2)$	$B_3(\overline{I}_1)$	$B_4(\overline{I}_0)$	$\overline{Y}_1$	$\overline{Y}_0$	L_1	L_2	L_3	L_4
0	×	×	×	0	0	0	1	1	1
1	0	×	×	0	1	1	0	1	1
1	1	0	×	1	0	1	1	0	1
1	1	1	0	1	1	1	1	1	0

由功能表可得$L_1 \sim L_4$的表达式为

$$L_1 = \overline{Y_1 Y_0} \qquad L_2 = \overline{Y_1 \overline{Y_0}}$$

$$L_3 = \overline{\overline{Y_1} Y_0} \qquad L_4 = \overline{\overline{Y_1}\,\overline{Y_0}}$$

由表达式画出逻辑图如图3-17所示。

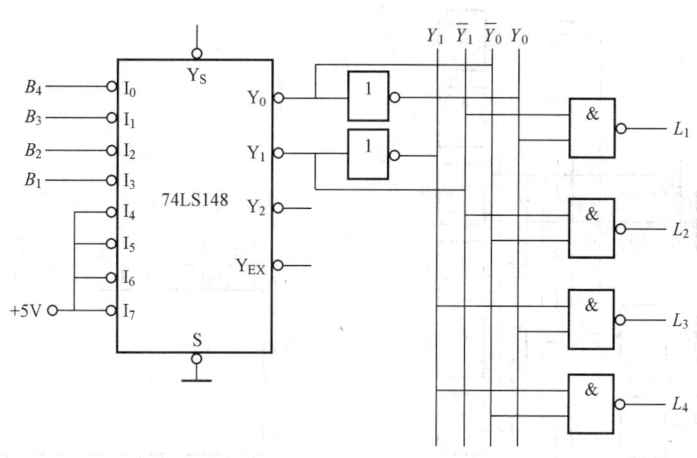

图 3-17　[例 3-8] 电路图

3.2.2　译码器

1. 什么是译码

译码是指将输入的二进制代码译成对应的输出高、低电平信号或另外一个代码的过程。能够实现译码功能的电路叫做译码器。译码是编码的逆过程。

编码器是将 N 个输入信号用 n 变量的不同二进制组合表示出来，而译码器则是将 n 变量的不同二进制组合所表示的状态一一反映出来。若译码器有 n 个输入信号，N 个输出信号，则应有 $N \leqslant 2^n$。当 $N=2^n$ 时，称为全译码器，也叫二进制译码器；当 $N<2^n$ 时，称为部分译码器。

常用的译码器有二进制译码器、十进制译码器和显示译码器。

2. 二进制译码器

图 3-18 是二进制译码器的框图。图中 $A_1 \sim A_n$ 是 n 个输入信号，组成 n 位二进制代码，A_n 是代码的最高位，A_1 是代码的最低位，代码可能是原码，也可能是反码。若为反码，则“A”字母上面要带反号；$Y_1 \sim Y_{2^n}$ 是输出信号，可能是高电平有效，也可能是低电平有效，若为低电平有效，则“Y”字母上要带反号。

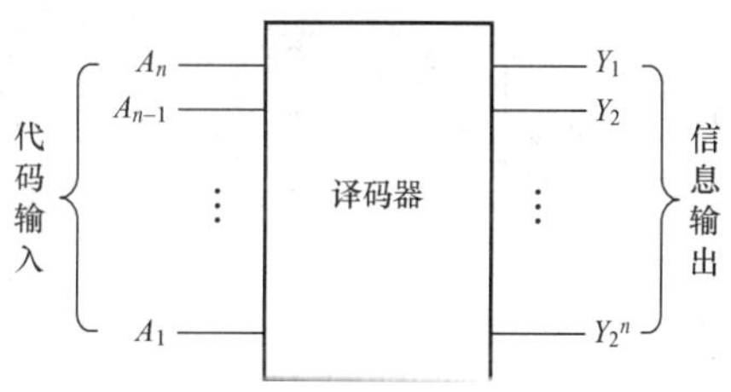

图 3-18　二进制译码器框图

图 3-19 是集成 3/8 线译码器 74LS138 的逻辑图和引脚排列图，其中 S_1、$\overline{S_2}$、$\overline{S_3}$ 是使能端，只有当 $S_1=1$ 且 $\overline{S_2}=\overline{S_3}=0$ 时，译码器才工作，否则，译码器处于非工作状态。

表 3-12 列出了 74LS138 的真值表。真值表能够全面清楚地反映电路的工作原理。由 74LS138 的真值表可以看出，其输入信号为原码，A_2 是最高位；输出为低电平有效，译码过程中，根据 $A_2A_1A_0$ 的取值组合，$\overline{Y}_0 \sim \overline{Y}_7$ 中的某一个输出为低电平，且 $\overline{Y}_i=\overline{m_i}$（$i=0$，1，2，…，7），$m_i$ 为最小项。这一特点是全译码器所共有的。据此，我们可以用集成译码器实现组合逻辑函数。

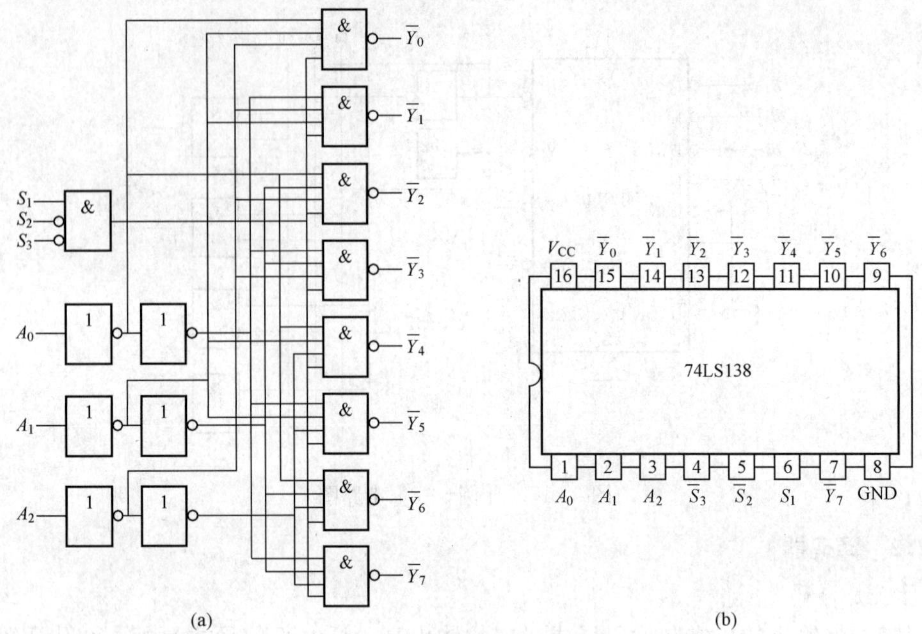

图 3-19 3/8 线译码器 74LS138

(a) 逻辑图；(b) 引脚排列图

表 3-12 **74LS138 真值表**

输入					输出							
S_1	$\overline{S}_2+\overline{S}_3$	A_2	A_1	A_0	$\overline{Y}_0$	$\overline{Y}_1$	$\overline{Y}_2$	$\overline{Y}_3$	$\overline{Y}_4$	$\overline{Y}_5$	$\overline{Y}_6$	$\overline{Y}_7$
0	×	×	×	×	1	1	1	1	1	1	1	1
×	1	×	×	×	1	1	1	1	1	1	1	1
1	0	0	0	0	0	1	1	1	1	1	1	1
1	0	0	0	1	1	0	1	1	1	1	1	1
1	0	0	1	0	1	1	0	1	1	1	1	1
1	0	0	1	1	1	1	1	0	1	1	1	1
1	0	1	0	0	1	1	1	1	0	1	1	1
1	0	1	0	1	1	1	1	1	1	0	1	1
1	0	1	1	0	1	1	1	1	1	1	0	1
1	0	1	1	1	1	1	1	1	1	1	1	0

【例 3-9】 用集成译码器并辅以适当门电路实现下列组合逻辑函数

$$Y=\overline{A}\,\overline{B}+AB+\overline{B}C$$

解 要实现的是一个 3 变量的逻辑函数，因此应选用 3/8 线译码器，用 74LS138。

(1) 将所给表达式化成最小项之和形式

$$\begin{aligned}Y&=\overline{A}\,\overline{B}+AB+\overline{B}C\\&=\overline{A}\,\overline{B}\,\overline{C}+\overline{A}\,\overline{B}C+A\,\overline{B}C+AB\,\overline{C}+ABC\end{aligned}$$

$$=m_0+m_1+m_5+m_6+m_7$$

（2）确定译码器输入逻辑变量

令 $$A_2A_1A_0=ABC$$

（3）写出译码器输出逻辑表达式

$$\overline{Y}_i=\overline{m}_i$$

（4）把逻辑函数 Y 与译码器输出逻辑表达式相比较得：

$$Y=m_0+m_1+m_5+m_6+m_7$$
$$=\overline{\overline{m_0}\ \overline{m_1}\ \overline{m_5}\ \overline{m_6}\ \overline{m_7}}=\overline{\overline{Y}_0\ \overline{Y}_1\ \overline{Y}_5\ \overline{Y}_6\ \overline{Y}_7}$$

（5）由表达式可知，需外接与非门实现，画出逻辑图如图 3-20 所示。

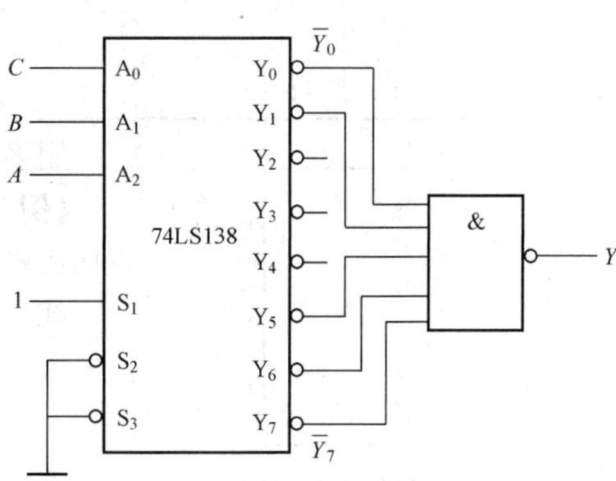

图 3-20　［例 3-9］的连线图

【例 3-10】　设 X、Z 均为 3 位二进制数，X 为输入，Z 为输出，要求二者之间有下述关系：当 $3\leqslant X\leqslant 6$ 时，$Z=X+1$；$X<3$ 时，$Z=0$；$X>6$ 时，$Z=3$。

试用一片 3/8 线译码器构成实现上述要求的逻辑电路。

解　（1）按题意列出真值表，如表 3-13 所示。

（2）由真值表写出输出 Z 的表达式

$$Z_2=\overline{X_2}X_1X_0+X_2\overline{X_1}\cdot\overline{X_0}+X_2\overline{X_1}X_0+X_2X_1\overline{X_0}$$
$$=m_3+m_4+m_5+m_6$$
$$Z_1=X_2\overline{X_1}X_0+X_2X_1\overline{X_0}+X_2X_1X_0$$
$$=m_5+m_6+m_7$$
$$Z_2=X_2\overline{X_1}\cdot\overline{X_0}+X_2X_1\overline{X_0}+X_2X_1X_0$$
$$=m_4+m_6+m_7$$

（3）确定译码器输入逻辑变量

令 $$A_2A_1A_0=X_2X_1X_0$$

（4）写出译码器输出逻辑表达式（从略）。

（5）把 Z_2、Z_1、Z_0 与译码器输出逻辑表达式相比较得

$$Z_2=m_3+m_4+m_5+m_6$$
$$=\overline{\overline{m_3}\cdot\overline{m_4}\cdot\overline{m_5}\cdot\overline{m_6}}=\overline{\overline{Y_3}\cdot\overline{Y_4}\cdot\overline{Y_5}\cdot\overline{Y_6}}$$
$$Z_1=m_5+m_6+m_7$$
$$=\overline{\overline{m_5}\cdot\overline{m_6}\cdot\overline{m_7}}=\overline{\overline{Y_5}\cdot\overline{Y_6}\cdot\overline{Y_7}}$$
$$Z_0=m_4+m_6+m_7$$
$$=\overline{\overline{m_4}\cdot\overline{m_6}\cdot\overline{m_7}}=\overline{\overline{Y_4}\cdot\overline{Y_6}\cdot\overline{Y_7}}$$

（6）画出逻辑图如图 3-21 所示。

表 3-13　［例 3-10］真值表

输入			输出		
X_2	X_1	X_0	Z_2	Z_1	Z_0
0	0	0	0	0	0
0	0	1	0	0	0
0	1	0	0	0	0
0	1	1	1	0	0
1	0	0	1	0	1
1	0	1	1	1	0
1	1	0	1	1	1
1	1	1	0	1	1

图 3-21　［例 3-10］连线图

用多片集成译码器同样可以实现功能扩展。

【例 3-11】　试用两片 3/8 线译码器 74LS138 构成 4/16线译码器。

解　级联图如图 3-22 所示。其中 $D_3D_2D_1D_0$ 为 4 位代码输入端，D_3 是最高位，当 $D_3=0$ 时，译码器（Ⅰ）工作，$D_3=1$ 时，译码器（Ⅱ）工作。因此，可用 D_3 作为选通信号，分别控制两个译码器轮流工作。

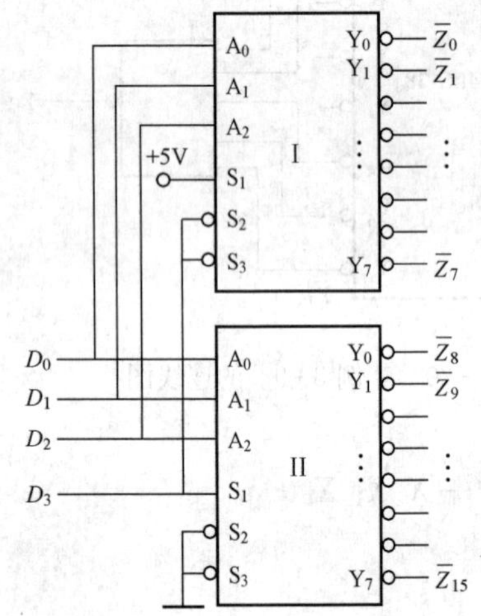

图 3-22　［例 3-11］的连线图

【例 3-12】　试用 74LS138 组成译码电路，对 5 位二进制代码 $A_4A_3A_2A_1A_0$ 进行译码。

解　由于对 5 位二进制代码进行译码，因而译码电路需要有 32 路输出。用 74LS138 组成 5/32 线译码器，需要用 5 片 74LS138 组成两级译码器。用 1 片作为输入级，输入级一方面实现输入扩展，又起片选作用。用 4 片 74LS138 作输出级，实现 32 路输出。其电路连接如图 3-23所示。

由图 3-23 可见，当使能端$\overline{ST}=1$时，5 片 74LS138 全被禁止，其输出均为高电平。当$\overline{ST}=0$时，各片译码器工作状态如下：

当 $A_4A_3=00$ 时，片（1）、片（2）、片（3）被禁止，片（4）、片（5）工作，由 $A_2A_1A_0$ 决定$\overline{Y_0}\sim\overline{Y_7}$的状态。

当 $A_4A_3=01$ 时，片（1）、片（2）、片（4）被禁止，片（3）、片（5）工作，由 $A_2A_1A_0$ 决定$\overline{Y_8}\sim\overline{Y_{15}}$的状态。

当 $A_4A_3=10$ 时，片（1）、片（3）、片（4）被禁止，片（2）、片（5）工作，由 $A_2A_1A_0$ 决定$\overline{Y_{16}}\sim\overline{Y_{23}}$的状态。

当 $A_4A_3=11$ 时，片（2）、片（3）、片（4）被禁止，片（1）、片（5）工作，由 $A_2A_1A_0$ 决定$\overline{Y_{24}}\sim\overline{Y_{31}}$的状态。

因此，$A_4A_3A_2A_1A_0$ 从 00000～11111 这 32 个二进制代码就分别由$\overline{Y_0}\sim\overline{Y_{31}}$的低电平信号表示（译出）。

74LS138 是计算机微处理器电路中最常用的地址译码器。典型的 8 位微处理器

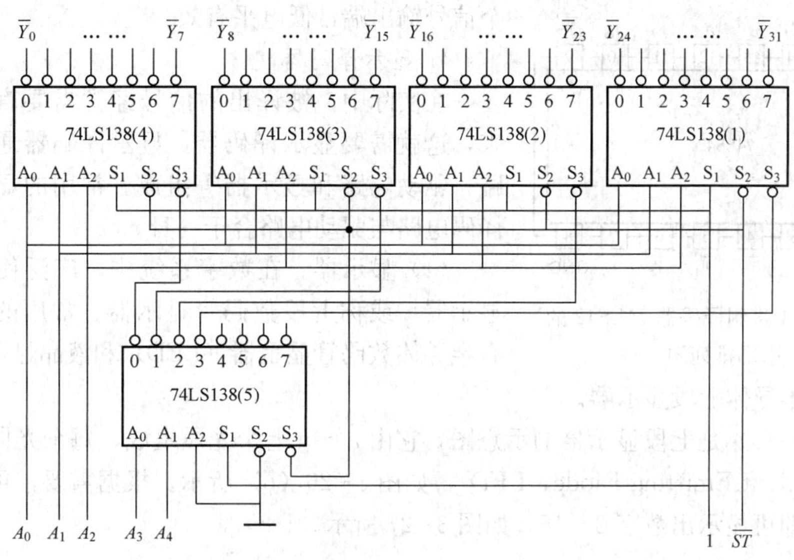

图 3 - 23　74LS138 扩展为 5/32 线译码器

Intel8085A或 Mototola6809 有 16 根地址线（A_0～A_{15}），微处理器通过地址线 A_0～A_{15} 确定存储器的存储单元或外部设备，以达到交换数据的目的。如图 3 - 24 所示为微处理器 8085A 通过地址译码器选择 8 个独立的存储器组的译码电路。

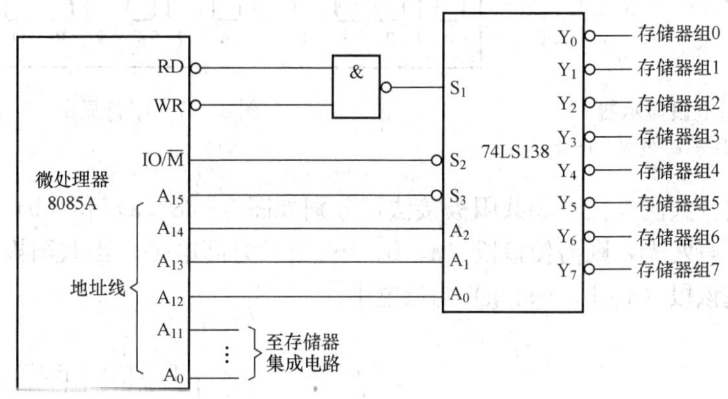

图 3 - 24　微处理器地址译码器电路

由图可以看出，8085A 地址线的高 4 位 A_{15}～A_{12} 用来确定被寻找的存储器组，其他 12 位地址线 A_{11}～A_0 用来确定被寻找的存储器组中的某个存储单元。只有当 IO/$\overline{\mathrm{M}}$（输入输出/存储器选择）为低电平 0、A_{15}＝0、$\overline{RD}$（读操作）或$\overline{WR}$（写操作）也为低电平 0 时，才能进行存储器组的选择。当 74LS138 的 8 个输出中有一个为低电平时，表示该输出对应的存储器组被选中，然后再由地址线 A_{11}～A_0 确定该存储器组的某个存储单元被选中。

3. 十进制译码器

将 8421BCD 码翻译成 10 个对应的十进制数码的电路称为十进制译码器，也叫二—十进制译码器，它属于 4/10 线译码器。

如图 3 - 25 所示是集成 4/10 线译码器 74LS42 的引脚排列图。它的输入为 4 位二进制代码 $A_3A_2A_1A_0$，A_3 为最高位，A_0 为最低位，并且是原码输入；输出信号是$\overline{Y}_0$～$\overline{Y}_9$，共 10

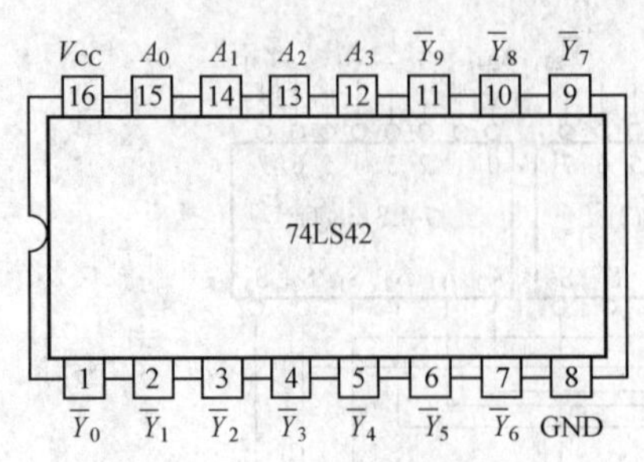

图 3-25 十进制译码器 74LS42 的引脚排列图

个信号输出端，低电平有效。

4. 显示译码器

在实际中，被译出的信号经常需要直观地显示出来，这就需要显示译码器。显示译码器通常由译码电路、驱动电路和显示器等组成。常用的显示译码器将译码电路与驱动电路合于一身。

（1）显示器。在数字系统中，广泛使用七段字符显示器，或称七段数码管显示器。常用的七段显示器有半导体数码管显示器（LED）和液晶显示器（LCD），这里仅介绍半导体七段显示器。

图 3-26（a）是七段显示器的示意图，它由 a ～g 七个光段组成，每个光段都是一个发光二极管（Light Emitting Diode，LED），如图 3-26（b）所示。根据需要，可让其中的某些段发光，即可显示出数字 0～15，如图 3-27 所示。

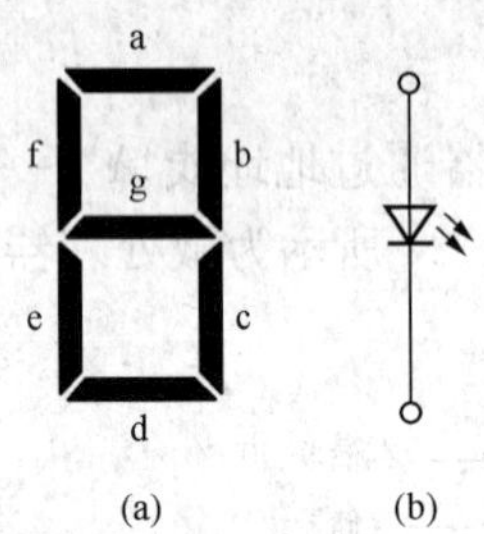

图 3-26 七段显示器

（a）七段显示器；（b）发光二极管

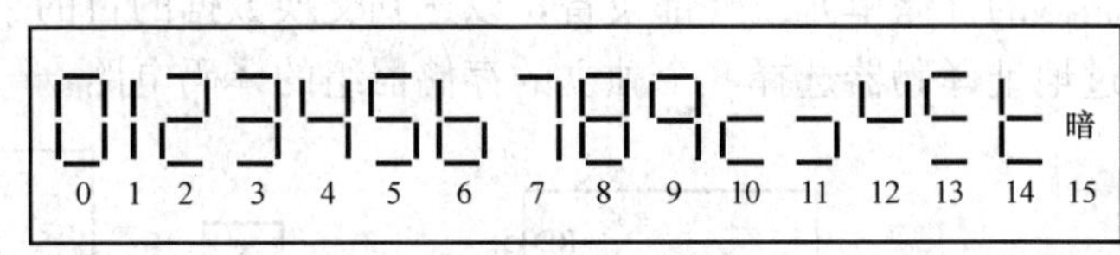

图 3-27 字符显示

七段显示器分共阴极接法和共阳极接法，分别如图 3-28（a）和（b）所示。当共阴极接法时，若需某段发光，则需使该段（a、b、…、g）为高电平；当共阳极接法时，若需某段发光，则需使该段（a、b、…、g）为低电平。

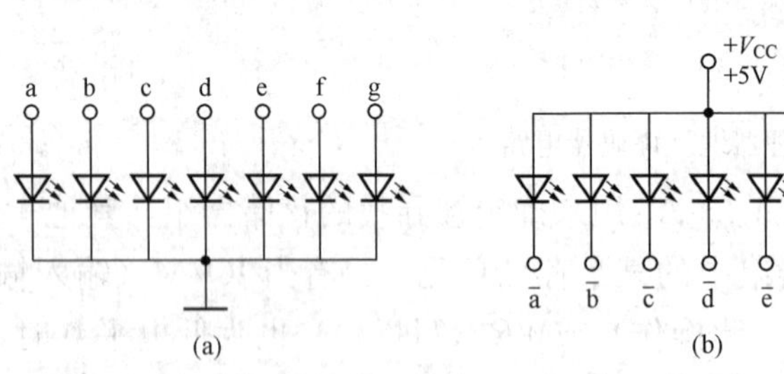

图 3-28 发光二极管的接法

（a）共阴极接法；（b）共阳极接法

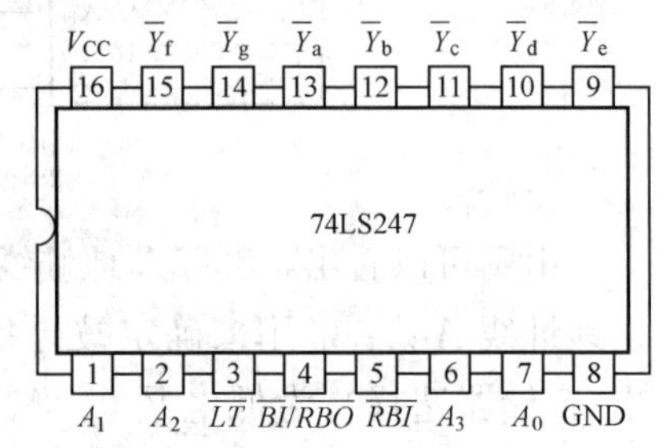

图 3-29 74LS247 引脚排列图

（2）集成 4/7 段译码器。4/7 段集成译码器 74LS247 的输入是 8421BCD 码 $A_3A_2A_1A_0$，并且是原码；输出是$\overline{Y}_a$、$\overline{Y}_b$、$\overline{Y}_c$、$\overline{Y}_d$、$\overline{Y}_e$、$\overline{Y}_f$、$\overline{Y}_g$，低电平有效，它要与共阳极接法的显示器配合使用。表 3-14 和图 3-29 分别是 74LS247 的功能表（真值表）和引脚排列图。下面对其中的几个功能端作一下介绍。

$\overline{LT}$为灯测试输入端，低电平有效。当$\overline{LT}=0$时，无论 $A_3\sim A_0$ 为何种输入组合，$\overline{Y}_a\sim\overline{Y}_g$ 的状态均为 0，七段数码管全部发光，用以检查七段显示器各字段是否能正常发光。

表 3 - 14　　74LS247 功能表

输入							输出							字形
$\overline{LT}$	$\overline{RBI}$	A_3	A_2	A_1	A_0	$\overline{BI}/\overline{RBO}$	$\overline{Y}_a$	$\overline{Y}_b$	$\overline{Y}_c$	$\overline{Y}_d$	$\overline{Y}_e$	$\overline{Y}_f$	$\overline{Y}_g$	
1	1	0	0	0	0	1	0	0	0	0	0	0	1	0
1	×	0	0	0	1	1	1	0	0	1	1	1	1	1
1	×	0	0	1	0	1	0	0	1	0	0	1	0	2
1	×	0	0	1	1	1	0	0	0	0	1	1	0	3
1	×	0	1	0	0	1	1	0	0	1	1	0	0	4
1	×	0	1	0	1	1	0	1	0	0	1	0	0	5
1	×	0	1	1	0	1	1	1	0	0	0	0	0	6
1	×	0	1	1	1	1	0	0	0	1	1	1	1	7
1	×	1	0	0	0	1	0	0	0	0	0	0	0	8
1	×	1	0	0	1	1	0	0	0	1	1	0	0	9
1	×	1	0	1	0	1	1	1	1	0	0	1	0	c
1	×	1	0	1	1	1	1	0	0	0	1	1	0	ɔ
1	×	1	1	0	0	1	1	0	1	1	1	0	0	u
1	×	1	1	0	1	1	0	1	1	0	1	0	0	⊆
1	×	1	1	1	0	1	1	1	1	0	0	0	0	t
1	×	1	1	1	1	1	1	1	1	1	1	1	1	全灭
×	×	×	×	×	×	0	1	1	1	1	1	1	1	全灭
1	0	0	0	0	0	0	1	1	1	1	1	1	1	全灭
0	×	×	×	×	×	1	0	0	0	0	0	0	0	全点燃

$\overline{RBI}$为灭零输入端，当$\overline{RBI}=0$时，若 $A_3A_2A_1A_0=0000$，则所有光段均灭，用以熄灭不必要的零，以提高视读的清晰度。例如 03.20，前后的两个零是多余的，可以通过在对应位加灭零信号（$\overline{RBI}=0$）的方法去掉多余的零。

$\overline{BI}/\overline{RBO}$为消隐输入/灭零输出端（一般共用一个输出端）。$\overline{BI}$为消隐输入端，它是为了降低显示系统的功耗而设置的，当$\overline{BI}=0$时，无论$\overline{LT}$、$\overline{RBI}$及数码输入 $A_3\sim A_0$ 状态如何，输出$\overline{Y}_a\sim\overline{Y}_g$ 状态均为 1，七段数码管全灭，不显示数字；当$\overline{BI}=1$时，显示译码器正常工作。正常显示情况下，$\overline{BI}$必须接高电平或开路，$\overline{BI}$是级别最高的控制信号。

$\overline{RBO}$为灭零输出端，它主要用作灭零指示，当该片输入 $A_3A_2A_1A_0=0000$ 并熄灭时，$\overline{RBO}=0$，将其引向低位片的灭零输入$\overline{RBI}$端，允许低一位灭零。反之，$\overline{RBO}=1$，说明本位处于显示状态，就不允许低一位灭零。

将灭零输入端$\overline{RBI}$和灭零输出端$\overline{RBO}$配合使用，即可实现多位十进制数码显示系统的整数前和小数后的灭零控制。如图 3 - 30 所示给出了灭零控制的连接方法，其整数部分是将高位的$\overline{RBO}$与后一位的$\overline{RBI}$相连，而小数部分是将低位的$\overline{RBO}$与前一位的$\overline{RBI}$相连。

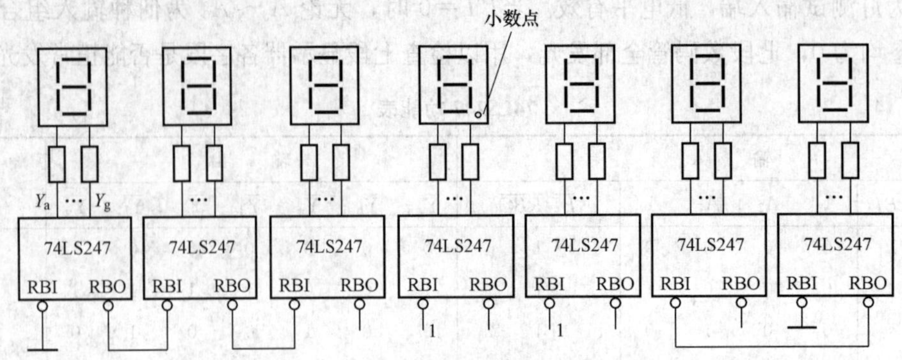

图 3-30 有灭零功能的数码显示系统

在如图 3-30 所示电路的整数显示部分中，最高位译码器的$\overline{RBI}$接地，$\overline{RBI}$端始终处于有效电平，一旦此位的输入为 0，就将进行灭零操作，并通过$\overline{RBO}$端将灭零输出的低电平向后一位传递，开启后一位的灭零功能。同样，在小数显示部分，最低位译码器的灭零输入端$\overline{RBI}$端始终处于有效电平，一旦此位的输入为 0，就将进行灭零操作，并通过$\overline{RBO}$将灭零输出的低电平向前传递，开启前一位的灭零功能。依此方法，就可把整数前和小数后的多余的零灭掉。例如，若七位数为 0042.300，则显示 42.3；若为 9113.101 则显示 9113.101；若为 0513.072 则显示 513.072；若为 6103.140 则显示 6103.14。

【例 3-13】 七段显示译码器电路如图 3-31（a）所示，对应如图 3-31（b）所示为输入波形，试确定显示器显示的字符序列是什么？

解 74HC4511 是七段显示译码电路，又称 4/7 段锁存译码器。它能将输入的 BCD 标准代码变换成七段数码管所需的码信号。其中四线 $D_3 \sim D_0$ 为 BCD 码输入端，高电平有效，D_3 为高位输入端，D_0 为低位端，七段 a～g 输出高电平以驱动共阴极数码管发光，LE 为锁存控制端，高电平时能够锁存输入的 BCD 码，LT 为灯测试控制端，低电平有效，BI 为消隐控制端，低电平有效。

当 LE=0 时，如图 3-31（a）所示的译码器能正常工作，显示的字符序列为 0、1、6、9、4；当 LE 由 0 跳变为 1 时，数字 4 被锁存，所以持续显示 4。

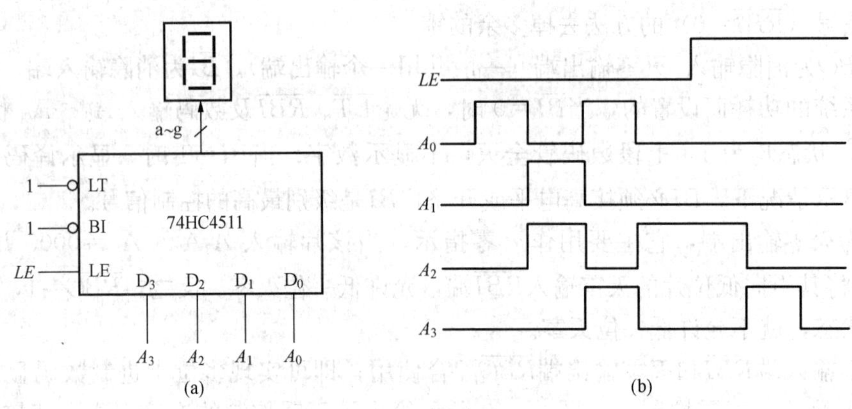

图 3-31 例 3-13 图

（a）七段显示译码电路；（b）输入波形

3.2.3　加法器

在数字电路中，常需要进行加、减、乘、除等算术运算，而减法和乘、除运算均可化作若干步加法运算来实现。因此，加法器是构成算术运算的基本单元。

1. 半加器和全加器

加法器分半加器和全加器。所谓半加，是指两个 1 位二进制数相加，没有来自低位的进位的加法运算，实现半加运算的电路称半加器。全加是指两个同位的加数和来自低位的进位 3 个数相加的运算，实现全加的电路叫全加器。例如，两个 4 位二进制数 $A=A_3A_2A_1A_0=1011$，$B=B_3B_2B_1B_0=1110$ 相加，其竖式运算如下：

$$
\begin{array}{rccccl}
 & 1 & 0 & 1 & 1 & \cdots\cdots A \\
 & 1 & 1 & 1 & 0 & \cdots\cdots B \\
+)\ 1 & 1 & 1 & 0 & & \cdots\cdots \text{来自低位的进位} \\
\hline
1 & 1 & 0 & 0 & 1 &
\end{array}
$$

由竖式可以看出，A、B 两数的最低位（最右边一位）进行的是半加运算，即只有 A_0 和 B_0 两个数相加，没有来自低位的进位；而左边三位都是带进位的加法运算，都是 3 个数相加，是全加运算。

半加器和全加器的逻辑符号分别如图 3 - 32（a）和（b）所示。

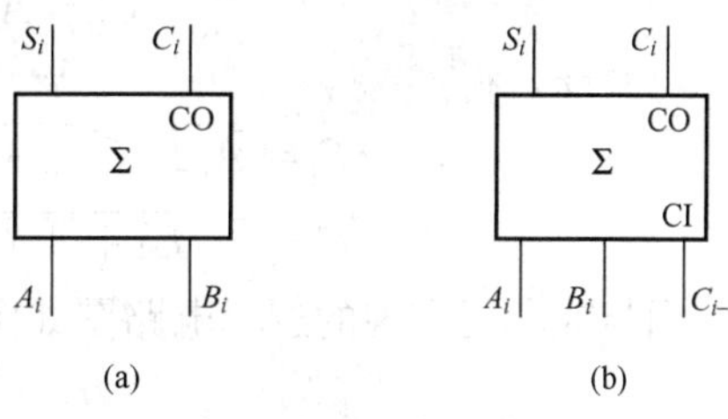

图 3 - 32　加法器的逻辑符号

（a）半加器；（b）全加器

如果用 A_i、B_i 表示 A、B 两个数的第 i 位，用 C_{i-1} 表示来自低位（第 $i-1$ 位）的进位，用 S_i 表示全加和，用 C_i 表示送给高位（第 $i+1$ 位）的进位，那么根据全加运算的规则便可以列出全加器的真值表，如表 3 - 15 所列。

表 3 - 15　全加真值表

A_i	B_i	C_{i-1}	S_i	C_i	A_i	B_i	C_{i-1}	S_i	C_i
0	0	0	0	0	1	0	0	1	0
0	0	1	1	0	1	0	1	0	1
0	1	0	1	0	1	1	0	0	1
0	1	1	0	1	1	1	1	1	1

根据真值表可得

$$S_i=\overline{A}_i\,\overline{B}_iC_{i-1}+\overline{A}_iB_i\,\overline{C}_{i-1}+A_i\,\overline{B}_i\,\overline{C}_{i-1}+A_iB_iC_{i-1}$$

$$C_i=\overline{A}_iB_iC_{i-1}+A_i\,\overline{B}_iC_i+A_iB_i\,\overline{C}_{i-1}+A_iB_iC_{i-1}=A_iB_i+A_iC_{i-1}+B_iC_{i-1}$$

若用与门、或门实现，则可根据上述 S_i 和 C_i 的表达式直接画出如图 3 - 33 所示的逻辑电路图。

若要用与或非门实现，则需先求出 $\overline{S}_i$ 和 $\overline{C}_i$ 的最简与或表达式，再取反得到最简与或非表达式，然后画出逻辑电路图。在表 3 - 15 中，合并函数值为 0 的项并化简即可得到 $\overline{S}_i$ 和 $\overline{C}_i$ 的最简与或表达式

$$\overline{S}_i=\overline{A}_i\,\overline{B}_i\,\overline{C}_{i-1}+\overline{A}_iB_iC_{i-1}+A_iB_i\,\overline{C}_{i-1}+A_i\,\overline{B}_iC_{i-1}$$

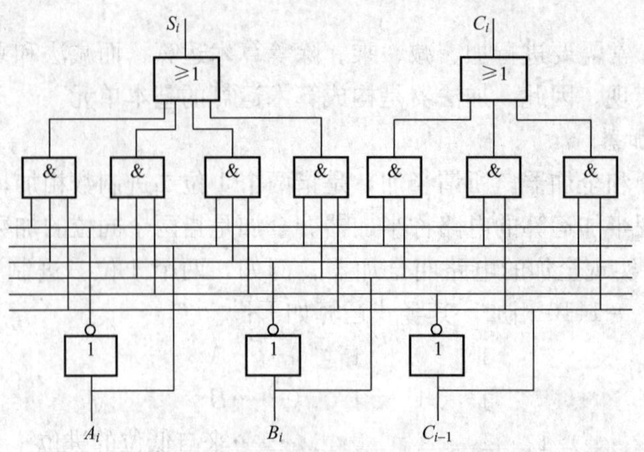

图 3-33 用与门、或门构成的全加器

$$\overline{C_i}=\overline{A_i}\,\overline{B_i}+\overline{A_i}\,\overline{C_{i-1}}+\overline{B_i}\,\overline{C_{i-1}}$$

再取反，得

$$S_i=\overline{\overline{A_i}\,\overline{B_i}\,\overline{C_{i-1}}+\overline{A_i}B_iC_{i-1}+A_iB_i\overline{C_{i-1}}+A_i\overline{B_i}C_{i-1}}$$

$$C_i=\overline{\overline{A_i}\,\overline{B_i}+\overline{A_i}\,\overline{C_{i-1}}+\overline{B_i}\,\overline{C_{i-1}}}$$

用与或非门实现的逻辑电路图如图 3-34 所示。

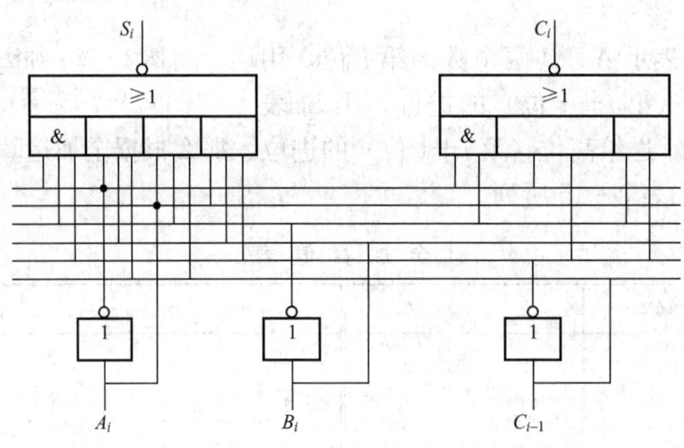

图 3-34 用与或非门和非门构成的全加器

2. 集成全加器及其应用

74H183、74LS183 是集成双全加器，它是在 1 个芯片中封装了两个功能相同且相互独立的全加器，功能表同表 3-14，引脚排列图如图 3-35 所示，图中“NC”表示没有用的“空引脚”。

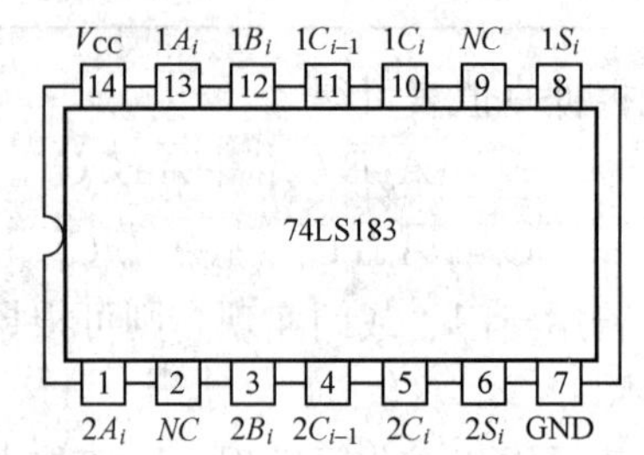

图 3-35 全加器 74LS183 的引脚排列图

把 4 个全加器（例如两片 74LS183）依次级联起来，便可构成 4 位串行进位加法器，如图 3-36 所示。

串行进位加法器电路结构简单，工作过程的分析一目了然，但工作速度较低。为了提高工作速度，出现了超前进位加法器。

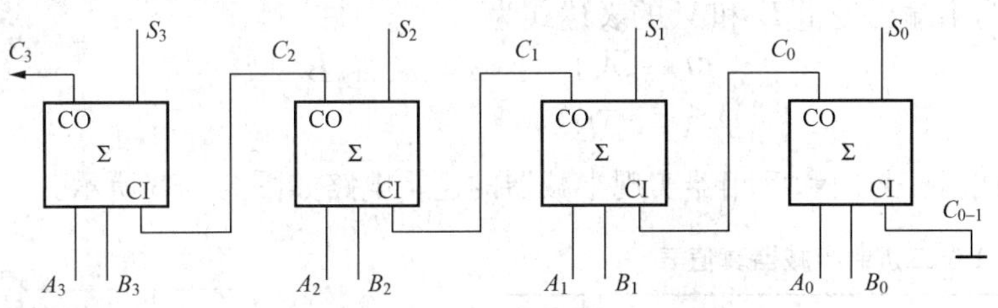

图 3 - 36　4 位串行进位加法器

3. 超前进位加法器

超前进位加法器除含有求和电路之外，在内部还增加了超前进位电路，使之在做加法运算的同时，快速求出向高位的进位，因此，该电路运算速度较快。下面简要分析其工作原理。

在 4 位二进制加法器中，第 1 位全加器的输入进位信号的表达式为

$$C_0 = A_0B_0 + A_0C_{0-1} + B_0C_{0-1} = A_0B_0 + (A_0 + B_0)C_{0-1}$$

第 2 位全加器的输入进位信号的表达式为

$$C_1 = A_1B_1 + (A_1 + B_1)C_0 = A_1B_1 + (A_1 + B_1)[A_0B_0 + (A_0 + B_0)C_{0-1}]$$

第 3 位全加器的输入进位信号的表达式为

$$\begin{aligned} C_2 &= A_2B_2 + (A_2 + B_2)C_1 \\ &= A_2B_2 + (A_2 + B_2)\{A_1B_1 + (A_1 + B_1)[A_0B_0 + (A_0 + B_0)C_{0-1}]\} \end{aligned}$$

而 4 位加法器输出进位信号的表达式，即第 3 位加法运算时产生的要送给更高位的进位信号的表达式显然为

$$\begin{aligned} C_3 &= A_3B_3 + (A_3 + B_3)C_2 \\ &= A_3B_3 + (A_3 + B_3)\{A_2B_2 + (A_2 + B_2)\{A_1B_1 + (A_1 + B_1)[A_0B_0 + (A_0 + B_0)C_{0-1}]\}\} \end{aligned}$$

由以上分析可知，只要 $A_3A_2A_1A_0$、$B_3B_2B_1B_0$ 和 C_{0-1} 给出之后，便可按上述表达式直接确定进位信号 C_3、C_2、C_1、C_0。因此，如果用门电路实现上述逻辑关系，并将结果送到相应全加器的进位输入端，就会极大地提高加法运算的速度，因为高位的全加运算再也不需要等待了。4 位超前进位加法器就是由 4 个全加器和相应的进位逻辑电路组成的。如图 3 - 37 所示为 4 位二进制超前进位加法器的逻辑电路图。

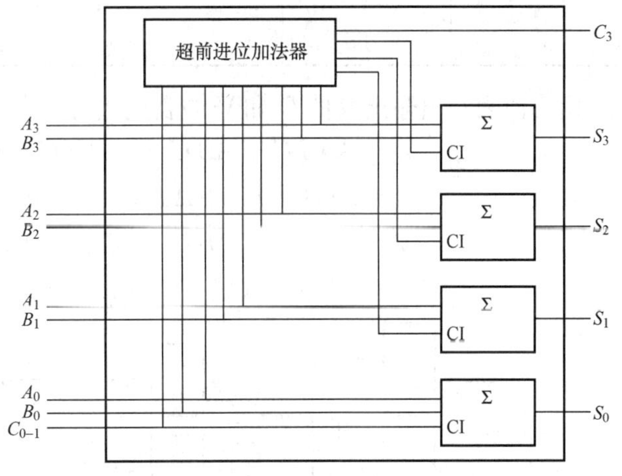

图 3 - 37　4 位二进制超前进位加法器

【例 3 - 14】　自己选定门电路，设计一个半减器和一个全减器。

解　半减器是只考虑向高位的借位的减法器。全减器则不仅考虑向高位的借位，还要考虑来自低位的借位。

1 位二进制半减器的真值表如表 3 - 16 所示。

由真值表写出输出变量 D 和 V 的表达式为

$$D=\overline{A}B+A\overline{B}=A\oplus B$$
$$V=\overline{A}B$$

为此用异或门、与门和反相器实现半减器的逻辑电路如图 3 - 38 所示。

表 3 - 16　　1 位二进制半减器真值表

被减数 A	减数 B	差 D	向高位的借位 V
0	0	0	0
0	1	1	1
1	0	1	0
1	1	0	0

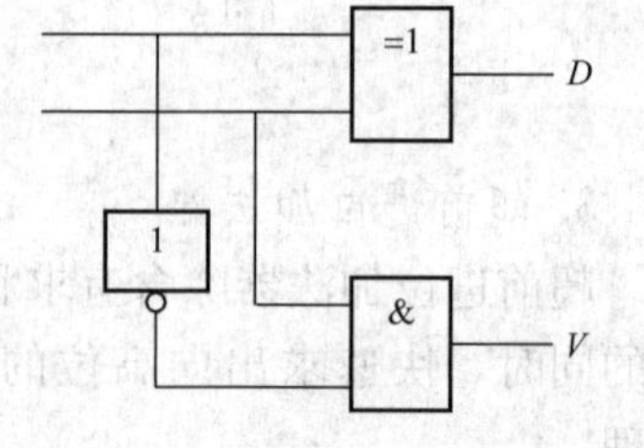

图 3 - 38　1 位二进制半减器电路图

1 位二进制全减器的真值表如表 3 - 17 所示。

表 3 - 17　　1 位二进制全减器真值表

被减数 A	减数 B	来自低位的借位 C	差 D	向高位的借位 V
0	0	0	0	0
0	0	1	1	1
0	1	0	1	1
0	1	1	0	1
1	0	0	1	0
1	0	1	0	0
1	1	0	0	0
1	1	1	1	1

由真值表写出输出变量 D 和 V 的表达式为

$$D=\overline{A}\cdot\overline{B}C+\overline{A}B\,\overline{C}+A\,\overline{B}\cdot\overline{C}+ABC$$
$$=\overline{A}(B\oplus C)+A\,\overline{B\oplus C}=A\oplus B\oplus C$$
$$V=\overline{A}\cdot\overline{B}C+\overline{A}B\,\overline{C}+\overline{A}BC+ABC$$
$$=\overline{A}B(\overline{C}+C)+(\overline{A}\cdot\overline{B}+AB)C=\overline{A}B+\overline{B\oplus C}\cdot C$$

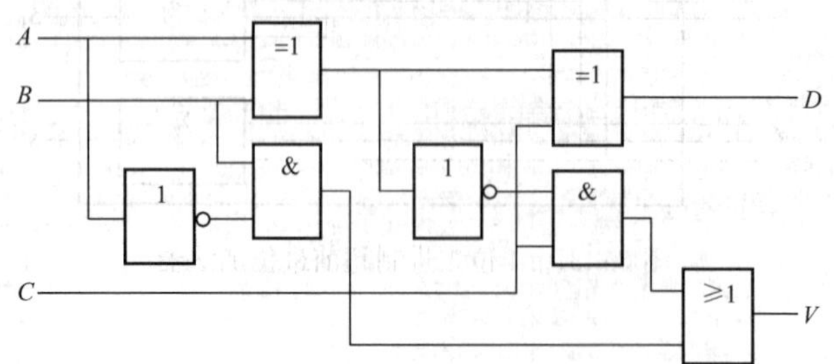

图 3 - 39　1 位二进制全减器电路图

用反相器、异或门、与门和或门实现全减器电路如图 3 - 39 所示。全减器是由两个半减器和一个或门实现。

3.2.4　数值比较器

比较两个二进制数 A 和 B 大小关系的电路称为数值比较器。比较的结果有 3 种情况，$A>B$、$A=B$、$A<B$，分别通过 3 个输出端给以指示。

1.1 位数值比较器

1 位数值比较器是比较两个 1 位二进制数大小关系的电路。它有两个输入端 A 和 B，3 个输出端 $Y_{0(A>B)}$、$Y_{1(A=B)}$ 和 $Y_{2(A<B)}$。根据 1 位数值比较器的定义，可列出真值表如表 3-18 所列。

根据表 3-18 可得

$$Y_0 = A\overline{B} \qquad Y_1 = \overline{A}\,\overline{B} + AB \qquad Y_2 = \overline{A}B$$

画出逻辑图，如图 3-40 所示。

表 3-18　1 位数值比较器真值表

A	B	$Y_{0(A>B)}$	$Y_{1(A=B)}$	$Y_{2(A<B)}$
0	0	0	1	0
0	1	0	0	1
1	0	1	0	0
1	1	0	1	0

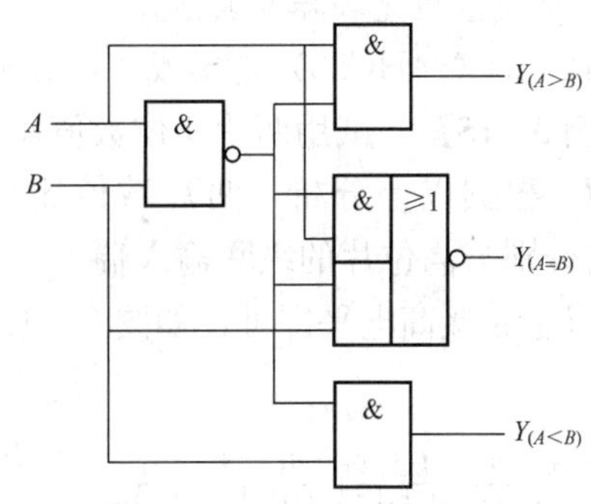

图 3-40　1 位数值比较器逻辑图

2.4 位数值比较器

4 位数值比较器是比较两个 4 位二进制数大小关系的电路，一般由 4 个 1 位数值比较器组合而成。输入是两个相比较的 4 位二进制数 $A=A_3A_2A_1A_0$、$B=B_3B_2B_1B_0$，输出同 1 位数值比较器，也是 3 个输出端。其真值表如表 3-19 所列。

分析表 3-19 可以看出：

(1) 4 位数值比较器实现比较运算是依照“高位数大则该数大，高位数小则该数小，高位相等看低位”的原则，从高位到低位依次进行比较而得到的。

(2) $I_{(A>B)}$、$I_{(A=B)}$、$I_{(A<B)}$ 是级联输入端，应用级联输入端可以扩展比较器的位数，方法是将低位片的输出 $Y_{0(A>B)}$、$Y_{1(A=B)}$ 和 $Y_{2(A<B)}$ 分别与高位片的级联输入端 $I_{(A>B)}$、$I_{(A=B)}$、$I_{(A<B)}$ 相连。不难理解，只有当高位数相等，低 4 位比较的结果才对输出起决定性的作用。

表 3-19　4 位集成数值比较器的真值表

比较输入				级联输入			输　出		
A_3　B_3	A_2　B_2	A_1　B_1	A_0　B_0	$I_{(A<B)}$	$I_{(A=B)}$	$I_{(A>B)}$	$Y_{2(A<B)}$	$Y_{1(A=B)}$	$Y_{0(A>B)}$
$A_3>B_3$	×	×	×	×	×	×	0	0	1
$A_3=B_3$	$A_2>B_2$	×	×	×	×	×	0	0	1
$A_3=B_3$	$A_2=B_2$	$A_1>B_1$	×	×	×	×	0	0	1
$A_3=B_3$	$A_2=B_2$	$A_1=B_1$	$A_0>B_0$	×	×	×	0	0	1
$A_3=B_3$	$A_2=B_2$	$A_1=B_1$	$A_0=B_0$	0	0	1	0	0	1
$A_3=B_3$	$A_2=B_2$	$A_1=B_1$	$A_0=B_0$	0	1	0	0	1	0
$A_3=B_3$	$A_2=B_2$	$A_1=B_1$	$A_0=B_0$	1	0	0	1	0	0
$A_3<B_3$	×	×	×	×	×	×	1	0	0

续表

比较输入				级联输入			输　出		
A_3　B_3	A_2　B_2	A_1　B_1	A_0　B_0	$I_{(A<B)}$	$I_{(A=B)}$	$I_{(A>B)}$	$Y_{2(A<B)}$	$Y_{1(A=B)}$	$Y_{0(A>B)}$
$A_3=B_3$	$A_2<B_2$	×	×	×	×	×	1	0	0
$A_3=B_3$	$A_2=B_2$	$A_1<B_1$	×	×	×	×	1	0	0
$A_3=B_3$	$A_2=B_2$	$A_1=B_1$	$A_0<B_0$	×	×	×	1	0	0

3. 集成数值比较器及其应用

74LS85（74HC85）是集成4位数值比较器，如图3-41所示是它的引脚排列图。

【例3-15】 试用两片4位数值比较器74LS85组成8位数值比较器。

解 根据以上分析，两片数值比较器级联，只要将低位片的输出 $Y_{0(A>B)}$、$Y_{1(A=B)}$ 和 $Y_{2(A<B)}$ 分别与高位片的级联输入端 $I_{(A>B)}$、$I_{(A=B)}$、$I_{(A<B)}$ 相连，再将低位片的 $I_{(A>B)}$、$I_{(A<B)}$ 接地，$I_{(A=B)}$ 接高电平即可，如图3-42所示。

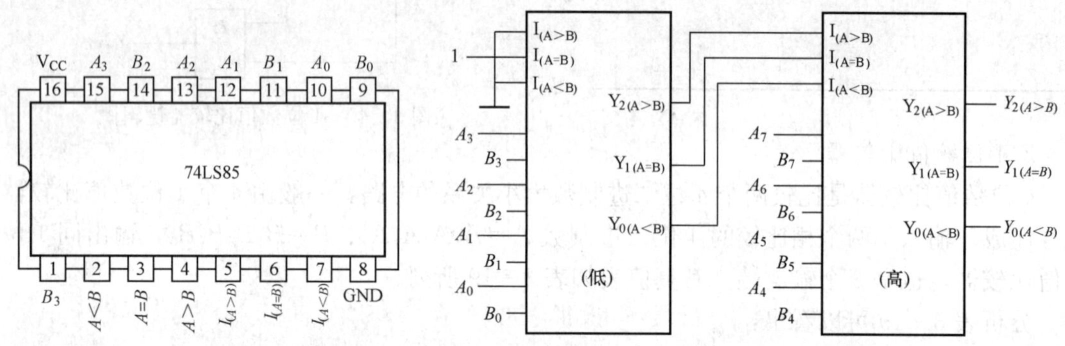

图3-41　74LS85的引脚排列图　　　　图3-42　数值比较器级联图

例3-15实际是采用串联方式扩展数值比较器的位数，当位数较多且要满足一定的速度要求时，可以采取并联方式。如图3-43所示为16位数值比较器的原理图。比较方法是：采用两级比较方式，将16位数按高低位次序分成4组，每组4位，各组的比较是并行进行

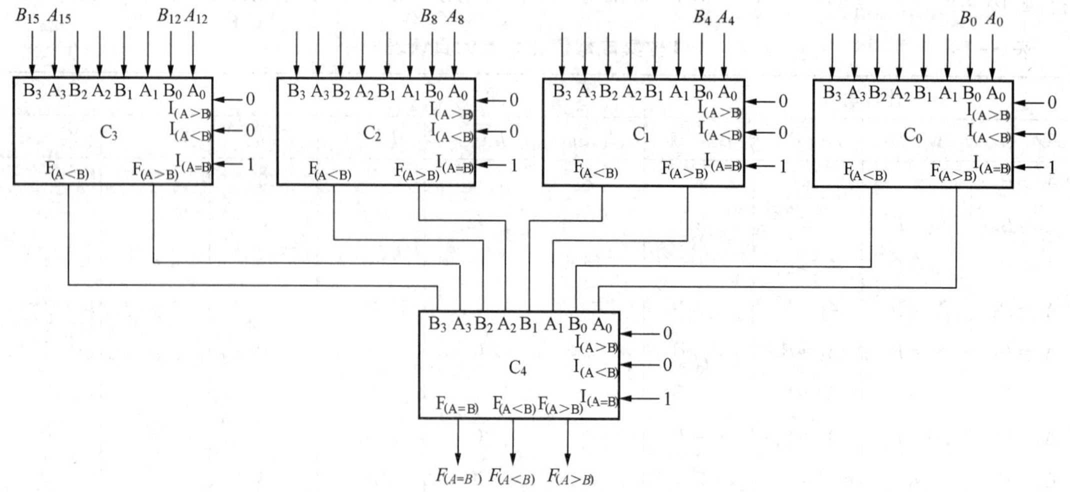

图3-43　并联方式扩展数值比较器的位数

的。将每组的比较结果再经 4 位比较器进行比较后得出结果。显然，从数据输入到稳定输出只需两倍的 4 位比较器的延迟时间，若用串联方式，则 16 位的数值比较器从输入到稳定输出需要 4 倍的 4 位比较器的延迟时间。

【例 3 - 16】　试用数值比较器 74HC85 设计一个 8421BCD 码有效性测试电路，当输入为 8421BCD 码时，输出为 1，否则为 0。

解　8421BCD 码的范围是 0000～1001，即所有有效的 8421BCD 码均小于 1010。用 74HC85 构成的测试电路如图 3 - 44 所示，当输入的 8421BCD 码小于 1010 时，$F_{(A<B)}$ 输出为 1，否则为 0。

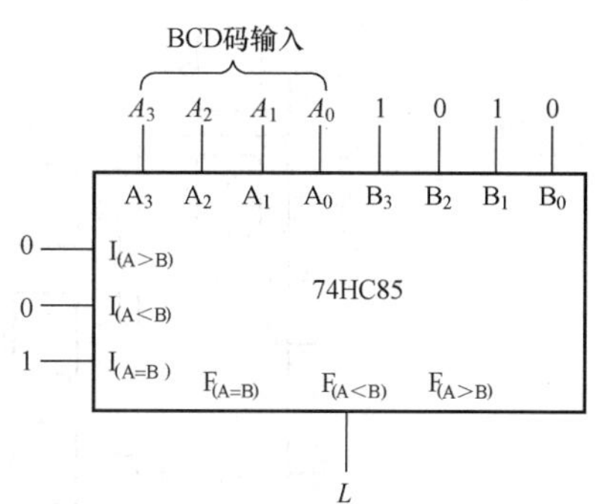

图 3 - 44　［例 3 - 16］电路

【例 3 - 17】　试用数值比较器 74HC85 和必要的逻辑门设计一个余 3 码有效性测试电路，当输入为余 3 码时，输出为 1，否则为 0。

解　余 3 码的范围是 0011～1100。因此，需要用两片 74HC85 和一个或非门构成测试电路，如图 3 - 45 所示，当输入数码在 0011～1100 范围内，片（1）的 $F_{(A>B)}$ 和片（2）的 $F_{(A<B)}$ 均为 0，或非门的输出 L 为 1，超出此范围 L 为 0。

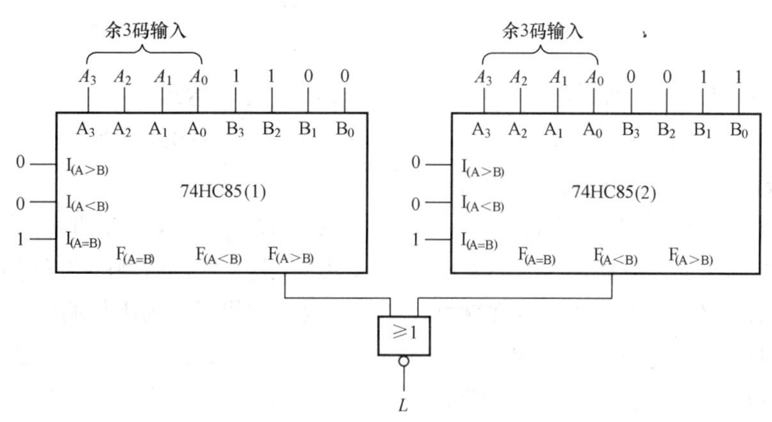

图 3 - 45　［例 3 - 17］电路

3.2.5　数据选择器

根据输入地址码的不同，从多路输入数据中选择一路进行输出的电路称为数据选择器，又称多路开关。在数字系统中，经常利用数据选择器将多条传输线上的不同数字信号按要求选择其中之一送到公共数据线上。

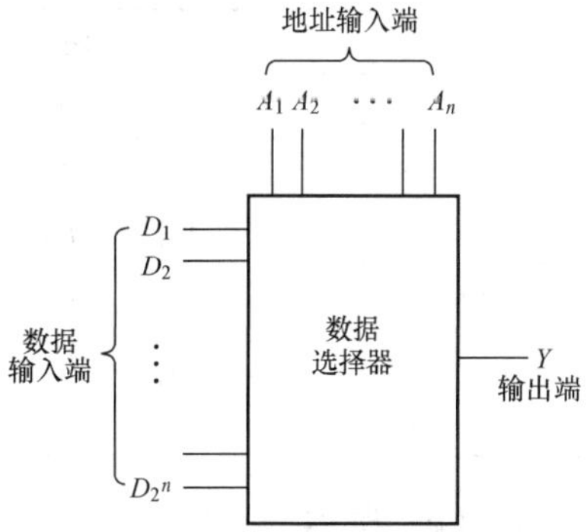

图 3 - 46 所示是数据选择器的结构框图。设地址输入端有 n 个，这 n 个地址输入端组成 n 位二进制代码，则输入端最多可有 2^n 个输入信号，但输出端却只有一个。

图 3 - 46　数据选择器框图

根据输入信号的个数，数据选择器可分为 4 选 1、8 选 1、16 选 1 数据选择器等。

1. 4 选 1 数据选择器

图 3 - 47（a）是 4 选 1 数据选择器的逻辑图，图 3 - 47（b）是其框图。图中 $D_0 \sim D_3$ 为 4 个数据输入端，Y 为输出端，A_1A_0 为地址输入端，$\overline{S}$ 为选通（使能）输入端，低电平有效。

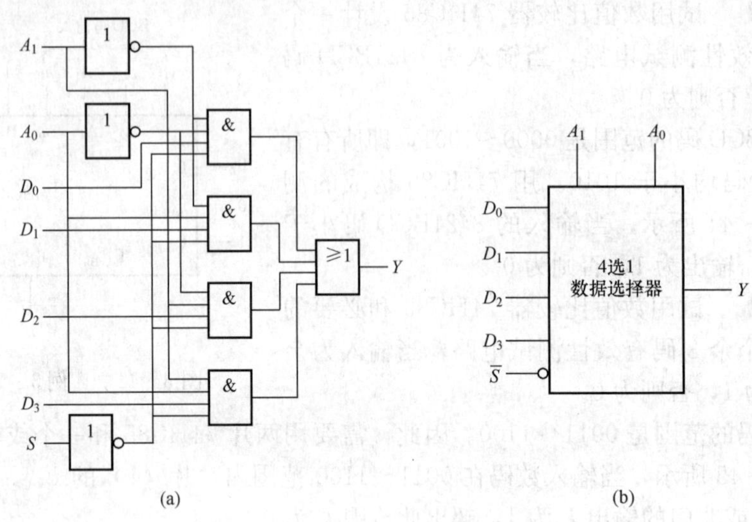

图 3 - 47　4 选 1 数据选择器

（a）逻辑图；（b）方框图

分析如图 3 - 47（a）所示电路，可写出输出信号 Y 的表达式

$$Y = (\overline{A}_1\overline{A}_0D_0 + \overline{A}_1A_0D_1 + A_1\overline{A}_0D_2 + A_1A_0D_3)\overline{\overline{S}}$$

当 $\overline{S}=1$ 时，$Y=0$，数据选择器不工作；

当 $\overline{S}=0$ 时，$Y=\overline{A}_1\overline{A}_0D_0+\overline{A}_1A_0D_1+A_1\overline{A}_0D_2+A_1A_0D_3$，此时，根据地址码 A_1A_0 的不同，将从 $D_0 \sim D_3$ 中选出 1 个数据输出。如果地址码 A_1A_0 依次改变，由 00→01→10→11，则输出端将依次输出 D_0、D_1、D_2、D_3，这样就可以将并行输入的代码变为串行输出的代码了。

4 选 1 数据选择器的典型电路是 74LS153。74LS153 实际上是双 4 选 1 数据选择器，其内部有两片功能完全相同的 4 选 1 数据选择器，表 3 - 20 是它的真值表。$\overline{ST}$是选通输入端，低电平有效。

表 3 - 20　74LS153 真值表

选通$\overline{ST}$	输入						输出
	A_1	A_0	D_0	D_1	D_2	D_3	Y
1	×	×	×	×	×	×	0
0	0	0	D_0	×	×	×	D_0
0	0	1	×	D_1	×	×	D_1
0	1	0	×	×	D_2	×	D_2
0	1	1	×	×	×	D_3	D_3

74LS153 的引脚排列图和逻辑符号分别如图 3 - 48（a）和（b）所示。

2. 8 选 1 数据选择器

集成 8 选 1 数据选择器 74LS151 也有一个使能端$\overline{ST}$，低电平有效；两个互补输出端 Y

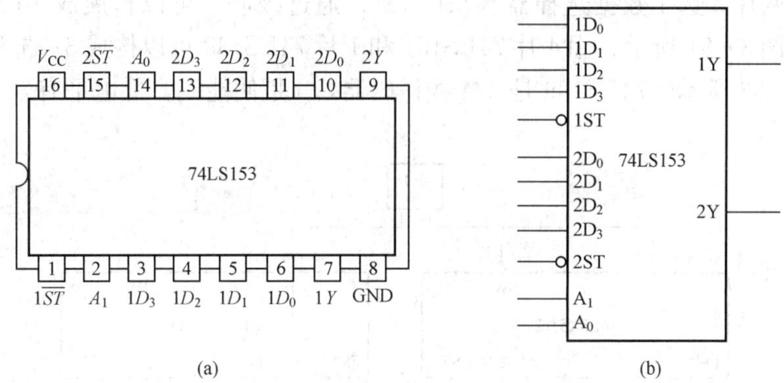

图3-48　集成数据选择器74LS153

(a) 引脚排列图；(b) 逻辑符号

和$\overline{W}$，其输出信号相反。其表达式可写为

$$Y=(\overline{A}_2\overline{A}_1\overline{A}_0D_0+\overline{A}_2\overline{A}_1A_0D_1+\overline{A}_2A_1\overline{A}_0D_2+\overline{A}_2A_1A_0D_3+A_2\overline{A}_1\overline{A}_0D_4+A_2\overline{A}_1A_0D_5+A_2A_1\overline{A}_0D_6+A_2A_1A_0D_7)\overline{\overline{ST}}$$

当$\overline{ST}=1$时，$Y=0$，数据选择器不工作；当$\overline{ST}=0$时，根据地址码$A_2A_1A_0$的不同，将从$D_0\sim D_7$中选出一个数据输出。如图3-49所示为74LS151的引脚排列图和逻辑符号。

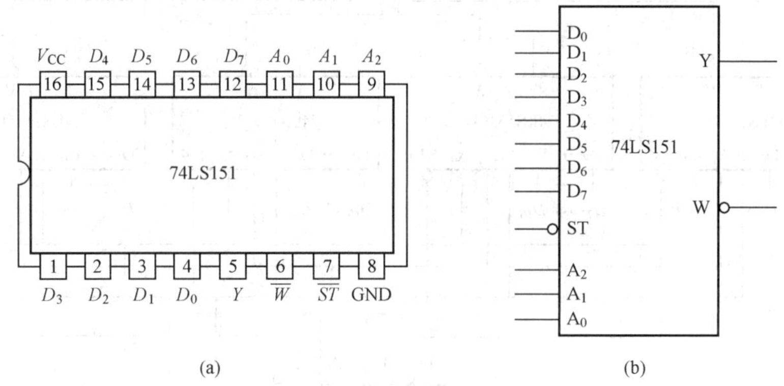

图3-49　集成数据选择器74LS151

(a) 引脚排列图；(b) 逻辑符号

3. 数据选择器的典型应用

(1) 数据选择器的功能扩展——扩展通道。利用选通端及外加辅助门电路可以实现数据选择器的功能扩展，以达到扩展通道的目的。例如，用两个4选1数据选择器（可选1片74LS153）通过级联，构成8选1数据选择器，其连线图如图3-50所示。当$A=0$时，选中第一块4选1数据选择器，根据地址码BC的组合，从$D_0\sim D_3$中选一路数据输出；当$A=1$时，选中第二块，根据BC的组合，从$D_4\sim D_7$中选一路数据输出。

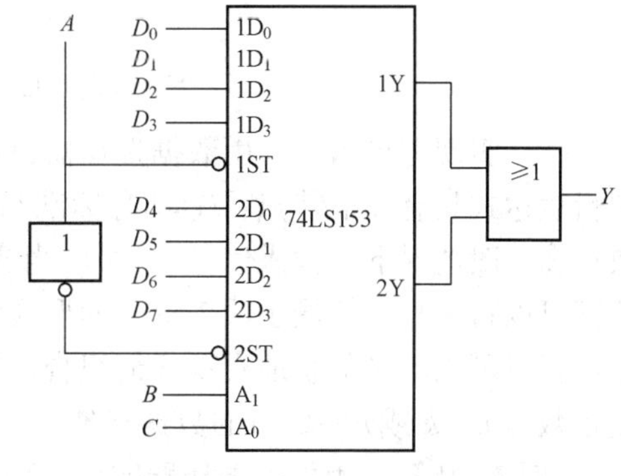

图3-50　8选1数据选择器的连线图

再如，用两片 8 选 1 数据选择器（74LS151）通过级联，可以扩展成 16 选 1 数据选择器，连线图如图 3-51 所示。用 4 片 74LS151 和 1 片 74LS139 可以构成 32 选 1 数据选择器，连线图如图 3-52 所示。74LS139 是 2/4 线译码器，$\overline{S}$ 是使能端，低电平有效。

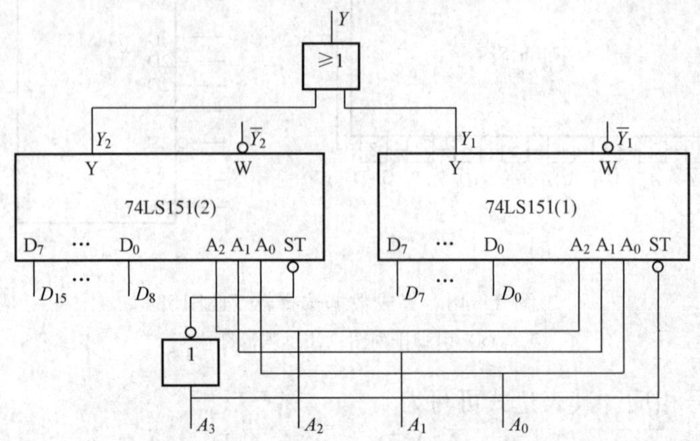

图 3-51　16 选 1 数据选择器连线图

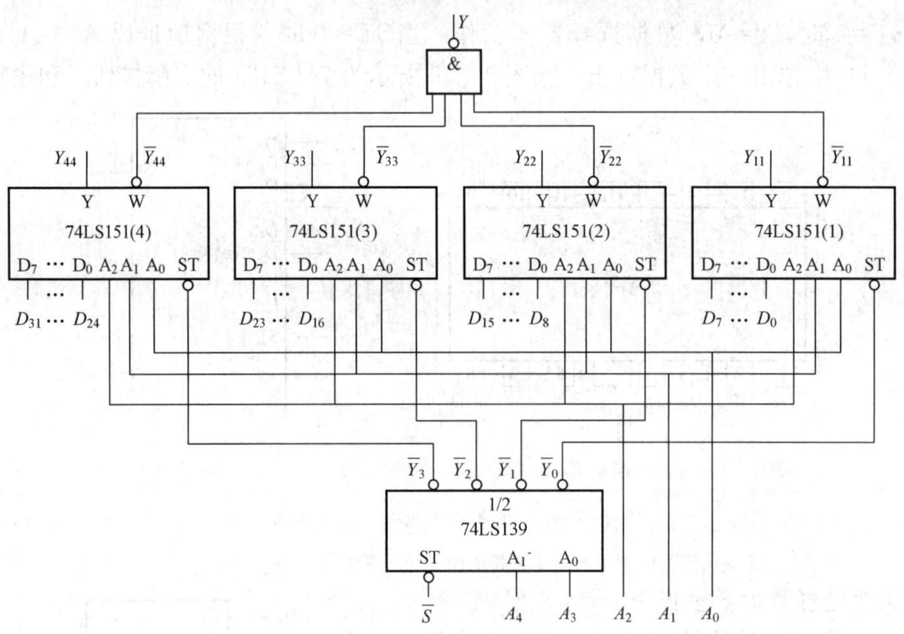

图 3-52　32 选 1 数据选择器的连线图

（2）实现逻辑函数。用数据选择器也可以实现逻辑函数，这是因为数据选择器输出信号逻辑表达式具有以下特点：①具有标准与或表达式的形式；②提供了地址变量的全部最小项；③一般情况下，输入信号 D_i 可以当成一个变量处理。而且我们知道，任何组合逻辑函数都可以写成唯一的最小项表达式的形式，因此，从原理上讲，应用对照比较的方法，用数据选择器可以不受限制地实现任何组合逻辑函数。如果函数的变量数为 k，那么应选用地址变量数为 $n=k$ 或 $n=k-1$的数据选择器。

【例 3-18】　用数据选择器实现下列函数

$$F=\overline{A}\,\overline{B}\,\overline{C}\,\overline{D}+\overline{A}\,\overline{B}CD+\overline{A}B\overline{C}\,\overline{D}+\overline{A}B\,\overline{C}D+A\,\overline{B}\,\overline{C}D+A\overline{B}C\overline{D}+AB\overline{C}\,\overline{D}+AB\,\overline{C}D$$

解　函数变量个数为 4，则可选用地址变量为 3 的 8 选 1 数据选择器实现，这里选用 74LS151。将函数 F 的前三个变量 A、B、C 作为 8 选 1 数据选择器的地址码 $A_2A_1A_0$，剩下一个变量 D 作为数据选择器的输入数据。已知 8 选 1 数据选择器的逻辑表达式为

$$Y=\overline{A}_2\overline{A}_1\overline{A}_0D_0+\overline{A}_2\overline{A}_1A_0D_1+\overline{A}_2A_1\overline{A}_0D_2+\overline{A}_2A_1A_0D_3$$
$$+A_2\overline{A}_1\overline{A}_0D_4+A_2\overline{A}_1A_0D_5+A_2A_1\overline{A}_0D_6+A_2A_1A_0D_7$$

比较 Y 与 F 的表达式可知：

$D_0=\overline{D}$　$D_1=D$　$D_2=1$　$D_3=0$　$D_4=D$　$D_5=\overline{D}$　$D_6=1$　$D_7=0$

根据以上结果画出连线图，如图 3 - 53 所示。

用 74LS151 也可实现 3 变量逻辑函数。

【例 3 - 19】　试用数据选择器实现逻辑函数 $F=AB+BC+AC$。

解　将函数表达式 Y 整理成最小项之和形式

$$\begin{aligned}F&=AB+BC+AC\\&=AB(C+\overline{C})+BC(A+\overline{A})+AC(B+\overline{B})\\&=\overline{A}BC+A\overline{B}C+AB\overline{C}+ABC\end{aligned}$$

比较逻辑表达式 F 和 8 选 1 数据选择器的逻辑表达式 Y，最小项的对应关系为 $F=Y$，则 $A=A_2$，$B=A_1$，$C=A_0$，Y 中包含 F 的最小项时，函数 $D_n=1$，未包含最小项时，$D_n=0$。于是可得

$$D_0=D_1=D_2=D_4=0$$
$$D_3=D_5=D_6=D_7=1$$

根据上面分析的结果，画出连线图，如图 3 - 54 所示。

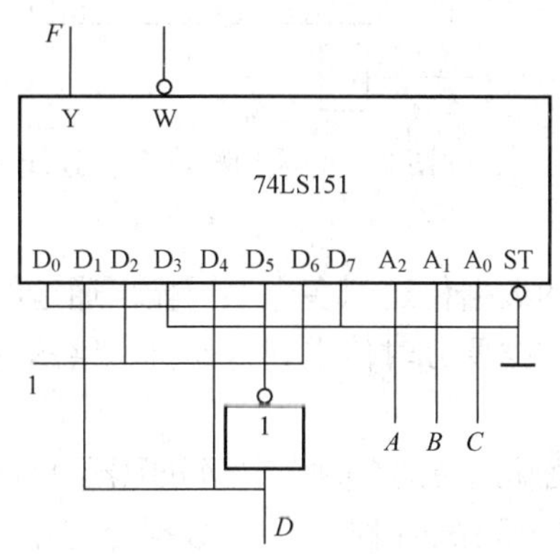

图 3 - 53　[例 3 - 18] 的连线图

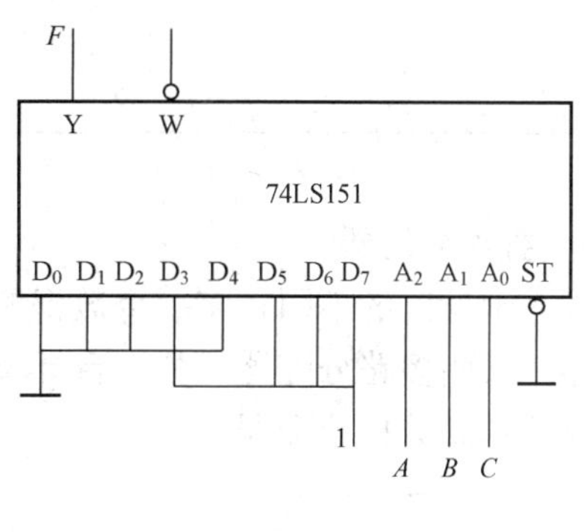

图 3 - 54　[例 3 - 19] 的连线图

【例 3 - 20】　设计一个多功能组合逻辑电路，M_1、M_0 为功能选择输入信号，a、b 为逻辑变量，F 为电路的输出，当 M_1M_0 取不同值时，电路具有不同逻辑功能，如表 3 - 21 所示。试用 8 选 1 数据选择器和最少的与非门实现电路，并规定 M_1、M_0 及 a 分别接多路数据选择器的地址输入端 A_2、A_1、A_0。

解　因题目中已指定 M_1、M_0 及 a 接至地址输入端，所以 8 选 1 多路数据选择器的输入数据 $D_0\sim D_7$ 只可能为 0、1、b 和 $\overline{b}$。各输入数据依据 M_1M_0 的状态所实现的电路功能来确定。

由表 3-21 可得

$$F=\overline{M_1}\cdot\overline{M_0}\cdot a+\overline{M_1}M_0\cdot(a\oplus b)+M_1\overline{M_0}\cdot ab+M_1M_0\cdot(a+b) \quad (1)$$

根据题目的规定以及 8 选 1 数据选择器的逻辑表达式可得

$$F=\overline{M_1}\cdot\overline{M_0}\cdot\bar{a}\cdot D_0+\overline{M_1}\cdot\overline{M_0}a\cdot D_1+\overline{M_1}M_0\bar{a}\cdot D_2+\overline{M_1}M_0a\cdot D_3$$
$$+M_1\overline{M_0}\cdot\bar{a}\cdot D_4+M_1\overline{M_0}a\cdot D_5+M_1M_0\bar{a}\cdot D_6+M_1M_0a\cdot D_7 \quad (2)$$

由式（1）和式（2）可得

$$\left.\begin{aligned}\bar{a}D_0+aD_1&=a\\ \bar{a}D_2+aD_3&=a\oplus b=a\bar{b}+\bar{a}b\\ \bar{a}D_4+aD_5&=ab\\ \bar{a}D_6+aD_7&=a+b\end{aligned}\right\} \quad (3)$$

由式（3）可求得

$$D_0=0 \qquad D_1=1 \qquad D_2=b \qquad D_3=\bar{b}$$
$$D_4=0 \qquad D_5=b \qquad D_2=b \qquad D_3=1$$

电路的连接图如图 3-55 所示。

表 3-21 ［例 3-20］功能表

M_1	M_0	
0	0	a
0	1	$a\oplus b$
1	0	ab
1	1	$a+b$

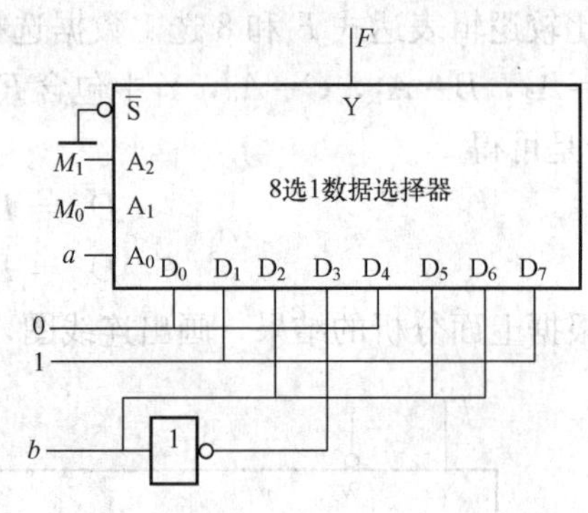

图 3-55 ［例 3-20］连线图

3.2.6 数据分配器

根据输入地址码的不同，将一个数据源输入的数据传送到多个不同输出通道的电路称为数据分配器，又叫多路分配器。如一台计算机的数据要分时传送到打印机、绘图仪和监控终端中去，就要用到数据分配器。

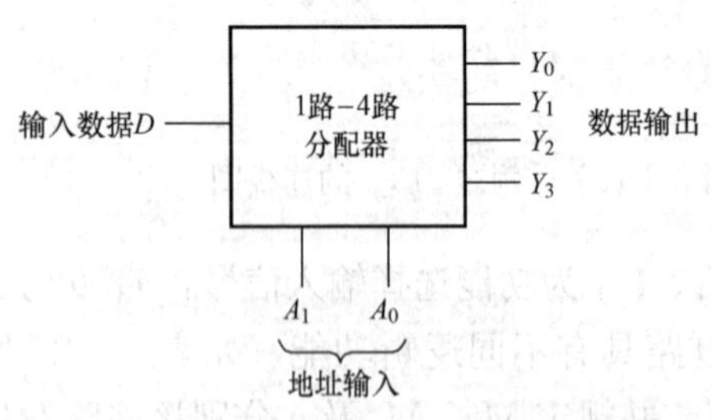

图 3-56 1 路-4 路数据分配器示意框图

根据输出端的个数，数据分配器可分为 1 路-4 路、1 路-8 路、1 路-16 路数据分配器等。下面以 1 路-4 路数据分配器为例介绍。

如图 3-56 所示为 1 路-4 路数据分配器的结构框图。其中，1 个输入数据用 D 表示；两个地址输入端用 A_1A_0 表示；4 个数据输出端，用 Y_0、Y_1、Y_2、Y_3 表示。

令 $A_1A_0=00$ 时，选中输出端 Y_0，即 $Y_0=D$；$A_1A_0=01$ 时，选中输出端 Y_1，即 $Y_1=D$；$A_1A_0=10$ 时，选中输出端 Y_2，即 $Y_2=D$；$A_1A_0=11$ 时，选中输出端 Y_3，即 $Y_3=D$。根据此约定，可列出真值表，如表 3-22 所列。

表 3 - 22　　1 路 - 4 路数据分配器的真值表

输　入			输　出			
	A_1	A_0	Y_0	Y_1	Y_2	Y_3
D	0	0	D	0	0	0
	0	1	0	D	0	0
	1	0	0	0	D	0
	1	1	0	0	0	D

由表 3 - 22 所列真值表，可直接得到

$$Y_0 = D\overline{A}_1\,\overline{A}_0 \qquad Y_1 = D\overline{A}_1 A_0$$

$$Y_2 = DA_1\,\overline{A}_0 \qquad Y_3 = DA_1 A_0$$

根据上式可画出如图 3 - 57 所示的逻辑电路图。

数据分配器可以用唯一地址译码器实现。例如，用 3/8 线译码器 74LS138 作数据分配器，可以根据输入端 $A_2A_1A_0$ 的不同状态，把数据分配到 8 个不同的通道上去，即实现 1 路 - 8 路数据分配器的作用。用 74LS138 作为数据分配器的逻辑原理图如图 3 - 58 所示。

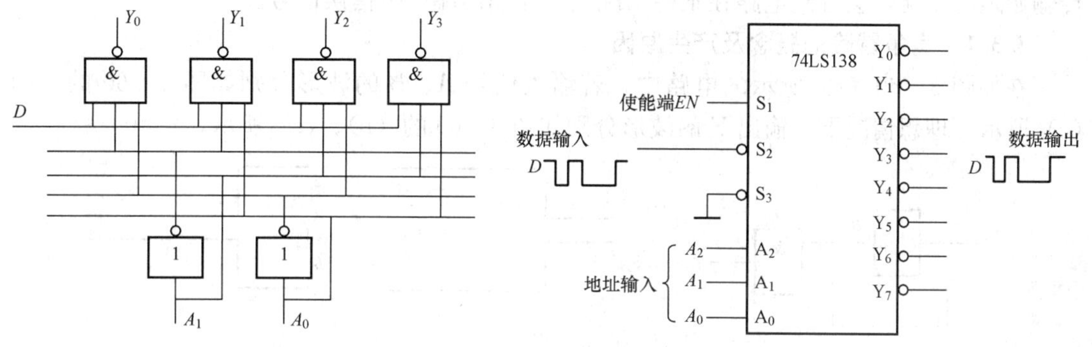

图 3 - 57　1 路 - 4 路分配器逻辑图　　　　图 3 - 58　用 74LS138 作为数据分配器

图中，将 S_3 接低电平，S_1 作为使能端，高电平有效，A_2、A_1 和 A_0 作为选择通道地址输入，S_2 作为数据输入端。例如，当 $S_1 = 1$，$A_2A_1A_0 = 010$ 时，由 74LS138 的功能表可得

$$Y_2 = \overline{(S_1 \cdot \overline{S_2} \cdot \overline{S_3}) \cdot \overline{A_2} \cdot A_1 \cdot \overline{A_0}} = S_2$$

而其他输出端均为无效电平 1。因此，当地址 $A_2A_1A_0 = 010$ 时，只有输出端 Y_2 得到与输入端相同的数据波形。

此外，将数据选择器和数据分配器结合起来，可以实现多路数据的分时传送，以减少传输线的条数。用 8 选 1 数据选择器 74LS151 和 3/8 线译码器 74LS138 组合构成的分时传送电路如图 3 - 59 所示。从图中可以看出，数据从输入到输出只用了 5 根传输线，它们是：3 根地址线、1 根地线和 1 根数据传输线。然而按常规，若将 8 路数据从发送端同时传送到接收端，需要 9 根线（包括 1 根地线）。当输入数据增多时，这种连接所带来的节省更为明显。

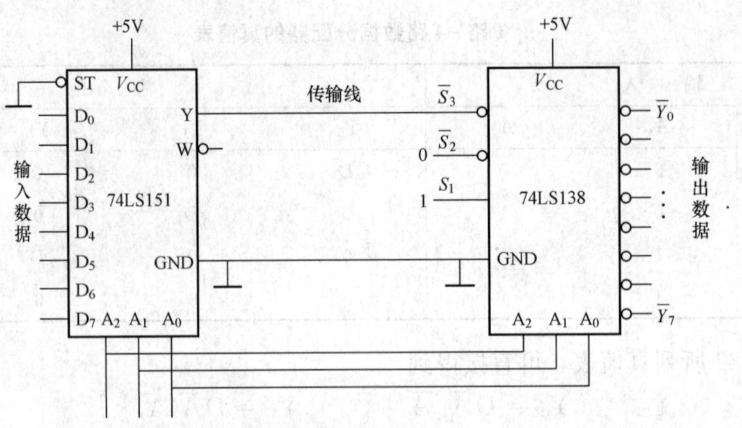

图 3 - 59　多路数据分时传送电路

3.3　组合电路中的竞争冒险

在前面各节讨论组合电路时，没有考虑门电路的传输延迟时间。但实际中，由于门电路传输延迟的影响，会导致电路在某些情况下，在输出端产生错误信号。

3.3.1　竞争冒险的概念及产生原因

在如图 3 - 60（a）所示的电路中，若输入信号 A、B 的波形分别如图 3 - 60 的（b）、（c）所示，理想情况下，输出 Y 的波形分别如图 3 - 60 的（b）、（c）所示，$Y=0$。

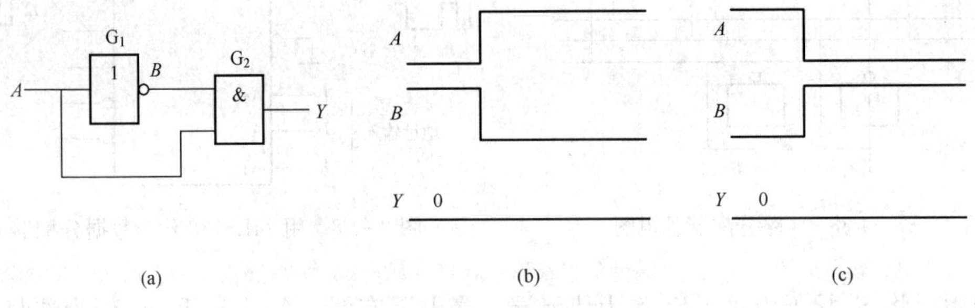

图 3 - 60　电路及波形

（a）电路；（b）、（c）不考虑延迟时间的波形

实际门电路是有延迟的。当输入信号 A 经反相器 G_1 成为 B 信号时，这个过程需要经过 G_1 的传输延迟时间，B 信号的变化落后于 A 信号的变化，当 A 由低电平变为高电平时，B 还处于高电平状态，这一瞬间，Y 出现了过渡干扰脉冲（又称毛刺），如图 3 - 61（a）所示。一般来说，当有关门的输入有两个或两个以上信号发生改变时，由于这些信号是经过不同路径传输来的，使得它们状态改变的时刻有先有后，这种时差引起的现象称为竞争。

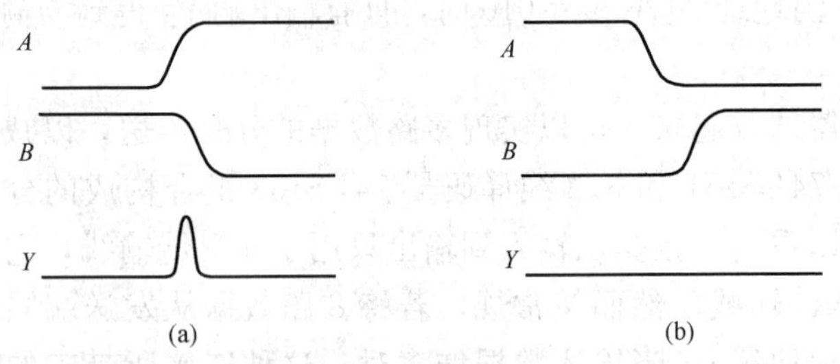

图 3 - 61　电路考虑延迟的输入输出波形

（a）产生干扰；（b）不产生干扰

但是，有竞争现象的电路不一定产生毛刺。仍是图 3-60（a）电路，若信号 A、B 的变化如图 3-61（b）所示，虽然两个信号同时向相反方向变化了、门 G_1、G_2 具有同样的延迟时间、B 信号的变化同样落后于 A 信号的变化，但由图 3-61（b）可以看出，并没有产生瞬态过渡干扰脉冲，即没产生毛刺。可见，电路中有竞争现象只是存在产生干扰脉冲的危险而已，故称之为竞争冒险。

在复杂的数字系统中，由于各种因素的随机性，很难判断两个信号的先后次序，所以只要有竞争现象，就有产生干扰信号的可能，严重时会使电路产生误动作造成逻辑上的错误。

3.3.2　竞争冒险的消除方法

为了消除竞争冒险现象，常用的方法有以下几种。

1. 引入封锁脉冲

引入封锁脉冲就是在电路中引入一个负脉冲，使得在输入信号发生竞争的时间内，把可能产生干扰脉冲的门封住，图 3-62（a）中的负脉冲 P_1 就是这样的封锁脉冲。当 A、B 同时变化时，$P_1=0$，封住与门 G_2，因而消除了干扰脉冲。值得注意，封锁脉冲 P_1 必须要与信号转换时间同步且脉冲宽度大于电路状态转换过程的过渡时间。

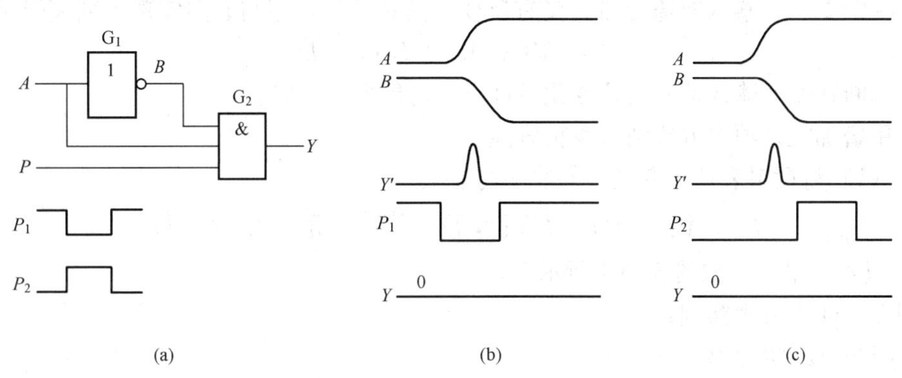

图 3-62　加封锁脉冲或选通脉冲

（a）电路；（b）加封锁脉冲后的波形；（c）加选通脉冲后的波形

2. 引入选通脉冲

图 3-62（a）中的正脉冲 P_2 即是引入的选通脉冲。在一般情况下使 $P_2=0$，与门 G_2 处于封闭状态，将可能产生竞争冒险现象出现干扰脉冲的时间控制在此范围内；只有当 $P_2=1$ 时，电路才处于使能（选通）状态，才按输入信号输出，从而抑制了干扰脉冲。需要注意，引入选通脉冲后的组合电路，输出信号在 $P_2=1$ 时有效，因此要注意加入选通脉冲的时间。

3. 接入滤波电容

在干扰脉冲比较窄且负载对尖峰脉冲不很敏感的条件下，可采用在输出端并接滤波电容的方法来解决。接入滤波电容后，由于电容 C 充放电需要一定的时间，因而必然影响电路的工作速度，所以 C 的取值应尽可能小。

4. 修改逻辑设计，增加冗余项

在逻辑函数中增加冗余项，既可使函数的逻辑关系不变，又保证了在两个输入信号的状态向相反方向变化可能出现竞争冒险现象时，因增加的冗余项的状态是确定的而抑制了干扰信号的产生。例如，在如图 5-63（a）所示 2 选 1 数据选择器中，输出信号为

$$Y = AD_1 + \overline{A}D_0$$

当 $D_1 = D_0 = 1$ 时，$Y = A + \overline{A}$，易产生竞争冒险现象。若将上式加上冗余项 D_1D_0，则

$$Y = AD_1 + \overline{A}D_0 + D_1D_0$$

当 $D_1 = D_0 = 1$ 时，$Y = 1$，电路如图 3 - 63（b）所示。

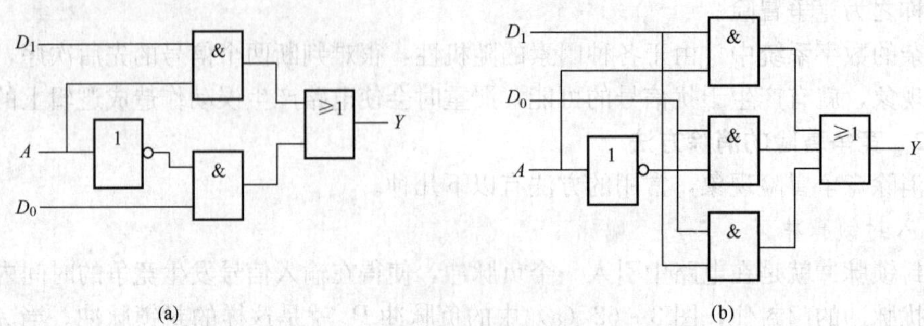

图 3 - 63 修改逻辑设计

（a）电路；（b）加上冗余项的电路

【例 3 - 21】 在输入有原变量，又有反变量的条件下，用与非门实现下列逻辑函数

$$F = \overline{A}B + AD + \overline{B}\cdot\overline{C}\cdot\overline{D}$$

（1）判断在哪些输入信号组合变化条件下，可能发生冒险。

（2）用增加冗余项的方法消除逻辑冒险。

解 （1）将逻辑表达式变换为与非 - 与非式

$$F = \overline{A}B + AD + \overline{B}\cdot\overline{C}\cdot\overline{D} = \overline{\overline{\overline{A}B}\cdot\overline{AD}\cdot\overline{\overline{B}\cdot\overline{C}\cdot\overline{D}}}$$

将 F 填入卡诺图，如图 3 - 64 所示。

从图 3 - 64 中可观察到：

$\overline{A}B$ 圈与 AD 圈相邻。

$\overline{A}B$ 圈与$\overline{B}\cdot\overline{C}\cdot\overline{D}$圈相邻。

AD 圈与$\overline{B}\cdot\overline{C}\cdot\overline{D}$圈相邻。

当$\overline{A}B$ 圈与 AD 圈相邻，在 $B=1$，$D=1$ 的情况下，A 发生变化，则电路可能出现冒险现象。

当$\overline{A}B$ 圈与$\overline{B}\cdot\overline{C}\cdot\overline{D}$圈相邻，在 $A=0$，$C=0$，$D=0$ 时，B 变化，则电路可能出现冒险现象。

当 AD 圈与$\overline{B}\cdot\overline{C}\cdot\overline{D}$圈相邻，在 $B=0$，$A=1$，$C=0$ 时，D 变化，则电路可能出现冒险现象。

（2）增加冗余项 BD，$A\overline{B}\cdot\overline{C}$，$\overline{A}\cdot\overline{C}\cdot\overline{D}$。画出电路，如图 3 - 65 所示。

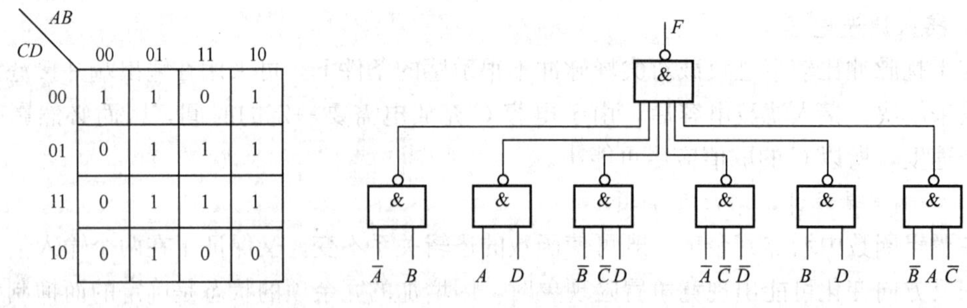

CD \ AB	00	01	11	10
00	1	1	0	1
01	0	1	1	1
11	0	1	1	1
10	0	1	0	0

图 3 - 64 ［例 3 - 21］卡诺图　　图 3 - 65 ［例 3 - 21］电路图

本章小结

1. 组合电路是数字电路的两大分支之一，本章涉及的内容是本课程的重点。组合电路的输出仅仅取决于该时刻输入信号的状态，而与该时刻之前电路的状态无关。因此电路中不包含具有记忆功能的电路，它是以门电路作为基本单元组成的电路。

2. 组合电路的分析是根据已知的逻辑图，找出输出变量与输入变量的逻辑关系，从而确定出电路的逻辑功能。

3. 组合电路的设计是分析的逆过程，它是根据已知逻辑功能设计出能够实现该逻辑功能的逻辑图。

4. 组合逻辑电路的种类很多，常见的有编码器、译码器、加法器、数值比较器、数据选择器和数据分配器等。本章对以上各类组合电路的功能、特点、用途进行了讨论，并介绍了一些常见的集成电路芯片，学习时要注意掌握各控制端的作用、逻辑功能及用途。

5. 组合电路存在竞争冒险现象，要掌握其产生的原因及消除方法。

习　题　3

3-1　填空题

(1) 一个 4 输入端的或非门，使其输出为 1 的输入变量取值组合有________种。

(2) 组合逻辑电路的输出只与当时的________状态有关，而与电路________的状态无关。它的基本电路单元是________。

(3) 同一个逻辑门电路，如果在正逻辑定义下实现与非功能，那么，在负逻辑定义下却实现________功能。如果在负逻辑定义下实现同或功能，那么，在正逻辑定义下则实现________功能。

(4) 如图 3-66 所示的电路，F_1 的表达式是________，F_2 的表达式是________。

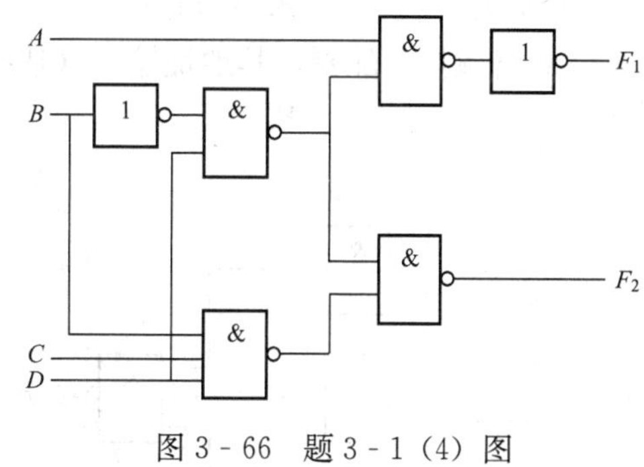

图 3-66　题 3-1 (4) 图

(5) 2/4 线二进制译码器的功能如表 3-22所示，欲将其改为四路分配器使用，应将使能端 EI 接________，而数据输入端 A、B 作为________端。

(6) 4 选 1 数据选择器，当使能端 $\overline{EI}=0$ 时，如果 $AB=00$，$Y=$________；$AB=10$，$Y=$________。

(7) 由加法器构成的代码变换电路如图 3-67 所示，若输入信号 b_3、b_2、b_1、b_0 为 8421BCD 码，则输出端 S_3、S_2、S_1、S_0 是________代码。

表 3-22 译码器功能表

EI	A	B	Y_0	Y_1	Y_2	Y_3
1	X	X	0	0	0	0
0	0	0	1	0	0	0
0	0	1	0	1	0	0
0	1	0	0	0	1	0
0	1	1	0	0	0	1

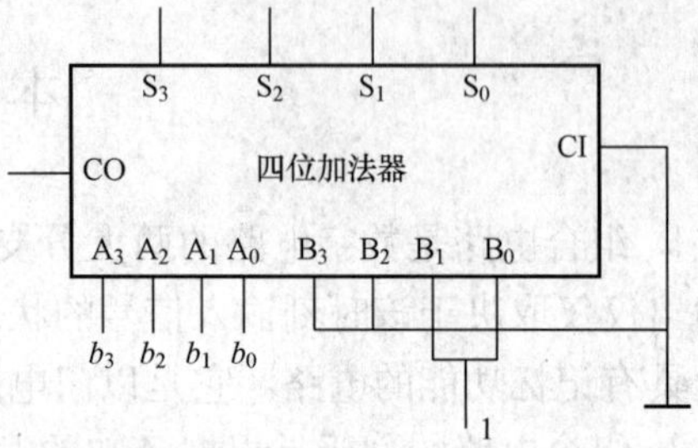

图 3-67 题 3-1 (7) 图

(8) 为了使 3/8 线译码器 74LS138 的输出端$\overline{Y_5}=0$，则要求使能输入端 $S_1\ \overline{S_2}\cdot\overline{S_3}=$________，代码输入端 $CBA=$________。

(9) 3/8 线译码器 74LS138 有________个代码输入端，________个输出端，输入的二进制代码为________码，输出信号为________电平有效。

(10) 实现将输入信号编成一个对应的二进制代码的逻辑功能是________。

3-2 选择题

(1) 如图 3-68 所示组合电路中，其函数表达式为________。

A. $F=\sum_m(0,4,5,7,8,12,13,14,15)$

B. $F=\sum_m(1,2,3,6,9,10,11)$

C. $F=\sum_m(0,8,12,14,15)$

D. $F=AB+BD+\overline{C}\cdot\overline{D}$

(2) 已知优先编码器 74148 的输入$\overline{I_1}=\overline{I_2}=\overline{I_3}=0$，则输出端$\overline{Y_2}\cdot\overline{Y_1}\cdot\overline{Y_0}$的值是________。

A. 000　　B. 100　　C. 101　　D. 111

(3) 要使 3/8 线译码器 74LS138 工作，使能控制端 $S_1\ \overline{S_2}\cdot\overline{S_3}$的电平信号是________。

A. 100　　B. 111　　C. 011　　D. 001

(4) 双向数据总线可以采用________构成。

A. 译码器　　B. 三态门　　C. 与非门　　D. 多路选择器

(5) 8 路数据分配器，其地址输入（选择控制端）有________个。

A. 1　　B. 2　　C. 3　　D. 8

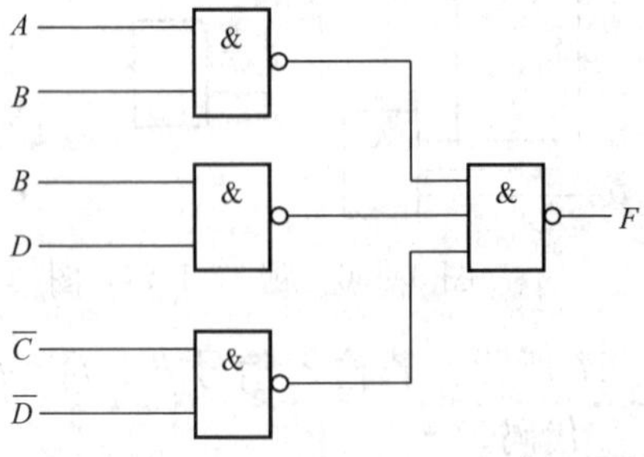

图 3-68 题 3-2 (1) 图

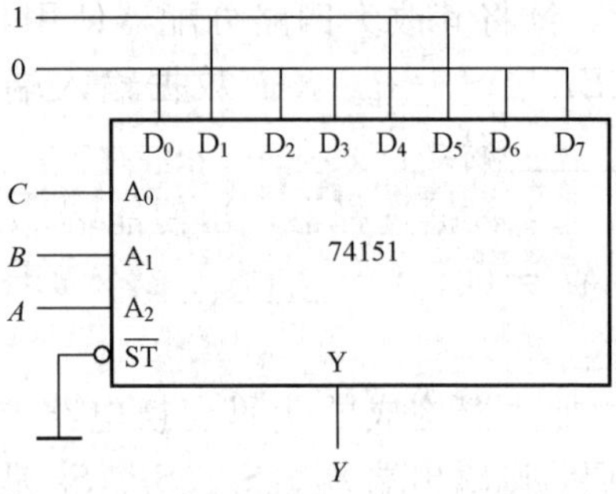

图 3-69 题 3-2 (6) 图

(6) 由 8 选 1 数据选择器 74LS151 组成的电路如图 3-69 所示，则该电路的输出为________。

A. $Y=A\overline{B}\cdot\overline{C}+A\overline{B}C+\overline{A}\cdot\overline{B}C$　　B. $Y=\sum_m(6,7,9,13)$

C. $Y=\sum_m(6,7,13,14)$　　D. $Y=\sum_m(6,7,8,9,13,14)$

(7) 下列电路中，属于组合逻辑电路的是________。

A. 计数器　B. 寄存器　C. 数据选择器　D. 触发器

(8) 在编码器中，输入的是________，输出的是________。

A. 代码　B. 某个特定的字符或信息

C. 二进制数　D. 十进制数

(9) 组合逻辑电路主要是由________组成的。

A. 触发器　B. 门电路　C. 计数器　D. 寄存器

(10) 指出图 3-70 所用与非门组成的电路的逻辑关系是________。

A. 与非关系　B. 或非关系　C. 同或关系　D. 异或关系

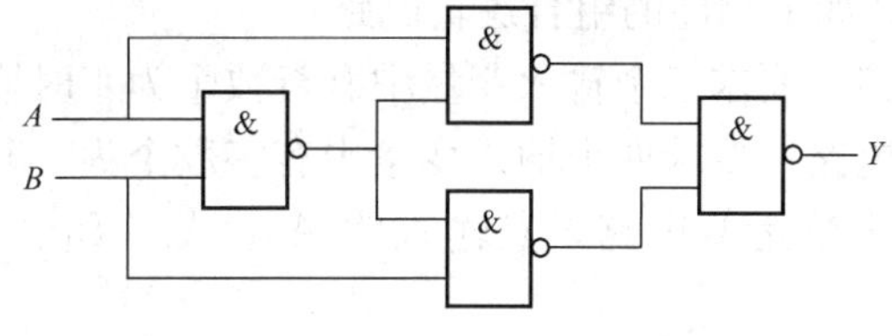

图 3-70　题 3-2 (10) 图

3-3　电路如图 3-71 所示，试写出输出变量 Y 的表达式，列出真值表，并说明各电路的逻辑功能。

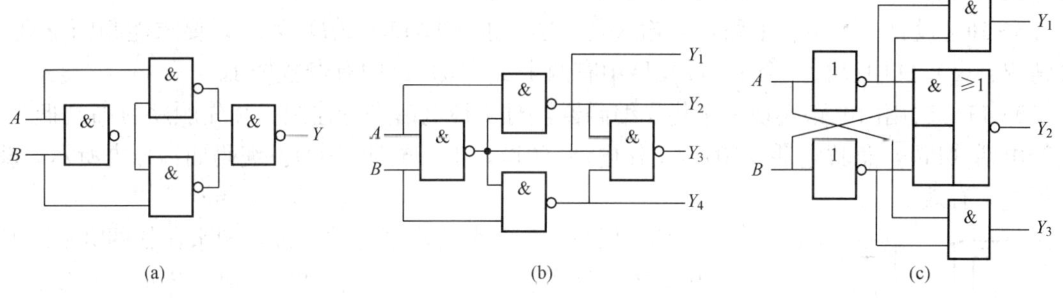

图 3-71　题 3-3 图

3-4　某同学设计的代码转换电路如图 3-72 所示。当 $K=1$ 时，输入二进制码转换成循环码；当 $K=0$ 时，输入循环码转换成二进制码。二进制码和循环码关系如表 3-23 所列。

(1) 分别求解两种情况下输出函数的逻辑表达式。

(2) 检查电路有无错误，若有则改正。

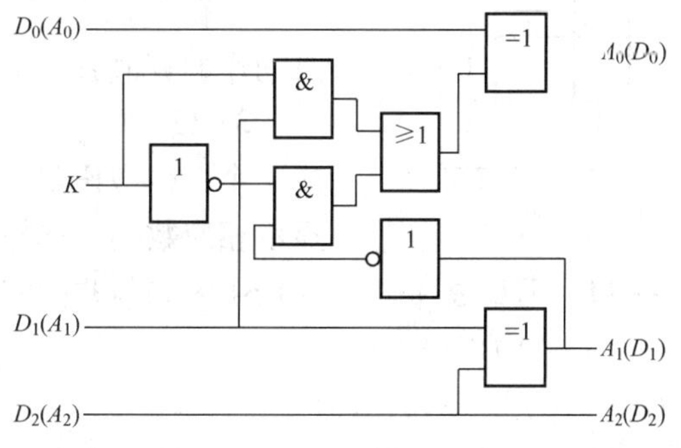

图 3-72　题 3-4 图

表 3-23 二进制码和循环码的对应关系

二进制码			循环码			二进制码			循环码		
D_2	D_1	D_0	A_2	A_1	A_0	D_2	D_1	D_0	A_2	A_1	A_0
0	0	0	0	0	0	1	0	0	1	1	0
0	0	1	0	0	1	1	0	1	1	1	1
0	1	0	0	1	1	1	1	0	1	0	1
0	1	1	0	1	0	1	1	1	1	0	0

3-5 化简下列逻辑函数，并用最少的与非门实现它们。

(1) $Y_1=A\overline{B}+A\overline{C}D+\overline{A}C$ (2) $Y_2=A\overline{B}+\overline{A}C+B\overline{CD}+ABD$

(3) $Y_3=\sum_m(0,2,3,4,6)$ (4) $Y_4=\sum_m(0,2,8,10,12,14,15)$

3-6 试分别设计一个用全与非门和全或非门实现异或逻辑的逻辑电路。

3-7 试用门电路设计如下功能的组合逻辑电路：

(1) 三变量的判奇电路，要求三个输入变量中有奇数个为1时输出为1，否则为0。

(2) 四变量多数表决电路，要求四个输入变量中有多数个为1时输出为1，否则为0。

(3) 2位二进制数的乘法运算电路，其输入为 A_1、A_0，B_1、B_0，输出为四位二进制数 $D_3D_2D_1D_0$。

3-8 设计一个路灯控制电路，要求实现的功能是：当总电源开关闭合时，安装在3个不同地方的3个开关都能独立地将灯打开或熄灭；当总电源开关断开时，路灯不亮。

3-9 设计用3个开关控制一个电灯的电路，要求改变任何一个开关的状态都能控制电灯由亮变灭或由灭变亮。要求用数据选择器来实现。

3-10 设计一个组合电路，其输入是4位二进制数 $D=D_3D_2D_1D_0$，要求能判断下列3种情况：(1) D 中没有一个1；(2) D 中有两个1；(3) D 中有奇数个1。

3-11 试用门电路实现一个优先编码器，对4种电话进行控制。优先顺序由高到低为：火警电话（11），急救电话（10），工作电话（01），生活电话（00）。编码如括号内所示，输入低电平有效。

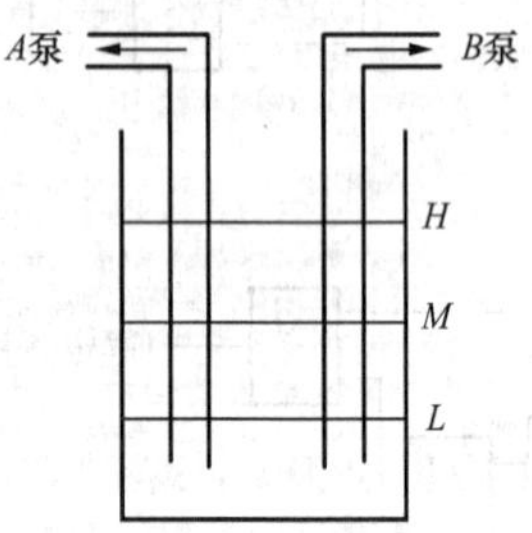

图 3-73 题 3-12 图

3-12 用 A、B 两个抽水泵对矿井进行抽水，如图 3-73 所示。当水位在 H 以上时，A、B 两泵同时开启；当水位在 H 以下 M 以上时，开启 A 泵；当水位在 M 以下 L 以上时，开启 B 泵；而水位在 L 以下时，A、B 两泵均不开启。试列出控制 A、B 两泵动作的真值表。

3-13 用二—十进制编码器、译码器，七段数码管显示器组成一个1位数码显示电路。当0～9十个输入端中有一个接地时，显示相应数码。选择合适的器件，画出连线图。

3-14 用集成译码器 74LS138 和与非门实现下列逻辑函数：

(1) $Y=A\overline{B}C+\overline{A}B$ (2) $Y=\overline{(A+B)(\overline{A}+\overline{C})}$

(3) $Y=\sum_m(3,4,5,6)$ (4) $Y=\sum_m(0,2,3,4,7)$

3-15 试用集成译码器 74LS138 和与非门实现全加器。

3-16 试用集成译码器 74LS138 和与非门实现全减器。全减器的真值表如表 3-24

所列。

3-17　试用两片 2/4 线译码器（如图 3-74 所示）构成一个 3/8 线译码器。

表 3-24　全减器真值表

A_i	B_i	C_{i-1}	D_i	C_i
0	0	0	0	0
0	0	1	1	1
0	1	0	1	1
0	1	1	0	1
1	0	0	1	0
1	0	1	0	0
1	1	0	0	0
1	1	1	1	1

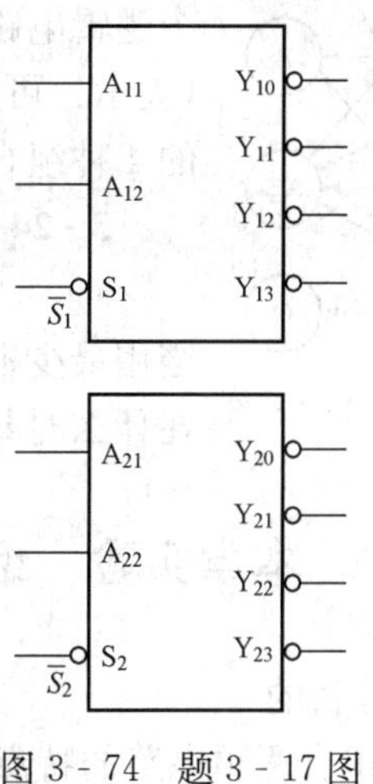

图 3-74　题 3-17 图

3-18　试用两个半加器和一个或门构成一个全加器。

（1）写出 S_i 和 C_i 的逻辑表达式。

（2）画出逻辑图。

3-19　试用 1 片双 4 选 1 数据选择器（74LS153）和尽可能少的门电路实现两个判断功能，要求输入信号 A、B、C 中有奇数个为 1 时输出 Y_1 为 1，否则 Y_1 为 0；输入信号 A、B、C 中有多数个为 1 时输出 Y_2 为 1，否则 Y_2 为 0。

3-20　写出图 3-75 所示电路的 Z_1、Z_2 的逻辑表达式，并列出逻辑真值表。

3-21　写出图 3-76 所示电路中输出信号 Y 的逻辑表达式。

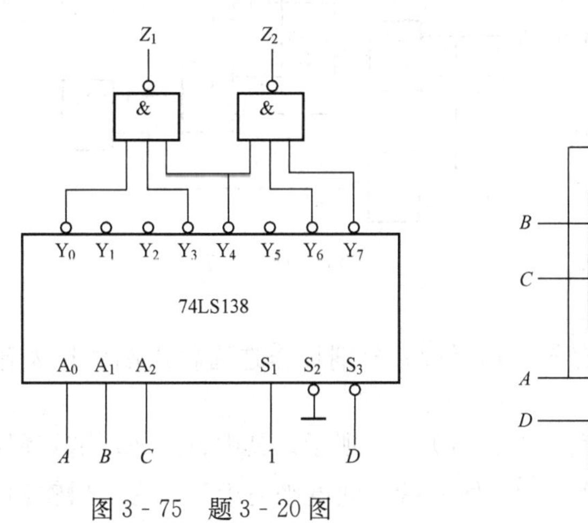

图 3-75　题 3-20 图

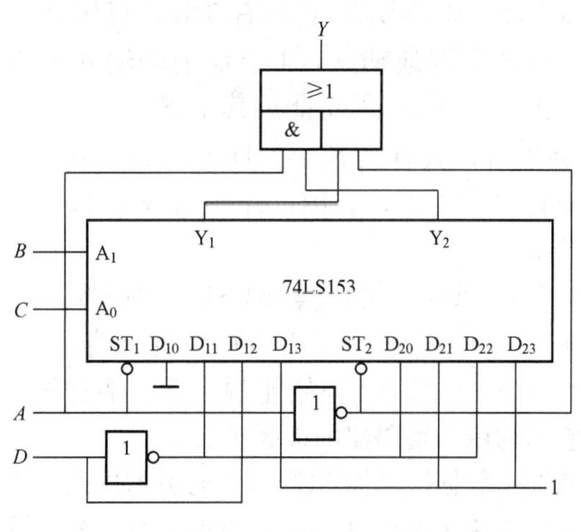

图 3-76　题 3-21 图

3-22　用数据选择器 74LS151 实现下列逻辑函数：

（1）$Y=\sum_m(0,2,3,5,6,8,10,12)$

（2）$Y=\sum_m(0,2,4,5,6,7,8,9,14,15)$

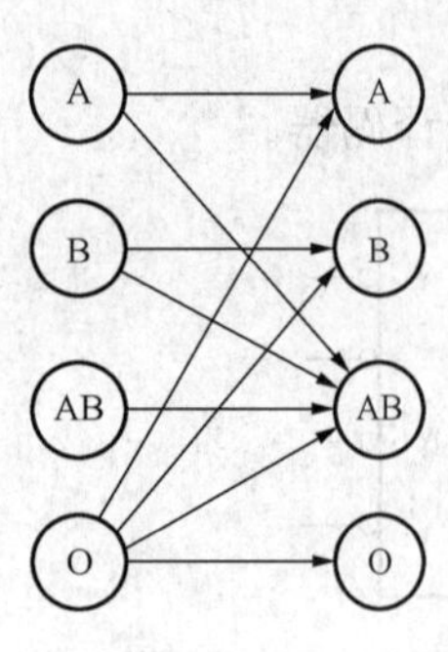

图 3-77 题 3-23 图

(3) $Y=A\overline{B}C+\overline{A}B+\overline{A}\,\overline{C}$

3-23 人的血型有A、B、AB和O 4种，试用数据选择器设计一个逻辑电路，要求判断供血者和受血者关系是否符合图3-77的关系。(提示：可用两个变量的4种组合表示供血者的血型，用另外两个变量的4种组合表示受血者的血型，用Y表示判断的结果)。

3-24 已知函数

$$F(A,B,C,D)=\sum_m(1,3,7,8,9,15)$$

当用最少数目的与非门实现其电路时，分析电路是否存在竞争-冒险，在什么时刻出现？试用增加冗余项的办法消除冒险现象。

本章实验 组合逻辑电路的功能检测及设计实验

一、实验目的

1. 熟悉组合逻辑电路的特点及一般分析设计方法。

2. 掌握编码器、译码器、数据选择器和数码管的性能及应用。

二、实验仪器与器材

1. 数字实验箱；

2. 74LS138等集成块。

三、实验原理

(1) 如图3-78所示的电路是由集成异或门、与门、或门组成的全加器，它是典型的组合逻辑电路，可以实现两个一位二进制数相加，并考虑来自低位的进位C_{i-1}，输出的本位和为S_i，向高一位的进位为C_i。

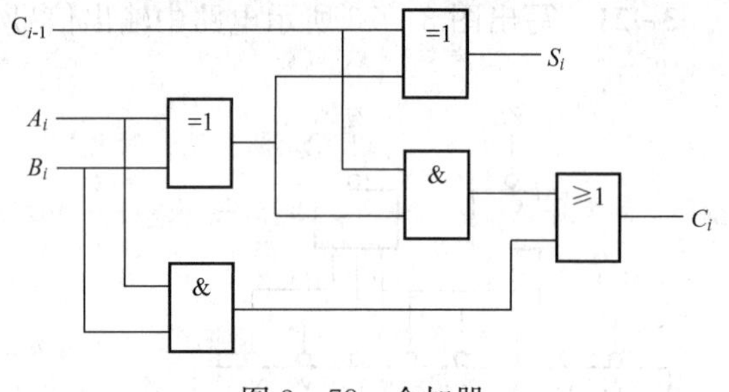

图 3-78 全加器

(2) 集成译码器74LS138的引脚排列如图3-79(a)所示。它具有3/8线译码功能，有3个选通输入，3个地址码输入端，可扩展24线译码功能。其中S_1、$\overline{S}_2$、$\overline{S}_3$是使能端，只有当$S_1=1$且$\overline{S}_2=\overline{S}_3=0$时，译码器才工作，否则，译码器处于非工作状态。

8线-3线优先编码器74LS148引脚排列如图3-79(b)所示。$\overline{I}_7\sim\overline{I}_0$为输入端，$\overline{Y}_2\sim\overline{Y}_0$为输出端，$\overline{ST}$为使能端，低电平有效，$\overline{Y}_S$和$\overline{Y}_{EX}$分别称作选通输出端和扩展输出端，它们均用于编码器的级联扩展。

八选一数据选择器74LS151的引脚排列如图3-79(c)所示。其中$A_0\sim A_2$为选择控制端(地址码输入端)，$D_0\sim D_7$为数据输入端，$\overline{S}$为使能端，低电平有效。Y为原码输出端，$\overline{W}$为反码输出端。

(3) 七段发光二极管(LED)数码管是目前常用的数字显示器，分为共阴极和共阳极两种类型。LED数码管要显示BCD码所表示的十进制数字就需要有一个专门的译码器，该译码器不但要完成译码功能，还要有相当的驱动能力。例如共阳极译码器/驱动器74LS247，共阴极译码器/驱动器 74LS248 等。

74LS248 的引脚排列如图 3 - 79（d）所示。它能将 4 位 8421BCD 码译成七段（a，b，c，d，e，f，g）输出，直接驱动数码显示器 LED，显示输入的十进数。另外器件本身还可以进行灭灯、灭零等实验。其中 D、C、B、A 为输入端，$\overline{LT}$是试灯输入端，检验数码管是否正常工作。当$\overline{LT}=0$ 时，输出数码管显示“8”字，平时$\overline{LT}$处于高电平。$\overline{RBI}$是灭零输入端，低电平有效。即当$\overline{LT}=1$，$\overline{BI}=1$，$\overline{RBI}=0$ 且输入端 $A_3A_2A_1A_0=0000$ 时，输出灭零状态而不显示“0”字。$\overline{BI}/\overline{RBO}$是输入、输出合用的引出端。$\overline{BI}$是灭灯输入端，低电平有效。当$\overline{BI}=0$ 时，无论其他输入端为何信号，输出全为 0。$\overline{RBO}$为灭零输出，该器件处于灭零状态时，$\overline{RBO}=0$，否则为 1。

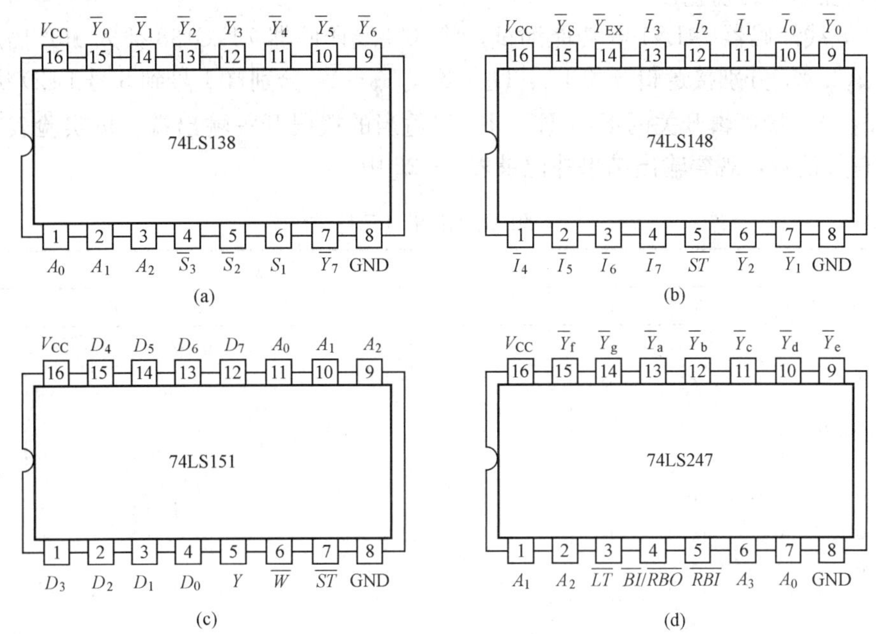

图 3 - 79　集成电路引脚排列图

四、实验内容与步骤

1. 优先编码器逻辑功能测试

将 8/3 线优先编码器 74LS148 的输入端$\overline{I}_7 \sim \overline{I}_0$ 和使能端$\overline{ST}$接逻辑开关，$\overline{Y}_S$ 和$\overline{Y}_{EX}$及输出端$\overline{Y}_2 \sim \overline{Y}_0$ 接发光二极管，改变输入端状态，观察输出端状态，并填入表 3 - 25。

表 3 - 25　　测 试 结 果（一）

输入									输出				
$\overline{ST}$	$\overline{I}_7$	$\overline{I}_6$	$\overline{I}_5$	$\overline{I}_4$	$\overline{I}_3$	$\overline{I}_2$	$\overline{I}_1$	$\overline{I}_0$	$\overline{Y}_2$	$\overline{Y}_1$	$\overline{Y}_0$	$\overline{Y}_S$	$\overline{Y}_{EX}$
1	×	×	×	×	×	×	×	×					
0	1	1	1	1	1	1	1	1					
0	0	×	×	×	×	×	×	×					
0	1	0	×	×	×	×	×	×					
0	1	1	0	×	×	×	×	×					

续表

输入									输出				
$\overline{ST}$	$\overline{I_7}$	$\overline{I_6}$	$\overline{I_5}$	$\overline{I_4}$	$\overline{I_3}$	$\overline{I_2}$	$\overline{I_1}$	$\overline{I_0}$	$\overline{Y_2}$	$\overline{Y_1}$	$\overline{Y_0}$	$\overline{Y_S}$	$\overline{Y_{EX}}$
0	1	1	1	0	×	×	×	×					
0	1	1	1	1	0	×	×	×					
0	1	1	1	1	1	0	×	×					
0	1	1	1	1	1	1	0	×					
0	1	1	1	1	1	1	1	0					

2. 译码显示电路功能测试

(1) 3/8 线译码器 74LS138 功能测试。将 3/8 线译码器 74LS138 插入 16P 插座上，输入端 A_2、A_1、A_0 分别接逻辑开关 K_3、K_2、K_1，$\overline{Y_0}$～$\overline{Y_7}$ 分别接 1 号到 8 号 LED 状态显示，S_1、$\overline{S_2}$、$\overline{S_3}$ 分别接逻辑开关的 K_4、K_5、K_6 或适当的拨码开关输出端。按实验表3－2所示分别输入有关信号，观察输出结果并记录表 3－26 中。

表 3－26 测试结果（二）

输入					输出							
S_1	$\overline{S_2}+\overline{S_3}$	A_2	A_1	A_0	$\overline{Y_0}$	$\overline{Y_1}$	$\overline{Y_2}$	$\overline{Y_3}$	$\overline{Y_4}$	$\overline{Y_5}$	$\overline{Y_6}$	$\overline{Y_7}$
0	×	×	×	×								
×	1	×	×	×								
1	0	0	0	0								
1	0	0	0	1								
1	0	0	1	0								
1	0	0	1	1								
1	0	1	0	0								
1	0	1	0	1								
1	0	1	1	0								
1	0	1	1	1								

(2) 译码显示电路功能测试。将七段字型译码器 74LS248 插入实验箱 IC 插座，找到实验箱上的共阴极 LED 数码管按图 3－80 连线，输入端 D、C、B、A 接逻辑开关，改变输入信号状态，观察数码管显示情况，并填写表 3－27。

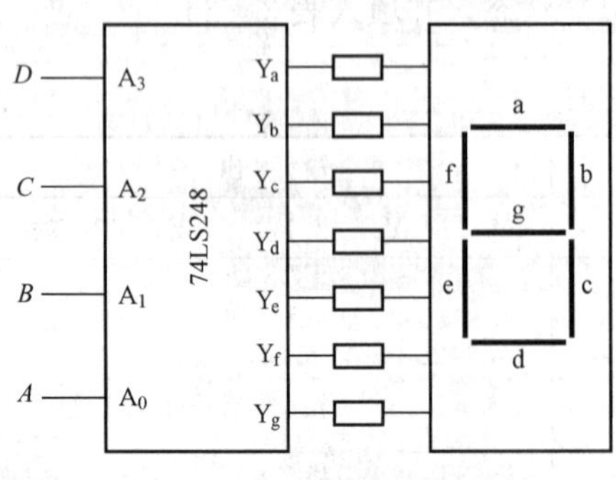

图 3－80 译码显示电路

表 3－27 测试结果（三）

D	C	B	A	字形	D	C	B	A	字形
0	0	0	0		0	1	0	1	
0	0	0	1		0	1	1	0	
0	0	1	0		0	1	1	1	
0	0	1	1		1	0	0	0	
0	1	0	0		1	0	0	1	

3. 数据选择器功能测试

将八选一数据选择器 74LS151 插入 16P 插座上，地址端 $A_0 \sim A_2$、数据端 $D_0 \sim D_7$、使能端$\overline{S}$接逻辑开关，输出端 Y 接 LED 状态显示。置数据输入端 $D_0 \sim D_7$ 为 10101010 或 11110000，按表 3 - 28 分别输入有关地址信号，观察输出结果并记录在表 3 - 28 中。

表 3 - 28　　测 试 结 果 (四)

输入				输出	
A_2	A_1	A_0	$\overline{S}$	Y	$\overline{W}$
×	×	×	1		
0	0	0	0		
0	0	1	0		
0	1	0	0		
0	1	1	0		
1	0	0	0		
1	0	1	0		
1	1	0	0		
1	1	1	0		

4. 全加器功能测试

(1) 按图 3 - 78 所示的电路连线。输入端接逻辑开关，输出端接 LED 状态显示，检查接线无误后，接通电源测试。当输入 A_i、B_i，C_{i-1}为表 3 - 29 所列情况时，观察输出端 S_i、C_i 的显示结果，记录于表 3 - 29 中，并总结全加器的逻辑关系式。

表 3 - 29　　测 试 结 果 (五)

A_i	B_i	C_{i-1}	S_i	C_i	A_i	B_i	C_{i-1}	S_i	C_i
0	0	0			1	0	0		
0	0	1			1	0	1		
0	1	0			1	1	0		
0	1	1			1	1	1		

(2) 试用 1 片 74LS138 和基本门电路构成 1 位全加器电路，画出电路连线图，并验证其功能。

(3) 试用 74LS151 构成 1 位全加器电路，画出电路连线图，并验证其功能。

五、实验报告与要求

(1) 画出实验集成电路连线示意图，整理实验数据，分析实验结果，说明电路功能。

(2) 总结组合逻辑电路的特点和一般分析、设计方法。

六、预习要求与思考题

1. 预习要求

(1) 组合逻辑电路的功能特点和结构特点。

(2) 组合逻辑电路的一般分析、设计方法。

(3) 所用集成电路的功能、外部引线排列及主要参数、使用注意事项。

2. 思考题

(1) 试用全加器设计一个 2 位二进制串行进位的加法器电路，画出连线图并验证其功能。

(2) 试设计用 3/8 线译码器 74LS138 和门电路实现逻辑函数 $Y_1 = \overline{A}\,\overline{B} + ABC$ 和$Y_2 = \overline{B} + C$。

第4章　触　发　器

内容提要

(1) 触发器的特点、分类及逻辑功能描述方法；
(2) 基本RS触发器的结构、工作原理、逻辑功能描述及应用；
(3) 同步RS、同步D触发器的逻辑功能及使用方法；
(4) 主从RS、主从JK、主从T触发器的逻辑功能及使用方法；
(5) 边沿型触发器的结构及工作特点；
(6) 不同功能触发器之间的转换。

4.1　触发器概述

4.1.1　触发器的功能特点

在复杂的数字电路中，要连续进行各种复杂的运算和控制，就必须将曾经输入过的信号以及运算的结果暂时保存起来，以便与新的输入信号进一步运算，共同确定电路新的输出状态。这样，就要求数字电路中必须包含具有记忆功能的电路单元，这种电路单元通常具有两种稳定的逻辑状态，0状态和1状态，触发器（flip-flop）就是具有记忆1位二进制代码的基本单元。

由于1位二进制信号有0、1两种取值，因而触发器应该具有以下功能特点：

(1) 有两个稳定状态——0状态和1状态，因此也称作双稳态触发器。它能存储1位二进制信息。

(2) 如果外加输入信号为有效电平，触发器将发生状态转换，即可以从一种稳态翻转到另一种新的稳态。

为便于描述，今后把触发器原来所处的稳态用Q^n表示，称为现态；而将新的稳态用Q^{n+1}表示，称为次态。我们分析触发器的逻辑功能，主要就是分析当输入信号为某一种取值组合时，输出信号的次态Q^{n+1}的值。

(3) 当输入信号有效电平消失后，触发器能保持新的稳态。因此说触发器具有记忆功能，是存储信息的基本单元。

触发器是构成时序逻辑电路必不可少的基本部件。

4.1.2　触发器的分类及逻辑功能描述方法

触发器的种类较多，根据逻辑功能可划分为RS触发器、D触发器、JK触发器、T触发器和T′触发器；根据触发方式的不同可划分为电平触发型和边沿触发型触发器；从结构上可划分为基本触发器、同步触发器、主从触发器和边沿触发器，其中，同步触发器、主从触发器、边沿触发器又统称为时钟触发器。

本节重点之一是分析不同触发器的逻辑功能，在分析逻辑功能时，常用的分析方法有：

真值表、特性方程、状态转换图、工作波形图（时序图）。

4.2 基本 RS 触发器

4.2.1 电路组成及逻辑符号

将两个与非门首尾交叉相连，就组成一个基本 RS 触发器，如图 4－1（a）所示。其中 $\overline{R}$、$\overline{S}$ 是两个输入信号（也叫触发信号），低电平有效。Q、$\overline{Q}$ 是两个互补输出端，其输出信号相反，通常规定触发器 Q 端的输出状态为触发器的状态，例如，当 $Q=0$，$\overline{Q}=1$ 时，称触发器输出 0 态；当 $Q=1$，$\overline{Q}=0$ 时，称触发器输出 1 态。图 4－1（b）是基本 RS 触发器的逻辑符号。

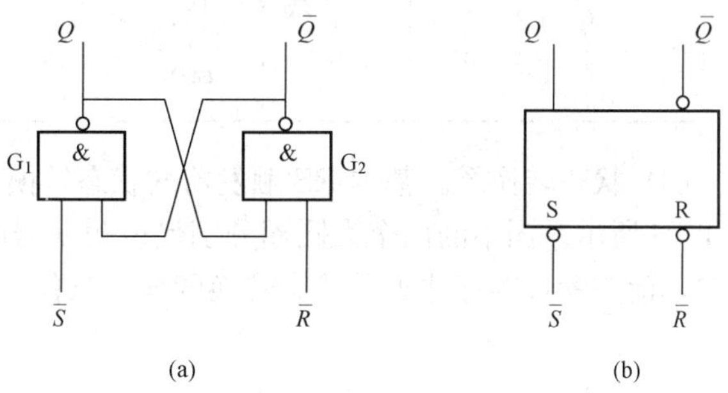

图 4－1 由与非门构成的基本 RS 触发器
（a）逻辑图；（b）逻辑符号

4.2.2 逻辑功能分析及描述

1. 逻辑功能分析

（1）$\overline{R}=1$，$\overline{S}=1$ 时，输入信号均为无效电平，由逻辑图不难分析出，此时触发器将保持原来的状态不变，即 $Q^{n+1}=Q^n$。

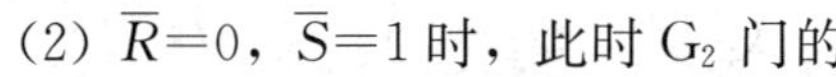

（2）$\overline{R}=0$，$\overline{S}=1$ 时，此时 G_2 门的输出 $\overline{Q}=1$，因而 G_1 门的输入全为 1，则 $Q=0$，触发器为 0 态，即 $Q^{n+1}=0$，且与原来状态无关，这种功能称为触发器置 0，又称复位。

由于置 0 是触发信号 $\overline{R}$ 为有效电平 0 的结果，因此 $\overline{R}$ 端叫做置 0 端，又叫复位端。

（3）$\overline{R}=1$，$\overline{S}=0$ 时，此时 G_1 门的输出 $Q=1$，因而 G_2 门的两个输入均为 1，则 $\overline{Q}=0$，触发器为 1 态，即 $Q^{n+1}=1$，同样与原状态无关，这种功能称为触发器置 1，又称置位。

由于置 1 是触发信号 $\overline{S}$ 为有效电平 0 的结果，因此 $\overline{S}$ 端叫做置 1 端，又叫置位端。

（4）$\overline{R}=0$，$\overline{S}=0$ 时，输入信号均为有效电平，这种情况是不允许的。因为，其一，$\overline{R}=0$，$\overline{S}=0$ 破坏了 Q 与 $\overline{Q}$ 互补的约定；其二，当 $\overline{R}$、$\overline{S}$ 的低电平有效触发信号同时消失后，Q 与 $\overline{Q}$ 的状态将是不确定的。顺便指出，如果 $\overline{R}$、$\overline{S}$ 在不同时间由 0 变 1，则触发器状态由后变的信号决定。例如，若 $\overline{S}=0$ 后变，则当 $\overline{R}$ 由 0 变 1 时，$\overline{S}$ 仍为 0，这时触发器被置 1。

2. 逻辑功能描述

综合以上对基本 RS 触发器逻辑功能的分析结果，下面分别用真值表、特性方程、状态转换图、工作波形图将其功能进行描述。

（1）真值表。通过前面的分析可以看出，触发器的次态 Q^{n+1} 不仅与触发信号 $\overline{R}$、$\overline{S}$ 有关，还与现态 Q^n 有关，这正体现了触发器的记忆功能。因此，真值表中，自变量共有 3 个，$\overline{R}$、$\overline{S}$ 和 Q^n，函数是 Q^{n+1}。如表 4－1 所列，表 4－2 是简化真值表。表中“×”表示触发器输出状态不定。

（2）特性方程。根据基本 RS 触发器的真值表 4－1（a），可以画出卡诺图，如图 4－2 所示。合并最小项得到基本 RS 触发器的特性方程为

$$\begin{cases} Q^{n+1}=S+\overline{R}Q^n \\ \overline{R}+\overline{S}=1 \end{cases} \qquad (4-1)$$

式（4-1）是基本 RS 触发器的特性方程。其中 $\overline{R}+\overline{S}=1$ 表示两个输入信号之间必须满足的约束条件。

表 4-1　基本 RS 触发器真值表

$\overline{R}$	$\overline{S}$	Q^n	Q^{n+1}	说明
0	0	0	×	不允许
0	0	1	×	
0	1	0	0	置 0
0	1	1	0	
1	0	0	1	置 1
1	0	1	1	
1	1	0	0	保持
1	1	1	1	

表 4-2　简化真值表

$\overline{R}$	$\overline{S}$	Q^{n+1}	说明
0	0	×	不允许
0	1	0	置 0
1	0	1	置 1
1	1	Q^n	保持

（3）状态转换图。基本 RS 触发器的状态转换关系也可以形象地用状态转换图表示，如图 4-3 所示。图中的两个大圆圈分别代表触发器的两个状态，箭头表示触发器状态转换的方向，箭头旁边的标注表示状态转换的输入条件。

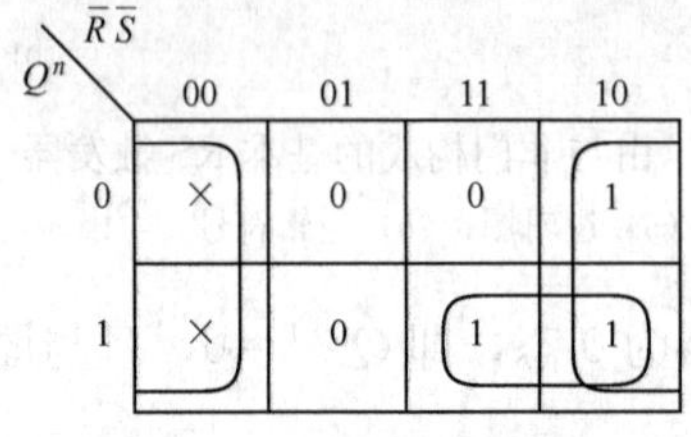

图 4-2　Q^{n+1} 的卡诺图

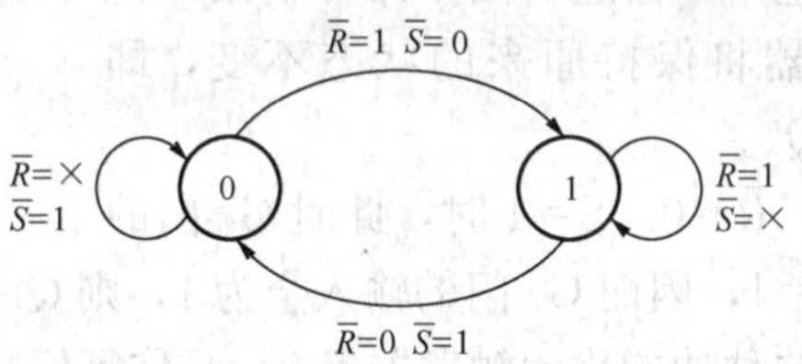

图 4-3　基本 RS 触发器的状态转换图

（4）波形图。触发器的状态也可用工作波形图表示，下面通过一道例题说明波形图的画法。

【例 4-1】　根据图 4-4 中 $\overline{R}$、$\overline{S}$ 的电压波形，画出图 4-1 基本 RS 触发器 Q 与 $\overline{Q}$ 端的电压波形。

解　根据基本 RS 触发器的真值表，画出电压波形图。

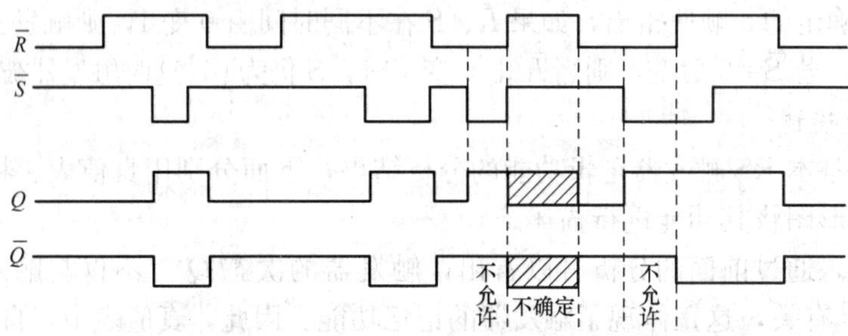

图 4-4　［例 4-1］的波形图

【例 4-2】　分析如图 4-5 所示电路的逻辑功能，并列出真值表。

解　以 E、S、R 作为输入变量，Q 作为输出变量，列出如图 4-5 所示电路的真值表如表 4-3 所示。

由真值表可见，如图 4-5 所示电路是一个基本 RS 触发器，三态输出，E 是使能端。

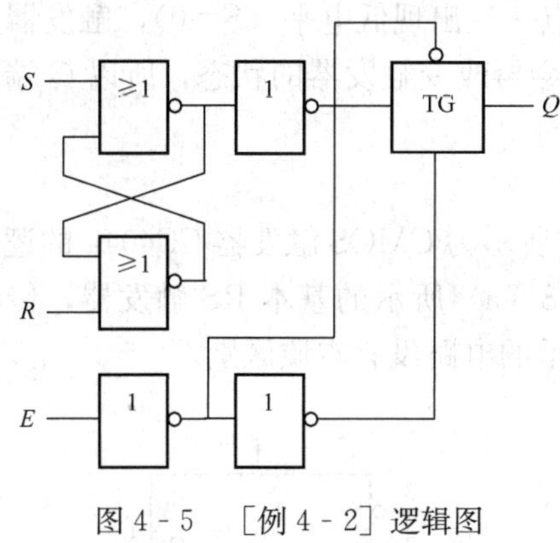

图 4 - 5 ［例 4 - 2］逻辑图

表 4 - 3 ［例4 - 2］ 真 值 表

输 入			输 出
E	S	R	Q
0	×	×	高阻
1	0	0	不变
1	0	1	0
1	1	0	1
1	1	1	不定

4.2.3 应用举例

在调试数字电路时，经常要用到脉冲信号。脉冲信号的产生通常是利用机械开关接通产生的。由于机械开关触点的金属片有弹性，所以接通开关时触点常发生抖动，使产生的电压或电流波形产生“毛刺”，如图 4 - 6 所示，影响脉冲信号的质量。在电子电路中，一般不允许出现这种现象，因为这种干扰信号会导致电路工作出错。

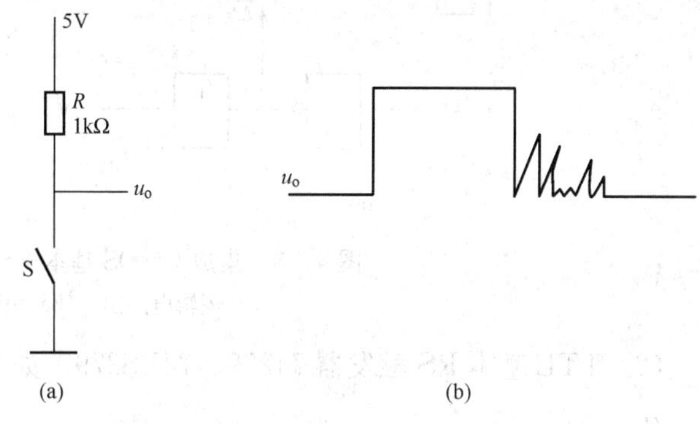

图 4 - 6 机械开关的工作情况

（a）机械开关的接通；（b）对电压波形的影响

利用基本 RS 触发器的记忆作用可以消除上述开关振动所产生的影响，开关与触发器的连接如图 4 - 7（a）所示。设单刀双掷开关 S 原来与 B 点接触，触发器的输入信号 $\overline{R}=0$，根据基本 RS 触发器的逻辑功能，此时触发器的状态为 0。当开关由 B 拨向 A 时，其中有一短暂的浮空时间，这时触发器的两个输入信号 $\overline{R}$、$\overline{S}$ 均为 1，触发器保持原来状态，仍为 0。当中间触点与 A 接触时，A 点的电位由于振动而产生“毛

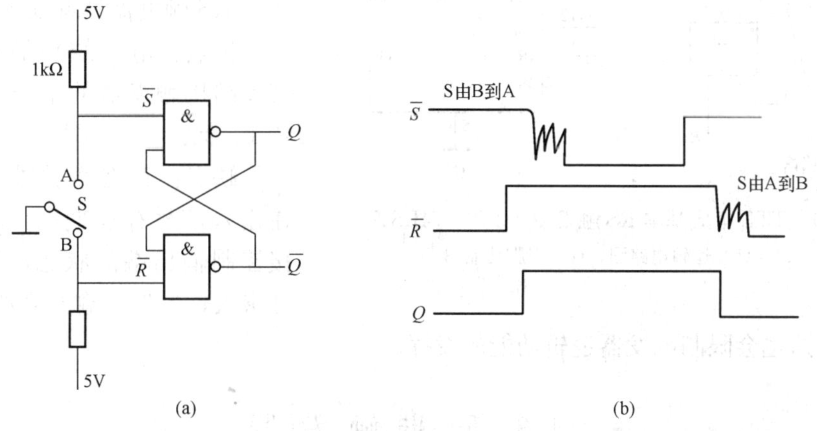

图 4 - 7 利用基本 RS 触发器消除机械开关振动的影响

（a）电路；（b）电压波形

刺”。但是，首先是B点已经为高电平（$\overline{R}=1$），A点一旦出现低电平（$\overline{S}=0$），触发器的状态翻转为1，即使A点再出现高电平（$\overline{S}=1$），也不会再改变触发器的状态，所以Q端的电压波形不会出现“毛刺”，如图4-7（b）所示。

4.2.4 集成基本触发器

（1）CMOS基本RS触发器CC4044。如图4-8所示为CMOS触发器CC4044的逻辑电路图和引脚功能图。CC4044中集成了4个如图4-8（a）所示的基本RS触发器，传输门TG是输出控制门。其工作原理与如图4-1（a）所示的电路没有本质区别。

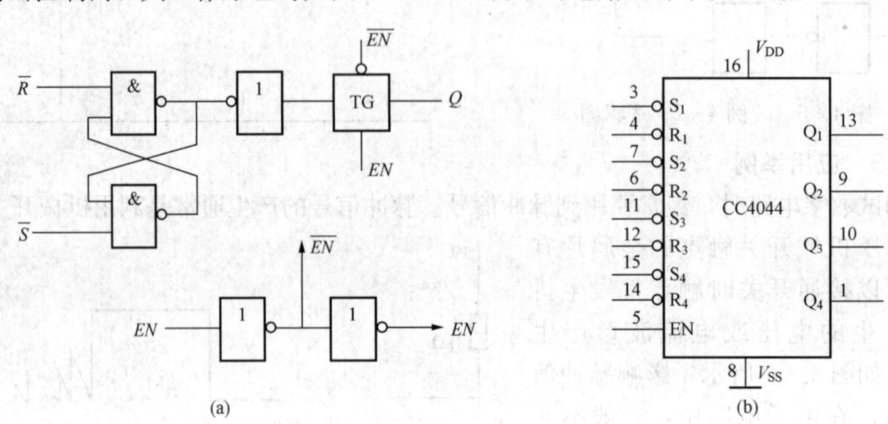

图4-8 集成CMOS基本RS触发器CC4044
（a）逻辑电路图；（b）引脚功能图

（2）TTL基本RS触发器74279、74LS279。如图4-9所示为集成TTL基本RS触发器74279、74LS279的逻辑电路图及引脚功能图。在一个芯片中集成了两个如图4-9（a）所示的电路和两个如图4-9（b）所示的电路，共4个触发器单元。

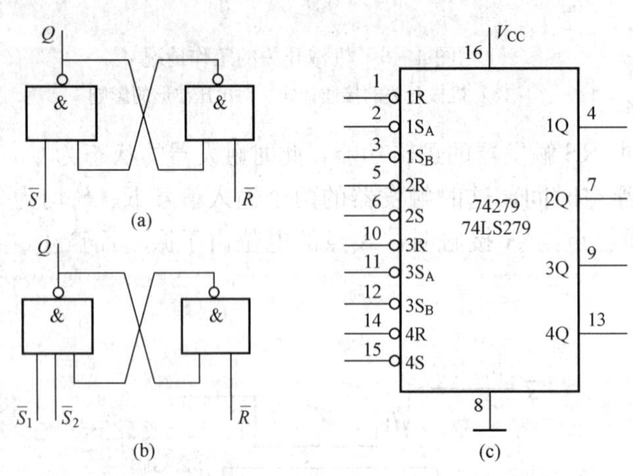

图4-9 TTL集成基本RS触发器74279、74LS279
（a）、（b）逻辑电路图；（c）引脚功能图

通过前面的分析，可以总结出基本RS触发器具有以下特点。

优点：电路结构简单，是构成其他结构触发器的基础。具有置0、置1、保持3项功能。

缺点：存在直接控制问题。即在输入信号存在期间，输入信号直接控制输出端的状态，使用的局限性很大；另外，输入信号R、S之间存在约束，这也会限制触发器逻辑功能的发挥。

4.3 同步触发器

基本RS触发器的状态无法从时间上加以控制，只要输入端有触发信号，触发器就立即做相应的状态变化。而在实际的数字系统中，往往是由多个触发器组成，这时常常需要各个触发器按一定的节拍同步动作，因此必须给电路加上一个统一的控制信号，用以协调各触发器的同步翻转，这个统一的控制信号叫做时钟脉冲 *CP*（Clock Pulse）信号。

本节主要介绍用 *CP* 作控制信号的触发器，称作时钟控触发器，或者称为同步触发器。

时钟触发器有 4 种触发方式。所谓触发方式，是指在时钟脉冲 *CP* 的什么时刻触发器的输入信号控制输出信号，使输出状态发生变化。

（1）$CP=1$ 期间输入控制输出，称为高电平触发，记为“⎍”
（2）$CP=0$ 期间输入控制输出，称为低电平触发，记为“⊔”　}电平触发

（3）*CP* 由 0 变 1 瞬间输入控制输出，称为上升沿触发，记为“↑”或“↑”
（4）*CP* 由 1 变 0 瞬间输入控制输出，称为下降沿触发，记为“↓”或“↓”　}边沿触发

为区别上述 4 种触发方式，常在触发器逻辑符号图的 *CP* 端画以不同的标记，如图 4 - 10所示。

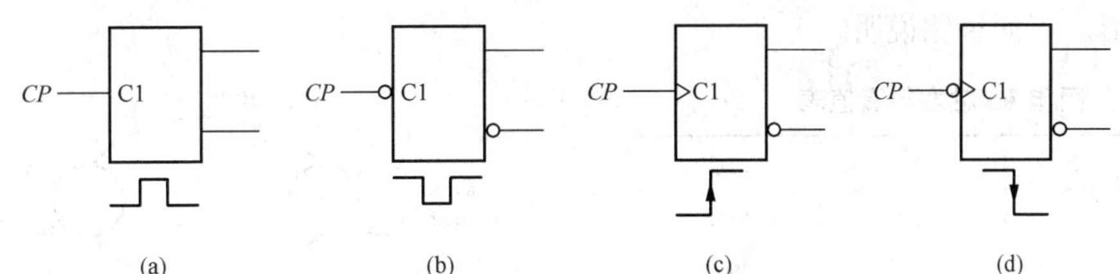

图 4 - 10　时钟触发器的触发方式

（a）高电平触发；（b）低电平触发；（c）上升沿触发；（d）下降沿触发

4.3.1　同步 RS 触发器

1. 电路结构及逻辑符号

将基本 RS 触发器的输入端加上两个导引门，就组成同步 RS 触发器，如图 4 - 11（a）所示。它由 4 个与非门组成，其中 G_1、G_2 门构成基本 RS 触发器，G_3、G_4 门组成控制电路（或称导引门电路），输入信号 *R*、*S* 通过控制门进行传送，*CP* 为时钟脉冲。图 4 - 11（b）是同步 RS 触发器的逻辑符号。

2. 逻辑功能分析及描述

由于同步 RS 触发器是在基本 RS 触发器基础上演变而来的，因此在分析同步 RS 触发器逻辑功能时，要充分利用前面的有关结论。从图 4 - 11（a）可以看出：

当 $CP=0$ 时，控制门 G_3、G_4 被封锁，无论 *R*、*S* 如何变化，G_3、G_4 均输出高电平 1，根据基本 RS 触发器的逻辑功能，此时同步 RS 触发器应保持原来状态不变，即 $Q^{n+1}=Q^n$。

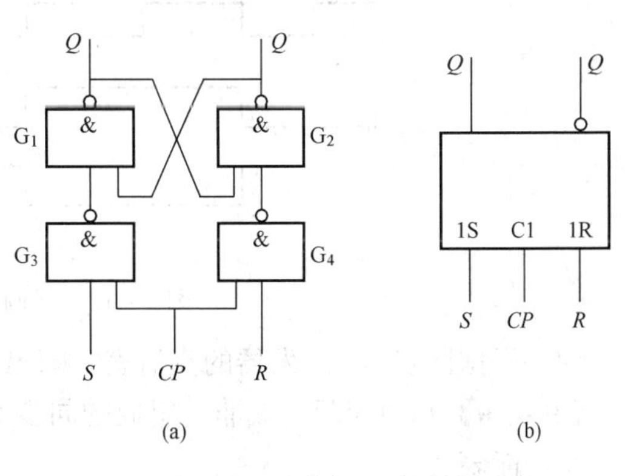

图 4 - 11　同步 RS 触发器

（a）逻辑图；（b）逻辑符号

当 $CP=1$ 时，控制门 G_3、G_4 被打开，此时，

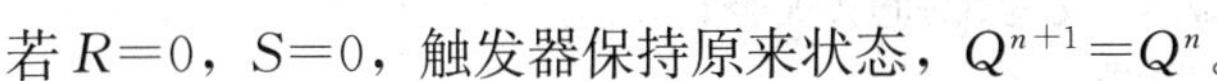

若 $R=0$，$S=0$，触发器保持原来状态，$Q^{n+1}=Q^n$。

若 $R=0$，$S=1$，G_3 门输出 0，从而使 $Q=1$，即触发器被置 1。

若 $R=1$，$S=0$，G_4 门输出 0，从而使 $\overline{Q}=1$，触发器被置 0。

若 $R=1$，$S=1$，触发器状态不定，因此这种取值要避免。

将以上逻辑功能分析结果分别描述如下：

(1) 真值表。表 4 - 4 为同步 RS 触发器在 $CP=1$ 时的真值表。

(2) 特性方程。根据真值表可以得到同步 RS 触发器的特性方程（$CP=1$ 时），即

$$\begin{cases} Q^{n+1}=S+\overline{R}Q^n \\ RS=0 \end{cases} \tag{4 - 2}$$

其中 $RS=0$ 是同步 RS 触发器输入信号 R、S 之间的约束条件。

(3) 状态转换图。当 $CP=1$ 时，同步 RS 触发器的状态转换关系仍由 R 和 S 输入状态决定，其状态转换图如图 4 - 12 所示。

(4) 波形图。按照给出的时钟脉冲 CP 和输入信号 R、S 的状态，可以画出同步 RS 触发器的波形。下面举例说明。

表 4 - 4　同步 RS 触发器真值表

R	S	Q^{n+1}	说明
0	0	Q^n	保持
0	1	1	置 1
1	0	0	置 0
1	1	×	不定

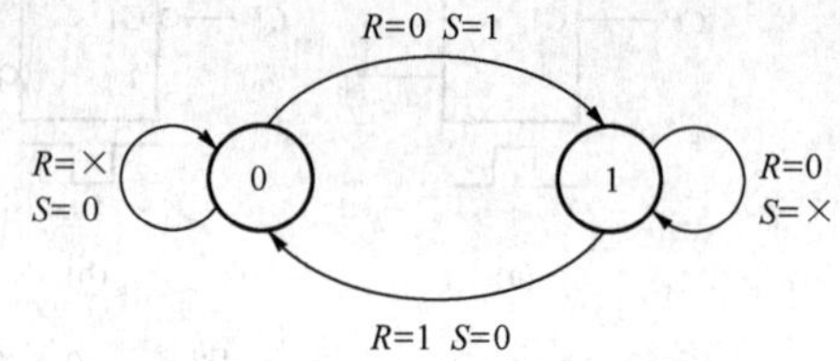

图 4 - 12　同步 RS 触发器的状态转换图

【例 4 - 3】　根据图 4 - 13 中 CP、R、S 的电压波形，画出图 4 - 11 中同步 RS 触发器 Q 与 $\overline{Q}$ 端的电压波形。设触发器初始状态为 0。

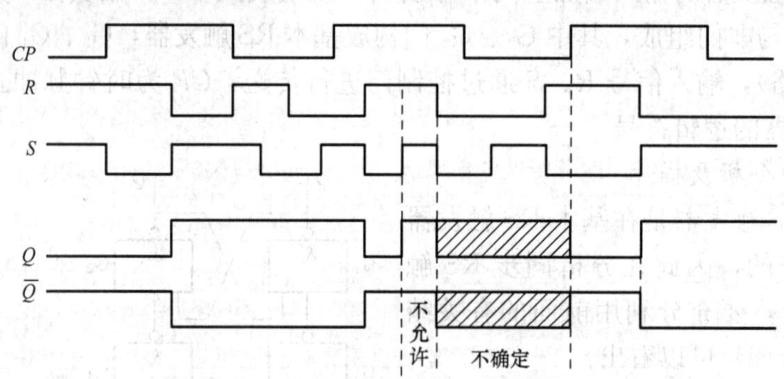

图 4 - 13　［例 4 - 3］的波形图

解　根据同步 RS 触发器的真值表，画出 Q 与 $\overline{Q}$ 的电压波形如图 4 - 13 所示。

【例 4 - 4】　由与门、或非门组成的同步 RS 触发器如图 4 - 14 所示。试分析其工作原理并列出功能表。

解　当 $E=1$ 时，由于如图 4 - 14 所示为同步 RS 触发器，可由特性方程 $Q^{n+1}=S+\overline{R}Q^n$ 来求出 Q^{n+1}，列出功能表如表 4 - 5 所示。当 $E=0$ 时，触发器输出维持不变。

因此，$S=0$，$R=0$ 时，$Q^{n+1}=Q^n$，故为维持原状态；

$S=0$，$R=1$ 时，$Q^{n+1}=0$，触发器置 0；

$S=1$，$R=0$ 时，$Q^{n+1}=1$，触发器置 1；

$S=1$，$R=1$ 时，为不稳定状态，应避免。

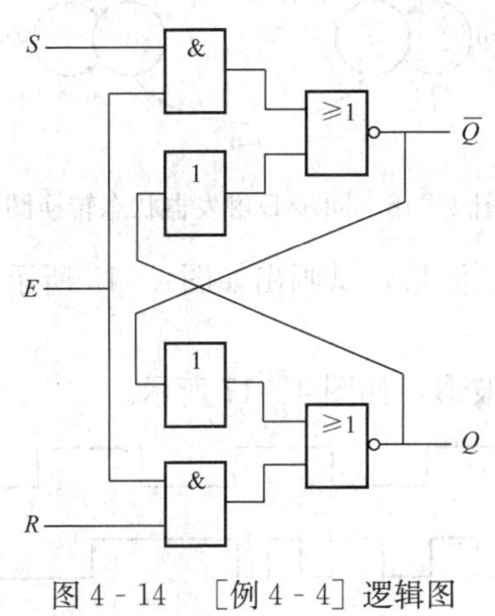

图 4-14 [例 4-4] 逻辑图

表 4-5 [例 4-4] 功能表

S	R	Q^n	Q^{n+1}
0	0	0	0
0	0	1	1
0	1	0	0
0	1	1	0
1	0	0	1
1	0	1	1
1	1	0	不定
1	1	1	不定

3. 基本特点

优点：选通控制，时钟脉冲到来即 $CP=1$ 时，触发器接收输入信号，$CP=0$ 时，触发器保持原态。

缺点：$CP=1$ 期间，输入信号仍然直接控制触发器输出端的状态；R、S 之间仍有约束。后者可以利用 D 锁存器的连接方式解决。

最后强调一点，为了保证触发器可靠翻转，对 CP 脉冲做两点要求：一是 CP 脉宽 $t_w>3t_{pd}$；二是 $CP=1$ 期间，R 和 S 信号应保持不变。

4.3.2 同步 D 触发器

1. 电路结构及逻辑符号

同步 D 触发器又称 D 锁存器，简称锁存器，其电路结构及逻辑符号如图 4-15 所示。它是在同步 RS 触发器的基础上，将 G_3 门的输出反馈到 G_4 门作为 R 输入信号，S 输入端改为 D 而构成的。显然，在 $CP=1$ 期间，电路总有 $R\neq S$ 成立，从而克服了输入信号存在约束的问题。

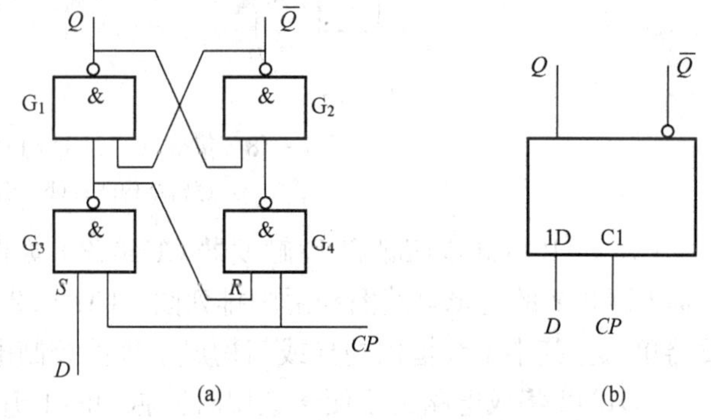

图 4-15 同步 D 触发器

(a) 逻辑图；(b) 逻辑符号

2. 逻辑功能分析及描述

$CP=0$ 时，门 G_3、G_4 被封锁，触发器保持原来状态。

$CP=1$ 时，门 G_3、G_4 打开，此时，若 $D=0$，则 G_3 门输出高电平，G_4 门输出低电平，触发器被置 0；若 $D=1$，则 G_3 门输出低电平，G_4 门输出高电平，触发器被置 1。也就是说，D 是什么状态，触发器就被置成什么状态。所以特性方程为

$$Q^{n+1}=D \quad (CP=1\text{ 期间有效}) \tag{4-3}$$

其真值表如表 4-6 所列。可见，D 触发器只有置 0 和置 1 两项功能。

图 4-16 是 D 锁存器的状态转换图。

表 4-6 同步D触发器真值表

D	Q^{n+1}	说明
0	0	置 0
1	1	置 1

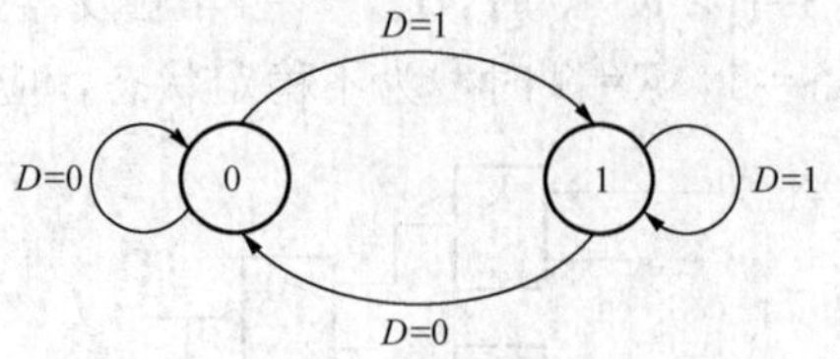

图 4-16 同步D触发器状态转换图

【例 4-5】 图 4-17 中已给出 CP 和 D 信号的电压波形，试画出如图 4-15 所示同步D触发器 Q 端的电压波形。设触发器初始状态为 $Q=0$。

解 根据同步D触发器的真值表，画出 Q 的电压波形，如图 4-17 所示。

3. 集成同步D触发器

(1) TTL 同步四锁存 D 触发器 74LS375。如图 4-18 所示为 TTL 同步D触发器 74LS375 的逻辑电路图和引脚功能图。74LS375 中有 4 个如图 4-18 (a) 所示的触发器单元。注意，$CP_{1,2}$ 是单元 1、2 共用的时钟脉冲，$CP_{3,4}$ 是单元 3、4 共用的时钟脉冲。

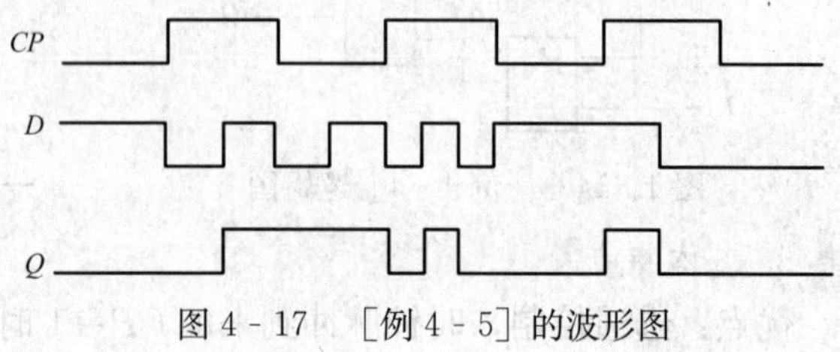

图 4-17 ［例 4-5］的波形图

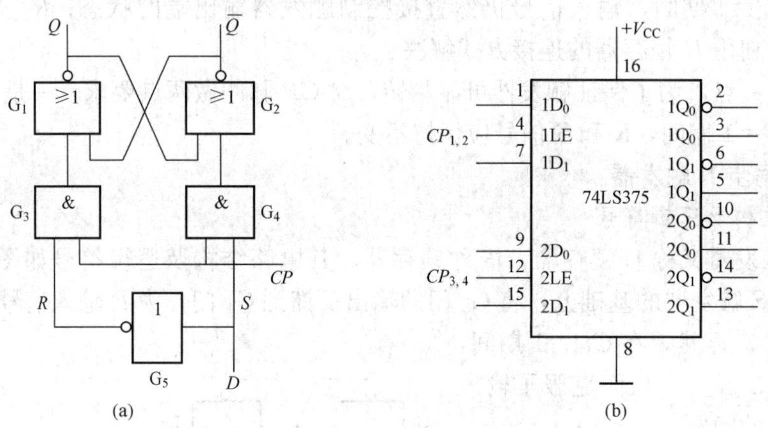

图 4-18 集成 TTL 同步D触发器 74LS375

(a) 逻辑结构图；(b) 引脚功能图

(2) CMOS 同步四锁存 D 触发器 CD4042。如图 4-19 所示为 CMOS 同步四锁存 D 触发器 CD4042 的逻辑电路图和引脚排列图。CD4042 中集成了 4 个如图 4-19 (a) 所示的触发器单元。其中虚线框内的异或门构成了极性控制电路，为 4 个单元所共用。

CD4042 集成电路为了便于选用时钟脉冲的上升沿或下降沿，专门设置了一个时钟脉冲极性选择控制信号 POL。当 $POL=0$ 时，时钟脉冲的上升沿起数据锁存作用，下降沿起数据传输作用（即把输入数据传送到 Q 端和 $\overline{Q}$ 端）；当 $POL=1$ 时，情况则相反。POL 的逻辑状态必须与 CP 相同时，D 输入端的数据才被传输至 Q 端，否则数据被锁存。CD4042 的逻辑功能真值表如表 4-7 所列。

(3) CMOS 六锁存 D 触发器 CD40174。CD40174 是 CMOS 六锁存 D 型触发器集成电路，其内含 6 个独立的锁存 D 触发器，这 6 个触发器共用一个时钟脉冲信号 CP 和清零信号

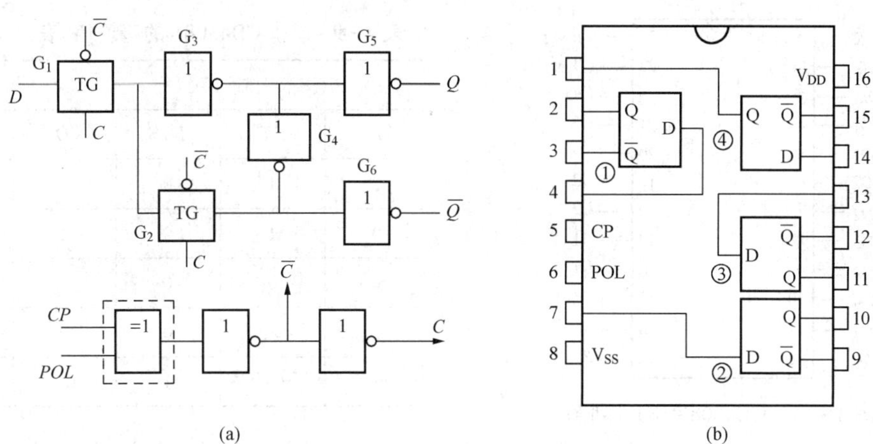

图 4 - 19　集成 CMOS 同步四锁存 D 触发器 CC4042
(a) 逻辑图；(b) 引脚图

$\overline{R}$。当 $CP=1$ 时，触发器进行数据传输；当 $CP=0$ 时，进行数据锁存功能。

CD40174 集成电路采用 16 引脚双列式封装方式，其引脚排列图如图 4 - 20 所示。其逻辑功能真值表如表 4 - 8 所列。

表 4 - 7　CD4042 的真值表

输入			输出	
CP	POL	D	Q	$\overline{Q}$
0	0	0	0	1
0	0	1	1	0
1	1	0	0	1
1	1	1	1	0
0	1	×	锁存	
1	0	×	锁存	

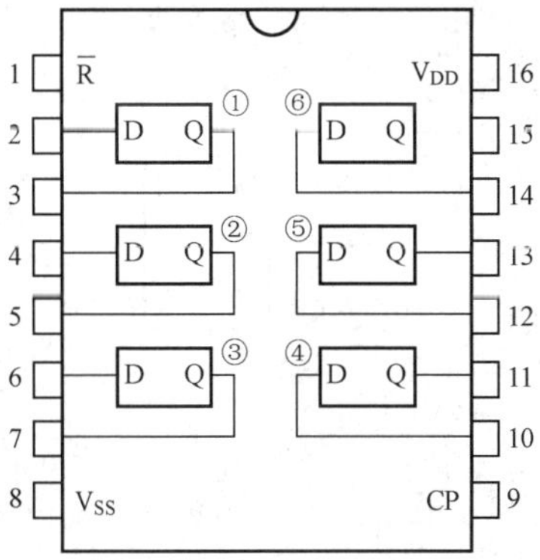

(4) CMOS 八锁存 D 触发器 CD4508。CD4508 是 CMOS 八锁存 D 触发器，内含两组、每组 4 位锁存 D 触发器，每组均具有输入数据选通端 ST、清零端 R 和三态输出控制端 DIS。当 $ST=1$（$DIS=0$）时触发器进行数据传输；当 $ST=0$（$DIS=0$）时数据锁存；$DIS=1$ 时输出呈高阻抗。

CD4508 采用 24 引脚双列封装，其引脚排列图如图 4 - 21 所示，表 4 - 9 所列是其真值表。

表 4 - 8　CD40174 的真值表

输入			输出
$\overline{R}$	CP	D	Q
1	1	0	0
1	1	1	1
1	0	×	锁存
0	×	×	0

图 4 - 20　CD40174 引脚图及真值表

4. 基本特点

优点：同步 D 触发器除具有同步 RS 触发器的优点外，还解决了输入信号存在约束的问题。

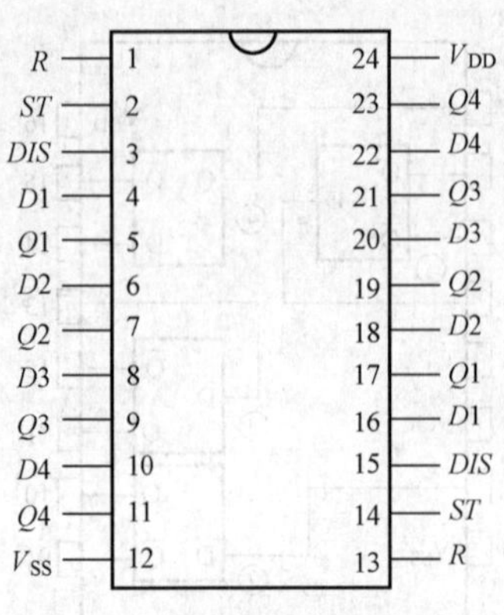

图 4-21　CD4508 引脚排列图

表 4-9　　CD4508 的真值表

输入				输出
R	ST	DIS	D	Q
0	1	0	0	0
0	1	0	1	1
0	0	0	×	锁存
1	×	0	×	0
×		1	×	高阻态

缺点：仍存在直接控制问题。即 $CP=0$ 时，触发器不接收输入信号，保持原态；但当 $CP=1$ 时，触发器接收输入信号，其输出状态仍然随输入信号变化而变化。为了从根本上解决电平直接控制问题，人们在同步触发器基础上设计出了主从出发器。

4.4　主从触发器

4.4.1　主从 RS 触发器

1. 电路组成及符号

将两个同步 RS 触发器串联起来就可组成主从 RS 触发器。如图 4-22（a）所示，虚线右边由 $G_1 \sim G_4$ 组成的同步 RS 触发器称为从触发器，从触发器的状态是整个触发器的状态。虚线左边由 $G_5 \sim G_8$ 组成的同步 RS 触发器称为主触发器，主触发器能够接收并存储输入信号，是触发导引电路。门 G_9 是反相器，由它产生的 $\overline{CP}$ 作为从触发器的脉冲信号，从而使主从触发器的工作分别进行。

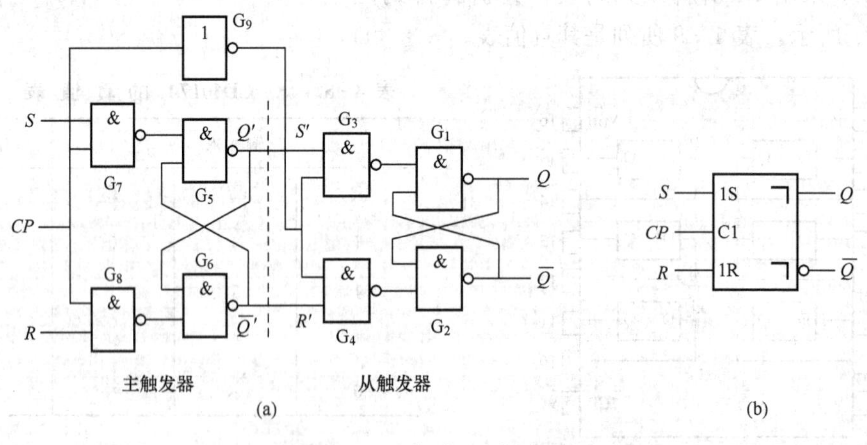

图 4-22　主从 RS 触发器

（a）逻辑图；（b）逻辑符号

2. 逻辑功能分析及描述

（1）$CP=1$ 时。$CP=1$ 时，主触发器的状态仅取决于 R、S 输入信号。Q' 和 R、S 之间

的逻辑关系就是同步 RS 触发器的逻辑关系。此时，$\overline{CP}=0$，G_3、G_4 门被封锁，从而使从触发器维持原态不变。

也就是说，$CP=1$ 时，G_7、G_8 门打开，G_3、G_4 门被封锁，R、S 输入信号仅存放在主触发器中，不影响从触发器状态。

(2) CP 由 1 变 0 时。CP 由 1 变为 0 后，G_7、G_8 门被封锁，主触发器维持已置成的状态不变，不再受 R、S 输入信号影响。此时，$\overline{CP}=1$，G_3、G_4 门打开，从触发器接收主触发器的状态信号 Q' 和 $\overline{Q'}$，从而使从触发器的输出状态 $Q=Q'$，$\overline{Q}=\overline{Q'}$。也就是说，$CP$ 由 1 变为 0 后，主触发器的状态维持不变，从触发器接收主触发器存储的信息。

综上所述，主从触发器的工作方式是分两拍进行的。第一拍是 CP 由 0 变 1 后，主触发器接收 R、S 信号，但整个触发器状态保持不变。第二拍是 CP 由 1 变为 0，即 CP 下降沿到来时，主触发器存放的信息送入从触发器中，可使整个触发器的状态随之变化，而这时主触发器不接收外来信号。

主从 RS 触发器的真值表、特性方程及 R、S 之间的约束条件与同步 RS 触发器相同。

【例 4-6】 在图 4-22 所示的主从 RS 触发器电路中，若 CP、R、S 的电压波形如图 4-23 所示，试求输出端 Q 和 $\overline{Q}$ 的电压波形。设触发器的初始状态为 $Q=0$。

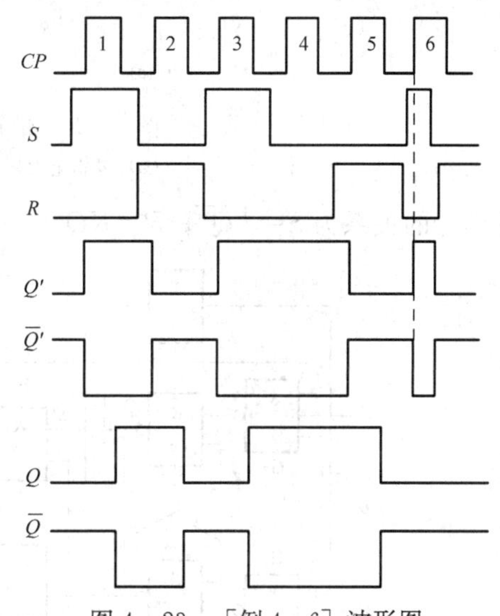

图 4-23 [例 4-6] 波形图

解 首先根据 $CP=1$ 期间 R、S 的状态可得主触发器的输出信号 Q' 和 $\overline{Q'}$ 的电压波形。然后，根据 CP 下降沿到达时 Q' 和 $\overline{Q'}$ 的状态即可画出从触发器的输出 Q 和 $\overline{Q}$ 的电压波形了。由图可见，在第六个 CP 高电平期间，Q' 和 $\overline{Q'}$ 的状态虽然改变了两次，但输出端的状态并不改变。

3. 带有异步输入端的主从 RS 触发器

如图 4-24 (a) 所示电路是在图 4-22 (a) 主从 RS 触发器的基础上外加两个控制信号 $\overline{R}_D$、$\overline{S}_D$ 构成的。$\overline{R}_D$、$\overline{S}_D$ 分别称为直接复位端和直接置位端，统称为异步控制端，低电平有效。当 $\overline{R}_D=0$ 时，触发器被复位到 0 状态；当 $\overline{S}_D=0$ 时，触发器被置位到 1 状态。其作用与时钟脉冲 CP 无关，即无论 CP 是什么状态，只要 $\overline{R}_D$ 或 $\overline{S}_D$ 为有效电平 0，触发器一定被置 0 或置 1，故名异步控制端。

异步控制端主要用来预置触发器的初始状态，或者在工作过程中强行将触发器置位和复位。

前面分析过，对于主从 RS 触发器，当 $R=S=1$ 时，触发器的状态不定，为了避免这种情况，把主从 RS 触发器做进一步改进，就得到了主从 JK 触发器。

4.4.2 主从 JK 触发器

1. 电路结构及逻辑符号

在主从 RS 触发器的基础上，将 Q 和 $\overline{Q}$ 分别反馈到 G_8、G_7 门的输入端，并将原输入信号 R、S 重新命名为 J 和 K，就构成主从 JK 触发器。如图 4-25 (a) 所示，如图 4-25 (b) 所示为它的逻辑符号。将主从 JK 与主从 RS 触发器的逻辑图进行比较可以看出，其触

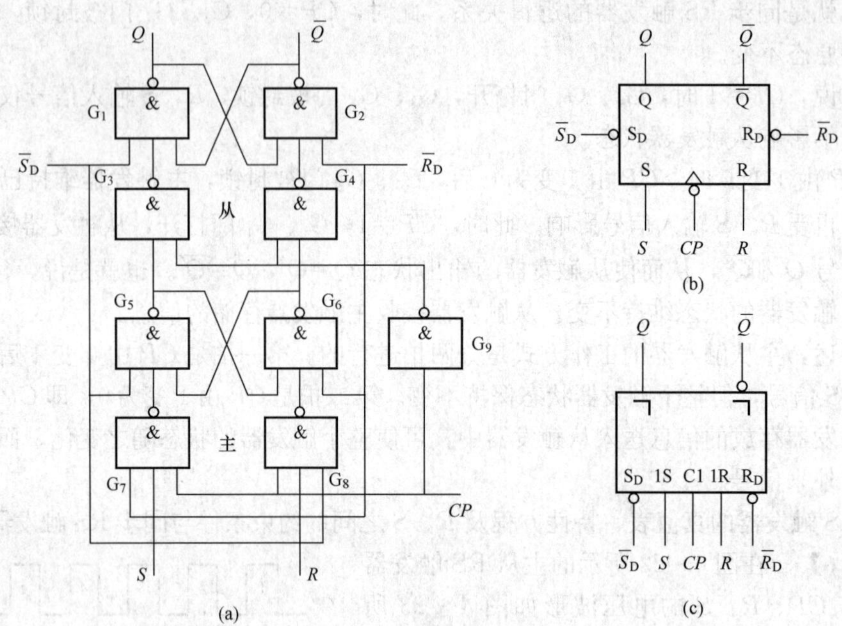

图 4-24　带异步输入端的主从 RS 触发器

(a) 逻辑电路图；(b) 曾用符号；(c) 国标符号

发信号的关系为 $S=J\overline{Q^n}$，$R=KQ^n$。

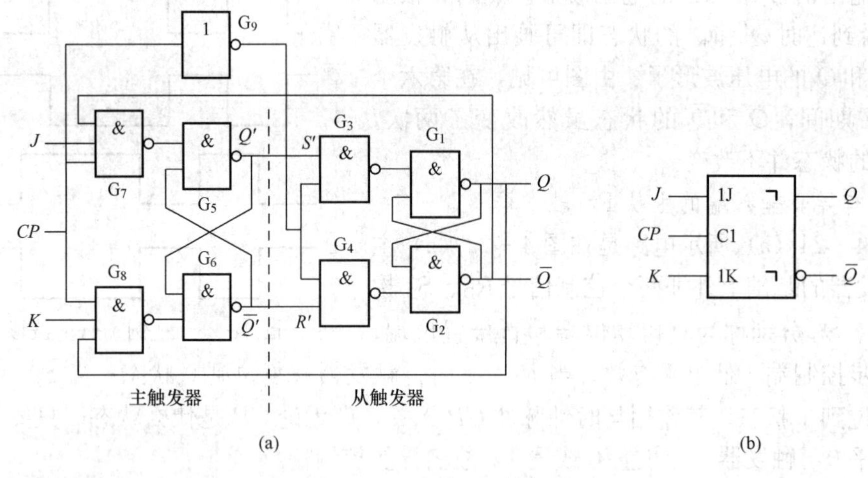

图 4-25　主从 JK 触发器

(a) 逻辑图；(b) 逻辑符号

2. 逻辑功能分析及描述

(1) $J=0$，$K=0$。这时门 G_7、G_8 被封锁，CP 脉冲到来后，触发器的状态并不翻转，保持原来状态，即 $Q^{n+1}=Q^n$。

(2) $J=1$，$K=1$。此时，若 $Q^n=1$，则对比主从 RS 触发器，相当于 $S=J\overline{Q^n}=0$，$R=KQ^n=1$，所以触发器被置 0；若 $Q^n=0$，则 $S=J\overline{Q^n}=1$，$R=KQ^n=0$，触发器被置 1。可见，$J=1$，$K=1$ 时，触发器总要发生状态翻转，即 $Q^{n+1}=\overline{Q^n}$。也就是说，当 CP 脉冲下降沿到来时，触发器将发生状态翻转，再来一个 CP，触发器状态再翻转，从而实现计数

功能。

(3) $J=1$，$K=0$。若触发器原态为0，即 $Q^n=0$，$\overline{Q^n}=1$，那么在 $CP=1$ 时，主触发器的 $Q'^{n+1}=1$。当 CP 由1变0，即下降沿到来后，主触发器状态转存到从触发器中，电路状态由0翻转到1，$Q^{n+1}=1$。

若触发器原态为1，即 $Q^n=1$，$\overline{Q^n}=0$，门 G_7、G_8 被封锁，CP 脉冲到来后，触发器的状态不变，保持1态，$Q^{n+1}=1$。

综上所述，只要 $J=1$，$K=0$，不论触发器原来为何状态，CP 脉冲到来后，就有 $Q^{n+1}=1$，即触发器被置1。

(4) $J=0$，$K=1$。同前分析，此时，触发器被置0，即 $Q^{n+1}=0$。

根据以上分析结果，将主从JK触发器的逻辑功能用不同的方式描述如下。

(1) 真值表。根据以上分析，可以得到主从JK触发器的真值表，如表4-10所列。

表4-10 主从JK触发器真值表

J	K	Q^{n+1}	说明
0	0	Q^n	保持
0	1	0	置0
1	0	1	置1
1	1	$\overline{Q^n}$	翻转

(2) 特性方程。该触发器的特性方程可由主从RS触发器的特性方程推导得到。将 $S=J\overline{Q^n}$，$R=KQ^n$ 代入式(4-2)中，得到

$$Q^{n+1}=S+\overline{R}Q^n=J\overline{Q^n}+\overline{K}Q^n \quad (CP\text{ 下降沿到来后有效}) \tag{4-4}$$

(3) 状态转换图。状态转换图如图4-26所示。

(4) 波形图。下面通过一道例题进行说明。

【例4-7】 在图4-25给出的主从JK触发器电路中，若 CP、J、K 的波形如图4-27所示，试画出输出端 Q 的电压波形。假定触发器的初始状态为 $Q=0$。

解 由于每一时刻 J、K 的状态均已由波形图给出，而且 $CP=1$ 期间 J、K 的状态不变，所以只要根据 CP 下降沿到达时 JK 的状态去查主从JK触发器的特性表，就可以逐段画出 Q 端的波形了。可以看出，触发器输出端状态的改变均发生在 CP 信号的下降沿，而其即使 $CP=1$ 时 $J=K=1$，CP 下降沿到来时触发器的次态也是确定的。

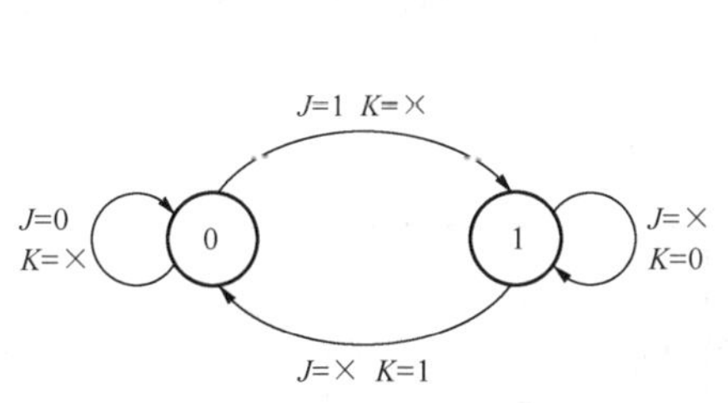

图4-26 主从JK触发器的状态转换图

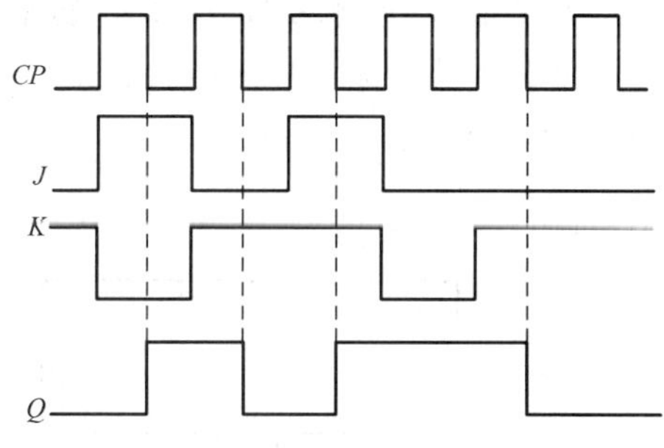

图4-27 [例4-7] 波形图

3. 一次变化现象

所谓一次变化现象，是指 $CP=1$ 期间，主触发器能且只能翻转一次的现象。产生一次变化现象的原因在于：状态互补的 Q、$\overline{Q}$ 分别引回到了门 G_8、G_7 的输入端，使两个控制门中总有一个是被封的，而根据同步RS触发器的性能知道，从一个输入端加信号，其状态能

且只能改变一次。一次变化问题，不仅限制了主从JK触发器的使用，而且降低了它的抗干扰能力。因此，为保证触发器可靠工作，J、K信号在CP脉冲持续期间（$CP=1$时）应保持不变，且信号的前沿应略超前于CP的前沿，而后沿应略滞后于CP的后沿。

不难理解，CP脉冲越窄，触发器受干扰的可能性越小。因此，使用脉宽较小的窄脉冲作控制信号，有利于提高触发器的抗干扰能力。

通常，一个同步RS触发器翻转完毕需用$3t_{pd}$，整个主从触发器翻转完毕需$6t_{pd}$，所以主从触发器的最高工作频率为

$$f_{max} \leqslant 1/6t_{pd}$$

由此可知，在使用主从结构触发器时必须注意：只有在$CP=1$的全部时间里输入状态始终未变的条件下，用CP下降沿到达时输入的状态决定触发器的次态才肯定是对的。否则，必须考虑$CP=1$期间输入状态的全部变化过程，才能确定CP下降沿到达时触发器的状态。

【例4-8】 在如图4-25所示的主从JK触发器中，已知CP、J、K的电压波形如图4-27所示，试画出与之对应的输出端Q的电压波形。设触发器的初始状态为$Q=0$。

解 由图4-28可见，第一个CP高电平期间始终为$J=1$、$K=0$，CP下降沿到达后触发器置1。

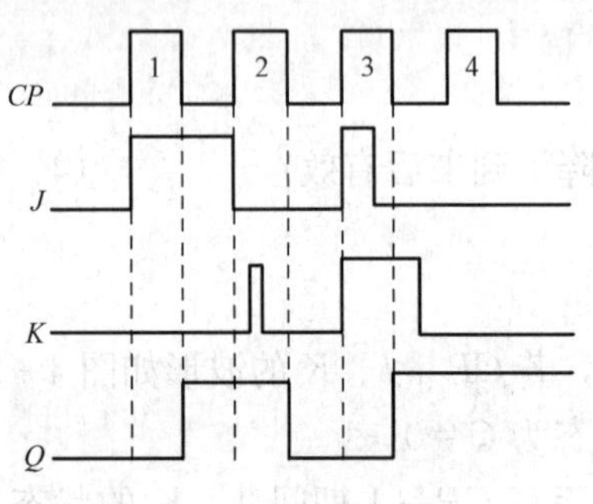

图4-28 ［例4-8］波形

第二个CP的高电平期间K端状态发生过变化，因而不能简单地以CP下降沿到达时J、K的状态来确定触发器的次态。因为在CP高电平期间出现过短时的$J=0$、$K=1$状态，此时主触发器便被置0，所以虽然CP下降沿达到时输入状态回到了$J=K=0$，但从触发器仍按主触发器的状态被置0，即$Q^{n+1}=0$。

第三个CP下降沿到达时$J=0$、$K=1$。如果以这时的输入状态决定触发器次态，应保持$Q^{n+1}=0$。但由于CP高电平期间曾出现过$J=K=1$的状态，CP下降沿到达之前主触发器已被置1，所以CP下降沿到达后从触发器被置1。

4. 集成主从型触发器

(1) 集成主从JK触发器7472。如图4-29所示为集成主从JK触发器7472的逻辑符号。它有3个J输入端，3个K输入端，$J=J_1 \cdot J_2 \cdot J_3$，$K=K_1 \cdot K_2 \cdot K_3$，有一个直接复位端$\overline{R}_D$、一个直接置位端$\overline{S}_D$。

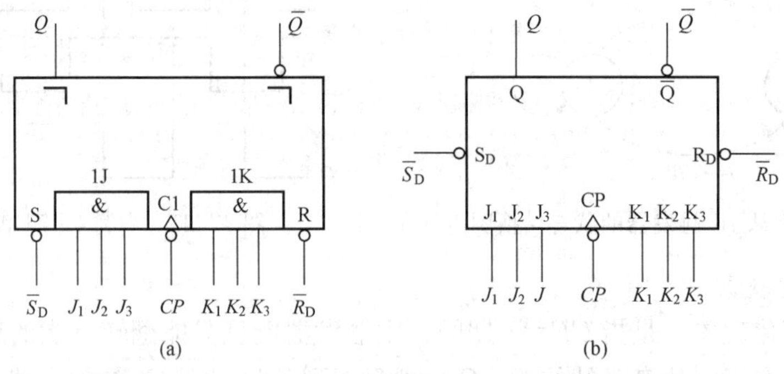

图4-29 7472的逻辑符号

(a) 国标符号；(b) 曾用符号

(2) CMOS双主从D触发器CD4013。CD4013是一种常用的CMOS双主从D触发器，内含两个独立的主从D触发器。CD4013的引脚排列图如图4-30所示。为了正确使用D触发器，必须熟悉它的逻辑功能，即应该了解它的逻辑真值表，如表4-11所列。表中，状态序号1和状态序号2表示数据传输状态，时钟脉冲的上升沿有效；状态序号3表示数据锁存状态，时钟脉冲的下降沿有效；状态序号4和状态序号5表示置位/复位功能，通常叫做SR触发功能或RS触发功能；状态序号6表示特殊状态，一般不使用。

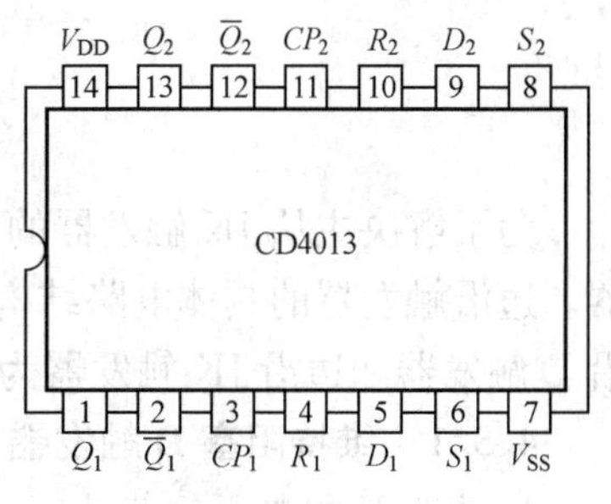

图4-30 CD4013的引脚排列图

表4-11 CD4013的逻辑真值表

各端名称 状态序号	CP（或CL）	D	R复位端	S置位端	Q	$\overline{Q}$
1	1	0	0	0	0	1
2	1	1	0	0	1	0
3		×	0	0	Q	$\overline{Q}$
4	×	×	1	0	0	1
5	×	×	0	1	1	0
7	×	×	1	1	1	1

5. 主从JK触发器的基本特点

优点：实现了主从控制，J、K间无约束，是一种性能优良、应用广泛的集成触发器。

缺点：有一次变化问题，在$CP=1$期间，一般要求J、K保持状态不变。

4.4.3 主从T触发器和主从T′触发器

图4-25中，若将JK触发器的两个输入端连接在一起变成一个输入端T，便构成T触发器。令$J=K=T$，代入JK触发器的特性方程中，可得T触发器的特性方程为

$$Q^{n+1}=T\overline{Q^n}+\overline{T}Q^n=T\oplus Q^n \quad （CP\text{下降沿到来后有效}） \quad (4-5)$$

上式中，当$T=0$时，$Q^{n+1}=Q^n$，触发器保持原态；当$T=1$时，$Q^{n+1}=\overline{Q^n}$，触发器处于计数（翻转）状态，触发器翻转的次数，统计了送入触发器CP脉冲的个数。T触发器的真值表如表4 12所列，状态图如图4-31所示。

T触发器中令$T=1$，则T触发器变为T′触发器。显然，T′触发器只具有翻转计数功能，其特性方程为

$$Q^{n+1}=\overline{Q^n} \quad （CP\text{下降沿到来后有效}） \quad (4-6)$$

表4-12 T触发器真值表

T	Q^{n+1}	说明
0	Q^n	保持
1	$\overline{Q}^n$	翻转（计数）

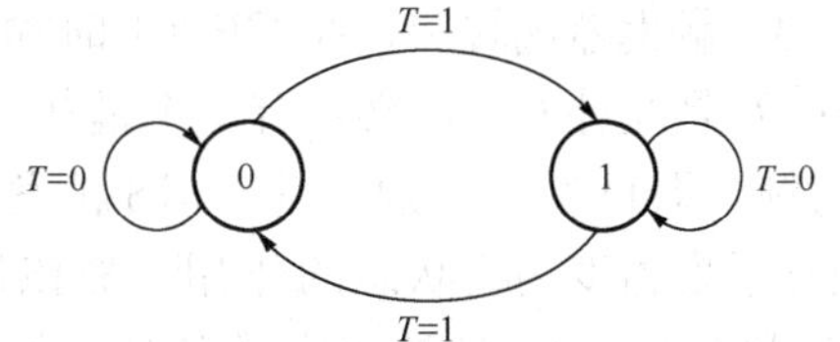

图4-31 T触发器的状态转换图

4.5 边沿触发器

为了解决主从JK触发器的一次变化问题，增强电路工作的可靠性，便出现了边沿触发器。边沿触发器的具体电路结构形式较多，但边沿触发或控制的特点却是相同的，下面以边沿D触发器和边沿JK触发器为例，来说明电路的工作原理和主要特点。

4.5.1 维持阻塞D触发器

1. 电路结构与逻辑符号

边沿D触发器又称维持阻塞D触发器，其逻辑电路图和逻辑符号如图4-32所示。该触发器由6个与非门组成，其中G_1、G_2门构成基本RS触发器，G_3～G_6门组成维持阻塞电路。该电路对应CP的上升沿翻转，其状态取决于CP上升沿到来时刻D信号的状态；在$CP=1$期间，D的变化对触发器没有影响。为表示CP上升沿时接收信号并立即翻转，在图4-32（b）的逻辑符号中，时钟输入端C1旁加上了动态符号“∧”。

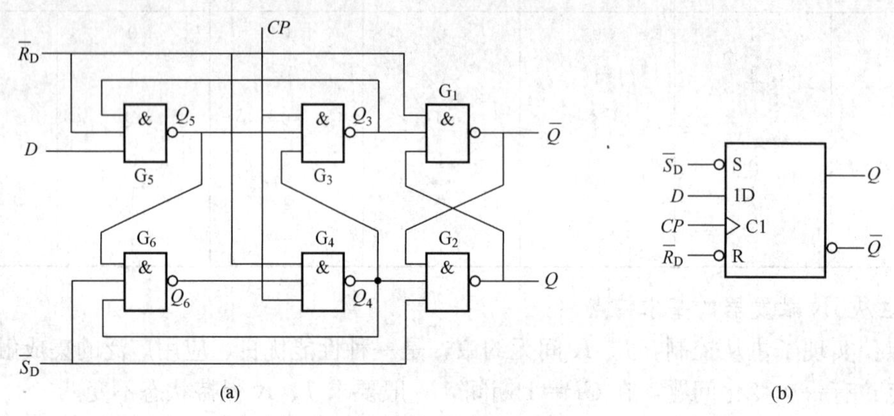

图4-32 边沿D触发器

（a）逻辑图；（b）逻辑符号

2. 逻辑功能分析及描述

设直接置0端$\overline{R}_D=1$，直接置1端$\overline{S}_D=1$。

（1）$CP=0$时，门G_3、G_4被封锁，其输出均为1，所以G_1、G_2门组成的基本RS触发器保持原态不变。同时，由于G_3～G_5、G_4～G_6的反馈信号将这两个门打开，因此可接收输入信号D，使$Q_5=\overline{D}$，$Q_6=\overline{Q}_5=D$。

（2）当CP由0变1，即上升沿到来时，触发器状态翻转。这时G_3、G_4打开，它们的输出由G_5和G_6的输出状态决定。$Q_3=\overline{Q}_5=D$，$Q_4=\overline{Q}_6=\overline{D}$。由基本RS触发器的逻辑功能可知，$Q=D$。

（3）触发器翻转后，在$CP=1$时输入信号被封锁。G_3、G_4打开后，它们的输出状态Q_3和Q_4是互补的，即必定有一个是0，若Q_3为0，则经G_3输出端至G_5输入端的反馈线将G_5封锁，即封锁了D通往基本RS触发器的路径，该反馈线起到了使触发器维持在0状态和阻止触发器变为1状态的作用，故该反馈线称为置0维持线，置1阻塞线。Q_4为0时，将G_3和G_6封锁，D端通往基本RS触发器的路径也被封锁。Q_4输出端至G_6输入端的反馈线起到使触发器维持在1状态的作用，称作置1维持线；Q_4输出端至G_3输入端的反馈线起到阻止触发器置0的作用，称为置0阻塞线。因此，该触发器常称为维持-阻塞触发器。

总之，该触发器是在 CP 上升沿到来前接收输入信号，CP 上升沿到来时刻翻转，上升沿结束后输入即被封锁，三步都是在上升沿前后完成，所以有边沿触发器之称。

【例4-9】 根据图4-33给出的有关电压波形，画出图4-32(a)所示边沿D触发器输出端 Q 的波形。

解 画图时应注意：

(1) 异步置位及异步复位信号具有优先权。

(2) 该触发器为 CP 上升沿触发。对应每个 CP 上升沿，触发器作何翻转，取决于 CP 上升沿到来前一时刻输入信号 D。

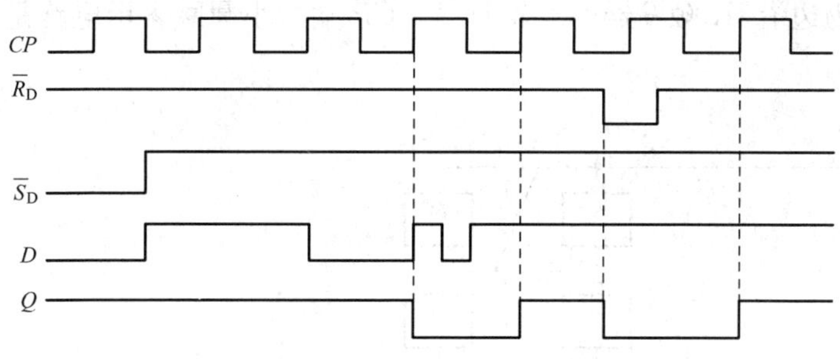

图4-33 [例4-9] 的波形图

3. 集成边沿D触发器

如图4-34(a)所示为CMOS边沿D触发器CC4013的引脚功能图。CC4013中集成了两个触发器单元，都是上升沿触发的边沿D触发器，异步输入端 R_D、S_D 均为高电平有效，即 $R_D=1$ 时触发器复位到0，$S_D=1$ 时触发器置位到1。如图4-34(b)所示为TTL边沿D触发器7474的引脚功能图。7474中集成了两个触发器单元，都是 CP 上升沿触发的边沿D触发器，与CC4013不同，7474的异步输入端 $\overline{R}_D$、$\overline{S}_D$ 为低电平有效。

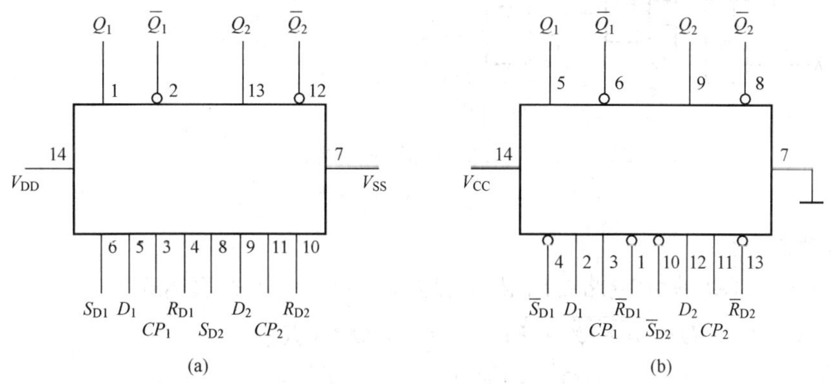

图4-34 集成边沿D触发器的引脚功能图

(a) CC4013；(b) 7474

4. 边沿D触发器的基本特点

(1) CP 边沿（上升沿或下降沿）触发。在 CP 脉冲上升沿（或下降沿）时刻，触发器按照特性方程 $Q^{n+1}=D$ 进行状态转换，实际上是加在 D 端的信号被锁存起来，并送到输出端。

(2) 抗干扰能力强。因为是边沿触发，只要在触发沿附近一个极短暂的时间内，加在 D 端的输入信号保持稳定，触发器就能够可靠地接收，在其他时间里输入信号对触发器不会起作用。

(3) 具有置 1、置 0 功能，在某些情况下，使用起来不如 JK 触发器方便，因为 JK 触发器在时钟脉冲作用下，根据 J、K 取值不同，具有保持、置 0、置 1 和翻转功能。

4.5.2 边沿 JK 触发器

1. 电路结构及逻辑符号

如图 4 - 35 (a) 所示为边沿 JK 触发器的逻辑电路图，从图中可以看出，该触发器由两个同步 D 触发器外加 G_1、G_2、G_3 三个门电路组成。输出信号 Q 反馈回 G_1、G_3 门。如图 4 - 35 (b) 所示为边沿 JK 触发器的逻辑符号，CP 端的小圆圈表示电路是下降沿触发的边沿 JK 触发器。

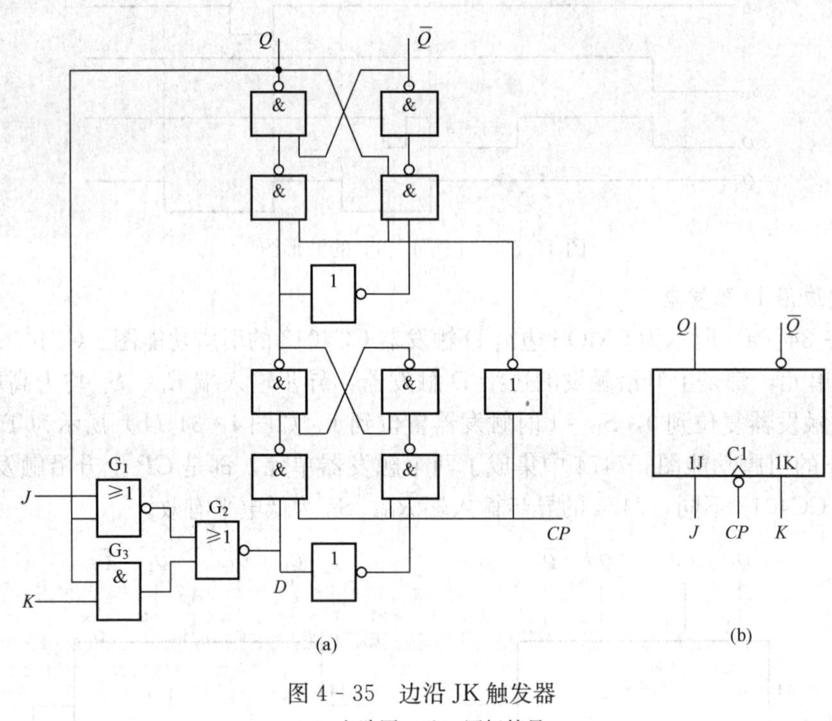

图 4 - 35 边沿 JK 触发器

(a) 电路图；(b) 国标符号

2. 逻辑功能分析

由如图 4 - 35 (a) 所示电路可以很容易地得到 D 输入端的表达式为

$$D=\overline{\overline{J+Q^n}+KQ^n}=(J+Q^n)\cdot\overline{KQ^n}$$
$$=(J+Q^n)\cdot(\overline{K}+\overline{Q^n})=J\,\overline{Q^n}+\overline{K}Q^n+J\overline{K}$$
$$=J\,\overline{Q^n}+\overline{K}Q^n$$

将以上推导结果代入边沿 D 触发器的特性方程，可以得到

$$Q^{n+1}=D=J\,\overline{Q^n}+\overline{K}Q^n\quad (CP\text{ 下降沿触发})$$

显然，上式准确地表达了如图 4 - 35 (a) 所示边沿 JK 触发器次态 Q^{n+1} 与现态 Q^n 和输入 J、K 之间的逻辑关系。

3. 集成边沿 JK 触发器

图 4 - 36（a）为 CMOS 边沿 JK 触发器 CC4027 的引脚功能图，CC4027 中集成了两个单元电路，CP 上升沿触发，异步输入端 R_D、S_D 控制触发器的工作状态。当 $R_D=S_D=0$ 时，CP 上升沿瞬间，触发器按照特性方程 $Q^{n+1}=J\overline{Q^n}+\overline{K}Q^n$ 的规定转换状态，当 $R_DS_D=01$ 时置 1，$R_DS_D=10$ 时置 0，$R_DS_D=11$ 不允许。图 4 - 36（b）为 TTL 边沿 JK 触发器 74LS112 的引脚功能图，74LS112 中集成的两个单元电路都是 CP 下降沿触发的边沿 JK 触发器。当 $\overline{R}_D=\overline{S}_D=1$ 时，电路在 CP 下降沿瞬间，将按照特性方程 $Q^{n+1}=J\overline{Q^n}+\overline{K}Q^n$ 的规定转换状态，当 $\overline{R}_D\overline{S}_D=01$ 时，触发器置 0，$\overline{R}_D\overline{S}_D=10$ 时，触发器置 1，$\overline{R}_D\overline{S}_D=00$ 是不允许的取值情况。

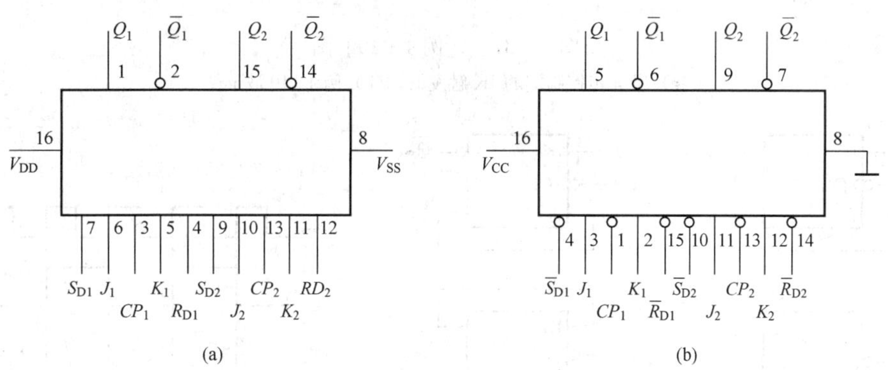

图 4 - 36 集成边沿 JK 触发器的引脚功能图

(a) CC4027；(b) 74LS112

4. 边沿 JK 触发器的主要特点

(1) 时钟脉冲边沿控制。在 CP 上升沿或下降沿瞬间，加在 J 端和 K 端的信号才会被接收，也称为边沿触发。

(2) 抗干扰能力极强，工作速度很高。因为只要在 CP 触发沿瞬间 J、K 的值是稳定的，触发器就能可靠地按照特性方程的规定更新状态，在其他时间里，J、K 不起作用。由于是边沿控制，需要的输入信号建立时间和保持时间都极短，所以工作速度可以很高。

(3) 功能齐全，使用灵活方便。在 CP 边沿控制下，根据 J、K 取值的不同，边沿 JK 触发器具有保持、置 0、置 1、翻转四项功能，对于触发器来说，它是一种全功能型电路。

边沿触发器，无论是 D 型还是 JK 型，规格品种均较多，这里只选取了几个例子来具体地说明其工作原理和逻辑功能，更详细的内容可以查阅有关手册。

【例 4 - 10】 如图 4 - 37（a）所示为带有异步控制端的边沿 JK 触发器，其 CP、$\overline{R}_D$、$\overline{S}_D$ 以及 J、K 的电压波形如图 4 - 37（b）所示，试画出输出端 Q 电压波形。

解 画波形时需注意两点：

(1) 该触发器为 CP 脉冲下降沿触发。

(2) 异步控制端的控制权最高。

根据以上两点及 JK 触发器的特性表，可画出输出端 Q 的波形如图 4 - 37（b）所示。

【例 4 - 11】 如图 4 - 38（a）所示的各触发器，已知 CP 为如图 4 - 38（b）所示的连续脉冲，试画出 Q_1～Q_4 的波形。设各触发器初态为 $Q=0$。

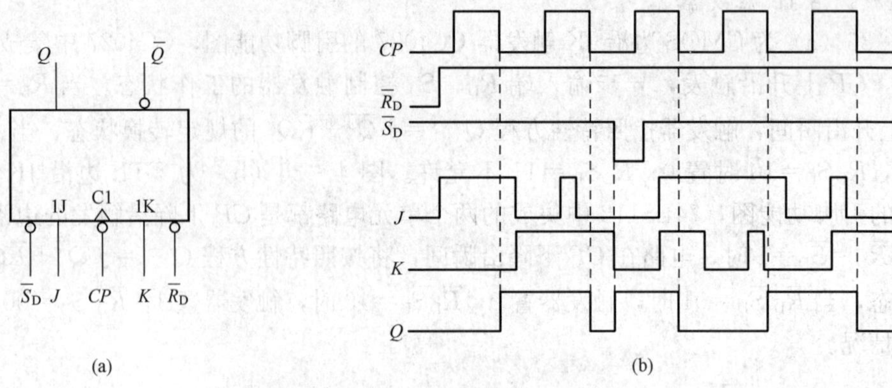

图 4 - 37 ［例 4 - 10］图

(a) 带异步控制端的 JK 触发器；(b) 例 4 - 10 波形图

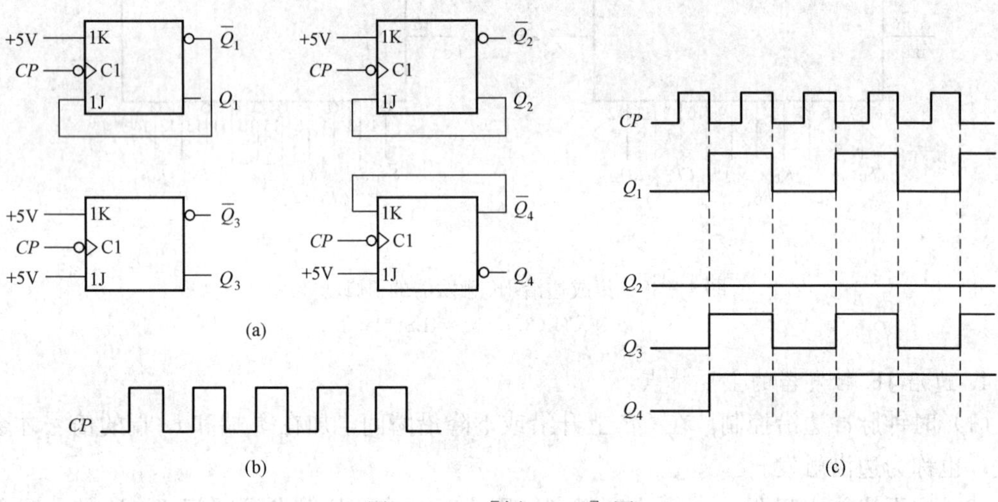

图 4 - 38 ［例 4 - 11］图

解 根据 JK 触发器的特性方程以及电路图，首先写出各触发器的特性方程，然后根据特性方程可直接画出 Q 端的波形。

由 JK 触发器的特性方程 $Q^{n+1}=J\,\overline{Q^n}+\overline{K}Q^n$（$CP$ 有效沿到来时有效）可得

$$Q_1^{n+1}=J_1\,\overline{Q_1^n}+\overline{K_1}Q_1^n=\overline{Q_1^n}\cdot\overline{Q_1^n}+0=\overline{Q_1^n}$$

$$Q_2^{n+1}=J_2\,\overline{Q_2^n}+\overline{K_2}Q_2^n=Q_2^n\cdot\overline{Q_2^n}+0=0$$

$$Q_3^{n+1}=J_3\,\overline{Q_3^n}+\overline{K_3}Q_3^n=1\cdot\overline{Q_3^n}+0=\overline{Q_3^n}$$

$$Q_4^{n+1}=J_4\,\overline{Q_4^n}+\overline{K_4}Q_4^n=1\cdot\overline{Q_4^n}+\overline{\overline{Q_4^n}}\cdot Q_4^n=\overline{Q_4^n}+Q_4^n=1$$

根据 Q_1～Q_4 的特性方程可直接画出其电压波形，如图 4 - 38（c）所示。

【例 4 - 12】 逻辑电路如图 4 - 39（a）所示，图 4 - 39（b）为 CP 及输入信号 X 的波形，试画出输出端 Q_1 和 Q_2 的波形。设触发器的初始状态为 $Q=0$。

解 根据 JK 触发器的特性方程 $Q^{n+1}=J\,\overline{Q^n}+\overline{K}Q^n$ 可得

$$Q_1^{n+1}=\overline{Q_1^n}$$

由图 4 - 39（a）可知

$$Q_2^{n+1}=(X\oplus Q_1^n)\cdot\overline{Q_2^n}+\overline{X\oplus Q_1^n}\cdot Q_2^n$$

$$= X \oplus Q_1^n \oplus Q_2^n$$

可见，输出信号 Q_2^{n+1} 应为 X 与 Q_1^n 以及 Q_2^n 3 个信号相异或的结果。

于是，可得波形如图 4 - 39（c）所示。

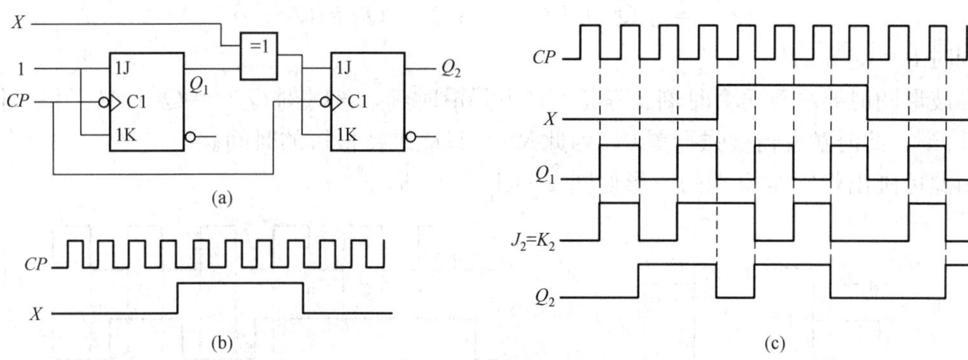

图 4 - 39 ［例 4 - 12］图

（a）逻辑电路图；（b）CP 和 X 波形；（c）Q_1 和 Q_2 的波形

【例 4 - 13】 两相脉冲产生电路如图 4 - 40（a）所示，试画出在所给 CP 脉冲作用下 ϕ_1、ϕ_2 的波形，并说明 ϕ_1 和 ϕ_2 的相位差。设各触发器的初始状态为 0。

解 由图 4 - 40（a）可知，两个 JK 触发器为下降沿触发的边沿触发器。第一个触发器是一个翻转触发器，即每过一个下降沿 Q_1 翻转一次。第二个 JK 触发器仍是一个翻转触发器，但它的时钟脉冲是前一个触发器的 Q_1 输出。ϕ_1 是 Q_2 输出信号，ϕ_2 是由 Q_1、Q_2 组合产生的，即

$$Q_1{}^{n+1} = J_1\overline{Q_1{}^n} + \overline{K_1}Q_1{}^n = \overline{Q_1^n} \qquad \text{（时钟脉冲是 } CP \text{ 的下降沿）}$$

$$Q_2{}^{n+1} = J_2\overline{Q_2{}^n} + \overline{K_2}Q_2{}^n = \overline{Q_2^n} \qquad \text{（时钟脉冲是 } Q_1{}^n \text{ 的下降沿）}$$

$$\phi_1 = Q_2^n$$

$$\phi_2 = Q_1^n Q_2^n + \overline{Q_1^n} + \overline{Q_2^n} = Q_1^n \odot Q_2^n$$

依此可画出波形图如图 4 - 40（b）所示。由波形图可知，ϕ_1 的相位超前 ϕ_2 一个 CP 周期。

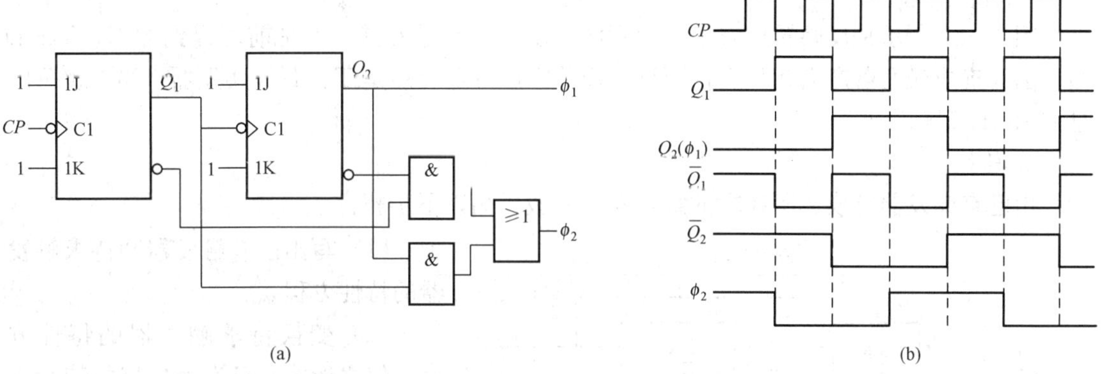

图 4 - 40 ［例 4 - 13］图

（a）电路图；（b）波形图

【例 4 - 14】 逻辑电路如图 4 - 41（a）所示，已知 CP 和 A 的波形如图 4 - 41（b）所示，试画出触发器输出端 Q 的波形。设触发器的初始状态为 0。

解 这是一个带有异步置 0 端的下降沿触发的主从 JK 触发器。异步置 0 端 $R=\overline{Q^n \cdot CP}$，且为低电平有效，即当 $CP=1$ 且 $Q^n=1$ 时，JK 触发器被强行置 0。

由于 JK 触发器输出为

$$Q^{n+1} = J\overline{Q^n} + \overline{K}Q^n = A\overline{Q^n} + Q^n = Q^n + A$$

同时 $R=\overline{Q^n \cdot CP}$

画波形图时要注意两个时刻：一是 CP 下降沿时刻，该时刻 $Q^{n+1}=Q^n+A$；另一时刻是 $\overline{R}=0$ 时刻，此时触发器被强行置 0，因此 $\overline{R}=0$ 只能维持很短的时间。

由此可画出触发器 Q 端的波形如图 4 - 41（b）所示。

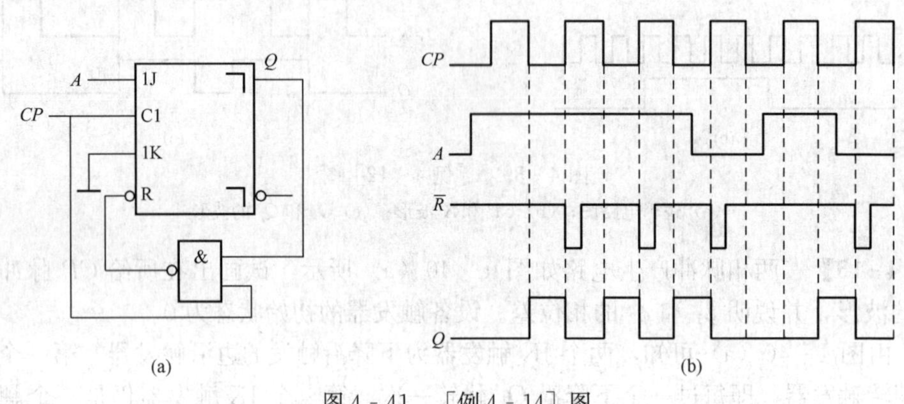

图 4 - 41 ［例 4 - 14］图

（a）逻辑电路图；（b）波形图

4.6 不同类型时钟触发器间的转换

由于实际生产的集成时钟触发器，只有 JK 型和 D 型两种，所以在这里也只介绍如何把这两种触发器转换成其他类型的触发器。

4.6.1 转换原理

1. 转换要求

图 4 - 42 所示是反映转换要求的示意图。所谓已有触发器，就是前面提到的 JK 型或 D 型，因为集成触发器产品就只有这两种，而待求触发器可能是 T、T′等触发器，当然也可以是 D 和 JK 型触发器。

2. 转换方法

由已有触发器转换成所要求的触发器，一般遵循以下步骤：

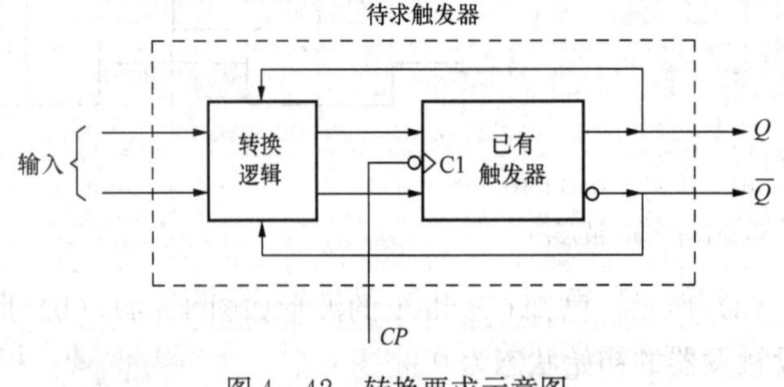

图 4 - 42 转换要求示意图

（1）写出已有触发器和待求触发器的特性方程。

（2）变换待求触发器的特性方程，使之形式与已有触发器的特性方程一致。

（3）根据“如果变量相同，系数相等则方程一定相等的原则”，比较已有和待求触发器的特性方程，求出转换逻辑。

(4) 根据转换逻辑画出逻辑电路图。

4.6.2 JK→D、T、T′和 RS

JK 触发器的特性方程为

$$Q^{n+1} = J\overline{Q^n} + \overline{K}Q^n \tag{4-6}$$

式 (4-6) 表示了已有触发器——JK 触发器的逻辑功能。

1. JK→D

D 触发器的特性方程为

$$Q^{n+1} = D$$

变换 D 触发器的表达式，使之形式与式 (4-6) 相同，即

$$Q^{n+1} = D(\overline{Q^n} + Q^n) = D\overline{Q^n} + DQ^n \tag{4-7}$$

把 Q^n、$\overline{Q^n}$ 视为变量，余下部分看成系数，比较式 (4-6)、式 (4-7)，可得

$$\begin{cases} J = D \\ K = \overline{D} \end{cases}$$

于是可画出逻辑图如图 4-43 所示。

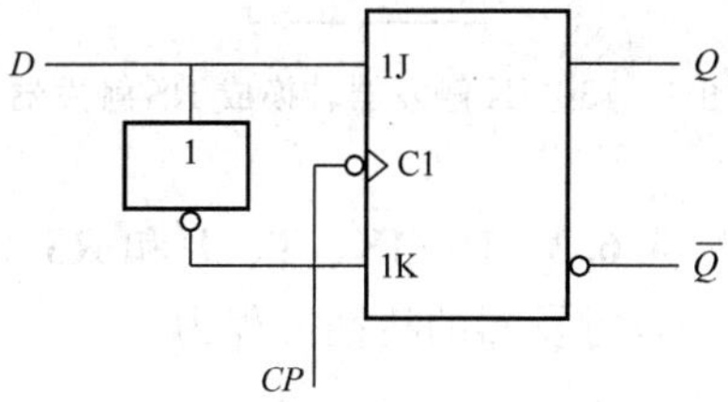

图 4-43 JK 触发器转换成 D 触发器

2. JK→T

T 触发器的特性方程为

$$Q^{n+1} = T\overline{Q^n} + \overline{T}Q^n \tag{4-8}$$

比较式 (4-6)、式 (4-8) 可得

$$\begin{cases} J = T \\ K = T \end{cases}$$

于是可画出逻辑图如图 4-44 所示。

3. JK→T′

T′触发器的特性方程为

$$Q^{n+1} = \overline{Q^n}$$

变换表达式

$$Q^{n+1} = \overline{Q^n} = 1 \cdot \overline{Q^n} + \overline{1} \cdot Q^n \tag{4-9}$$

比较式 (4-6)、式 (4-9) 可得

$$\begin{cases} J = 1 \\ K = 1 \end{cases}$$

于是可画出逻辑图如图 4-45 所示。

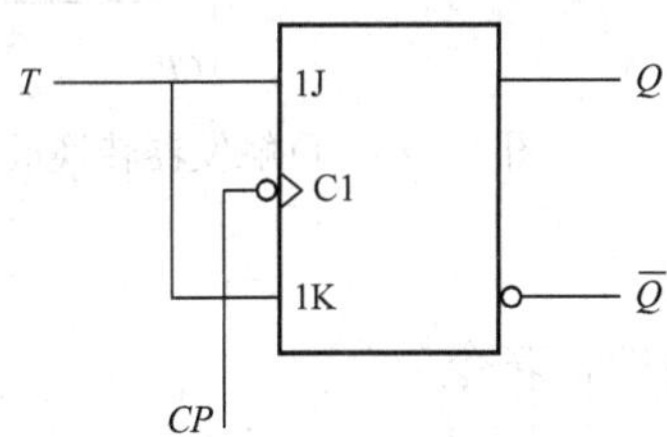

图 4-44 JK 触发器转换成 T 触发器

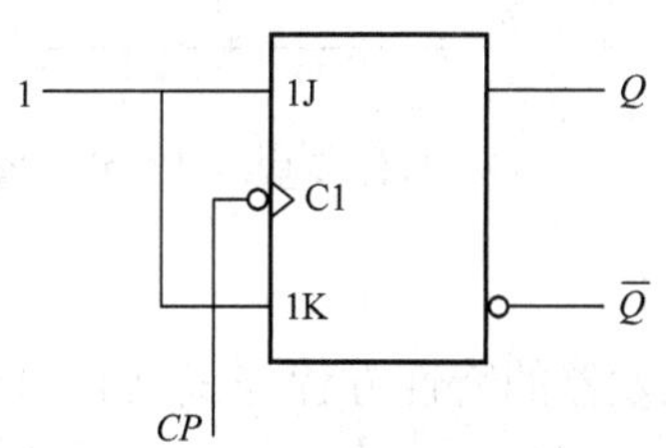

图 4-45 JK 触发器转换成 T′触发器

4. JK→RS

RS 触发器的特性方程为

$$\begin{cases} Q^{n+1} = S + \overline{R}Q^n \\ RS = 0 \end{cases}$$

变换表达式

$$\begin{aligned} Q^{n+1} &= S + \overline{R}Q^n = S(\overline{Q^n} + Q^n) + \overline{R}Q^n = S\overline{Q^n} + SQ^n + \overline{R}Q^n \\ &= S\overline{Q^n} + \overline{R}Q^n + SQ^n(\overline{R} + R) = S\overline{Q^n} + \overline{R}Q^n + \overline{R}SQ^n + RSQ^n \end{aligned}$$

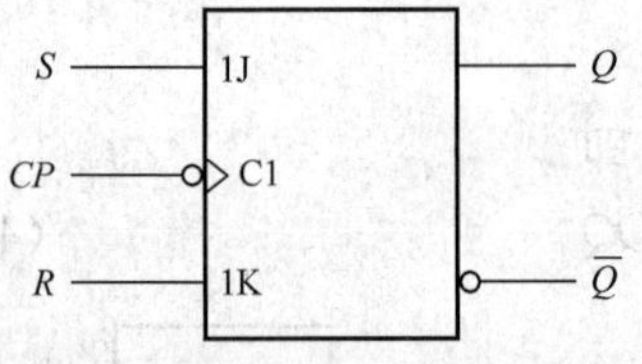

图 4 - 46 JK 触发器转换成 RS 触发器

$\overline{R}SQ^n$ 可被 RQ^n 吸收，RSQ^n 是约束项应该去掉，从而得到

$$Q^{n+1} = S\overline{Q^n} + \overline{R}Q^n \tag{4-10}$$

比较式（4.6）、式（4.10）可得

$$\begin{cases} J = S \\ K = R \end{cases}$$

于是可画出逻辑图如图 4 - 46 所示。

4.6.3 D→JK、T、T′和 RS

D 触发器的特性方程为

$$Q^{n+1} = D \tag{4-11}$$

1. D→JK

JK 触发器的特性方程为

$$Q^{n+1} = J\overline{Q^n} + \overline{K}Q^n$$

将上式与式（4 - 11）比较，不难看出，若令

$$D = J\overline{Q^n} + \overline{K}Q^n$$

则两式必等。于是可画出逻辑图如图 4 - 47 所示。

2. D→T

将 T 触发器的特性方程与式（4 - 11）比较，不难看出，若令

$$D = T \oplus Q^n$$

则两式必等。于是可画出逻辑图如图 4 - 48 所示。

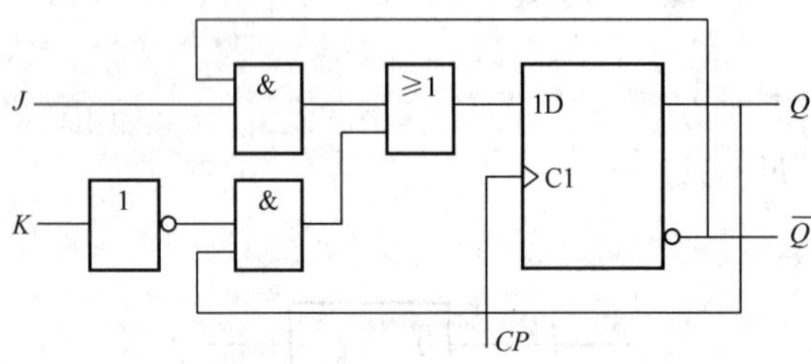

图 4 - 47 D转换成的 JK 触发器

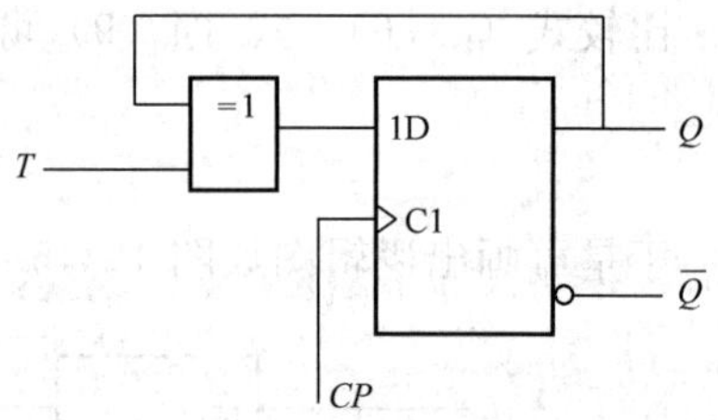

图 4 - 48 D触发器转换成 T 触发器

3. D→T′

将 T′触发器的特性方程与式（4 - 11）比较，显然，若令

$$D = \overline{Q^n}$$

则两式必等。于是可画出逻辑图如图 4 - 49 所示。

4. D→RS

将 RS 触发器的特性方程与式（4－11）比较，显然，若令

$$D = S + \overline{R}Q^n$$

则两式必等。于是可画出逻辑图如图 4－50 所示。

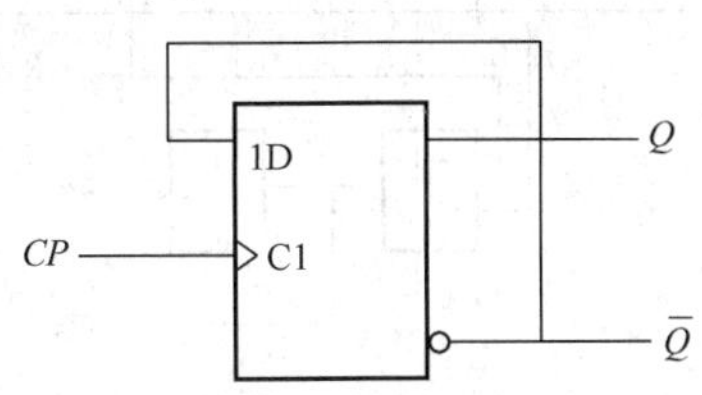

图 4－49 D 触发器转换成 T′触发器

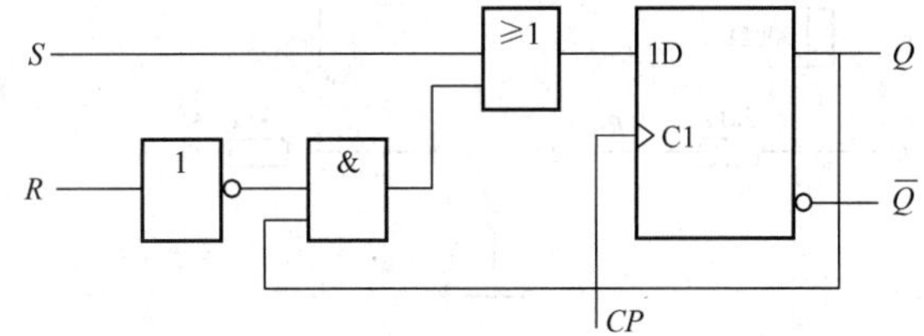

图 4－50 D 触发器转换成的 RS 触发器

4.7 集成触发器应用电路举例

4.7.1 分频器电路

用 D 触发器可以构成分频器。这里可选用双 D 触发器 74LS74，74LS74 是 CP 上升沿触发的边沿型触发器。用 1 片 74LS74 按如图 4－51 所示电路连接，则输出端 Q_1、Q_2 可输出$\frac{1}{2}f_{CP}$和$\frac{1}{4}f_{CP}$的脉冲信号，从而实现了 2 分频和 4 分频。同理，用两片 74LS74 按如图4－51所示连接，可实现 2 分频、4 分频、8 分频和 16 分频。

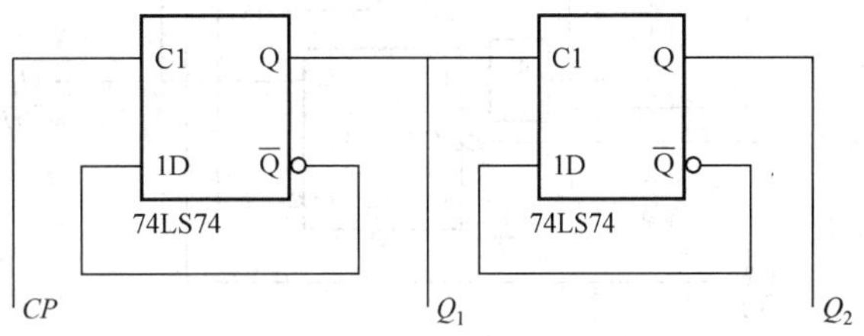

图 4－51 用 74LS74 双 D 触发器构成分频器

4.7.2 单脉冲产生电路

对时序逻辑电路进行静态测试时，往往需要单脉冲信号源。如图 4－52 所示为单脉冲产生电路，它是由两只与非门构成的基本 RS 触发器。工作时，接通电源，每扳动一次开关 S，Q 端便产生单次正脉冲，而$\overline{Q}$ 端产生单次负脉冲。单脉冲电路也可用集成触发器的直接置位端（$\overline{S}_D$）和直接复位端（$\overline{R}_D$）构成。

4.7.3 三相脉冲信号源

电路如图 4－53 所示。电路输出三相脉冲源 Φ_1、Φ_2 和 Φ_3，其中 Φ_1 与 Φ_2 正好覆盖 90°，而 Φ_3 与 Φ_2 反相。若将触发器 F_2 的脉冲输入端 CLK 改接至 F_1 的 Q 端，则 Φ_2 将超前 Φ_1 90°。如果改变组合网络，还可获得其他不同相位差的多相脉冲源。图 4－53 中的 JK 触发器可选用双 JK 触发器 74LS76，74LS76 是 CP 下降沿触发的边沿型触发器。

4.7.4 串行数值比较器

使用集成触发器还可构成串行数值比较器，电路如图 4－54 所示。图中 JK 触发器可选用双 JK 触发器 74LS112，与 74LS76 不同的是，74LS112 是 CP 上升沿触发的边沿型触发器。或非门选用 74LS02（四－2 输入或非门）。图 4－54 中，数据输入为串行数据 A_i 和 B_i，输出为比较结果。若 $A_i = B_i$，则 $Q_3 = 1$，数据可逐位串行比较下去，直到 $A_i \neq B_i$ 时为止。此时，若 $A_i > B_i$，则 $Q_1 = 1$；若 $A_i < B_i$，则 $Q_2 = 1$，通过清零后再继续比较。

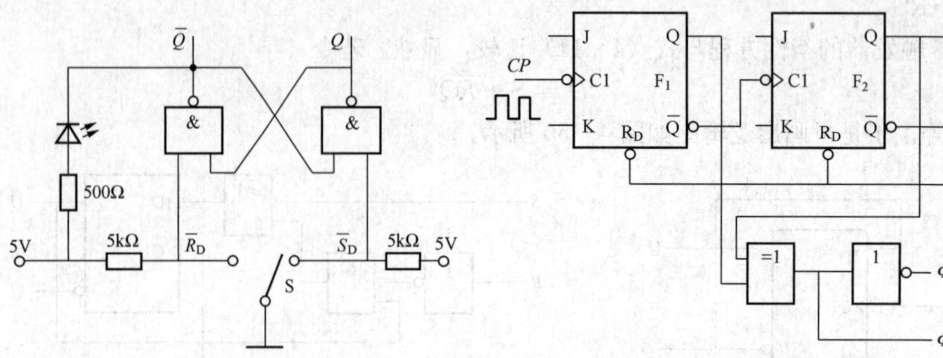

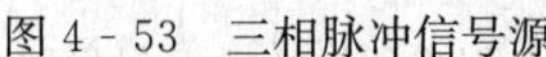

图 4 - 52　单脉冲产生电路　　　　图 4 - 53　三相脉冲信号源

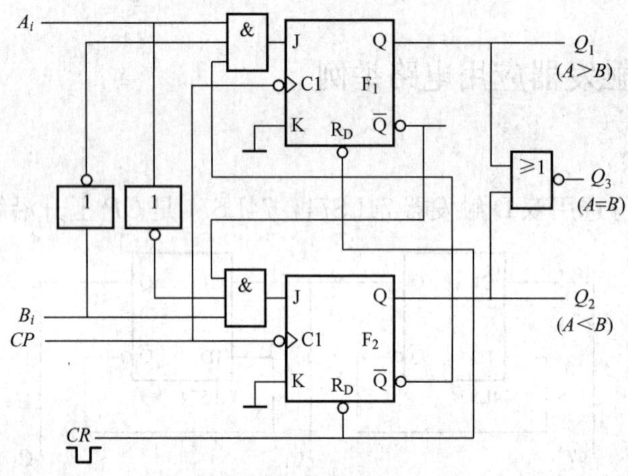

图 4 - 54　串行数值比较器

4.7.5　时间判别电路

用 4 位双稳态锁存器 74LS75 及一些附加门电路可以构成 4 路时间判别电路，如图 4 - 55 所示。该电路可用做 4 路抢答器。

图 4 - 55 中，AN_0～AN_3 是 4 个按钮，L_0～L_3 是 4 个发光二极管显示器。工作前，先按 AN_4，这时 L_0～L_3 不亮，抢答开始时，根据 AN_0～AN_3 按下的时间先后次序，先按下的按钮与其所对应的显示器亮，其余的显示器不亮，同时通过 74LS75 的控制端 E 将 74LS75 锁存，使后按下的按钮不起作用。

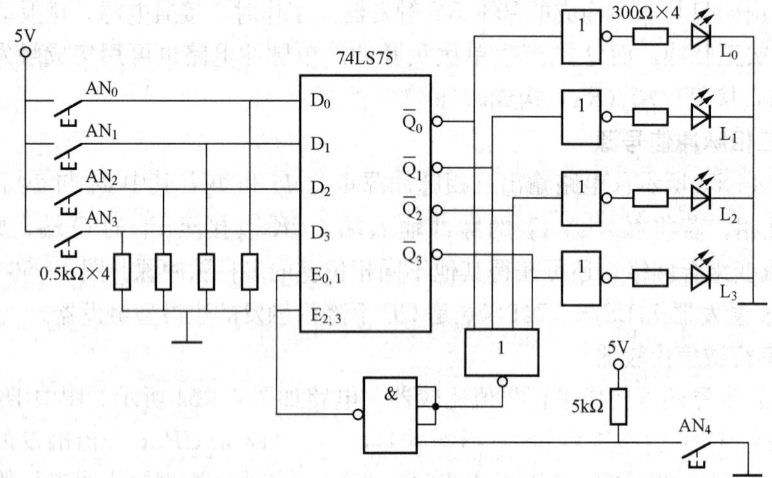

图 4 - 55　时间判别电路

本 章 小 结

1. 触发器是数字电路中的一种基本逻辑单元，它有0和1两个稳态。触发器从一种稳态转换成另一种稳态不仅取决于输入信号，还与触发器原始状态有关。触发器输入信号去掉以后，这个信号对触发器造成的影响却保留下来，所以称触发器是具有记忆功能的单元电路。

2. 触发器的种类很多，通常按照两个标准进行分类。一是从触发器逻辑功能上分类，有RS触发器、D触发器、JK触发器、T触发器、T′触发器；从结构上分，有基本触发器、同步触发器、主从触发器、边沿触发器。

触发器的逻辑功能和结构形式是两个不同的概念。所谓逻辑功能是指触发器次态输出和现态以及输入信号的逻辑关系。同一功能的触发器，可以用不同电路结构形式来实现。反之，同一种电路结构形式，又可以构成具有不同逻辑功能的触发器。

3. 分析触发器的逻辑功能，常用的分析方法有：真值表、特性方程、状态转换图、工作波形图（时序图）。这些方法各有特点，它们之间可以相互转换。

4. 不同触发器之间可以相互转换。根据触发器的实际生产情况，通常是将JK和D触发器转换成其他类型的触发器。

习 题 4

4-1 填空题

(1) 触发器有________个稳态，一个触发器可记录________位二进制码，存储8位二进制信息需要________个触发器。

(2) 触发器异步置0时，需使$\overline{S}_D$＝________，$\overline{R}_D$＝________。而与________和________无关。

(3) 具有两个稳定状态并能接受、保持和输出送来的信号的电路叫做________。

(4) 对于JK触发器，若$J=K$，则可完成________触发器的逻辑功能；若$K=\overline{J}$，则可完成________触发器的逻辑功能。

(5) 触发器功能的表示方法有________、________、________和________。

(6) JK触发器的特性方程为________。

(7) 把D触发器转换成T′触发器的方法是________。

(8) 既克服了空翻现象，又无一次变化问题的常用集成触发器有________和________两种。

(9) 由与非门构成的基本RS触发器的约束条件是________。

(10) 维持-阻塞D触发器是在CP的________触发，其特性方程为________。

4-2 选择题

(1) 已知R、S是由或非门构成的基本RS触发器的输入端，则约束条件为（　　）。

A. $RS=0$　　B. $R+S=0$　　C. $RS=1$　　D. $R+S=1$

(2) 用8级触发器可以记忆（　　）种不同的状态。

A. 8　　　　B. 16　　　　C. 128　　　　D. 256

(3) T 触发器的特性方程是（　　）。

A. $Q^{n+1}=TQ^n+\overline{TQ^n}$　　　　B. $Q^{n+1}=T\overline{Q^n}$

C. $Q^{n+1}=T\overline{Q^n}+\overline{T}Q^n$　　　　D. $Q^{n+1}=\overline{T}Q^n$

(4) 在如图 4-56 所示电路中，只有（　　）不能实现 $Q^{n+1}=\overline{Q^n}$。

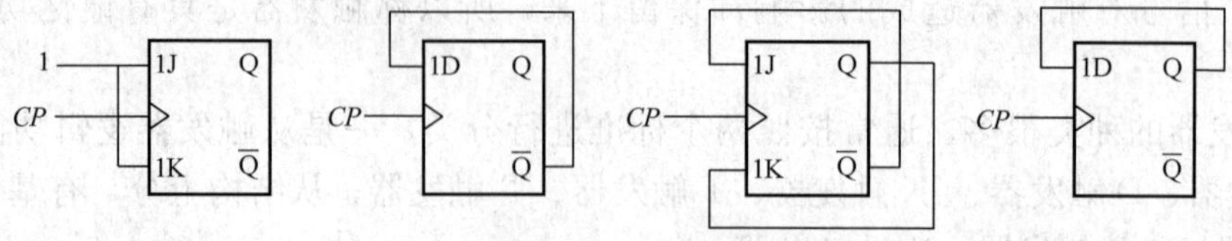

图 4-56　题 4-2 (4) 图

(5) 若 JK 触发器的现态为 0，欲在 CP 作用后仍保持为 0 状态，则驱动方程应为（　　）。

A. $J=K=1$　　　　B. $J=1$，$K=0$

C. $J=0$，$K=\times$　　　　D. $J=\times$，$K=\times$

(6) 已知 R、S 是由与非门构成的基本 RS 触发器的输入端，则约束条件为（　　）。

A. $R+S=1$　　B. $R+S=0$　　C. $RS=1$　　D. $RS=0$

(7) 主从 JK 触发器是（　　）。

A. 在 CP 上升沿触发　　　　B. 在 CP 下降沿触发

C. 在 $CP=1$ 的稳态下触发　　　　D. 与 CP 无关

(8) 下列触发器中，没有约束条件的是（　　）。

A. 基本 RS 触发器　　　　B. 主从 RS 触发器

C. 时钟 RS 触发器　　　　D. 边沿 D 触发器

(9) 在如图 4-57 所示各触发器电路中，能实现 $Q^{n+1}=\overline{Q^n}+A$ 功能的电路是（　　）。

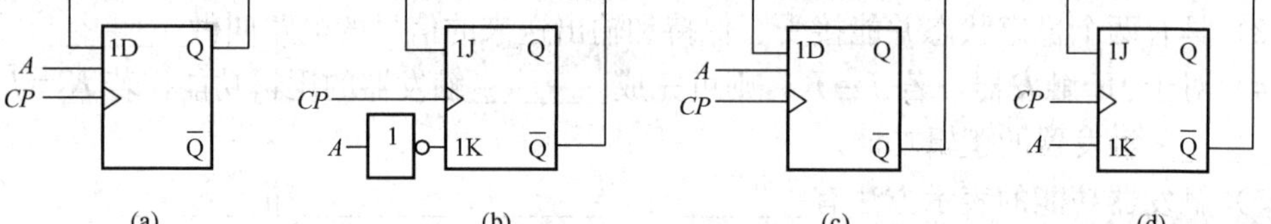

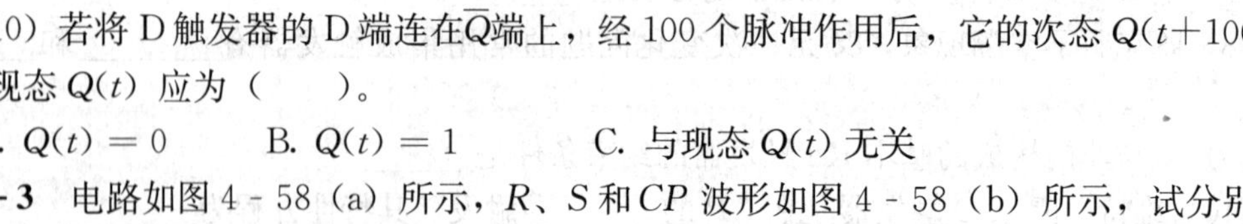

图 4-57　题 4-2 (9) 图

(10) 若将 D 触发器的 D 端连在 $\overline{Q}$ 端上，经 100 个脉冲作用后，它的次态 $Q(t+100)=0$，则现态 $Q(t)$ 应为（　　）。

A. $Q(t)=0$　　B. $Q(t)=1$　　C. 与现态 $Q(t)$ 无关

4-3　电路如图 4-58 (a) 所示，R、S 和 CP 波形如图 4-58 (b) 所示，试分别画出 $Q_1 \sim Q_4$ 的波形。设各触发器的初态为 0。

4-4　选择如图 4-59 所示 $FF_1 \sim FF_{10}$ 中的一个或多个触发器填入下面的横线上。

(1) 满足 $Q^{n+1}=1$ 的触发器________。

(2) 满足 $Q^{n+1}=Q^n$ 的触发器________。

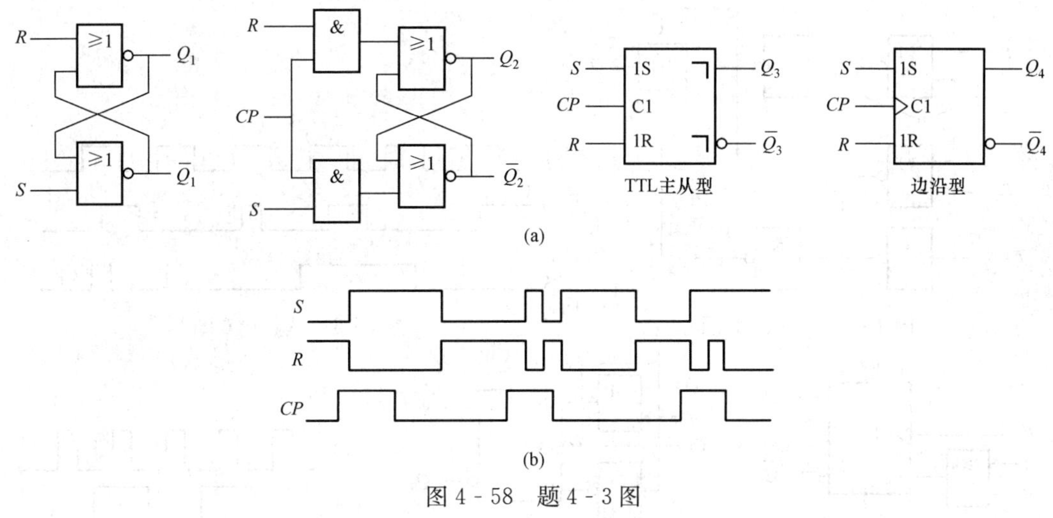

图 4-58 题 4-3 图

(a) 电路图；(b) 波形图

(3) 满足 $Q^{n+1}=\overline{Q^n}$ 的触发器________。

(4) 满足 D 触发器功能的是________。

(5) 满足 T 触发器功能的是________。

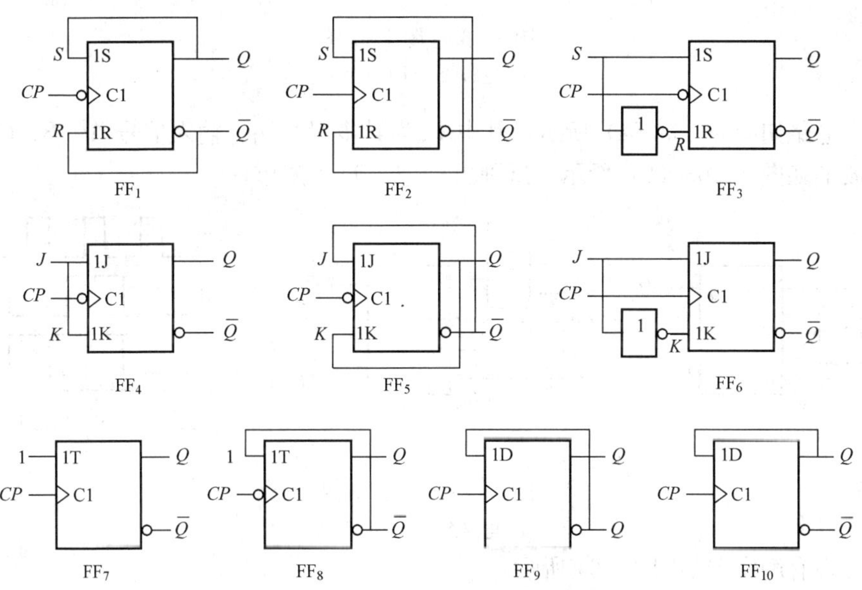

图 4-59 题 4-4 图

4-5 试分析如图 4-60 所示电路的逻辑功能，并列出真值表。

4-6 已知 TTL 主从 JK 触发器输入端 J、K 及时钟脉冲 CP 的波形如图 4-61 所示，试画出输出端 Q 的波形。

4-7 求如图 4-62 (a) 所示各触发器输出端 Q 的表达式，并根据如图 4-62 (b) 所示 CP、A、B、C 的波形画出 $Q_1 \sim Q_4$ 的波形。设各触发器的初态为 0。

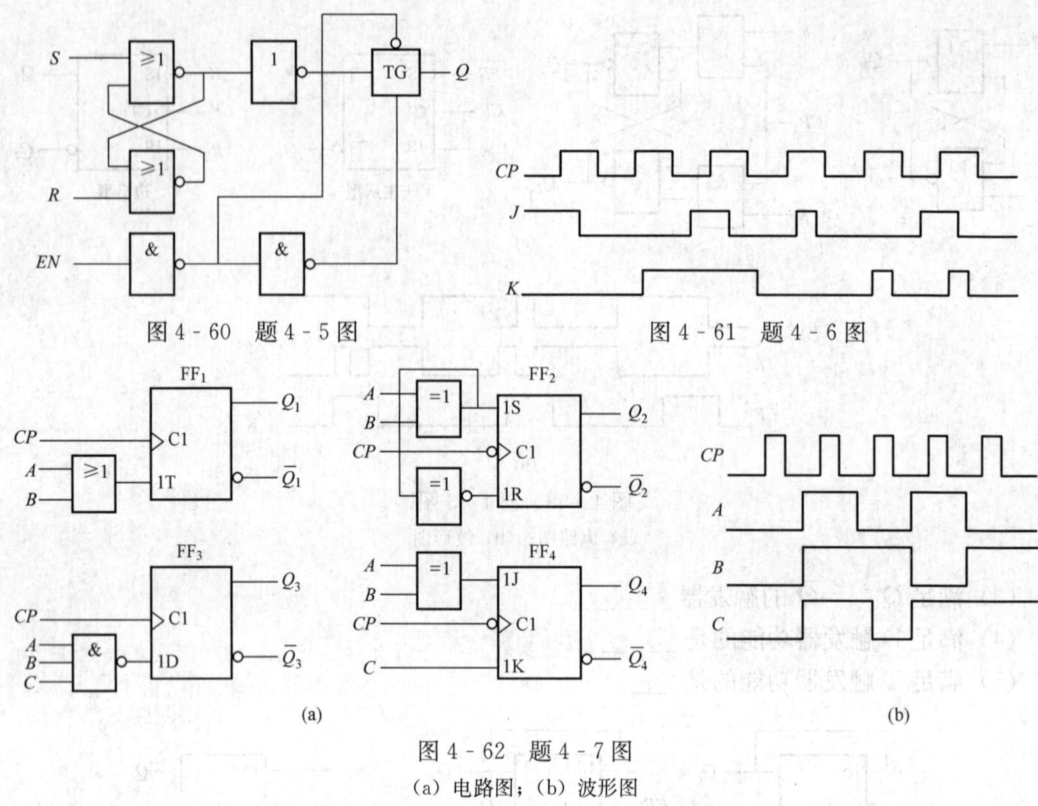

图 4-60 题 4-5 图

图 4-61 题 4-6 图

(a)

(b)

图 4-62 题 4-7 图

(a) 电路图；(b) 波形图

4-8 电路如图 4-63（a）所示，其中$\overline{R}_D$为异步置 0 端；输入信号 A、B、C 和触发脉冲 CP 的波形如图 4-63（b）所示，试画出 Q_1 和 Q_2 的波形。

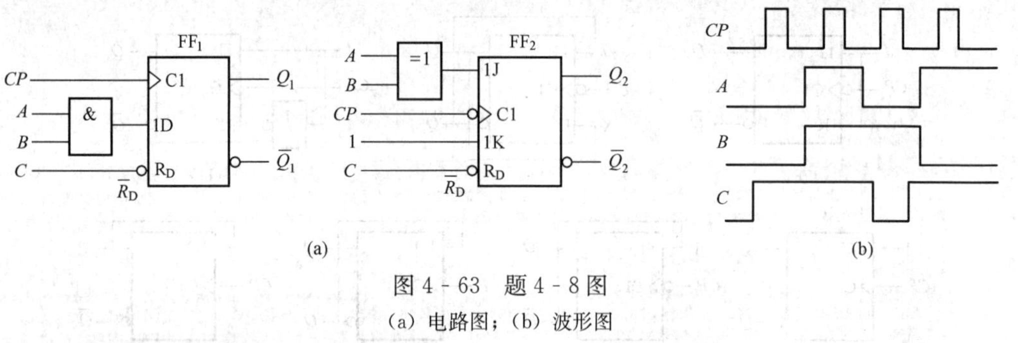

(a)

(b)

图 4-63 题 4-8 图

(a) 电路图；(b) 波形图

4-9 现有触发器如图 4-64 所示。

（1）设各触发器初态均为 0，则在一个 CP 脉冲作用下次态变为 1 的触发器有________。

（2）设各触发器初态均为 1，则在一个 CP 脉冲作用下次态变为 0 的触发器有________。

（3）次态方程 $Q^{n+1}=\overline{Q^n}$ 的触发器有________。

4-10 如图 4-65（a）所示的各触发器，已知 CP 为如图 4-65（b）所示的连续脉冲，试画出 Q_1～Q_4 的波形。设各触发器初态为 0。

4-11 触发器电路及相关波形如图 4-66 所示。

（1）根据如图 4-66（a）所示的电路写出该触发器的次态方程。

（2）对应如图 4-66（b）给出的波形画出输出端 Q 的波形（设起始状态 Q=0）。

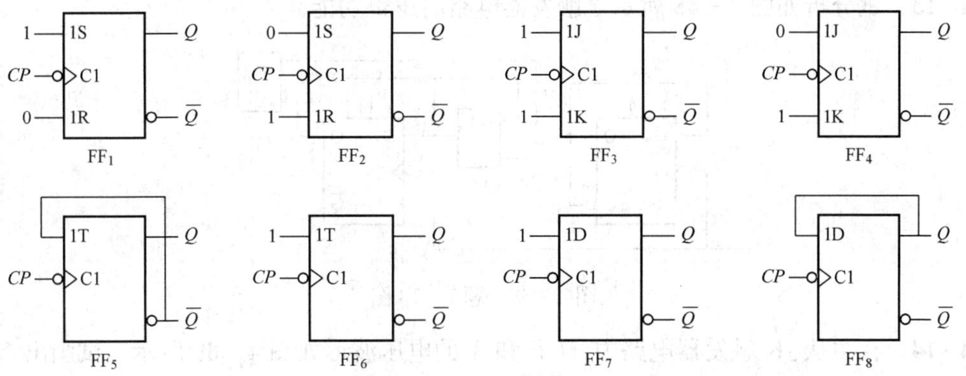

图 4 - 64　题 4 - 9 图

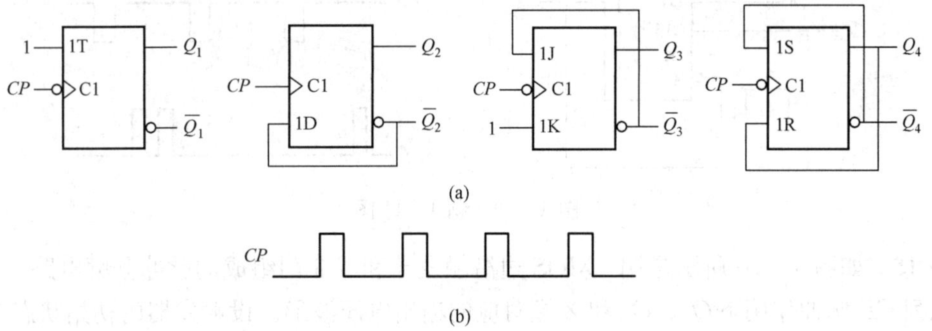

(a)

(b)

图 4 - 65　题 4 - 10 图

(a) 逻辑图；(b) 波形图

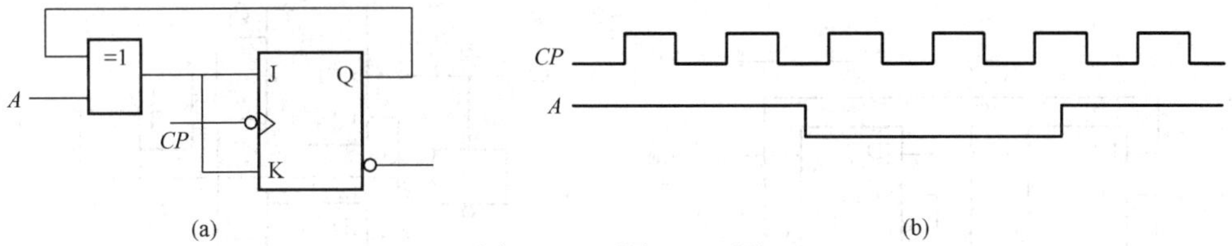

(a)　　(b)

图 4 - 66　题 4 - 11 图

4 - 12　在图 4 - 67 (a) 中，F_1 是 D 触发器，F_2 是 JK 触发器，CP 和 A 的波形如图 4 - 67 (b) 所示，试画出 Q_1、Q_2 的波形。

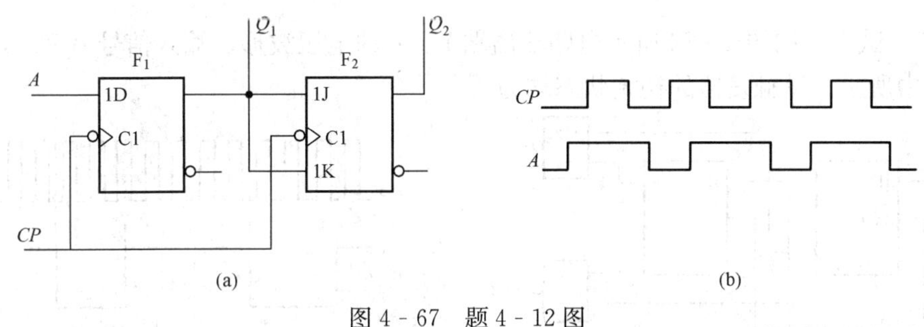

图 4 - 67　题 4 - 12 图

(a) 逻辑图；(b) 波形图

4-13 试分析如图 4-68 所示含触发器电路的逻辑功能。

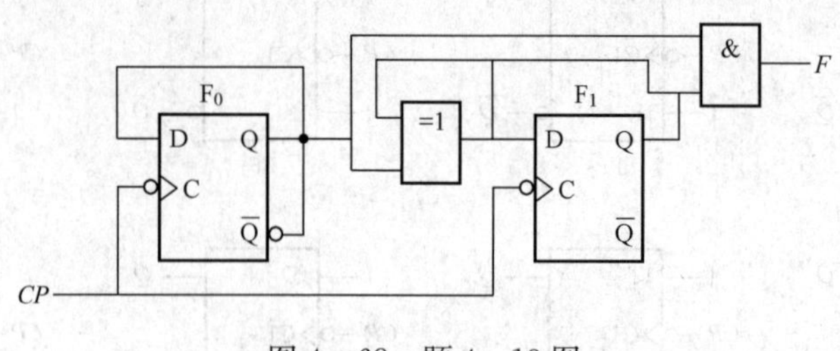

图 4-68 题 4-13 图

4-14 在主从 JK 触发器电路中，CP 和 A 的电压波形如图 4-69 所示，试画出 Q 端对应的电压波形。设触发器的初始状态为 0。

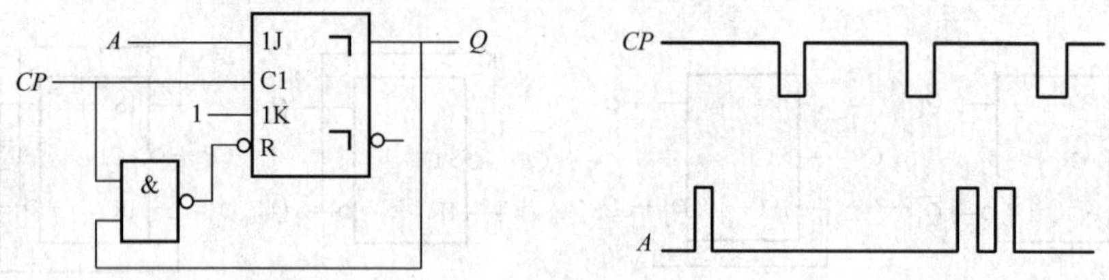

图 4-69 题 4-14 图

4-15 如图 4-70 所示是用 CMOS 边沿触发器和或非门组成的脉冲分频电路。试画出在一系列 CP 脉冲作用下 Q_1、Q_2 和 Z 端对应的输出电压波形。设触发器的初始状态皆为 0。

4-16 如图 4-71 所示是用维持-阻塞 D 触发器组成的脉冲分频电路。试画出在一系列 CP 脉冲作用下输出端 Y 对应的电压波形。设触发器的初始状态均为 0。

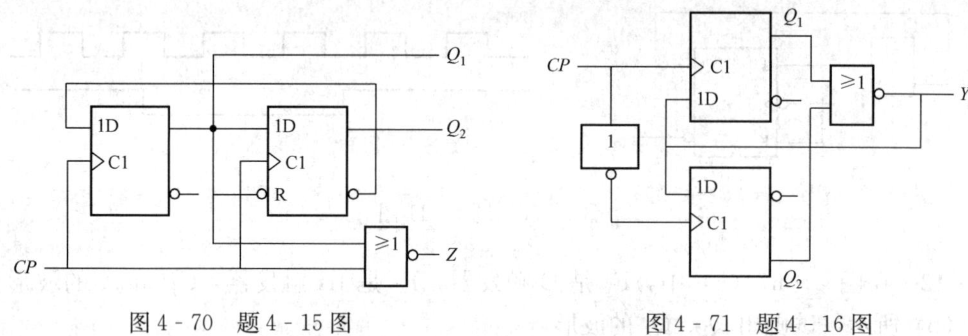

图 4-70 题 4-15 图 图 4-71 题 4-16 图

4-17 试画出如图 4-72 所示电路输出端 Y、Z 的电压波形。输入信号 A 和 CP 的电压波形如图中所示。设触发器的初始状态均为 0。

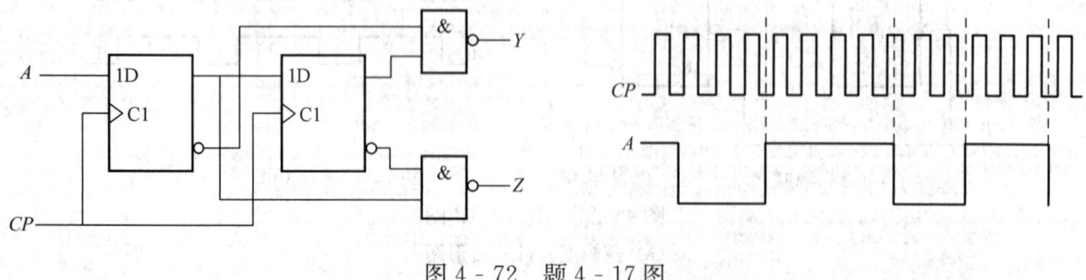

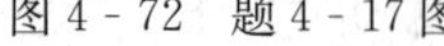
图 4-72 题 4-17 图

4-18 试画出如图 4-73 所示电路在一系列 CP 脉冲 Q_1、Q_2、Q_3 端输出电压的波形。触发器均为边沿触发方式，初始状态为 0。

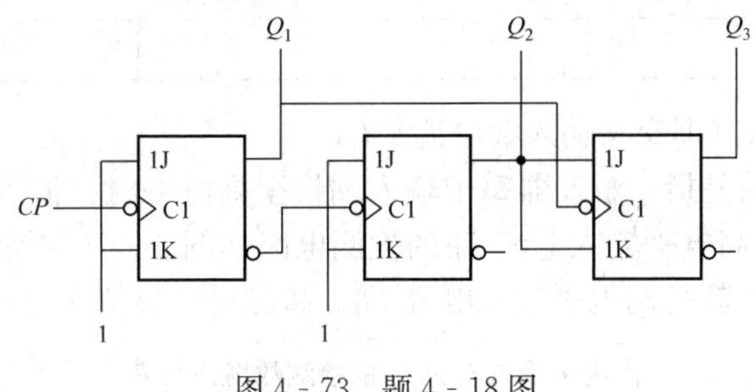

图 4-73 题 4-18 图

4-19 试画出如图 4-74 所示 CP、$\overline{R}_D$ 信号作用下 Q_1、Q_2、Q_3 的输出电压波形，并说明 Q_1、Q_2、Q_3 输出信号的频率与 CP 信号频率之间的关系。

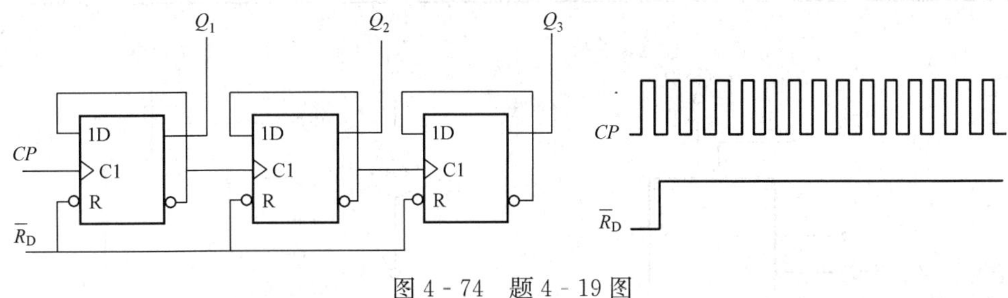

图 4-74 题 4-19 图

本章实验一 触发器基本参数和逻辑功能的检测

一、实验目的

(1) 以 JK 触发器为例，掌握集成触发器基本参数的检测方法。

(2) 掌握常用触发器逻辑功能的检测方法。

二、实验仪器与器材

(1) 数字实验箱。

(2) 同步示波器。

(3) 脉冲发生器。

(4) 直流稳压电源。

(5) 万用表。

(6) 集成电路 74LS74、74LS112、74LS00、74LS04、74LS08、74LS32。

三、实验内容与步骤

(一) 触发器基本参数的检测

1. 低电平输入电流（即输入短路电流）I_{iL}

I_{iL}的测试原理电路如图 4-75 所示。测试时，可依次将$\overline{R}_D$、$\overline{S}_D$、K、CP 等引脚接地。并测量其中的电流，这个电流就是 I_{iL}。将测得的值填入表 4-13 中。

表 4-13 低电平输入电流 I_{iL} 的检测数据记录表

触发器引脚	$\overline{R}_D$	J_1	J_2	CP	K_1	K_2	$\overline{S}_D$
测得的 I_{iL} 值（mA）							

2. 高电平输入电流（即交叉输入漏电流）I_{iH}

高电平输入电流 I_{iH} 是指：触发器每个输入端接至高电平时，流入到这个输入端的电流值。触发器各输入端的高电平输入电流 I_{iH} 的检测电路如图 4-76 所示。将各输入端依次接 +5V 电源，测得的电流就是高电平输入电流 I_{iH}。将测得结果填入表 4-14 中。

表 4-14 高电平输入电流 I_{iH} 的检测数据记录表

触发器引脚	$\overline{R}_D$	J_1	J_2	CP	K_1	K_2	$\overline{S}_D$
测得的 I_{iH} 值（μA）							

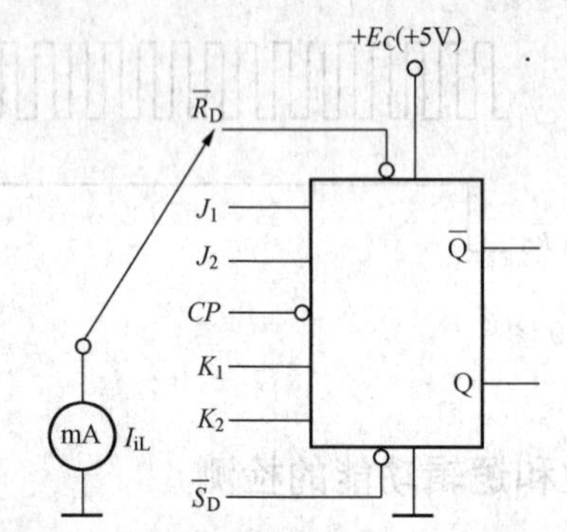

图 4-75 低电平输入电流 I_{iL} 检测电路

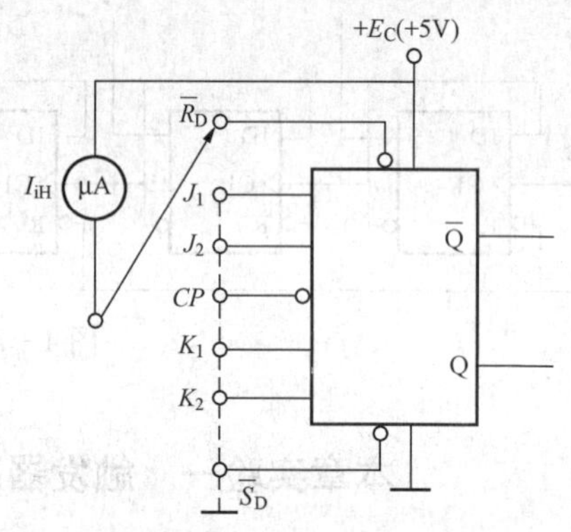

图 4-76 高电平输入电流 I_{iH} 检测电路

3. 最高时钟频率 f_{max}

最高时钟频率 f_{max} 是指：当触发器接成 T′触发器时，能正常工作的最大时钟频率。测量最高时钟频率的电路如图 4-77 所示。CP 端接脉冲发生器，发生器产生幅度约为 3V 的方波，工作频率可连续改变，方波的上升和下降时间应小于 20ns。利用宽带示波器观察输出波形，在正常工作时输出波形不应出现尖顶，并且每输入一个 CP 脉冲，触发器应翻转一次。将测得最高时钟频率 f_{max} 记录下来。通常，TTL 组成的 JK 触发器的 f_{max} 约为 20MHz。

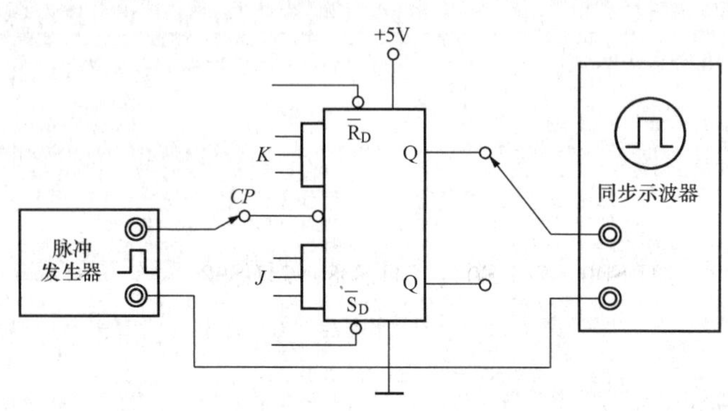

图 4-77 JK 触发器最高时钟频率测量电路

需要注意的是：对于 JK 触发器，测量 f_{max} 时，应将 J、K、$\overline{R}_D$、$\overline{S}_D$ 等输入端悬空，如图 4-77 所示。而对于 D 触发器，测量 f_{max} 时，应将输出端 $\overline{Q}$ 与输入信号端 D 相连。

4. 时钟信号的延迟时间（t_{CPLH}和 t_{CPHL}）

根据触发器的工作特点，当其状态改变时，输出端总是由触发器原来为 0 态的一边先变到 1，再经过约一级门的延迟时间，另一个输出端才从 1 态变为 0 态。因此对任何一个引起触发器状态变化的信号来说，总是两个延迟时间。从时钟脉冲的触发沿到触发器输出端由 0 态变为 1 态的延迟时间为 t_{CPLH}；从时钟脉冲的触发沿到触发器的输出端由 1 态变到 0 态的延迟时间为 t_{CPHL}。一般 t_{CPLH} 比 t_{CPHL} 约大一级门的延迟时间。

检测 t_{CPLH}和 t_{CPHL}的电路如图 4 - 78 所示。检测时，时钟脉冲的频率可适当低些，例如可用 1～2MHz，利用示波器同时观察输入、输出波形，就可读出 t_{CPLH} 和 t_{CPHL} 的值，将该测量值记录下来。

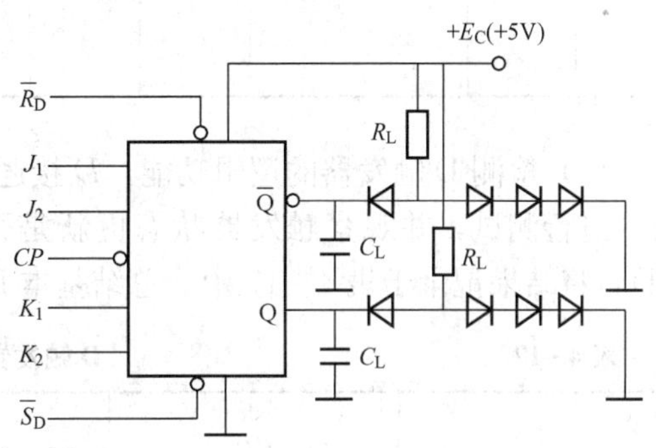

图 4 - 78 检测 t_{CPLH}和 t_{CPHL}的电路

图 4 - 79 中标出了主从 JK 触发器的 t_{CPLH} 和 t_{CPHL}在输入、输出波形上的读取方法。但应注意：主从 JK 触发器是 CP 下降沿触发翻转的，故其延迟时间是取 CP 下降沿作为起点计算的。如果是维持 - 阻塞 D 触发器，由于它是 CP 上升沿触发翻转的，故其延迟时间应从 CP 上升沿作为起点计算。

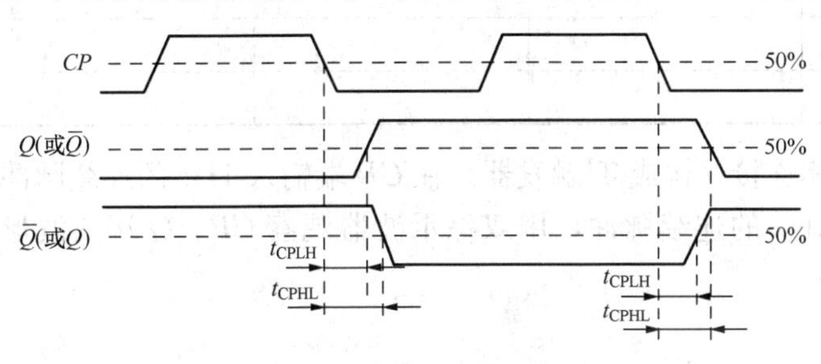

图 4 - 79 延迟时间波形图

（二）触发器逻辑功能检测

1. 基本 RS 触发器逻辑功能检测

将 74LS00 集成电路芯片插入 IC 空插座中，按图 4 - 80 所示连接线路，组成基本 RS 触发器，输入端 $\overline{R}$、$\overline{S}$ 分别接逻辑开关，输出端 Q、$\overline{Q}$分别接 LED 状态显示，合上电源开关按表 4 - 15 输入信号，观察输出结果并记录于表 4 - 15 中。总结基本 RS 触发器的功能。

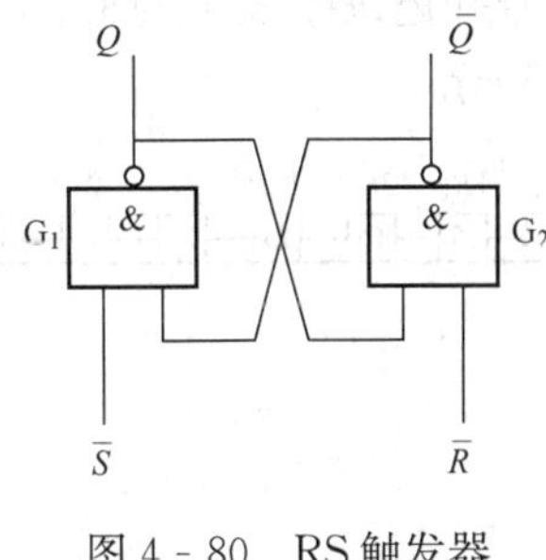

图 4 - 80 RS 触发器

表 4 - 15 基本 RS 触发器功能检测表

$\overline{R}$	$\overline{S}$	Q	$\overline{Q}$	结论或说明
0	0			
0	1			
1	0			
1	1			

2. D 触发器逻辑功能检测

（1）检测$\overline{R_D}$、$\overline{S_D}$的复位、置位功能。将双 D 触发器 74LS74 集成电路芯片插入 IC 空插座中，任取一只 D 触发器，将输入端 D、$\overline{R_D}$、$\overline{S_D}$分别接逻辑开关，CP 接单次脉冲源，Q、$\overline{Q}$接 LED 状态显示，按表 4 - 16 输入信号，观察输出信号并记录于表 4 - 16 中。总结异步输入端$\overline{R_D}$、$\overline{S_D}$的功能。74LS74 的引脚排列图如图 4 - 81 所示。

表 4-16 D触发器功能检测表

CP	D	$\overline{R}_D$	$\overline{S}_D$	Q	$\overline{Q}$	结论或说明
×	×	0	0			
×	×	0	1			
×	×	1	0			
×	×	1	1			

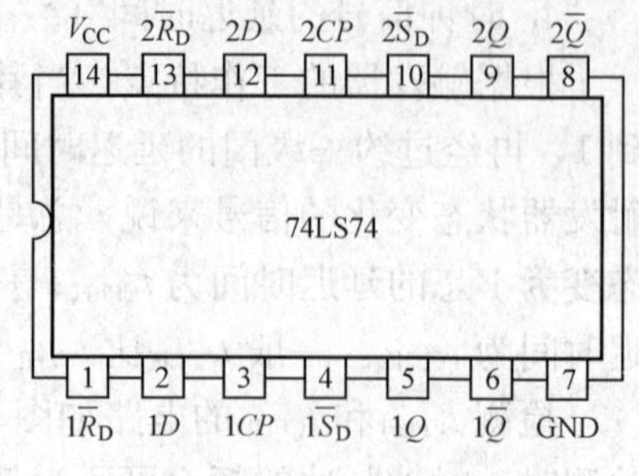

图 4-81 74LS74 的引脚排列图

(2) 检测D触发器的逻辑功能。D 接逻辑开关，CP 接单次脉冲，按如表 4-17 所示的要求进行测试，并观察触发器状态更新是否发生在 CP 脉冲的上升沿（即 CP 由 0→1 瞬间），将结果记录于表 4-17 中。总结基本D触发器的功能。

表 4-17 D触发器功能检测表

D	CP	Q^{n+1}		结论或说明
		$Q^n=0$	$Q^n=1$	
0	0→1			
	1→0			
1	0→1			
	1→0			

(3) 将D触发器的$\overline{Q}$端和D端相连接，构成 T′触发器。在 CP 端输入 1Hz 的连续脉冲，观察 Q 端的变化。在 CP 端输入 1kHz 的连续脉冲，用双踪示波器观察 CP、Q 端的波形，注意相位关系，画出波形图。

3. JK 触发器逻辑功能检测

(1) 测试异步输入端$\overline{R_D}$、$\overline{S_D}$的功能。将 JK 触发器 74LS112 集成电路芯片插入 IC 空插座中，任取其中一只 JK 触发器，将$\overline{R_D}$、$\overline{S_D}$、J、K 端接逻辑开关，CP 端接单次脉冲，Q、$\overline{Q}$端接 LED 状态显示，按表 4-18 输入数据。观察输出信号并记录于表 4-18 中，总结异步输入端$\overline{R_D}$、$\overline{S_D}$的功能。74LS112 的引脚排列图如图 4-82 所示。

表 4-18 JK 触发器功能检测表

CP	J	K	$\overline{R}_D$	$\overline{S}_D$	Q	$\overline{Q}$	结论或说明
×	×	×	0	0			
×	×	×	0	1			
×	×	×	1	0			
×	×	×	1	1			

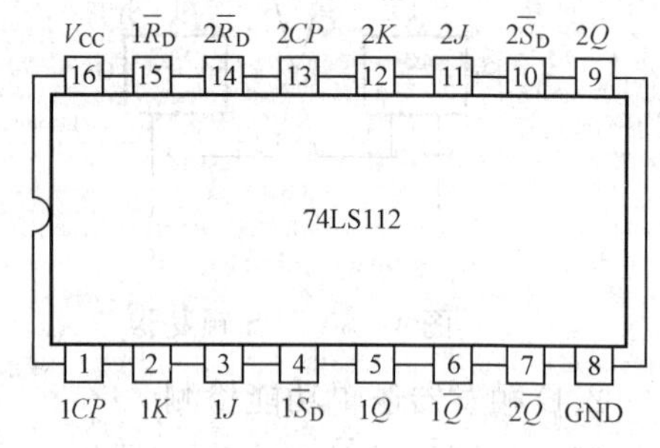

图 4-82 74LS112 的引脚排列图

(2) JK 触发器逻辑功能检测。按表 4-19 的要求改变 J、K、CP 端状态，观察 Q、$\overline{Q}$ 端状态变化情况。注意触发器状态更新是否发生在 CP 脉冲的下降沿（即 CP 由 1→0 瞬间)，将结果记录于表4-19中。

表4-19　**JK触发器功能检测表**

J　K	CP	Q^{n+1}		结论或说明
		$Q^n=0$	$Q^n=1$	
0　0	0→1			
	1→0			
0　1	0→1			
	1→0			
1　0	0→1			
	1→0			
1　1	0→1			
	1→0			

(3) 将JK触发器的J、K端连在一起构成T触发器，在CP端输入1Hz的连续脉冲，观察Q端的变化。在CP端输入1kHz的连续脉冲，用双踪示波器观察CP、Q端的波形，注意相位关系，画出波形图。

本章实验二　触发器的应用实验

一、实验目的

1. 学会使用常用的触发器转换成其他各种功能的触发器。

2. 熟悉和了解触发器的各种应用电路。

二、实验器件

74LS74 D触发器、74LS112 JK触发器、与门74H72、六反相器74LS04、四-2输入或非门74LS02、三-3输入与非门74LS10各1片。

三、实验内容与步骤

1. 触发器的转换

(1) D→JK。用D触发器74LS74转换成JK触发器，自行设计转换电路，完成电路接线，并检测电路的功能是否满足设计要求。

(2) JK→其他功能触发器。用JK触发器74LS112转换成D、RS、T、T′触发器。自行设计转换电路，完成电路接线，并检测电路的功能是否满足设计要求。

2. 触发器应用电路

(1) 单稳态电路。用74LS74芯片组成图4-83所示的单稳态电路，在CP端加连续脉冲，合理调节频率，观察输出电压U_o、A点随CP频率变化的波形。改变电阻R和电容C的值，观察U_o、A点波形怎样变化。若想在U_o端得到脉宽为100μs的正脉冲，怎样选择电路参数，并通过实验验证之。

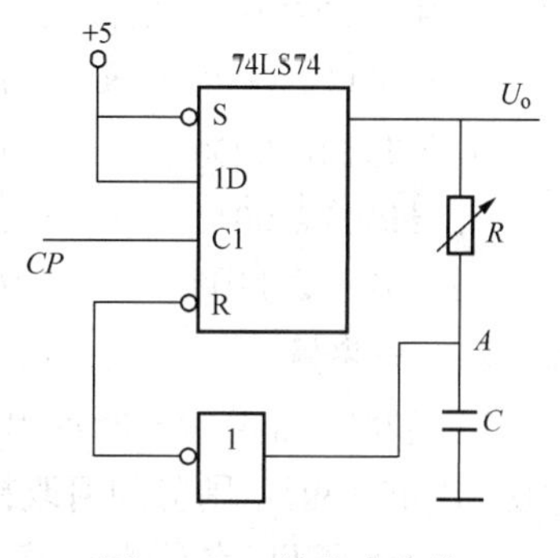

图4-83　单稳态电路

(2) 冲息电路。用JK触发器74LS112与反相器74LS04

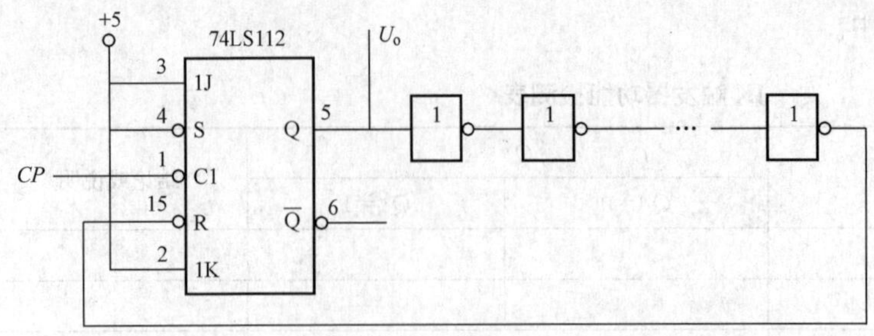

图 4－84　冲息电路

组成如图 4－84 所示的电路。输入 CP 为连续脉冲，用示波器观察 U_o 端和 CP 端的波形，若电路中串接的门数分别为 5 个和 9 个，测出输出脉冲的脉宽。通过实验观察，测定电路的功能。电路输出脉冲的宽度 T_W 与哪些因素有关？写出 T_W 的表达式。若要在输出端得到反相的尖脉冲，则应对电路做何改动？画出电路图，并用实验验证之。

（3）串行数据比较电路。按图 4－85 连接电路组成串行数据比较电路。图中触发器采用具有与门逻辑输入的触发器 74H72 电路工作时，先在 $\overline{C}_r$ 端加一负脉冲清零，再将串行数据 A_n、B_n 送入，先送高位，后送低位，输出 $Q_{(A>B)}$、$Q_{(A=B)}$、$Q_{(A<B)}$ 的状态即反映了 A_n、B_n 两数的大小。

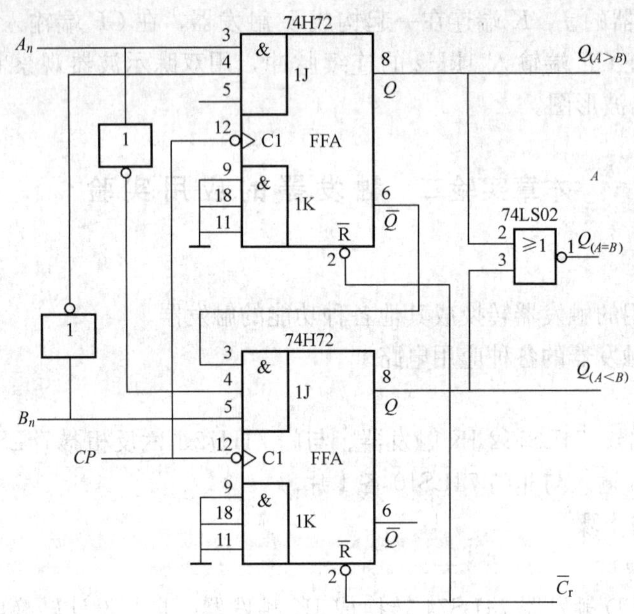

图 4－85　串行数据比较电路

在图 4－85 中，试输入下列几组数据验证电路的正确性：

A_n＝0011，0000　　　B_n＝0100，0000

A_n＝0010，0000　　　B_n＝0001，1111

A_n＝1001，0011　　　B_n＝1001，0011

A_n＝0110，1100　　　B_n＝1001，0011

四、思考题

1. 若将如图 4－83 所示单稳态电路中的触发器改为 CMOS 集成电路 CD4013 时，若要实现同样的功能，则应如何改接实验电路？

2. 对于 TTL 或 CMOS 集成触发器而言，要使异步置位端和异步复位端起作用，应各加什么电平？不需要使用这些端时应如何处理？

第5章　时序逻辑电路分析与设计

内容提要

(1) 时序逻辑电路的特点及逻辑功能描述方法；
(2) 同步、异步计数器结构、分析方法及应用；
(3) 寄存器的结构、工作原理及应用；
(4) 时序逻辑电路的设计。

时序逻辑电路简称为时序电路，它的逻辑功能与组合电路有所不同。本章主要讨论时序电路的特点，时序电路的分析方法、设计方法，两种常见的时序电路——计数器和寄存器的基本概念、电路组成、工作原理、逻辑功能及其使用方法，顺序脉冲发生器的构成及工作原理。

5.1 时序逻辑电路概述

5.1.1 时序电路的特点

1. 功能特点

时序电路的输出不仅取决于该时刻的输入信号，而且与电路的原来状态有关。简而言之，时序电路具有“记忆性”。

时序电路之所以具有上述功能特点，归根到底是由于电路结构决定的。

2. 结构特点

时序电路由组合电路和存储电路组成。而存储电路是由具有记忆功能的触发器构成。如图5-1所示为时序电路的结构方框图，图中X为输入信号，CP为时钟脉冲，Y为输出信号，Q为存储电路的状态输出，W为存储电路的反馈信号。在实用的时序电路中，有时可能没有输入信号X，并且可能以存储电路的状态作为整个电路的输出。

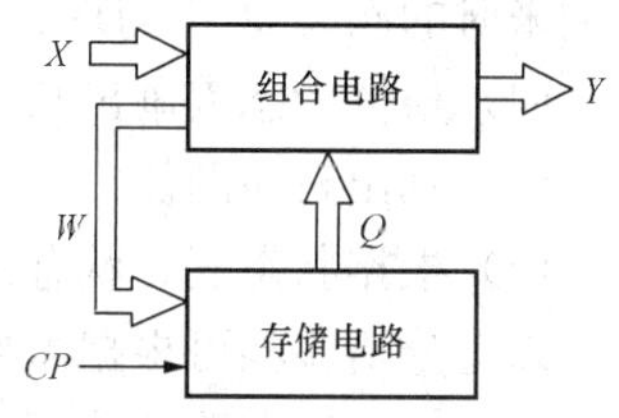

图5-1　时序电路的方框图

根据图5-1中信号传递的方向可知，输出信号Y是输入信号X和存储状态Q的函数；反馈信号W是输入信号X和存储状态Q的函数，而存储电路的状态Q^{n+1}是反馈信号W的函数，也就是输入信号X和存储电路原状态Q^n的函数。可见，在整个时序电路中，存储电路是核心部分，它由时钟控制的触发器组成，所以只有当触发器的触发沿到来时，存储电路的状态才会改变。

5.1.2 时序电路逻辑功能的描述方法

为了准确描述时序电路的逻辑功能，常采用逻辑方程、状态表、状态图、时序图等方法，几种方法各有特点，相互补充。在实际使用当中，可根据具体情况选用。

1. 逻辑方程

设两个离散但又相邻的时刻为 t_n 和 t_{n+1}，t_n 表示 CP 脉冲触发沿到来之前的时刻，t_{n+1} 表示 CP 脉冲触发沿到来之后的时刻。在 $t=t_n$ 时，$X=X(t_n)$，$Y=Y(t_n)$，$W=W(t_n)$，$Q=Q^n$；在 $t=t_{n+1}$时，$Q=Q^{n+1}$。根据图 5 - 1 所示的方框图，可以得到电路中各个逻辑变量之间的函数关系为

$$Y(t_n)=F[X(t_n),Q^n]\cdots\cdots\cdots\cdots\text{时序电路的输出方程}$$

$$W(t_n)=F[X(t_n),Q^n]\cdots\cdots\cdots\cdots\text{存储电路的驱动方程(激励方程)}$$

$$Q^{n+1}=F[W(t_n)]=F[X(t_n),Q^n]\cdots\cdots\cdots\cdots\text{存储电路的状态方程}$$

2. 状态表

状态表是用列表的方法描述时序电路的逻辑功能，它应该包含在 CP 脉冲的连续作用下，存储电路在输入变量 X 的所有取值组合下状态变化的规律，以及输出信号变化情况。列写状态表时，应该依次设置存储电路的初态 Q^n 及输入 X，然后求出次态 Q^{n+1}及输出信号 Y，直到包含了在输入变量 X 的所有取值组合下存储电路可能出现的所有状态，并将其列成表，具体方法将在下一节介绍。

3. 状态图

将状态表中的内容用图形的方式画出，即为状态图，因此状态图比状态表更加形象。

4. 时序图

用波形图来描述 CP、X、Q 和 Y 之间的关系，称为时序图，因而它非常直观。

5.1.3 时序电路的一般分析方法

分析时序电路就是根据已知的逻辑图，求出电路所实现的功能。其分析目的与组合电路一样。具体分析步骤如下：

(1) 根据已知逻辑图写方程，包括：存储电路的驱动方程（即触发器输入信号表达式）、时序电路的时钟方程（即触发器时钟信号表达式）以及时序电路的输出方程（即输出信号 Y 的表达式，没有输出信号时可不用写）。

(2) 将驱动方程代入触发器的特性方程，求出触发器的状态方程（状态方程实际上就是触发器次态 Q^{n+1}的方程）。

(3) 列出状态表。具体方法是：根据触发器的状态方程，求出对应每一个 CP 脉冲有效沿到来时的次态 Q^{n+1}与现态 Q^n 的取值对应关系，并将该关系列成状态表。

(4) 根据状态表画出状态图。

(5) 画出时序图。

(6) 根据状态表、状态图以及时序图，总结时序电路的逻辑功能。

以上分析步骤可根据需要选择其中的几步或全部，目的是能方便求得电路的逻辑功能。

注意：时序电路的分析主要是以计数器为例进行的分析，因此有关这方面的例题将在计数器部分介绍。

在数字系统中，最常用的时序电路是各种类型的计数器和寄存器。计数器用于统计输入的计数脉冲的个数，有同步和异步、二进制和十进制、加法和减法……之分。寄存器包含数码寄存器和移位寄存器，前者用于存储数字信号，后者随移位脉冲的作用将存储的数字信号自低位向高位或自高位向低位逐位移动。本章将介绍计数器和寄存器的种类、电路组成、工作原理、主要功能；对于集成计数器和寄存器，常用功能表来描述其逻辑功能，本章也将介

绍功能表的阅读方法。

5.2 计 数 器

数字电路中使用最多的时序电路就是计数器。计数器的应用十分广泛，从小型数字仪表到大型电子数字计算机，几乎无所不在，是任何现代数字系统中不可缺少的组成部分。计数器不仅能用于记录时钟脉冲的个数，还可用于分频、定时、产生节拍脉冲和脉冲序列等，并且利用计数器可以实现其他一些时序电路。

5.2.1 计数器的分类

对计数器通常按照以下三个标准进行分类。

1. 同步计数器和异步计数器

按照计数器中各个触发器状态更新（翻转）情况的不同可分成两大类：一类叫同步计数器，另一类叫异步计数器。在同步计数器中，各个触发器都受同一时钟脉冲（输入计数脉冲）CP 的控制，因此它们状态的更新是同步的。异步计数器则不同，有的触发器直接受输入计数脉冲的控制，有的则是把其他触发器的输出用作时钟脉冲，因此它们状态的更新有先有后，是异步的。

2. N 进制计数器

计数器是以触发器作为基本单元电路的。假设计数器由 M 个触发器构成，虽然最多可以记录 2^M 个状态，但是往往不是所有的状态都有定义，凡有定义的状态均称为有效状态，凡无定义的状态均称为无效状态。计数器有效状态的个数称为计数器的计数长度，也叫计数器的计数容量或模。计数长度为 N 的计数器称为 N 进制计数器，N 进制计数器的 N 个有效状态构成的循环，称为有效循环。每来 1 个计数脉冲，电路将按一定规律从一个有效状态翻转到另一个有效状态，当 N 个计数脉冲过后，计数器便在 N 个有效状态之间循环了一次，也即统计了 N 个脉冲。对于由 M 个触发器构成的计数器，倘若所有 2^M 个状态全部有定义，都用于了计数，即 2^M 个状态全部为有效状态，没有无效状态，这种计数器称为二进制计数器；若触发器所有 2^M 个状态中仅采用了其中的 10 个，也就是仅有 10 个有效状态，这种计数器称为十进制计数器，可见十进制计数器中至少应包含 4 个触发器。常见的十进制计数器按 8421BCD 码计数。

3. 加法计数器和减法计数器

按照在输入计数脉冲操作下，计数器中数值增、减情况的不同，可分为加法、减法和可逆计数器 3 种类型。随着计数脉冲的输入做递增计数的叫加法计数器，简称加计数器；做递减计数的叫减法计数器，简称减计数器；而有增有减的称为可逆计数器。有些计数器有效状态的转换规律不按计数器中数值的增减排列，因而也就无所谓加法计数器或减法计数器了。

对于任何计数器，至少应说明它是由哪种触发器构成的，是同步计数器还是异步计数器，是几进制计数器，是加法计数器还是减法计数器（或计数过程中状态的变化规律）。

5.2.2 同步计数器

同步计数器的种类很多，下面以 3 位二进制同步加法计数器为例说明其计数原理。

1. 计数器的计数原理

3位二进制同步加法计数器由3个JK触发器组成，如图5-2所示。

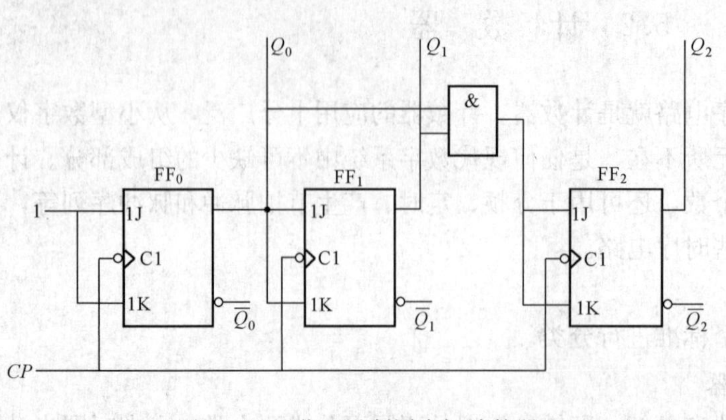

图5-2 3位二进制同步加计数器

我们先来分析一下，在计数脉冲输入时，同步计数器中每个触发器翻转的条件。

每输入一个计数脉冲 CP，最低位触发器 FF_0 的状态就改变一次。而其他触发器是否翻转，将取决于比它低的各触发器的状态。比如在计数器中，第三个触发器 FF_2 是否翻转，由 FF_1、FF_0 是否都为1态决定。都为1态，则图中与门输出1，使 $J_2=K_2=1$，则 FF_2 翻转，否则保持原状态不变。

计数过程如下：

计数前应首先清零，即将每个触发器置0（复位），使计数器初始状态 $Q_2Q_1Q_0=000$。

当第一个计数脉冲 CP 到来后，FF_0 的状态由0变1，而 J_1、K_1，J_2、K_2 均为0，所以 FF_1、FF_2 保持0态不变，此时计数器的计数状态为 $Q_2Q_1Q_0=001$。同时，$J_1=K_1=Q_0=1$，$J_2=K_2=Q_1Q_0=0$。

当第二个 CP 脉冲到来后，FF_0 的状态由1变0，FF_1 的状态由0变1，而 FF_2 保持0态。此时计数器的状态为 $Q_2Q_1Q_0=010$，而且，$J_1=K_1=0$，$J_2=K_2=Q_1Q_0=0$。

当第三个 CP 脉冲到来后，只有 FF_0 翻转到1，而 FF_1、FF_2 都保持原态不变，计数状态为 $Q_2Q_1Q_0=011$。同时，$J_1=K_1=1$，$J_2=K_2=Q_1Q_0=1$。

于是，当第四个计数脉冲到来后，三个触发器均翻转，计数状态为 $Q_2Q_1Q_0=100$。对后面计数过程的分析，读者可自行完成。在第七个计数脉冲 CP 到来后，计数状态变为111，再送入一个 CP 脉冲（即第八个），计数器恢复到000态，至此，计数器便完成了一个计数循环，因此该计数器的计数长度为 $2^3=8$，属二进制（模八）计数器。

通过以上分析可以看出，计数器计数的实质是利用各个触发器状态的翻转进行的。而且同步计数器中各个触发器的状态转换是与输入计数脉冲同步的，具有计数速度快的特点。

2. 同步计数器的分析

在数字系统中广泛使用各式各样的计数器，学会分析它们的逻辑功能是非常重要的，下面通过几道例题说明计数器的分析方法。

【例5-1】 分析如图5-3所示时序电路的逻辑功能。要求：列出状态表，画出状态图和时序图，说明其逻辑功能。

解 （1）写方程。

时钟方程 $$CP_0=CP_1=CP_2=CP$$

显然，如图5-3所示是一个同步时序电路。对于同步时序电路，各个触发器的时钟脉冲都相同，因此时钟方程可以省去不写。

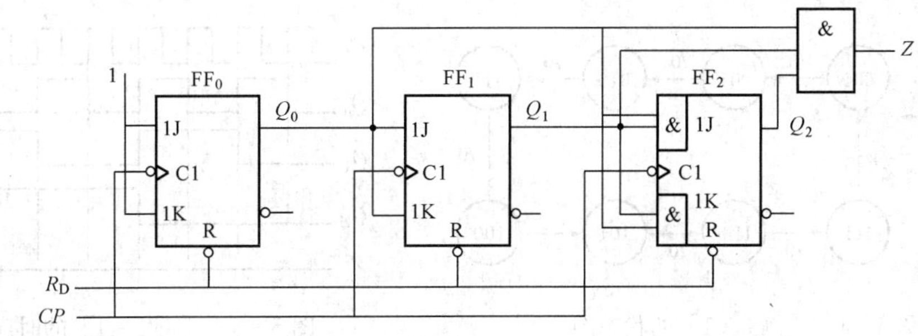

图 5-3　[例 5-1] 逻辑图

输出方程　　$Z=Q_2^n\cdot Q_1^n\cdot Q_0^n$

驱动方程

$$\begin{cases} J_0=K_0=1 \\ J_1=K_1=Q_0^n \\ J_2=K_2=Q_1^n\cdot Q_0^n \end{cases}$$

(2) 求状态方程。将各触发器的驱动方程分别代入 JK 触发器的特性方程 $Q^{n+1}=J\overline{Q^n}+\overline{K}Q^n$ 中，即可得到每个触发器的状态方程

$$\begin{cases} Q_0^{n+1}=J_0\overline{Q_0^n}+\overline{K_0}Q_0^n=\overline{Q_0^n} \\ Q_1^{n+1}=J_1\overline{Q_1^n}+\overline{K_1}Q_1^n=Q_0^n\overline{Q_1^n}+\overline{Q_0^n}Q_1^n=Q_0^n\oplus Q_1^n \\ Q_2^{n+1}=J_2\overline{Q_2^n}+\overline{K_2}Q_2^n=Q_0^nQ_1^n\overline{Q_2^n}+\overline{Q_0^nQ_1^n}Q_2^n=(Q_0^nQ_1^n)\oplus Q_2^n \end{cases}$$

(3) 列状态表。从 $Q_2^nQ_1^nQ_0^n=000$ 开始，依次代入状态方程和输出方程进行计算，结果如表 5-1 所列。

表 5-1　　**[例5-1] 的状态表**

Q_2^n	Q_1^n	Q_0^n	Q_2^{n+1}	Q_1^{n+1}	Q_0^{n+1}	Z
0	0	0	0	0	1	0
0	0	1	0	1	0	0
0	1	0	0	1	1	0
0	1	1	1	0	0	0
1	0	0	1	0	1	0
1	0	1	1	1	0	0
1	1	0	1	1	1	0
1	1	1	0	0	0	1

(4) 画状态图和时序图。根据表 5-1 中现态到次态的转换关系和输出 Z 的值即可画出状态图和时序图，分别如图 5-4 和图 5-5 所示。

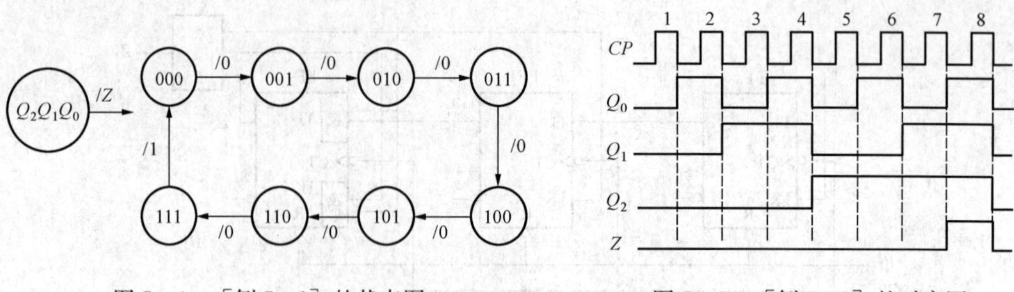

图 5-4 ［例 5-1］的状态图　　　图 5-5 ［例 5-1］的时序图

值得注意的是：每当电路由现态转换到次态后，该次态又变成了新的现态，然后应在表中左边栏内找出这新的现态，再根据规定去确定新的次态，照此不断地做下去，直到一切可能出现的状态都毫无遗漏地画出来之后，得到的才是反映电路全面工作情况的状态图。

（5）确定逻辑功能。由状态图和时序图可以看出，该时序电路有 8 个有效状态，构成了有效循环，没有无效状态，因此，如图 5-3 所示时序电路是一个 3 位二进制（模八）同步加法计数器。

由时序图还可看出，若输入计数脉冲的频率为 f_{CP}，则触发器输出端 Q_0、Q_1、Q_2 的脉冲频率依次为$\frac{1}{2}f_{CP}$、$\frac{1}{4}f_{CP}$和$\frac{1}{8}f_{CP}$，即计数器具有分频功能，也把它叫做分频器。

【例 5-2】 画出如图 5-6 所示时序电路的状态表和状态图并分析其逻辑功能。

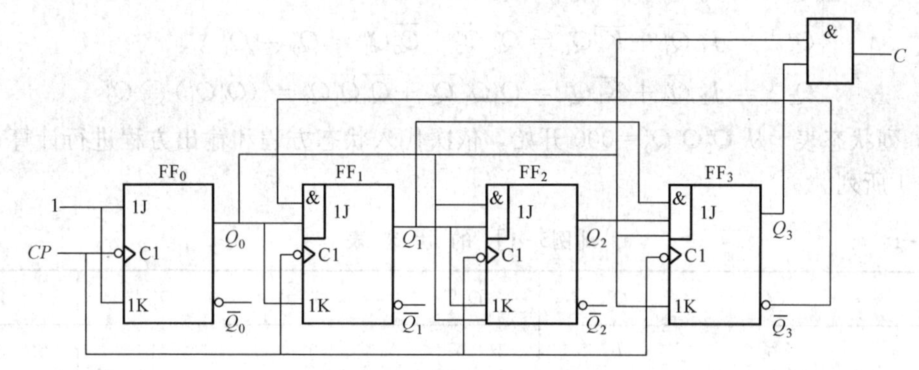

图 5-6 ［例 5-2］逻辑图

解　（1）写方程。

时钟方程　$CP_0 = CP_1 = CP_2 = CP_3 = CP$

输出方程　$C = Q_3^n \cdot Q_0^n$

驱动方程

$$\begin{cases} J_0 = K_0 = 1 \\ J_1 = \overline{Q_3^n} \cdot Q_0^n \qquad K_1 = Q_0^n \\ J_2 = K_2 = Q_1^n \cdot Q_0^n \\ J_3 = Q_2^n \cdot Q_1^n \cdot Q_0^n \qquad K_3 = Q_0^n \end{cases}$$

（2）求状态方程。将各触发器的驱动方程分别代入 JK 触发器的特性方程 $Q^{n+1} = J\overline{Q^n} + \overline{K}Q^n$ 中，即可得到每个触发器的状态方程

$$\begin{cases} Q_0^{n+1} = J_0\,\overline{Q_0^n} + \overline{K_0}Q_0^n = \overline{Q_0^n} \\ Q_1^{n+1} = J_1\,\overline{Q_1^n} + \overline{K_1}Q_1^n = \overline{Q_3^n}Q_0^n\,\overline{Q_1^n} + \overline{Q_0^n}Q_1^n \\ Q_2^{n+1} = J_2\,\overline{Q_2^n} + \overline{K_2}Q_2^n = Q_1^nQ_0^n\,\overline{Q_2^n} + \overline{Q_1^nQ_0^n}Q_2^n = (Q_1^nQ_0^n) \oplus Q_2^n \\ Q_3^{n+1} = J_3\,\overline{Q_3^n} + \overline{K_3}Q_3^n = Q_2^nQ_1^nQ_0^n\,\overline{Q_3^n} + \overline{Q_0^n}Q_3^n \end{cases}$$

（3）列状态表。从 $Q_3^nQ_2^nQ_1^nQ_0^n=0000$ 开始，依次代入状态方程和输出方程进行计算，结果如表 5 - 2 所列。

表 5 - 2　　　　［例 5 - 2］的状态表

Q_3^n	Q_2^n	Q_1^n	Q_0^n	Q_3^{n+1}	Q_2^{n+1}	Q_1^{n+1}	Q_0^{n+1}	C	Q_3^n	Q_2^n	Q_1^n	Q_0^n	Q_3^{n+1}	Q_2^{n+1}	Q_1^{n+1}	Q_0^{n+1}	C
0	0	0	0	0	0	0	1	0	1	0	0	0	1	0	0	1	0
0	0	0	1	0	0	1	0	0	1	0	0	1	0	0	0	0	1
0	0	1	0	0	0	1	1	0	1	0	1	0	1	0	1	1	0
0	0	1	1	0	1	0	0	0	1	0	1	1	0	1	0	0	1
0	1	0	0	0	1	0	1	0	1	1	0	0	1	1	0	1	0
0	1	0	1	0	1	1	0	0	1	1	0	1	0	1	0	0	1
0	1	1	0	0	1	1	1	0	1	1	1	0	1	1	1	1	0
0	1	1	1	1	0	0	0	0	1	1	1	1	0	0	0	0	1

（4）画状态图。根据表 5 - 2 中由现态到次态的转换关系和输出信号 C 的值即可画出状态图，如图 5 - 7 所示。

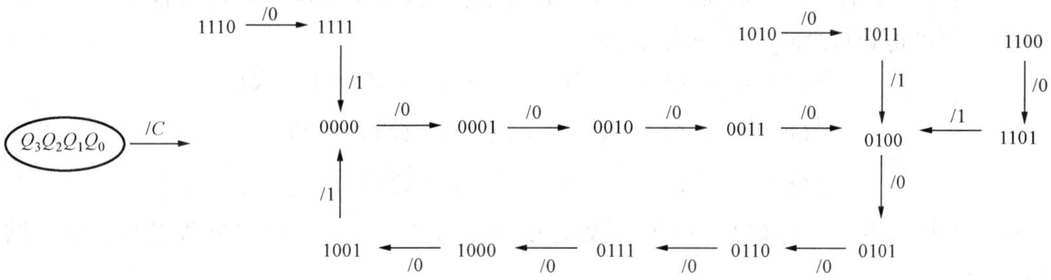

图 5 - 7　［例 5 - 2］的状态图

（5）确定逻辑功能并判断电路能否自启动。在计数器的分类中已讲过，计数过程中使用了的代码状态叫做有效状态，没有使用的状态叫做无效状态。在图 5 - 4 中，1010～1111 即是无效状态。

电路因为某种原因而落入无效状态时，如果在 CP 脉冲操作下可以返回到有效状态，则称为能够自启动。

计数器在输入计数脉冲的作用下，总是循环工作的，在正常情况下，周而复始地在有效状态中的循环叫做有效循环。反之，我们把无效状态中的循环称为无效循环，凡是不能自启动的电路，肯定存在着无效循环，读者在 5.3.3 节中将会看到这种情况。

由图 5 - 7 所示的状态图可知，如图 5 - 6 所示的时序电路是一个 8421 编码的同步十进制（模十）加法计数器，且能够自启动。

需要注意的是，今后在描述计数器的逻辑功能时，除二进制计数器外，都要说明其能否自启动。

【例 5-3】 试画出如图 5-8 所示时序电路的状态图和时序图，说明其逻辑功能。

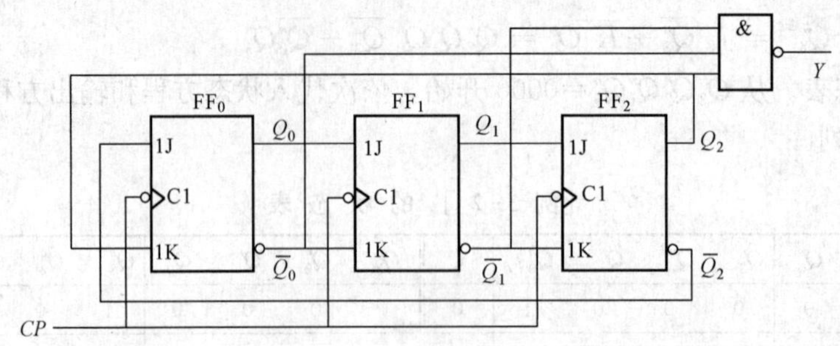

图 5-8 ［例 5-3］逻辑图

解 （1）写方程。

时钟方程 $$CP_0 = CP_1 = CP_2 = CP$$

输出方程 $$Y = \overline{Q_2^n \cdot \overline{Q_1^n} \cdot \overline{Q_0^n}}$$

驱动方程

$$\begin{cases} J_0 = \overline{Q_2^n} & K_0 = Q_2^n \\ J_1 = Q_0^n & K_1 = \overline{Q_0^n} \\ J_2 = Q_1^n & K_2 = \overline{Q_1^n} \end{cases}$$

（2）求状态方程。将各触发器的驱动方程分别代入 JK 触发器的特性方程 $Q^{n+1} = J\overline{Q^n} + \overline{K}Q^n$ 中，即可得到每个触发器的状态方程

$$\begin{cases} Q_0^{n+1} = J_0\overline{Q_0^n} + \overline{K_0}Q_0^n = \overline{Q_2^n}\cdot\overline{Q_0^n} + \overline{Q_2^n}\cdot Q_0^n = \overline{Q_2^n} \\ Q_1^{n+1} = J_1\overline{Q_1^n} + \overline{K_1}Q_1^n = Q_0^n\overline{Q_1^n} + \overline{\overline{Q_0^n}}Q_1^n = Q_0^n \\ Q_2^{n+1} = J_2\overline{Q_2^n} + \overline{K_2}Q_2^n = Q_1^n\overline{Q_2^n} + \overline{\overline{Q_1^n}}Q_2^n = Q_1^n \end{cases}$$

（3）列状态表。从 $Q_2^nQ_1^nQ_0^n = 000$ 开始，依次代入状态方程和输出方程进行计算，结果见表 5-3。

表 5-3 ［例 5-3］的状态表

Q_2^n	Q_1^n	Q_0^n	Q_2^{n+1}	Q_1^{n+1}	Q_0^{n+1}	Y
0	0	0	0	0	1	1
0	0	1	0	1	1	1
0	1	0	1	0	1	1
0	1	1	1	1	1	1
1	0	0	0	0	0	0
1	0	1	0	1	0	1
1	1	0	1	0	0	1
1	1	1	1	1	0	1

（4）画状态图和时序图。根据表 5-3 中现态到次态的转换关系和输出 Y 的值即可画出状态图和时序图，分别如图 5-9 和图 5-10 所示。

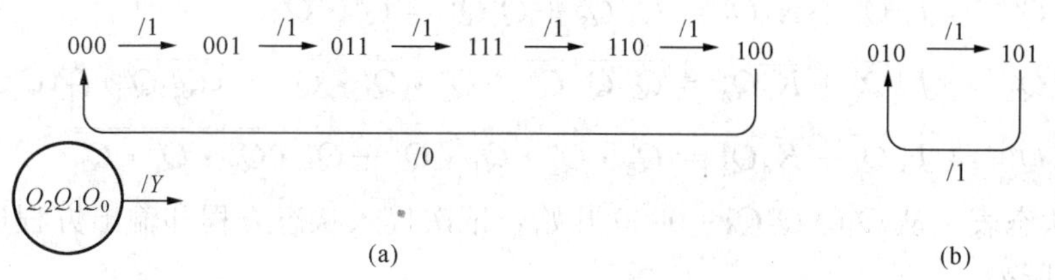

图 5-9　［例 5-3］的状态图

(a) 有效循环；(b) 无效循环

（5）确定逻辑功能并判断电路能否自启动。由状态图和时序图可以看出，如图 5-8 所示的时序电路有 6 个有效状态构成有效循环，两个无效状态构成无效循环，因此该电路是一个六进制（模六）同步计数器，不能自启动。

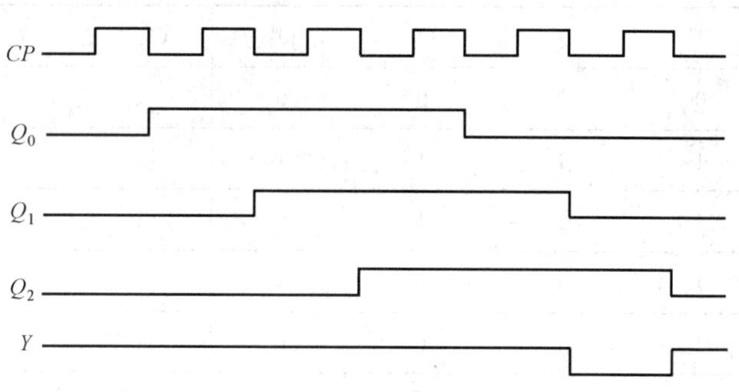

图 5-10　［例 5-3］的时序图

前面列举的例子基本上是加法计数器，如果将加法计数器中接 Q_0、Q_1、Q_2、……的线，改接到 $\overline{Q_0}$、$\overline{Q_1}$、$\overline{Q_2}$、……上，就构成了减计数器，请看下面的例题。

【例 5-4】　分析如图 5-11 所示时序电路的逻辑功能。要求：列出状态表，画出状态图和时序图，说明其逻辑功能。

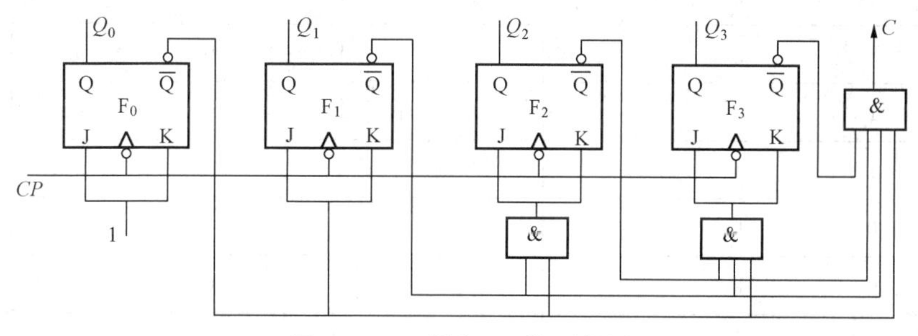

图 5-11　［例 5-4］逻辑图

解　（1）写方程。

时钟方程　$CP_0=CP_1=CP_2=CP_3=CP$

输出方程　$C=\overline{Q_3^n}\cdot\overline{Q_2^n}\cdot\overline{Q_1^n}\cdot\overline{Q_0^n}$

驱动方程

$$\begin{cases} J_0=K_0=1 \\ J_1=K_1=\overline{Q_0^n} \\ J_2=K_2=\overline{Q_0^n}\,\overline{Q_1^n} \\ J_3=K_3=\overline{Q_2^n}\,\overline{Q_1^n}\,\overline{Q_0^n} \end{cases}$$

（2）求状态方程。将各触发器的驱动方程分别代入 JK 触发器的特性方程 $Q^{n+1}=J\,\overline{Q^n}+$

$\overline{K}Q^n$ 中，即可得到每个触发器的状态方程

$$\begin{cases} Q_0^{n+1}=J_0\overline{Q_0^n}+\overline{K_0}Q_0^n=\overline{Q_0^n} \\ Q_1^{n+1}=J_1\overline{Q_1^n}+\overline{K_1}Q_1^n=\overline{Q_1^n}\,\overline{Q_0^n}+Q_1^nQ_0^n=Q_1^n\odot Q_0^n \\ Q_2^{n+1}=J_2\overline{Q_2^n}+\overline{K_2}Q_2^n=\overline{Q_2^n}\,\overline{Q_1^n}\,\overline{Q_0^n}+Q_2^n\cdot\overline{\overline{Q_1^n}\cdot\overline{Q_0^n}}=(\overline{Q_1^n}\,\overline{Q_0^n})\oplus Q_2^n \\ Q_3^{n+1}=J_3\overline{Q_3^n}+\overline{K_3}Q_3^n=\overline{Q_3^n}\cdot\overline{Q_2^n}\cdot\overline{Q_1^n}\cdot\overline{Q_0^n}+Q_3^n\cdot\overline{\overline{Q_2^n}\cdot\overline{Q_1^n}\cdot\overline{Q_0^n}} \end{cases}$$

（3）列状态表。从 $Q_3^nQ_2^nQ_1^nQ_0^n=0000$ 开始，依次代入状态方程和输出方程进行计算，结果如表 5-4 所列。

表 5-4　［例5-4］的状态表

Q_3^n	Q_2^n	Q_1^n	Q_0^n	Q_3^{n+1}	Q_2^{n+1}	Q_1^{n+1}	Q_0^{n+1}	C
0	0	0	0	1	1	1	1	0
1	1	1	1	1	1	1	0	0
1	1	1	0	1	1	0	1	0
1	1	0	1	1	1	0	0	0
1	1	0	0	1	0	1	1	0
1	0	1	1	1	0	1	0	0
1	0	1	0	1	0	0	1	0
1	0	0	1	1	0	0	0	0
1	0	0	0	0	1	1	1	0
0	1	1	1	0	1	1	0	0
0	1	1	0	0	1	0	1	0
0	1	0	1	0	1	0	0	0
0	1	0	0	0	0	1	1	0
0	0	1	1	0	0	1	0	0
0	0	1	0	0	0	0	1	0
0	0	0	1	0	0	0	0	1

（4）画状态图和时序图。根据表 5-4 中现态到次态的转换关系和输出 C 的值即可画出状态图和时序图，分别如图 5-12 和图 5-13 所示。

（5）确定逻辑功能。由状态图和时序图可以看出，该时序电路有 16 个有效状态，构成了有效循环，没有无效循环，在计数过程中按照递减规律进行计数。因此，如图 5-11 所示的时序电路是一个 4 位二进制（模十六）同步减法计数器。

3. 集成同步计数器

（1）4 位二进制同步可逆计数器 74LS193。74LS193 是 4 位同步可逆计数器，它具有异步清零、异步置数、加减可逆的同步计数功能，应用十分便利。

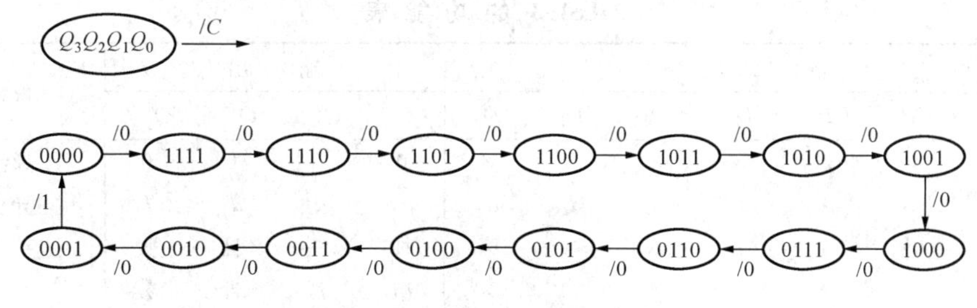

图 5 - 12　[例 5 - 4] 的状态图

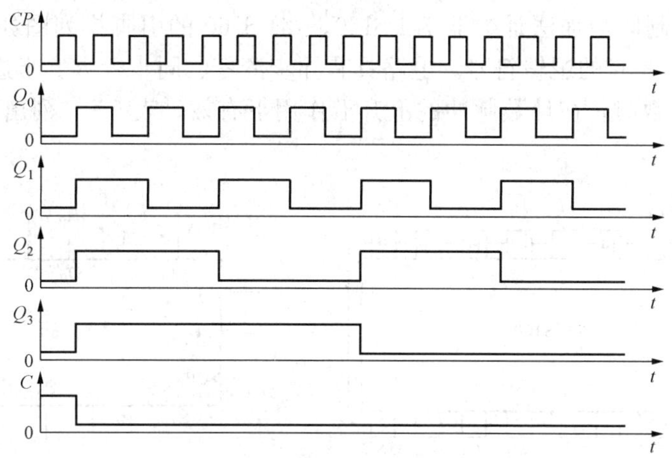

图 5 - 13　[例 5 - 4] 的时序图

图 5 - 14 是它的引脚排列图。其中 $Q_3 \sim Q_0$ 是数码输出端，$D_3 \sim D_0$ 是并行数据输入端（D_0 为最低位，D_3 为最高位）。$\overline{BO}$是借位输出端（减法计数下溢时，输出低电平脉冲），$\overline{CO}$是进位输出端（加法计数上溢时，输出低电平脉冲）。CP_+ 是加法计数时计数脉冲输入端，CP_- 是减法计数时计数脉冲输入端。CR 为置 0 端，高电平有效。$\overline{LD}$为置数控制端，低电平有效。表 5 - 5 是它的功能表，简要说明如下。

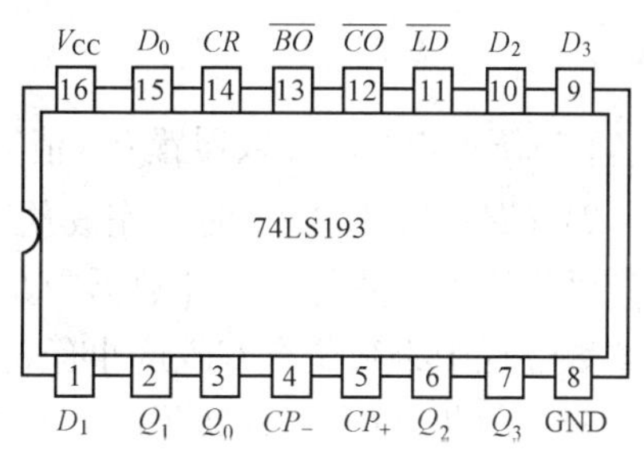

图 5 - 14　74LS193 的引脚排列图

1）$CR=1$ 时，不论 CP_+、CP_-、$D_3 \sim D_0$ 为何种状态，计数器清零。由于清零时不需要 CP 脉冲有效沿的作用，因此属于异步清零方式。

2）$CR=0$ 时，计数器的工作状态由$\overline{LD}$、CP_+、CP_-决定，具体而言：

当$\overline{LD}=0$ 时，不论 CP_+、CP_- 的状态如何，计数器进行置数操作，输出端 $Q_3 \sim Q_0$ 的状态与数据输入端 $D_3 \sim D_0$ 的状态相同，即 $Q_3Q_2Q_1Q_0=d_3d_2d_1d_0$，从而达到预置数码的目的。由于在置数过程中不需要 CP 脉冲有效沿的作用，因此属异步置数方式。

当$\overline{LD}=1$ 时，若计数脉冲从 CP_+ 输入，计数器进行加法计数；若计数脉冲从 CP_- 输入，计数器进行减法计数。可见，74LS193 具有加减可逆计数功能。无论哪种方式计数，都是同步进行的。

表 5-5 74LS193 的功能表

输入								输出				说明
CR	$\overline{LD}$	CP_+	CP_-	D_3	D_2	D_1	D_0	Q_3^{n+1}	Q_2^{n+1}	Q_1^{n+1}	Q_0^{n+1}	
1	×	×	×	×	×	×	×	0	0	0	0	异步清零
0	0	×	×	d_3	d_2	d_1	d_0	d_3	d_2	d_1	d_0	异步置数
0	1	↑	1	×	×	×	×	加	法	计	数	
0	1	1	↑	×	×	×	×	减	法	计	数	
0	1	1	1	×	×	×	×	保			持	

(2) 4 位十进制同步加法计数器 74LS160。74LS160 的引脚排列图如图 5-15 (a) 所示，图 5-15 (b) 是它的逻辑符号。电路具有异步清零、同步置数、十进制计数以及保持原态 4 项功能。计数时，在计数脉冲的上升沿作用下有效。表 5-6 列出了它的主要功能。说明如下：

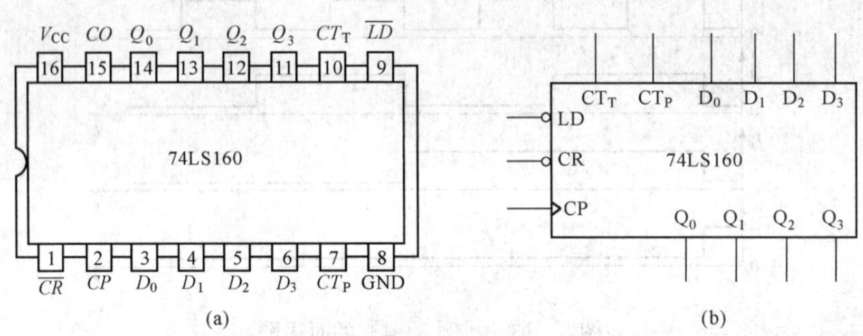

图 5-15 集成计数器 74LS160

(a) 引脚排列图；(b) 逻辑符号

1) $\overline{CR}=0$ 时，计数器置 0（清零），使 $Q_3Q_2Q_1Q_0=0000$。

2) $\overline{CR}=1$，$\overline{LD}=0$ 时，完成预置数码的功能，数据输入端的数据 $d_3\sim d_0$，在 CP 脉冲上升沿作用下，并行存入计数器中，使 $Q_3Q_2Q_1Q_0=d_3d_2d_1d_0$，达到预置数据的目的。由于在置数过程中必须要有 CP 脉冲有效沿的作用，因此属同步置数方式。

3) 当 $\overline{CR}=\overline{LD}=1$，$CT_P=CT_T=1$ 时，计数器进行加法计数。计数满十，从 CO 端送出正跳变进位脉冲。

4) 当 $\overline{CR}=\overline{LD}=1$，且 $CT_P\cdot CT_T=0$ 时，不论其余各输入端的状态如何，计数器将保持原状态不变。

表 5-6 74LS160 的功能表

输入									输出				说明
$\overline{CR}$	$\overline{LD}$	CP_P	CP_T	CP	D_3	D_2	D_1	D_0	Q_3^{n+1}	Q_2^{n+1}	Q_1^{n+1}	Q_0^{n+1}	
0	×	×	×	×	×	×	×	×	0	0	0	0	异步清零
1	0	×	×	↑	d_3	d_2	d_1	d_0	d_3	d_2	d_1	d_0	同步置数
1	1	1	1	↑	×	×	×	×	加	法	计	数	
1	1	0	×	×	×	×	×	×	保			持	
1	1	×	0	×	×	×	×	×	保			持	

(3) 4 位二进制同步加法计数器 74LS161。74LS161 的引脚排列图如图 5-16 (a) 所示，图 5-16 (b) 是它的逻辑符号。电路具有异步清零、同步置数、二进制进制计数以及保持原态 4 项功能。计数时，在计数脉冲的上升沿作用下有效。表 5-7 列出了它的主要功能。

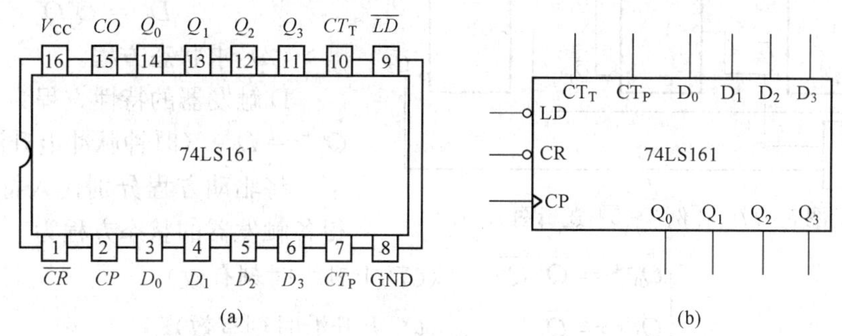

图 5-16　集成计数器 74LS161

(a) 引脚排列图；(b) 逻辑符号

74LS161 与 74LS160 的功能端基本相同，也是异步清零、同步置数，$\overline{CR}$、$\overline{LD}$ 也是低电平有效，而且 $CT_P \cdot CT_T = 1$ 时进行计数，CP 为上升沿触发。不同之处在于，74LS161 是 4 位二进制计数器，计数长度是 16，共有 0000～1111 十六个有效状态，没有无效状态，而 74LS160 是 4 位十进制计数器，计数长度是 10，有 0000～1001 十个有效状态和 1010～1111 六个无效状态。

表 5-7　　74161 和 74LS161 的功能表

输入									输出					说明
$\overline{CR}$	$\overline{LD}$	CT_P	CT_T	CP	D_0	D_1	D_2	D_3	Q_0^{n+1}	Q_1^{n+1}	Q_2^{n+1}	Q_3^{n+1}	CO	
0	×	×	×	×	×	×	×	×	0	0	0	0	0	异步清零
1	0	×	×	↑	d_0	d_1	d_2	d_3	d_0	d_1	d_2	d_3		同步置数
1	1	1	1	↑	×	×	×	×	计			数		$CO=Q_3^nQ_2^nQ_1^nQ_0^n$
1	1	0	×	×	×	×	×	×	保			持		$CO=CT_TQ_3^nQ_2^nQ_1^nQ_0^n$
1	1	×	0	×	×	×	×	×	保			持	0	

此外，常用的还有 4 位二进制同步加法计数器 74LS163，它与 74LS161 唯一的区别就在于，74LS163 是同步清零。

5.2.3　异步计数器

1. 异步计数器逻辑功能分析

异步计数器中各级触发器的时钟脉冲并不都来源于计数脉冲 CP，各级触发器的状态转换不是同步的，因此，在分析异步计数器时，要注意各级触发器的时钟信号，以确定其状态转换时刻。下面通过几道例题说明异步计数器的分析方法和计数原理。

【例 5-5】　分析如图 5-17 所示时序电路的逻辑功能。

解　(1) 写方程。

时钟方程　　$CP_0 = CP_2 = CP$　　　　$CP_1 = \overline{Q_0^n}$

与同步计数器不同，异步计数器的时钟信号来源不同，因此其时钟方程不可省略。

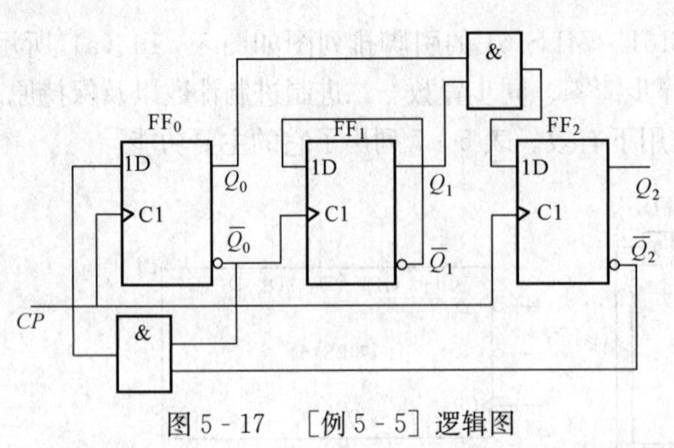

图 5-17　[例 5-5] 逻辑图

驱动方程

$$\begin{cases} D_0 = \overline{Q_2^n}\,\overline{Q_0^n} \\ D_1 = \overline{Q_1^n} \\ D_2 = Q_1^n Q_0^n \end{cases}$$

(2) 求状态方程。

D 触发器的特性方程为

$Q^{n+1}=D$　（时钟脉冲上升沿时刻有效）

将驱动方程分别代入特性方程，可得各触发器的状态方程为

$$\begin{cases} Q_0^{n+1} = \overline{Q_2^n}\,\overline{Q_0^n} & (CP\ \text{上升沿时刻有效}) \\ Q_1^{n+1} = \overline{Q_1^n} & (\overline{Q_0^n}\ \text{上升沿时刻有效}) \\ Q_2^{n+1} = Q_1^n Q_0^n & (CP\ \text{上升沿时刻有效}) \end{cases}$$

(3) 列状态表。从 $Q_2^nQ_1^nQ_0^n=000$ 开始，依次代入状态方程进行计算，结果如表 5-8 所列。

表 5-8　[例 5-5] 的状态表

现态			次态			注		
Q_2^n	Q_1^n	Q_0^n	Q_2^{n+1}	Q_1^{n+1}	Q_0^{n+1}	时钟条件		
0	0	0	0	0	1	CP_0		CP_2
0	0	1	0	1	0	CP_0	CP_1	CP_2
0	1	0	0	1	1	CP_0		CP_2
0	1	1	1	0	0	CP_0	CP_1	CP_2
1	0	0	0	0	0	CP_0		CP_2
1	0	1	0	1	0	CP_0	CP_1	CP_2
1	1	0	0	1	0	CP_0		CP_2
1	1	1	1	0	0	CP_0	CP_1	CP_2

(4) 画状态图。根据表 5-8 中现态到次态的转换关系即可画出状态图，如图 5-18 所示。

(5) 画时序图。在如图 5-19 所示的时序图中，把 $\overline{Q_0}$ 的波形也画出来了，以便能更清晰地反映 FF_1 翻转与否完全取决于 $\overline{Q_0}$ 的上升沿。另外，画时序图时，无效状态一般不画出来。

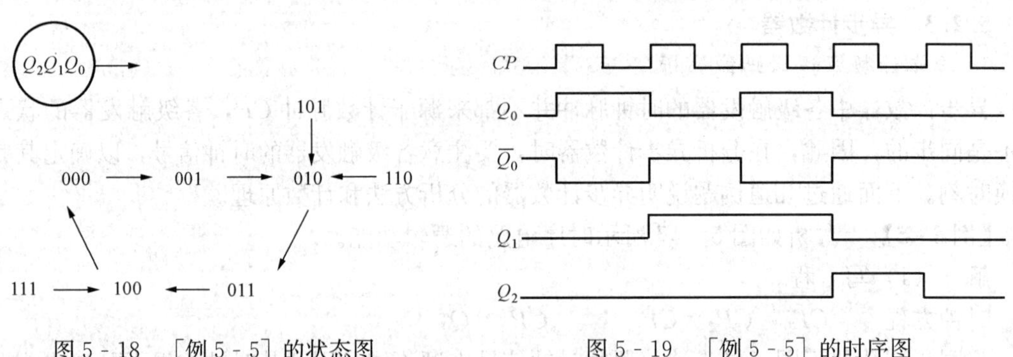

图 5-18　[例 5-5] 的状态图　　图 5-19　[例 5-5] 的时序图

注意：在分析时序电路的逻辑功能时，时序图可以不必画出，本题画出的目的是为了说明时序电路时序图的画法。

（6）确定逻辑功能。从如图 5 - 18 所示的状态图可以清楚地看出，如图 5 - 17 所示的时序电路是一个 3 位异步五进制（模五）加法计数器，而且能够自启动。

【例 5 - 6】　试分析如图 5 - 20（a）所示的电路，画出在如图 5 - 20（b）所示的输入信号作用下，电路输出端 F 的波形图。

解　该电路由 3 个下降沿触发的边沿 JK 触发器和数据选择器 74HC151 组成，3 个 JK 触发器组成异步时序电路。

（1）各触发器时钟信号表达式分别为

$$CP_0 = CP \text{（下降沿触发）}$$

$$CP_1 = Q_0^n \text{（下降沿触发）}$$

$$CP_2 = Q_1^n \text{（下降沿触发）}$$

各触发器的驱动方程为

$$J_i = K_i = 1 \quad (i = 0,1,2)$$

各触发器的状态方程为

$$Q_0^{n+1} = \overline{Q_0^n} (CP \text{ 由 } 1 \rightarrow 0 \text{ 时，此式有效})$$

$$Q_1^{n+1} = \overline{Q_1^n} (Q_0^n \text{ 由 } 1 \rightarrow 0 \text{ 时，此式有效})$$

$$Q_2^{n+1} = \overline{Q_2^n} (Q_1^n \text{ 由 } 1 \rightarrow 0 \text{ 时，此式有效})$$

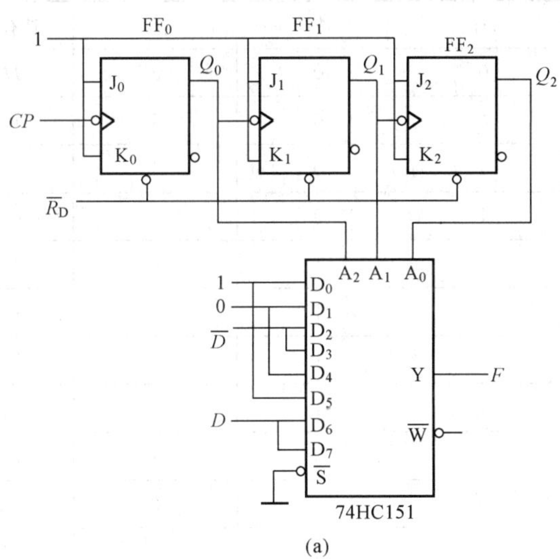

(a)

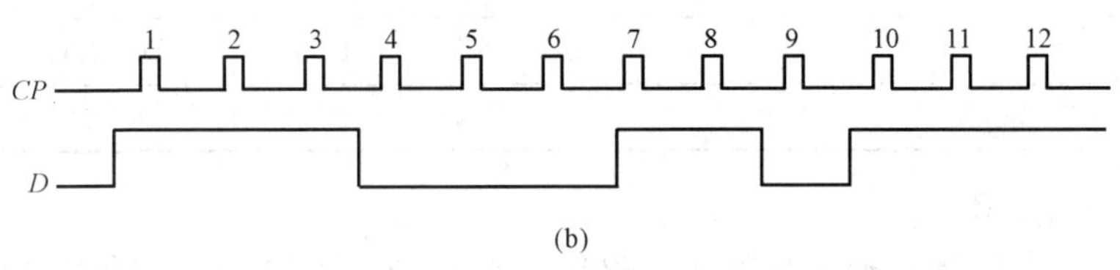

(b)

图 5 - 20　［例 5 - 6］图

（a）时序电路；（b）输入信号波形

（2）根据如图 5 - 20（b）所示的输入信号波形以及上述时钟方程及状态方程，列出状态转换表如表 5 - 9 所列。

表 5-9 ［例 5-6］状态转换表

CP	Q_2^n	Q_1^n	Q_0^n	CP_0	CP_1	CP_2	Q_2^{n+1}	Q_1^{n+1}	Q_0^{n+1}
1	0	0	0	↓	0	0	0	0	1
2	0	0	1	↓	↓	0	0	1	0
3	0	1	0	↓	1	1	0	1	1
4	0	1	1	↓	↓	↓	1	0	0
5	1	0	0	↓	1	0	1	0	1
6	1	0	1	↓	↓	1	1	1	0
7	1	1	0	↓	1	1	1	1	1
8	1	1	1	↓	↓	↓	0	0	0
9	0	0	0	↓	1	0	0	0	1
10	0	0	1	↓	↓	1	0	1	0
11	0	1	0	↓	1	1	0	1	1
12	0	1	1	↓	↓	↓	1	0	0

（3）根据如图 5-20（b）所示的输入信号波形及 $Q_2^nQ_1^nQ_0^n$ 的状态，列出 8 选 1 数据选择器的输入、输出关系，如表 5-10 所列，从中可推导出如图 5-21 所示的波形。

表 5-10 数据选择器的函数表

CP	A_2	A_1	A_0	D	选择的输入	F
0	0	0	0	1	D_0（1）	1
1	1	0	0	1	D_4（0）	0
2	0	1	0	1	D_2（$\overline{D}$）	0
3	1	1	0	1	D_6（D）	1
4	0	0	1	0	D_1（0）	0
5	1	0	1	0	D_5（1）	1
6	0	1	1	0	D_3（$\overline{D}$）	1
7	1	1	1	1	D_7（D）	1
8	0	0	0	1	D_0（1）	1
9	1	0	0	0	D_4（0）	0
10	0	1	0	1	D_2（$\overline{D}$）	0
11	1	1	0	1	D_6（D）	1
12	0	0	1	1	D_1（0）	0

2. 集成异步计数器

（1）集成 4 位二进制异步计数器 74LS293。图 5-22 是 74LS293 的引脚排列图。其中 $Q_3 \sim Q_0$ 是输出端，R_{OA}、R_{OB} 为复位端，NC 为空脚。表 5-11 是它的功能表。现说明如下：

1）当 $R_{OA}=R_{OB}=1$ 时，不论 CP_0、CP_1 为何种状态，$Q_3Q_2Q_1Q_0=0000$，计数器清零。

2）当 $R_{OA}=0$，或者 $R_{OB}=0$ 时，电路在 $\overline{CP_0}$、$\overline{CP_1}$ 的脉冲下降沿作用下，进行计数操

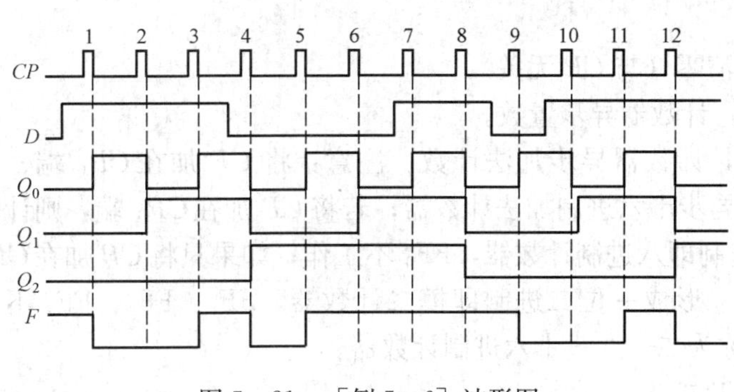

图 5-21　［例 5-6］波形图

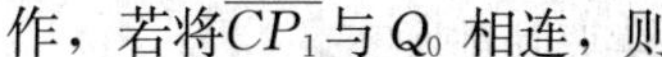
作，若将$\overline{CP_1}$与 Q_0 相连，则

1）计数脉冲从$\overline{CP_0}$端输入，数据从 Q_3、Q_2、Q_1、Q_0 端输出，电路为 4 位异步二进制加法计数器。

2）计数脉冲从$\overline{CP_1}$端输入，数据从 Q_3、Q_2、Q_1 端输出，电路为 3 位异步二进制加法计数器。

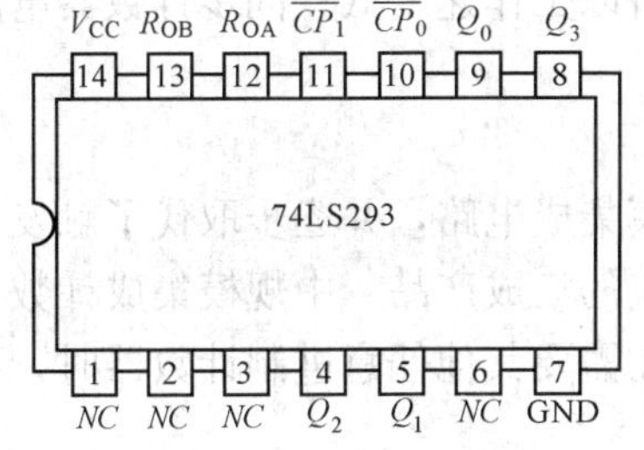

图 5-22　74LS293 的引脚排列图

表 5-11　　74LS293 的功能表

输入			输出			
R_{OA}	R_{OB}	CP	Q_3^{n+1}	Q_2^{n+1}	Q_1^{n+1}	Q_0^{n+1}
1	1	×	0	0	0	0
0	×	↓	加法计数			
×	0	↓	加法计数			

（2）集成 4 位二进制异步计数器 74197、74LS197。集成 4 位二进制异步计数器 74197、74LS197 的引脚排列图和逻辑符号如图 5-23（a）和（b）所示。$\overline{CR}$是异步清零端，$CT/\overline{LD}$是计数和置数控制端，CP_0 是触发器 FF_0 的时钟输入端，CP_1 是触发器 FF_1 的时钟输入端，$D_0 \sim D_3$ 是并行数据输入端，$Q_0 \sim Q_3$ 是计数器状态输出端。

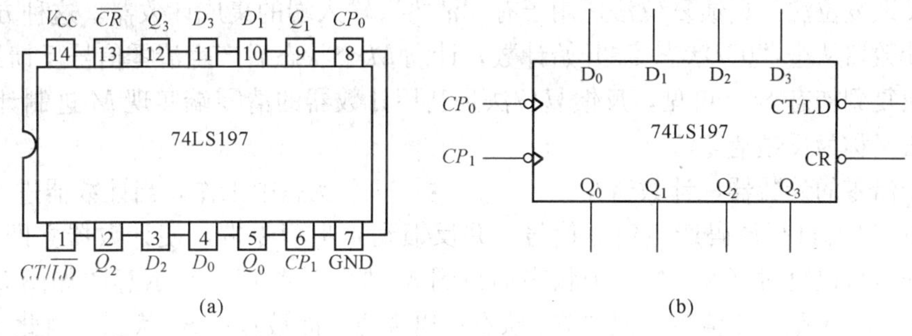

图 5-23　集成异步计数器 74197 和 74LS197

（a）引脚排列图；（b）逻辑符号

74197、74LS197 的功能表如表 5-12 所列。

表 5-12　　74197、74LS197 的功能表

输入							输出				说明
$\overline{CR}$	$CT/\overline{LD}$	CP	D_3	D_2	D_1	D_0	Q_3^{n+1}	Q_2^{n+1}	Q_1^{n+1}	Q_0^{n+1}	
0	×	×	×	×	×	×	0	0	0	0	清　零
1	0	×	d_3	d_2	d_1	d_0	d_3	d_2	d_1	d_0	置　数
1	1	↓	×	×	×	×	计　数				$CP_0=CP$　$CP_1=Q_0$

主要功能如下：

(1) 当$\overline{CR}=0$时，计数器异步清零（与CP无关）。

(2) 当$\overline{CR}=1$、$CT/\overline{LD}=0$时，计数器异步置数。

(3) 当$\overline{CR}=1$、$CT/\overline{LD}=1$时，计数器异步加法计数。注意：将CP加在CP_0端、与CP_1连接起来，构成4位二进制即异步十六进制加法计数器；若将CP加在CP_1端，则计数器中FF_1、FF_2、FF_3构成3位二进制即八进制计数器，FF_0不工作；如果只将CP加在CP_0端，CP_1接0或1，那么FF_0工作，形成一位二进制即模二计数器，FF_1、FF_2、FF_3不工作。因此，也把74197、74LS197称为二—八—十六进制计数器。

3. 异步计数器与同步计数器的比较

异步计数器的结构简单，但由于各触发器异步翻转，所以工作速度低；同步计数器电路结构复杂，但工作速度快。

5.2.4 集成计数器构成N进制计数器的方法

目前，尽管各种不同逻辑功能的计数器已经做成中规模集成电路，并逐步取代了触发器组成的计数器，但不可能做到任一进制的计数器都有其对应的集成产品。中规模集成计数器常用的定型产品有4位二进制计数器、十进制计数器等。在需要其他任意进制计数器时，可用已有的计数器产品外加适当的反馈电路连接而成。

用现有的N进制集成计数器构成M进制计数器时，如果$N>M$，则只需一片N进制计数器；如果$N<M$，则要多片N进制计数器。

1. $M<N$

在N进制计数器的顺序计数过程中，设法使之跳过$(N-M)$个状态，只在M个状态中循环就可以了。实现M进制计数器的基本方法有两种：反馈复位法和反馈置数法。

(1) 反馈复位法。反馈复位法适用于有“清零”输入端的集成计数器。这种方法的基本思想是：计数器从全“0”状态S_0开始计数，计满M个状态后产生清零信号反馈给清零端，使计数器恢复到初态S_0。可见，反馈复位法是利用计数器的清零端实现M进制计数的，因此这种方法又称为反馈清零法。

对异步清零的计数器，计数器在$S_0 \sim S_{M-1}$共M个状态中工作，当计数器进入S_M状态时，利用S_M状态进行译码产生清零信号，并反馈到异步清零端，使计数器立即返回到S_0状态，这样就可以跳过$(N-M)$个状态而得到M进制计数器，其示意图如图5-24(a)中虚线所示。由于是异步清零，只要S_M状态一出现便立即被置成S_0状态，因此S_M状态只在极短的瞬间出现，通常称它为过渡态。在计数器的稳定状态循环中不包括S_M状态。

对同步清零的计数器（即清零信号和时钟信号同时有效才清零），则利用S_{M-1}状态译码产生清零信号，并反馈到同步清零端，到下一个CP脉冲到来时完成清零，使计数器返回到初态S_0。可见，同步清零没有过渡状态，其示意图如图5-24(a)中实线所示。

(2) 反馈置数法。反馈置数法适用于有预置数功能的集成计数器。置数法和清零法不同，对于置数法，计数器不一定从全“0”状态S_0开始计数，可以通过预置数功能使计数器从某个预置状态S_i开始计数，计满M个状态后产生置数信号并反馈给置数端，使计数器又进入预状态S_i，然后重复上述过程，其示意图如图5-24(b)所示。

对异步预置数功能的计数器，计数信号应从S_{i+M}状态一出现，置数信号有效，立即就将输入端的预置数置入计数器，它不受CP脉冲的控制，所以S_{i+M}状态只在极短的时间出

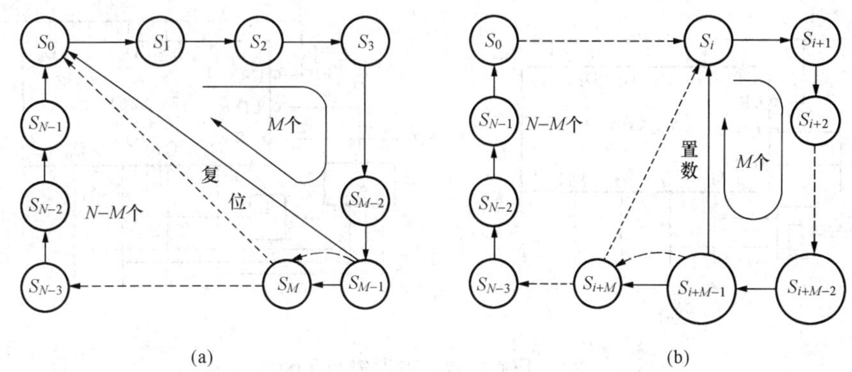

图 5 - 24　实现任意进制计数器的两种方法

(a) 反馈清零法；(b) 反馈置数法

现，稳定状态循环中不包含 S_{i+M} 状态，即 S_{i+M} 状态也是过渡态，其示意图如图 5 - 24 (b) 中虚线所示。

对同步预置数功能的计数器，置数信号应从 S_{i+M-1} 状态中译出，等下一个 CP 脉冲到来时，才将输入端的预置数置入计数器，其示意图如图 5 - 24 (b) 中实线所示。

【例 5 - 7】　试用同步 4 位二进制计数器 74LS161 实现十三进制加法计数器（提示：74LS161 为异步清零、同步置数）。

解　(1) 用反馈复位法实现。首先画出 74LS161 的状态转换图，如图 5 - 25 所示，由于 74LS161 是异步清零，因此为实现十三进制计数器，应在 74LS161 从 0000 计数到 1101 时，跳过 1101、1110、1111 三个状态，如图中虚线所示。而 1101 为过渡态，最终应将 1101 态通过反馈电路变成一个低电平信号送给清零端（因为 74LS161 的清零端低电平有效），电路连线如图 5 - 26 所示。由于本题是用清零端 $\overline{CR}$ 实现的，因此并行数据输入端 D_3、D_2、D_1、D_0 没有用上，将其悬空即可，如图 5 - 26 所示。

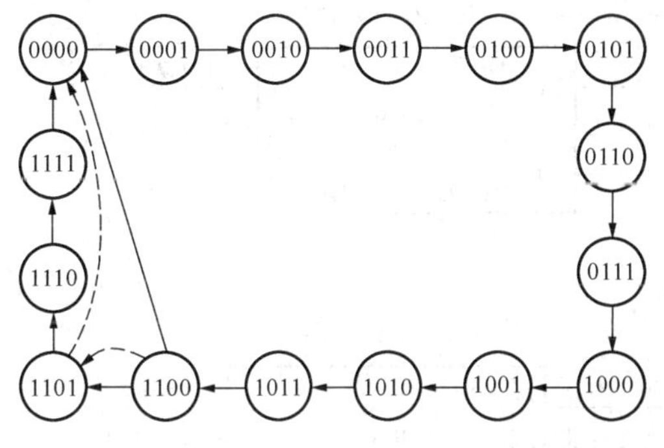

图 5 - 25　74LS161 的状态转换图

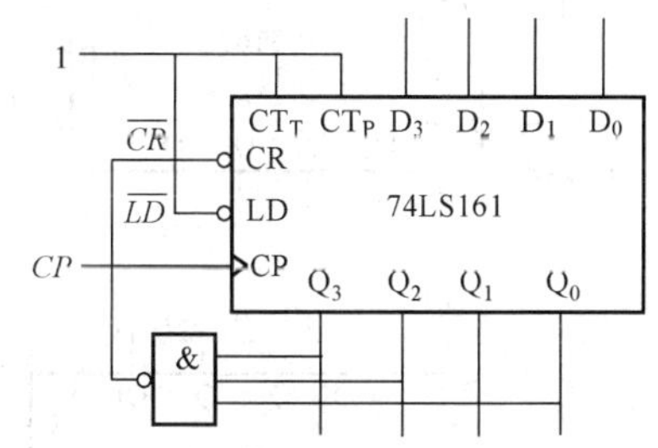

图 5 - 26　［例 5 - 7］反馈清零法的连线图

(2) 用反馈置数法实现。用反馈置数法实现时，计数初态可以是 0000～1111 中的任一个状态。下面分别选取计数器计数初态为 0000 和 1111，如图 5 - 27 (a)、(b) 所示。这时要注意计数器并行数据输入端 $D_3D_2D_1D_0$ 及反馈电路的不同连接方法。

2. $M>N$

当 $M>N$ 时，必须将多片计数器级联，才能实现 M 进制计数器。常用的方法有两种：

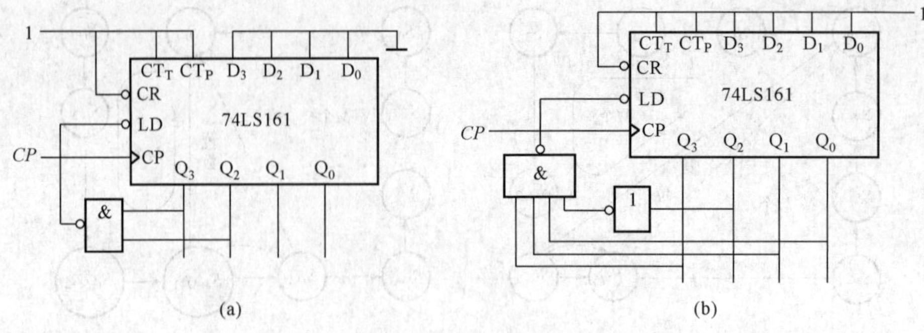

图 5-27 ［例 5-7］反馈置数法的连线图

(a) 计数初态为 0000；(b) 计数初态为 1111

（1）整体置数法。先将 n 片计数器级联组成 N^n（$N^n>M$）进制计数器，然后采用整体清零或整体置数的方法实现 M 进制计数器。值得注意的是，多片计数器级联时，其总的计数容量为各级计数容量的乘积。

（2）分解法。将 M 分解为 $M=M_1\times M_2\times\cdots\times M_n$，其中，$M_1$、$M_2$、…、$M_n$ 均不大于 N，用 n 片计数器分别组成 M_1、M_2、…、M_n 进制的计数器，然后再将它们级联构成 M 进制计数器。

芯片之间的级联有串行进位方式和并行进位方式。在串行进位方式中，以低位片的进位输出信号作为高位片的时钟输入信号。在并行进位方式中，以低位片的进位输出信号作为高位片的工作状态控制信号。

【例 5-8】 试用 74LS160 构成百进制计数器。

解 74LS160 是十进制加法计数器，具有异步清零、同步置数功能。由题目可知，$M=100$，$N=10$，因为 $M>N$，且 $100=10\times10$，所以用两片 74LS160 即可构成百进制计数器。图 5-28（a）是串行进位方式连接的计数器。其中片（1）的进位输出信号 C 经反向器

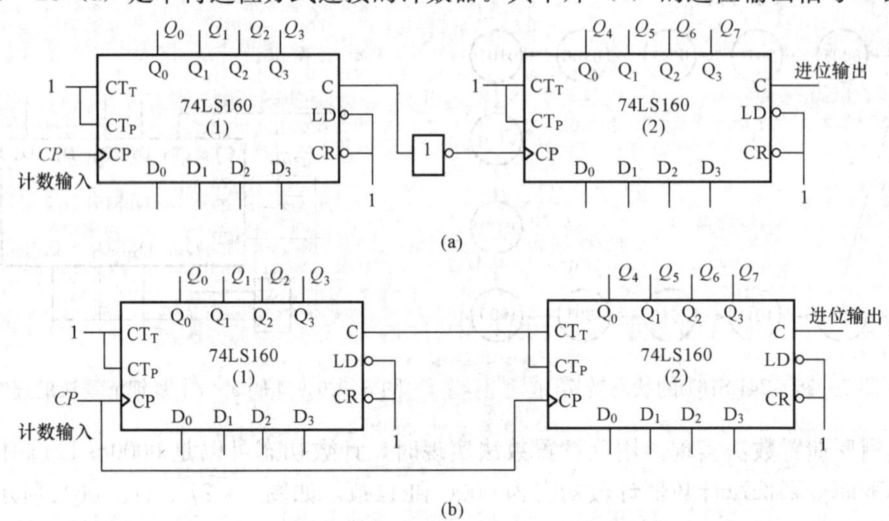

图 5-28 ［例 5-8］的连接图

(a) 串行进位方式；(b) 并行进位方式

后作为片（2）的计数脉冲 CP_2，显然这样连接构成的是异步计数器。虽然两片的 CT_T、CT_P 都为 1，都工作在计数状态，但是只有当片（1）由 1001 变为 0000 状态，使进位信号 C 由 1 变为 0（CP_2 由 0 变为 1），片（2）才能计入一个脉冲，其他情况下，片（2）都将保持原来状态不变。

图 5－28（b）是并行进位方式连接的计数器。两片的 CP 端均与计数脉冲相连，所以是同步计数器。低位片（1）的 CT_T、CT_P 都为 1，因而它总是处于计数状态，进位输出 C 作为高位片（2）的 CT_T 和 CT_P 输入，每当片（1）计成 1001（十进制数 9）时 C 变为 1，片（2）才能处于计数状态，下一个计数脉冲 CP 作用后，片（2）计入 1 个脉冲，同时片（1）由 1001（9）状态变成 0000（十进制数 0）状态，它的 C 端信号也随之变成 0，使片（2）停止计数。

【例 5－9】 试用两片 74LS160 接成五十四进制计数器。

解 $M=54$

（1）整体置数法。图 5－29（a）是整体置数法实现的五十四进制计数器连接电路图。首先将两片 74LS160 级联成百进制计数器，在此基础上再用置数法连成五十四进制计数器。

（2）分解法。将 M 分解为 $54=6\times9$，用两片 74LS160 分别组成六进制和九进制计数器，然后级联组成 $M=54$ 进制计数器，其逻辑图如图 5－29（b）所示。

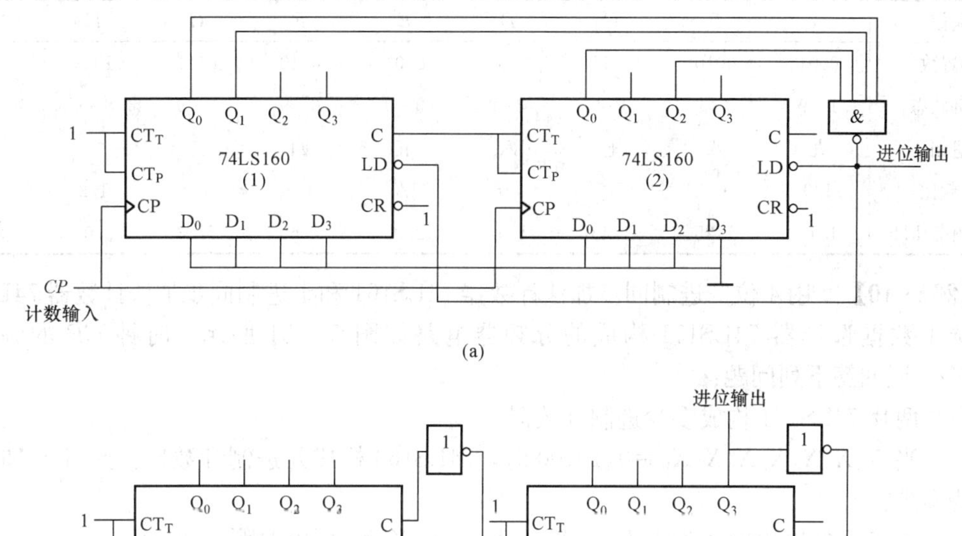

图 5－29 ［例 5－9］的连接图

（a）整体置数法；（b）分解法

5.2.5 计数器应用电路举例

如图 5－30 所示的电路是用二—十进制优先编码器 74LS147 和同步十进制计数器 74160 组成的可控分频器电路。当 74160 的状态为十进制 9 时，其进位输出 $C=1$，反相器输出低

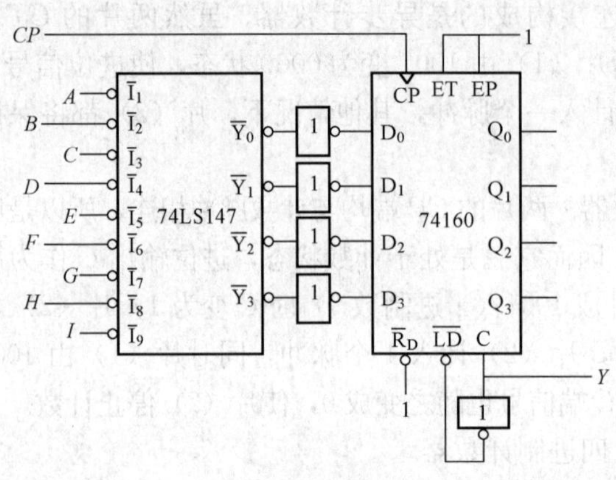

图 5-30 可控分频器电路

电平，$\overline{LD}=0$，74160 工作在预置数方式，此时有 $Q_3^{n+1}Q_2^{n+1}Q_1^{n+1}Q_0^{n+1}=D_3D_2D_1D_0=Y_3Y_2Y_1Y_0$。当输入控制信号 A、B、C、D、E、F、G、H、I 分别为低电平时，计数器的工作情况如表 5-13 所示。例如，当输入控制信号 A 为低电平时，$Y_3Y_2Y_1Y_0=0001$，74160 将被预置成十进制数 1，故计数循环包括 1、2、3、4、5、6、7、8、9 九个状态，计数器被配置成九进制，输出信号频率与时钟脉冲频率之比为 1/9，输出信号频率约为 1.11kHz。

值得注意的是，当输入控制信号 I 为低电平时，$Y_3Y_2Y_1Y_0=1001$，74160 的状态将保持为 9 不变，输出波形是直流而不是周期性脉冲，故输出频率为 0。

表 5-13　　计数器配置与输入控制信号的关系

控制信号	A	B	C	D	E	F	G	H	I
预置数	0001	0010	0011	0100	0101	0110	0111	1000	1001
循环状态	1-9	2-9	3-9	4-9	5-9	6-9	7-9	8-9	9
进制	九	八	七	六	五	四	三	二	一
分频比	1/9	1/8	1/7	1/6	1/5	1/4	1/3	1/2	0
输出频率/kHz	1.11	1.25	1.43	1.67	2.00	2.50	3.33	5.00	0

【例 5-10】 用 4 位二进制同步加法计数器 74LS161 和十进制同步加法计数器 74LS160 及 8 选 1 数据选择器 74LS151 构成的分频器电路如图 5-31 所示，时钟 CP 的频率为 256kHz，试回答下列问题：

(1) 两片 74LS161 构成多少进制计数器？

(2) 当 $X_6X_5X_4X_3X_2X_1X_0=0110100$ 时，74LS160 构成几进制计数器？此时 Y 和 Z 的频率为多少？

(3) 欲使 Z 的输出频率为 1kHz，$X_6X_5X_4X_3X_2X_1X_0$ 可以取哪些数值？

(4) 求 Z 的输出频率范围。

解 (1) 两片 74LS161 的 $\overline{CR}$ 和 $\overline{LD}$ 输入端均悬空，相当于接高电平，因此不会工作在异步清零和同步置数方式。又因为两片 74LS161 按照同步方式级联，所以它们构成二百五十六进制计数器。

(2) 74LS160 按照程控计数方式连接，当 $X_6X_5X_4X_3X_2X_1X_0=0110100$ 时，74LS160 构成四进制计数器。此时 Y 选择右侧 74LS161 的 Q_3 端输出，为 CP 频率的 32 分频，因此 Y 和 Z 的频率分别为

$$f_Y=\frac{f_{CP}}{32}=\frac{256}{32}=8(\text{kHz})$$

$$f_Z=\frac{f_Y}{4}=\frac{8}{4}=2(\text{kHz})$$

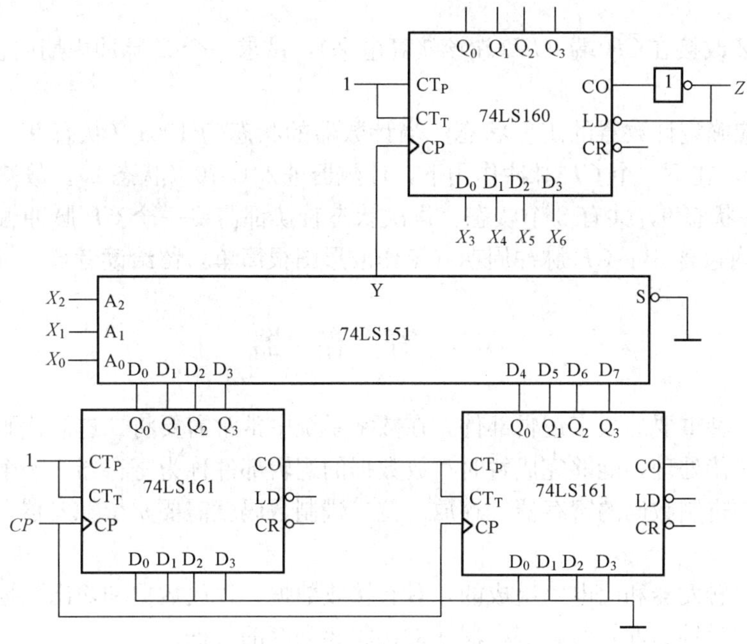

图 5 - 31　［例 5 - 10］逻辑图

（3）欲使 Z 的输出频率为 1kHz，总的分频次数必须是 256。由于 Y 是从两片 74LS161 的 8 个 Q 端输出中选择 1 个输出，因此，Y 输出频率只能是时钟 CP 频率的 2 分频、4 分频、8 分频、16 分频、32 分频、64 分频、128 分频和 256 分频，而 74LS160 的分频次数为 2～10。因此，综合来看，只能选择下列分频组合：

74LS160 为 2 分频，Y 为 128 分频，即 $X_6X_5X_4X_3X_2X_1X_0=1000110$；

74LS160 为 4 分频，Y 为 64 分频，即 $X_6X_5X_4X_3X_2X_1X_0=0110101$；

74LS160 为 8 分频，Y 为 32 分频，即 $X_6X_5X_4X_3X_2X_1X_0=0010100$。

（4）当 $X_6X_5X_4X_3X_2X_1X_0=0000111$ 时，整个分频器的分频次数最大，为 256×10 分频，此时 Z 的输出频率最低；当 $X_6X_5X_4X_3X_2X_1X_0=1000000$ 时，整个分频器的分频次数最小，为 2×2 分频，此时 Z 的输出频率最高。因此

$$f_{Z\min}=\frac{f_{CP}}{256\times10}=\frac{256(\text{kHz})}{2560}=100(\text{Hz})$$

$$f_{Z\max}=\frac{f_{CP}}{2\times2}=\frac{256(\text{kHz})}{4}=64(\text{kHz})$$

所以，Z 的输出频率范围为 100Hz～64kHz。

【例 5 - 11】　由 4 位比较器 74LS85 和 4 位二进制计数器 74LS161 构成定时电路，如图 5 - 32 所示。Z 为输出端，设比较器的输入端 $A_3A_2A_1A_0$ 接固定电平 1001；计数器的数据输入端 $D_3D_2D_1D_0$ 预置在 0010。

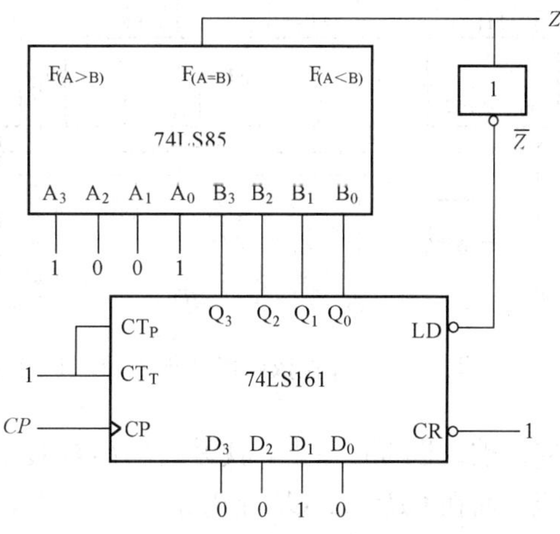

图 5 - 32　［例 5 - 11］逻辑图

（1）一个 Z 脉冲周期内包含多少个 CP 脉

冲周期？

(2) 若将 $\overline{Z}$ 改接在 $\overline{CR}$ 端（$\overline{LD}$ 端该接高电平），试求一个 Z 脉冲周期内包含多少个 CP 脉冲周期。

解 首先应确定计数器的工作状态。当计数器的状态为 1001（状态 9）时，$Z=1$。所以，$\overline{LD}=\overline{Z}=0$，在下一个 CP 脉冲作用下，计数器进入 0010（状态 2）。故知计数器的工作状态为状态 2～状态 9，共有 8 个状态。每次状态转换都需要一个 CP 脉冲触发，故知在一个 Z 脉冲周期内包含 8 个 CP 脉冲周期（工作波形图很简单，留给读者自己练习）。

5.3 寄 存 器

寄存器是一种重要的数字逻辑部件，在数字系统中常常需要将二进制代码表示的信息暂时存放起来，等待处理，能够完成暂时存放数据的逻辑部件称为寄存器。一个触发器就是一个能存放 1 位二进制数码的寄存器。存放 n 位二进制数码就需要 n 个触发器，从而构成 n 位寄存器。

寄存器是由触发器和门电路组成的，具有接收数据、存放数据和输出数据的功能，只有在接到指令（即时钟脉冲）时，寄存器才能接收要寄存的数据。

寄存器按逻辑功能分为数码寄存器（也称普通寄存器）和移位寄存器，还可以按照位数以及输入、输出方式等分成若干类。

5.3.1 数码寄存器

数码寄存器可以接收、暂存、传递数码。它是在时钟脉冲 CP 作用下，将数据存入对应的触发器。由于 D 触发器的特性方程是 $Q^{n+1}=D$，因此以 D 作为数据输入端组成寄存器最为方便。下面以 4 位数码寄存器 74LS175 为例介绍。

1. 电路组成

图 5 - 33 是由 4 个边沿 D 触发器组成的 4 位数码寄存器 74LS175 的逻辑图。D_3～D_0 是并行数码输入端，$\overline{CR}$ 是清零端，CP 是时钟脉冲输入端，Q_3～Q_0 是并行数码输出端。

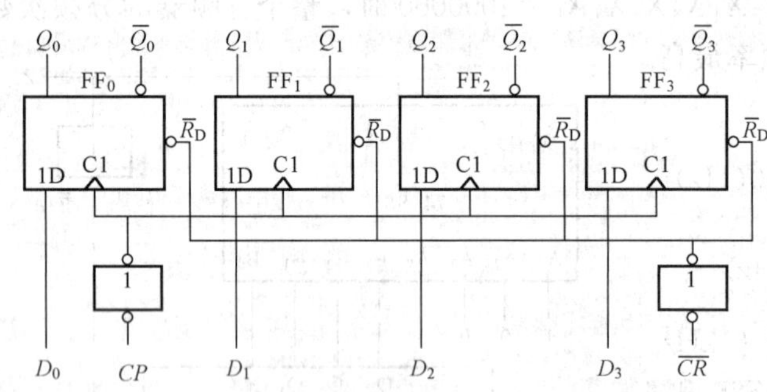

图 5 - 33 4 位数码寄存器 74LS175 的逻辑图

2. 工作原理

(1) $\overline{CR}=0$ 时，异步清零。无论寄存器中原来的内容是什么，只要 $\overline{CR}=0$，就立即通过异步输入端 $\overline{R}_D$ 将 4 个边沿 D 触发器复位到 0 状态。

(2) $\overline{CR}=1$ 时，CP 上升沿送数。无论寄存器中原来存储的数码是什么，在 $\overline{CR}=1$ 时，只要送数控制时钟脉冲 CP 上升沿到来，加在并行数码输入端的数码 d_3～d_0 就立即被送进寄存器中，使并行输出端 $Q_3Q_2Q_1Q_0=d_3d_2d_1d_0$，从而完成接收并寄存数码的功能。而在 $\overline{CR}=1$、CP 上升沿以外的时间，寄存器保持内容不变。由于寄存器能同时输入 4 位数码，同时输出 4 位数码，故称为并行输入、并行输出寄存器。

74LS175 的功能表如表 5 - 14 所列。

表 5-14　**74LS175 的功能表**

输入						输出				说明
$\overline{CR}$	CP	D_3	D_2	D_1	D_0	Q_3^{n+1}	Q_2^{n+1}	Q_1^{n+1}	Q_0^{n+1}	
0	×	×	×	×	×	0	0	0	0	清零
1	↑	d_3	d_2	d_1	d_0	d_3	d_2	d_1	d_0	送数

5.3.2 移位寄存器

移位寄存器既可存放数码，又可使数码在寄存器中逐位左移或右移。按照在移位脉冲CP操作下移位情况的不同，移位寄存器又可分为单向移位寄存器和双向移位寄存器。

1. 单向移位寄存器

如图 5-34 所示是用边沿 D 触发器构成的单向移位寄存器，（a）为右移移位寄存器，（b）为左移移位寄存器。从电路结构看，它们都有两个基本特点：一是由相同触发器组成，触发器的个数就是移位寄存器的位数；二是各个触发器共用一个时钟信号——移位脉冲 CP，电路工作是同步的，属于同步时序电路。

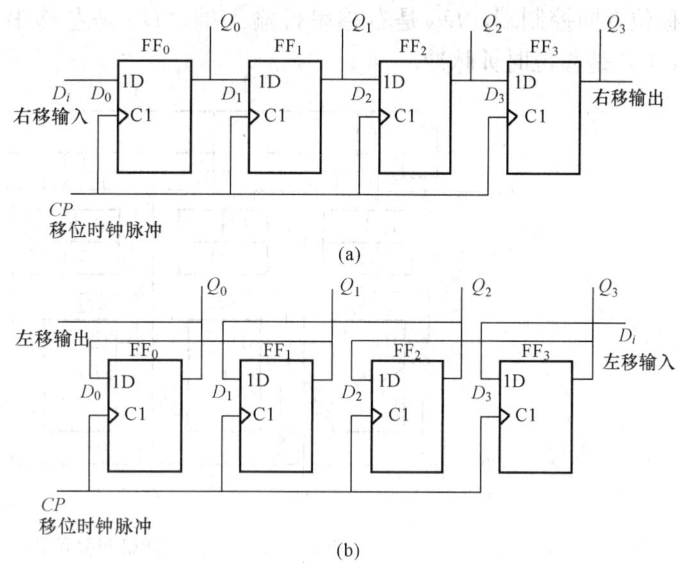

图 5-34　单向移位寄存器

（a）右移；（b）左移

以右移寄存器为例，表 5-15是它的功能表。功能表具体地描述了右移移位过程。当连续输入 4 个 1 时，D_i 经 FF_0 在 CP 上升沿操作下，依次被移入寄存器中，即经过 4 个 CP 脉冲，寄存器输出状态为 $Q_3Q_2Q_1Q_0=1111$，变成全 1 状态，即 4 个 1 右移输入完毕。再连续输入 0，再经过 4 个 CP 脉冲之后，寄存器变成全 0 状态。

如图 5-34（b）所示左移移位寄存器，其工作原理与右移移位寄存器并无本质区别，只是因为连接相反，所以移位方向也由此变成从右向左。

表 5-15　**4 位右移移位寄存器的功能表**

输入		现态				次态				说明
D_i	CP	Q_3^n	Q_2^n	Q_1^n	Q_0^n	Q_3^{n+1}	Q_2^{n+1}	Q_1^{n+1}	Q_0^{n+1}	
1	↑	0	0	0	0	1	0	0	0	连续输入 4 个 1
1	↑	1	0	0	0	1	1	0	0	
1	↑	1	1	0	0	1	1	1	0	
1	↑	1	1	1	0	1	1	1	1	

续表

输入		现态				次态				说明
D_i	CP	Q_3^n	Q_2^n	Q_1^n	Q_0^n	Q_3^{n+1}	Q_2^{n+1}	Q_1^{n+1}	Q_0^{n+1}	
0	↑	1	1	1	1	0	1	1	1	连续输入4个0
0	↑	0	1	1	1	0	0	1	1	
0	↑	0	0	1	1	0	0	0	1	
0	↑	0	0	0	1	0	0	0	0	

2. 双向移位寄存器

在数字电路中，常需要寄存器按不同的控制信号，能够向左或向右移位，这种既能右移又能左移的寄存器称为双向移位寄存器。把左移和右移移位寄存器组合起来，加上移位方向控制，便可方便地构成双向移位寄存器。如图 5 - 35 所示是基本的 4 位双向移位寄存器，M 是移位方向控制端，D_{SR} 是右移串行输入端，D_{SL} 是左移串行输入端，$Q_0 \sim Q_3$ 是并行输出端，CP 是移位时钟脉冲。

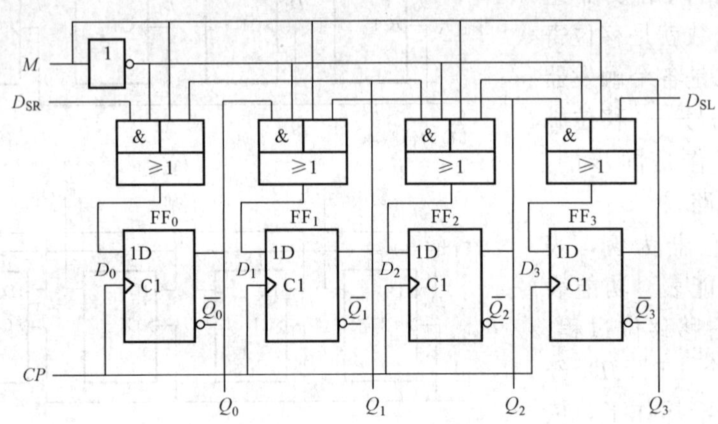

图 5 - 35 基本 4 位双向移位寄存器

图 5 - 35 中，4 个与或门构成了 4 个 2 选 1 数据选择器，其输出就是送给相应边沿 D 触发器的同步输入信号，M 是选择控制信号（左移/右移控制），由电路可得驱动方程为

$$\begin{cases} D_0 = \overline{M}D_{SR} + MQ_1^n \\ D_1 = \overline{M}Q_0^n + MQ_2^n \\ D_2 = \overline{M}Q_1^n + MQ_3^n \\ D_3 = \overline{M}Q_2^n + MD_{SR} \end{cases}$$

将驱动方程代入 D 触发器的特性方程可求出状态方程

$$\begin{cases} Q_0^{n+1} = \overline{M}D_{SR} + MQ_1^n \\ Q_1^{n+1} = \overline{M}Q_0^n + MQ_2^n \\ Q_2^{n+1} = \overline{M}Q_1^n + MQ_3^n \\ Q_3^{n+1} = \overline{M}Q_2^n + MD_{SR} \end{cases} \quad (CP\text{ 上升沿有效})$$

当 $M=0$ 时

$$Q_0^{n+1}=D_{SR}\quad Q_1^{n+1}=Q_0^n\quad Q_2^{n+1}=Q_1^n\quad Q_3^{n+1}=Q_2^n\quad (CP\text{ 上升沿有效})$$

电路成为 4 位右移移位寄存器。

当 $M=1$ 时

$$Q_0^{n+1}=Q_1^n\quad Q_1^{n+1}=Q_2^n\quad Q_2^{n+1}=Q_3^n\quad Q_3^{n+1}=D_{SL}\quad (CP\text{ 上升沿有效})$$

电路将按照 4 位左移移位寄存器的原理进行。

3. 集成移位寄存器

（1）8 位单向移位寄存器 74164。如图 5 - 36（a）所示是 8 位单向移位寄存器 74164 的引脚排列图，它是双列直插式 14 引脚芯片，图 5 - 36（b）是其逻辑符号。图中，$D_S=D_{SA}\cdot D_{SB}$是数码串行输入端，$\overline{CR}$ 是异步清零端，$Q_0\sim Q_7$ 是数码并行输出端，CP 是移位时钟脉冲信号，控制移位操作。

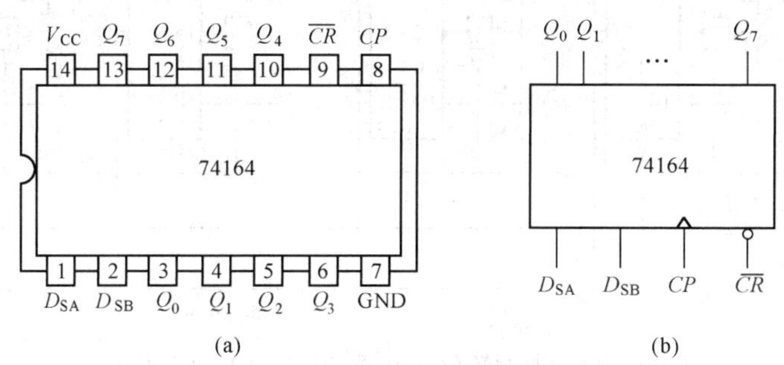

图 5 - 36　集成单向移位寄存器 74164

（a）引脚排列图；（b）逻辑符号

74164 的功能表如表 5 - 16 所列。由功能表不难看出，74164 具有异步清零、保持和送数功能。送数时，$\overline{CR}=1$，CP 上升沿将加在 $D_S=D_{SA}\cdot D_{SB}$端的二进制数码依次送入移位寄存器中。

表 5 - 16　　74164 的功能表

输入			输出								说明
$\overline{CR}$	$D_{SA}\cdot D_{SB}$	CP	Q_0^{n+1}	Q_1^{n+1}	Q_2^{n+1}	Q_3^{n+1}	Q_4^{n+1}	Q_5^{n+1}	Q_6^{n+1}	Q_7^{n+1}	
0	×	×	0	0	0	0	0	0	0	0	清　零
1	×	0	Q_0^n	Q_1^n	Q_2^n	Q_3^n	Q_4^n	Q_5^n	Q_6^n	Q_7^n	保　持
1	1	↑	1	Q_0^n	Q_1^n	Q_2^n	Q_3^n	Q_4^n	Q_5^n	Q_6^n	输入一个 1
1	0	↑	0	Q_0^n	Q_1^n	Q_2^n	Q_3^n	Q_4^n	Q_5^n	Q_6^n	输入一个 0

（2）集成双向移位寄存器 74LS194A。74LS194A 是由 4 个触发器和各自的输入控制电路组成的双向移位寄存器。如图 5 - 37 所示是 74LS194A 的逻辑图。图中 $\overline{CR}$ 是清零端，D_{iR} 为数据右移串行输入端，D_{iL} 为数据左移串行输入端，$D_0\sim D_3$ 为数据并行输入端，$Q_0\sim Q_3$ 为数据并行输出端。移位寄存器的工作状态由控制端 M_1 和 M_0 的状态指定。

74LS194A 的引脚排列图如图 5 - 38 所示。图中 M_1、M_0 为工作方式控制端，它们的不同取值，决定寄存器的不同功能：保持、右移、左移及并行输入。表 5 - 17 是它的简化功能表。寄存器工作时，$\overline{CR}$ 应为高电平。这时寄存器工作方式由 M_1、M_0 的状态决定，如表 5 - 17所列。

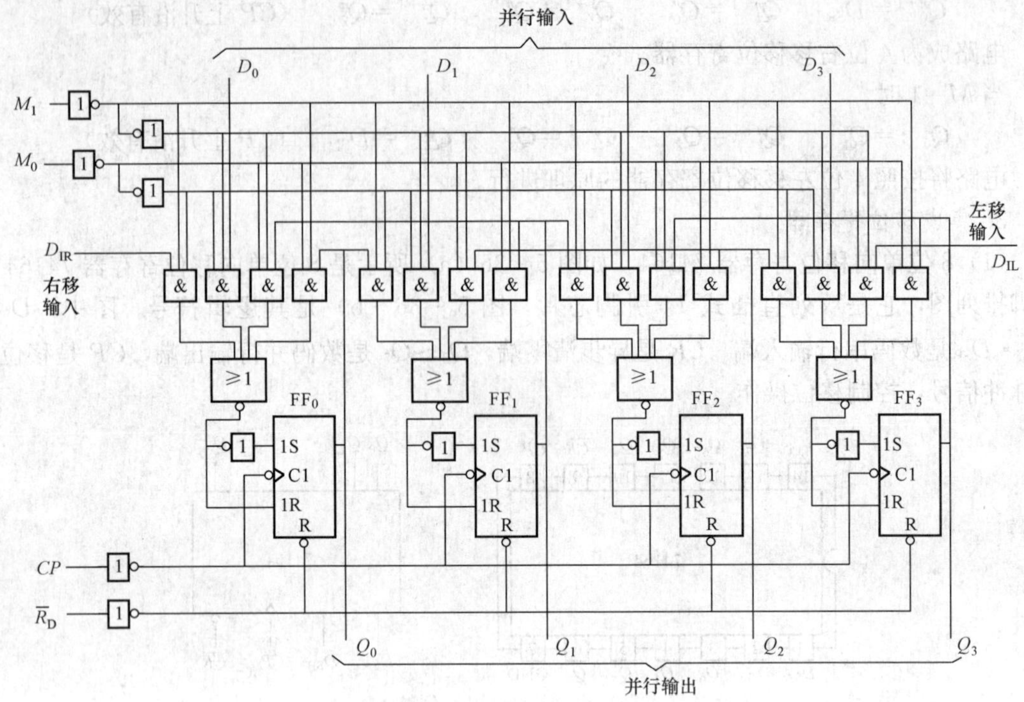

图 5 - 37　双向移位寄存器 74LS194A 的逻辑图

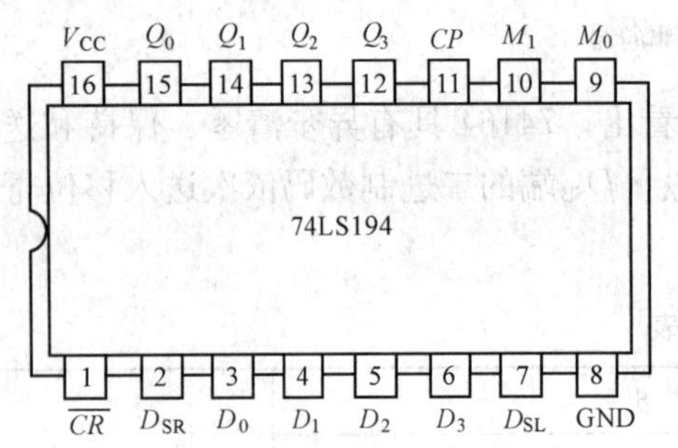

图 5 - 38　74LS194 的引脚排列图

表 5 - 17　74LS194 的功能表

$\overline{CR}$	M_1	M_0	CP	功　能
0	×	×	×	清　零
1	0	0	↑	保　持
1	0	1	↑	右　移
1	1	0	↑	左　移
1	1	1	↑	并行输入

用 74LS194A 接成多位双向移位寄存器的接法十分简单。如图 5 - 39 所示是用两片 74LS194A 接成 8 位双向移位寄存器的连接图，只需将其中一片的 Q_3 接至另一片的 D_{IR} 端，而另一片的 Q_0 接到这一片的 D_{IL}，同时把两片的 M_1、M_0、CP 和 $\overline{CR}$ 分别并联即可。

【例 5 - 12】　试分析如图 5 - 40 所示电路的逻辑功能，并指出在如图 5 - 41 所示的时钟信号及 M_1、M_0 状态作用下，t_4 时刻以后输出 Y 与两组并行输入的二进制数 M、N 在数值上的关系。假定 M、N 的状态始终未变。

解　该电路由两片 4 位加法器 74283 和 4 片 74LS194A 组成。两片 74283 接成一个 8 位并行加法器，4 片 74LS194A 分别接成了两个 8 位的单向移位寄存器。由于两个 8 位移位寄存器的输出分别加到了 8 位并行加法器的两组输入端，所以如图 5 - 39 所示的电路是将两个 8 位移位寄存器中的内容相加的运算电路。

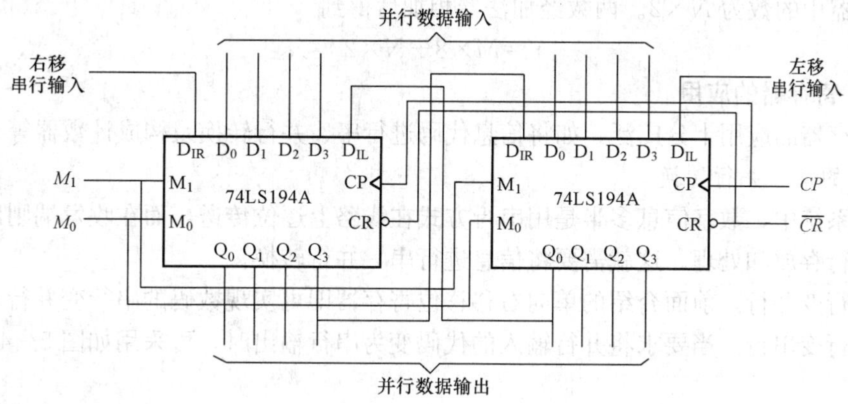

图 5 - 39　用两片 74LS194A 接成 8 位双向移位寄存器

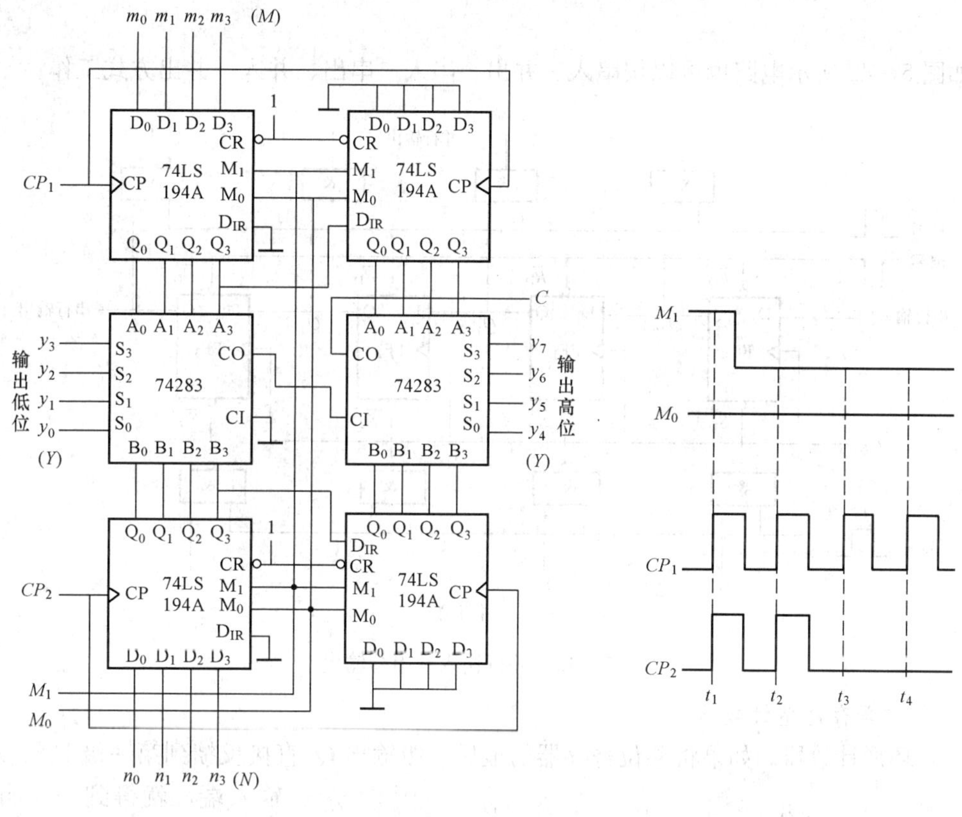

图 5 - 40　［例 5 - 12］逻辑图　　　图 5 - 41　［例 5 - 12］波形图

由图 5 - 40 可见，当 $t=t_1$ 时，CP_1 和 CP_2 的第一个上升沿同时到达，因为这时 $M_1=M_0=1$，所以移位寄存器处在数据并行输入工作状态，M、N 的数值便分别存入两个移位寄存器中。

$t=t_2$ 以后，M、N 同时右移 1 位。若 m_0、n_0 是 M、N 的最低位，则右移 1 位相当于两数各乘以 2。

至 $t=t_4$ 时，M 又右移了 2 位，所以这时上面一个移位寄存器中的数为 $M\times8$，下面一

个移位寄存器中的数为 $N\times2$。两数经加法器相加后得到

$$Y=M\times8+N\times2$$

5.3.3 寄存器的应用

移位寄存器的应用十分广泛，如将信息代码进行串、并行转换及构成计数器等。

1. 数码的串-并行转换

在数字系统中，数字信息多半是用串行方式在线路上逐位传送，而在收发端则以并行方式对数据进行存放和处理。这就需要将信息进行串-并行转换。

(1) 串行变并行。前面介绍的单向右移移位寄存器即可实现数码的串行变并行功能。

(2) 并行变串行。当要求将并行输入的代码变为串行输出时，可采用如图 5-42 所示的逻辑电路。

将数据 D_3、D_2、D_1、D_0 加到各触发器的异步置 1 端 $\overline{S}_D$，在写入脉冲控制下送入各触发器的 Q_3、Q_2、Q_1、Q_0（事先要清零），再在时钟脉冲控制下逐位右移，这就是并入-串出方式。

如图 5-42 所示电路也可以按串入-并出、串入-串出、并入-并出方式工作。

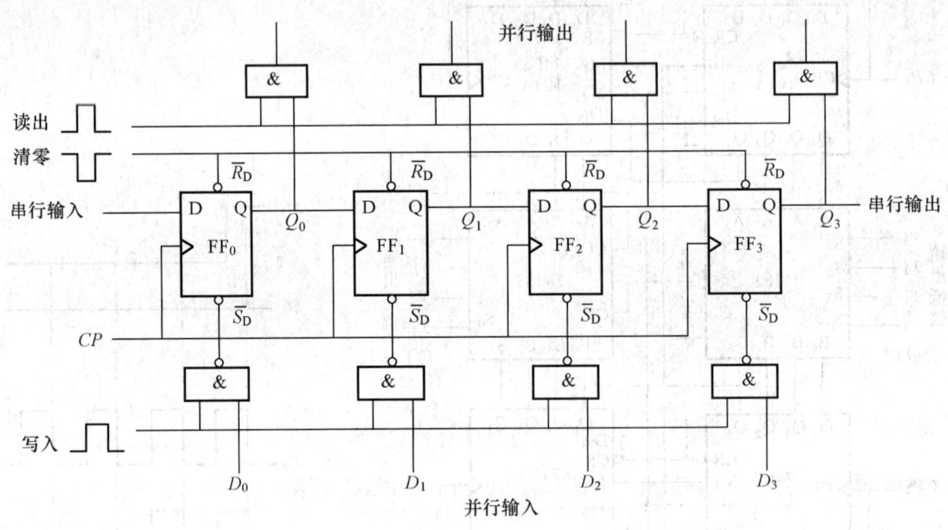

图 5-42 并行输入变串行输出

2. 移位寄存器型计数器

(1) 环形计数器。如果将移位寄存器的最后一级输出 Q^n 直接反馈到第一级 D 触发器的输入端，就得到一个自循环的移位寄存器，也是一种最简单的移位寄存器型计数器，通常称为环形计数器，如图 5-43所示。环形计数器的特点是取 $D_0=Q_{n-1}^n$，可以在 CP 作用下循环移位一个 1，也可以循环移位一个 0。只要

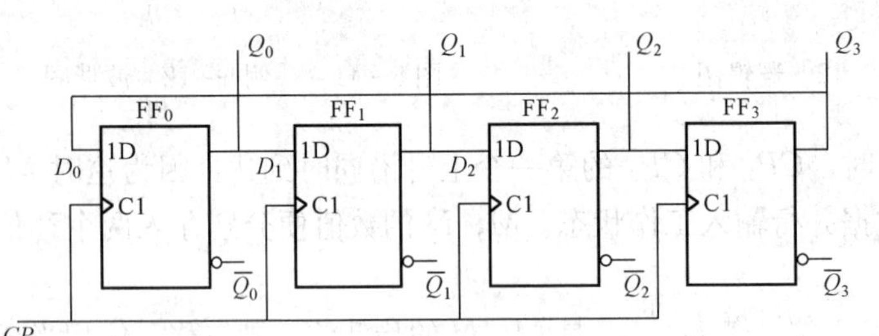

图 5-43 4 位环形计数器

先用启动脉冲将计数器置入有效状态（1000 或 1110），然后再加 CP 就可以得到 n 个状态循环的计数器，计数长度为 $N=n$，n 为触发器个数。

其状态图如图 5 - 44 所示，如果选用循环一个 1，则有效状态是 1000、0100、0010、0001。工作时应先用启动脉冲将计数器置入有效状态，例如 1000，然后才能加 CP 脉冲。由状态图可知，如图 5 - 43 所示的电路不能自启动，如果将其改为图 5 - 45 的形式，就可自启动了，读者可自行分析，画出其状态图。

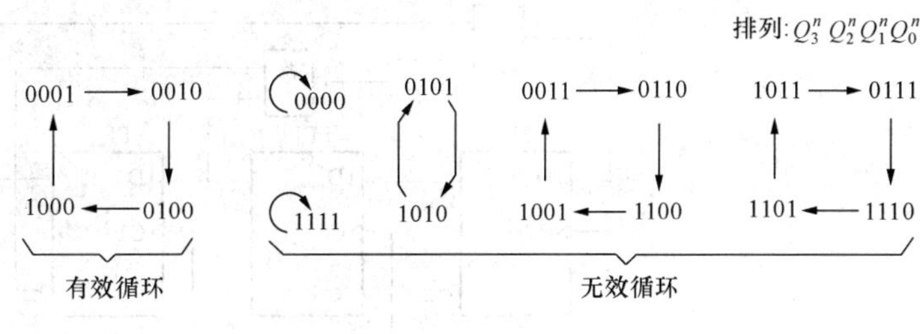

图 5 - 44　图 5 - 43 的状态图

环型计数器的优点是所有触发器中只有一个为 1（或 0），利用 Q 端作状态输出不需加译码器。在 CP 脉冲的作用下 Q 端轮流出现矩形脉冲，所以也可称做脉冲分配器。

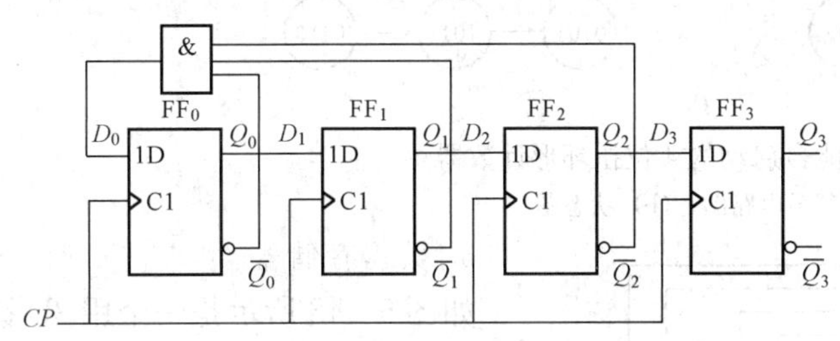

图 5 - 45　能自启动的 4 位环形计数器

其缺点是状态利用率低，记 n 个数需要 n 个触发器，使用触发器多。

（2）扭环形计数器。将环形计数器最后一级 D 触发器的 $\overline{Q}^n$ 反馈到第一级 D 触发器的输入端，可以构成扭环形计数器。扭环形计数器的结构特点是取 $D_0=\overline{Q}_{n-1}^n$，它的状态利用率比环形计数器提高一倍，即 $N=2n$。如图 5 - 46 和图 5 - 47 所示的电路分别是不能自启动和能够自启动的 4 位扭环形计数器及其状态图。

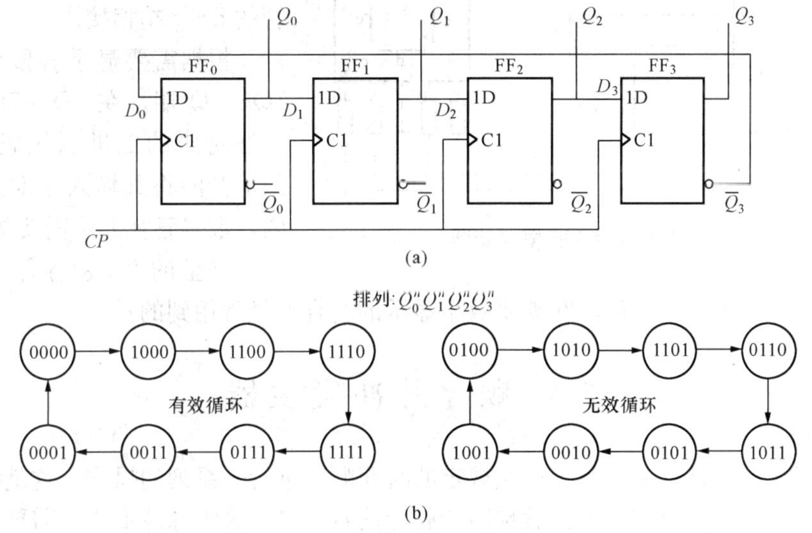

图 5 - 46　4 位扭环形计数器

（a）逻辑电路图；（b）状态图

扭环形计数器的优点是每次状态变化只有一个触发器翻转，因此译码时不存在竞争冒险。缺点是状态利用率低，有 2^n-2n 个状态没有被利用。

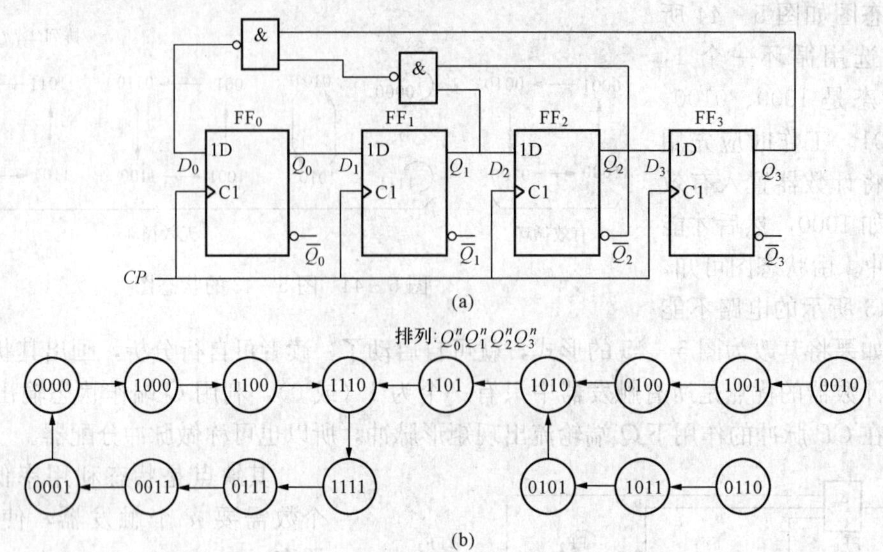

图 5-47　能自启动的 4 位扭环形计数器

(a) 逻辑电路图；(b) 状态图

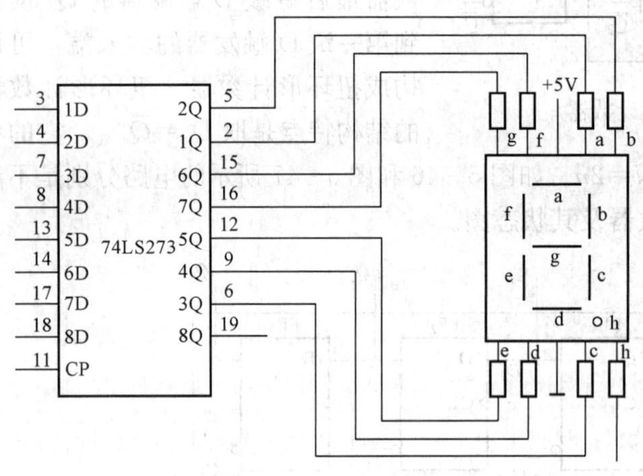

图 5-48　寄存器用作数据存储器

3. 数据存储器

如图 5-48 所示是一个用 8D 锁存器集成电路 74LS273 来控制一个七段数码管显示器的逻辑电路图。图中，D 为数据输入端，Q 为数据输出端，与共阳极接法的七段数码管的 a～g 端相接。

根据需要显示各段数字对应的 1Q～7Q 端，在 1D～7D 输入端准备好对应的二进制代码，通过 CP 的上升沿将其输入至对应的锁存器内，数码管就显示需要的数字。

这里的 8D 锁存器就作为数据存储器来使用。这个应用实例，在需要数字显示的场合是经常用到的。

5.4　顺序脉冲发生器

在数字系统中，常常要求系统按照规定的时间顺序进行一系列的操作，这就要求系统的控制部分能给出在时间上有一定先后顺序的脉冲信号，再用这组脉冲形成所需要的各种控制信号。这种能产生顺序脉冲信号的电路称为顺序脉冲发生器，也称节拍脉冲发生器，它是一种重要的时序逻辑电路，也是计数器的应用电路。

顺序脉冲发生器的方框图如图 5-49 所示，它输入时钟脉冲 CP，输出 Y_1～Y_N 路脉冲。

在连续脉冲 CP 的作用下，$Y_1 \sim Y_N$ 依次产生宽度等于 CP 周期的脉冲信号，也称之为 N 节拍顺序脉冲发生器。若 CP 的周期为 T_{CP}，则 $Y_1 \sim Y_N$ 的周期均为 NT_{CP}。$Y_1 \sim Y_N$ 分别送到整个系统的各个部分，起着不同的作用，如作为计数脉冲、移位脉冲等。

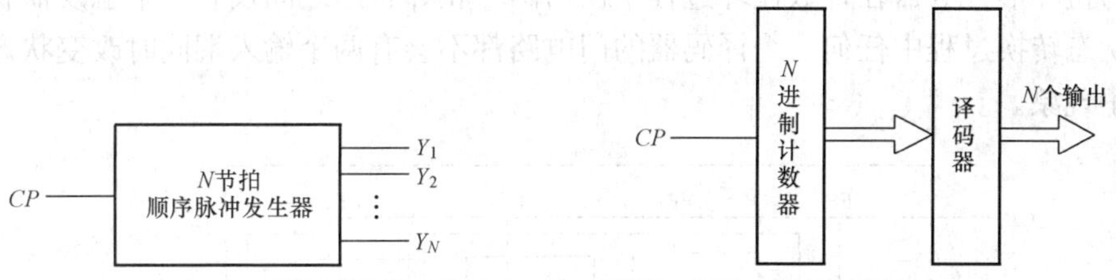

图 5 - 49　顺序脉冲发生器方框图　　图 5 - 50　计数器和译码器组成的顺序脉冲发生器

前面介绍的环形计数器，若工作在有效状态中只有一个 1 的循环状态时，它就是一个顺序脉冲发生器。所以可以用环形计数器或移位寄存器构成顺序脉冲发生器。当顺序脉冲较多时，还可以利用计数器和译码器组合成顺序脉冲发生器。用一个 N 进制计数器和一个与之相匹配的译码器，便可以组成 N 节拍顺序脉冲发生器。如图 5 - 50 所示。译码器将 N 进制计数器的 N 个状态译码输出，因此译码器的 N 个输出与计数器的 N 个状态一一对应。对应于计数器的每个有效状态，N 个输出中只有一个为有效电平。因此，当 CP 为周期性连续脉冲时，N 个输出就会按计数规律依次出现有效电平，也就顺序产生宽度等于 CP 周期的脉冲信号。

如图 5 - 51（a）所示是用 74LS161 和 74LS138 构成的 8 个顺序脉冲输出的顺序脉冲发生器。

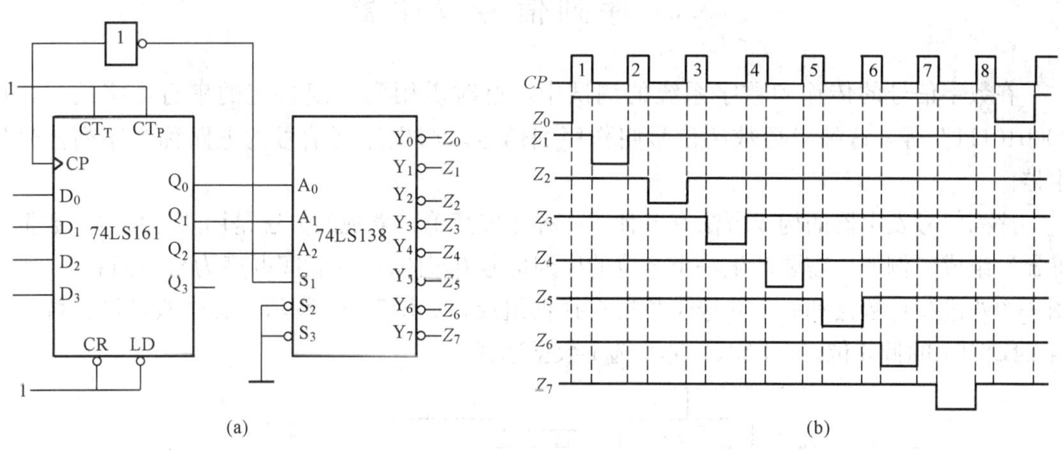

图 5 - 51　74LS161 和 74LS138 构成的顺序脉冲发生器

（a）逻辑图；（b）波形图

由 74LS161 的功能表可知，为使电路工作在计数状态，$\overline{CR}$、$\overline{LD}$、CT_T、CT_P 均应接高电平，在连续输入计数脉冲的情况下，$Q_3Q_2Q_1Q_0$ 的状态按 0000～1111 的顺序循环，低 3 位按 000～111 的顺序循环，所以可以将低 3 位的输出作为 74LS138 的代码输入。为了避免 74LS161 中各触发器的传输延迟时间的不同而引起的竞争冒险现象，在 74LS138 的 S_1 端加选通脉冲，选通脉冲的有效时间与触发器的翻转时间错开，故选 $\overline{CP}$ 作为 74LS138 的选通脉冲，其输出波形为一组顺序负脉冲，如图 5 - 51（b）所示。

如果将图 5 - 51（a）电路中的计数器改成 4 位的扭环形计数器，并取如图 5 - 46（b）所示的有效循环，组成如图 5 - 52 所示的顺序脉冲发生器电路，则可以从根本上消除竞争冒险现象。因为扭环形计数器在计数循环过程中任何两个相邻状态之间仅有一个触发器状态不同，因而在状态转换过程中任何一个译码器的门电路都不会有两个输入端同时改变状态，亦即不存在竞争现象。

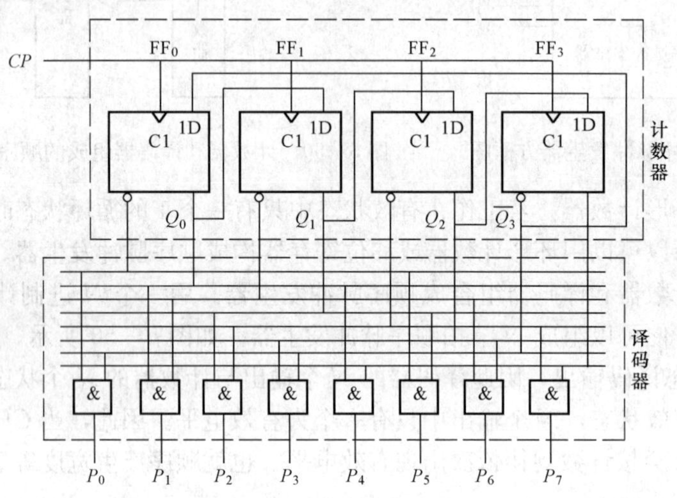

图 5 - 52　用扭环形计数器和译码器构成的顺序脉冲发生器

5.5　序列信号发生器

在数字信号的传输和数字系统的测试中，有时需用到一组特定的串行数字信号，如“00010111”等，这种串行数字信号叫作序列信号。产生序列信号的电路称为序列信号发生器。

序列信号发生器的构成方法有多种。一种比较简单、直观的方法是用“计数器＋数据选择器”组成。例如，需要产生一个 8 位的序列信号 00010111（时间顺序为自左而右），则可用一个八进制计数器和一个 8 选 1 数据选择器组成，如图5 - 53所示。其中八进制计数器取自 74LS161 的低 3 位。74LS152 是 8 选 1 数据选择器。

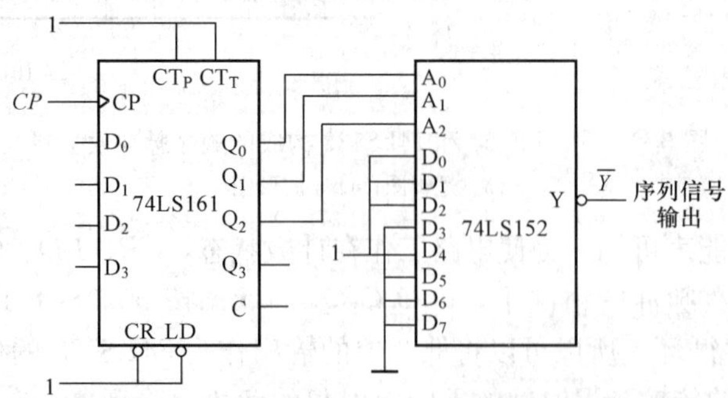

图 5 - 53　用计数器和数据选择器组成的序列信号发生器

当 CP 信号连续不断地加到计数器上时，$Q_2Q_1Q_0$ 的状态（也就是加到 74LS152 上的地址输入代码 $A_2A_1A_0$）便按照如表 5-18 所示的顺序不断循环，$\overline{D_0}\sim\overline{D_7}$ 的状态就循环不断地依次出现在 $\overline{Y}$ 端。只要令 $D_0=D_1=D_2=D_4=1$、$D_3=D_5=D_6=D_7=0$，便可在 $\overline{Y}$ 端得到不断循环的序列信号 00010111。在需要修改序列信号时，只要修改加到 $D_0\sim D_7$ 的高、低电平即可实现，而不需对电路结构做任何改动。因此，使用这种电路既灵活又方便。

表 5-18　图 5-53 电路的状态转换表

CP	Q_2 (A_2	Q_1 A_1	Q_0 A_0)	$\overline{Y}$
0	0	0	0	$\overline{D}_0$ (0)
1	0	0	1	$\overline{D}_1$ (0)
2	0	1	0	$\overline{D}_2$ (0)
3	0	1	1	$\overline{D}_3$ (1)
4	1	0	0	$\overline{D}_4$ (0)
5	1	0	1	$\overline{D}_5$ (1)
6	1	1	0	$\overline{D}_6$ (1)
7	1	1	1	$\overline{D}_7$ (1)
8	0	0	0	$\overline{D}_0$ (0)

构成序列信号发生器的另一种常见的方法是采用带反馈逻辑电路的移位寄存器。如果序列信号的位数为 m，移位寄存器的位数为 n，则应取 $2^n\geqslant m$。例如，若仍然要求产生 00010111 这样一组 8 位的序列信号，则可用 3 位的移位寄存器加上反馈逻辑电路构成所需的序列信号发生器，如图 5-54 所示。移位寄存器从 Q_2 端输出的串行输出信号就应当是所要求的序列信号。

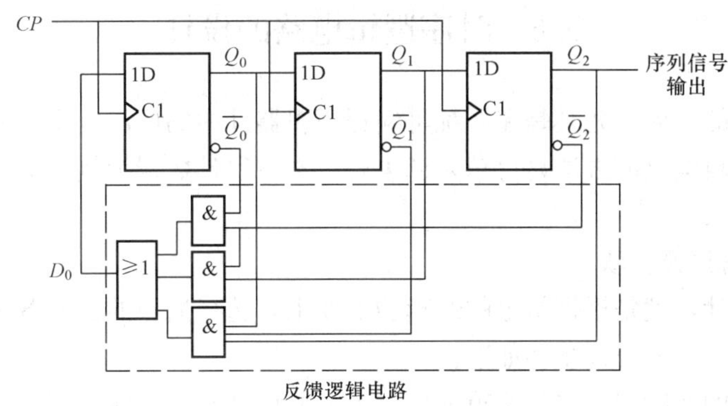

图 5-54　用移位寄存器构成的序列信号发生器

【例 5-13】　用双向移位寄存器 74194 设计一个时序电路，使它的输出 Z 和输入 X 之间满足如图 5-55（a）所示的时序关系。要求电路能够自启动。

解　从图 5-55（a）可见，输出 Z 的一个周期包含了 6 个 X 脉冲周期，因此，只要将 74194 接为模 6 扭环形计数器，就可按照计数型序列产生器的方式来产生 Z 的输出波形，6 个 X 脉冲周期对应的 Z 输出依次为 $\overline{X}$，1，0，0，1，1，可以用 8 选 1 数据选择器来产生。

当使用右移方式时，只需要使用 74194 的 $Q_0Q_1Q_2$ 3 个触发器来构成模 6 扭环形计数器，此时的状态图如图 5-55（b）所示，显然，它是非自启动的，但采用 010 状态异步清零的方法就可以将它改进为自启动的计数器。完整的电路如图 5-55（c）所示。

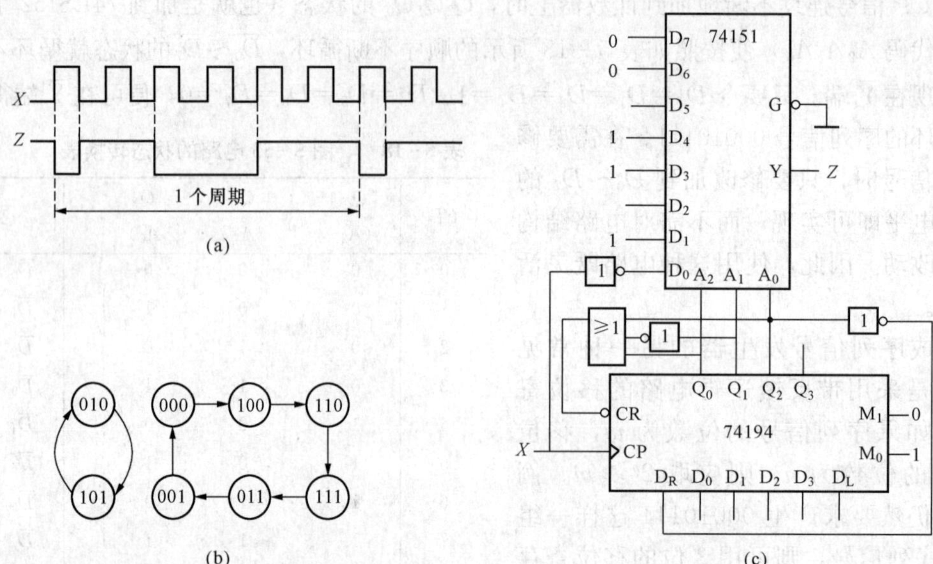

图 5 - 55　［例 5 - 13］图

(a) 波形图；(b) 状态转换图；(c) 逻辑图

5.6　时序逻辑电路的设计

随着电子技术的发展，尤其是在系统可编程逻辑器件中的广泛应用，使得利用门电路和触发器设计时序逻辑电路的方法显得越来越重要，本节以计数器为例简单介绍同步时序电路的设计方法。

5.6.1　设计方法及步骤

时序电路的设计，就是根据给定的逻辑功能要求，选择适当的逻辑器件，设计出符合要求的时序逻辑电路。一般设计步骤如下：

(1) 将所设计的实际问题进行逻辑抽象，定义所设计电路的输入信号、输出信号和有效状态的物理意义。

(2) 定义所设计电路的有效状态的编码，根据设计目标确定其状态转换真值表或有效状态的状态转换图。

(3) 确定所用门电路和触发器的类型，例如采用与非门、或非门等，采用 D 触发器、JK 触发器等；并根据有效状态的个数确定所用触发器的个数。设有效状态的个数为 N，触发器的个数为 M，为了使电路最简，一般情况下应满足

$$2^{M-1} < N \leqslant 2^{M} \tag{5 - 1}$$

当然，在特殊要求下，也有可能不满足上述条件。

(4) 根据有效状态的状态转换真值表或状态转换图，以输入信号、时序电路的原状态为输入变量，求解各触发器的状态方程、驱动方程和输出方程。

(5) 画逻辑图。

(6) 检验。即分析所设计的时序电路是否满足设计目标和要求。

需要指出的是，上述方法和步骤只是为读者提供一个思路，实际设计时可根据题目难易程度简化设计过程。

5.6.2 设计举例

【例 5 - 14】 试用 JK 触发器和尽可能少的门电路设计一个七进制同步加法计数器，并说明所设计的计数器是否能自启动。

解 (1) 确定有效状态的状态转换图。根据式 (5 - 1) 可知，组成七进制加法计数器应选用 3 个触发器，设它们为 FF_2、FF_1、FF_0。显然，七进制加法计数器有 7 个有效状态，不需要输入控制信号，且可利用最高位触发器的状态作为输出进位信号，而不需要另加输出端，因此其有效状态的状态转换图如图 5 - 56 所示。

(2) 画出各触发器次态的卡诺图。以各触发器的现态 Q_2^n、Q_1^n、Q_0^n 为输入变量，以次态 Q_2^{n+1}、Q_1^{n+1}、Q_0^{n+1} 为函数，根据如图 5 - 56 所示现态与次态的转换关系，可将 Q_2^{n+1}、Q_1^{n+1}、Q_0^{n+1} 画成卡诺图。在 $Q_2^nQ_1^nQ_0^n=000$ 的小方格内填入其次态 001，在 $Q_2^nQ_1^nQ_0^n=001$ 的小方格内填入其次态 010，依照这个方法填完所有小方格，无效状态 111 可视为无关项，如图 5 - 57所示。

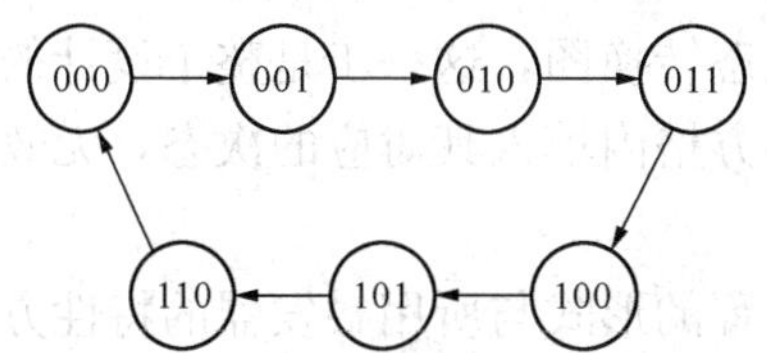

图 5 - 56 七进制加法计数器的有效循环

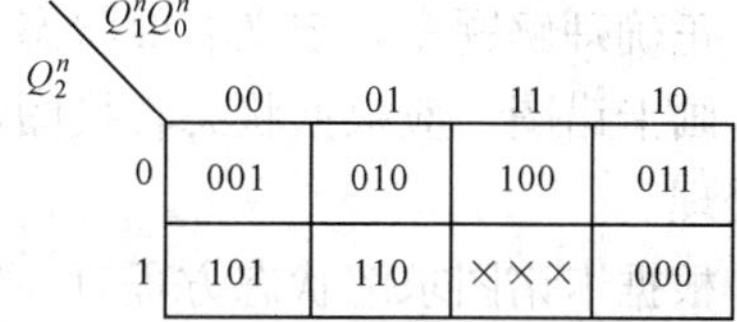

Q_2^n \ $Q_1^nQ_0^n$	00	01	11	10
0	001	010	100	011
1	101	110	×××	000

图 5 - 57 Q_2^{n+1}、Q_1^{n+1}、Q_0^{n+1} 的卡诺图

(3) 求解各触发器的驱动方程。由如图 5 - 57 所示的卡诺图可求出触发器的状态方程，为了便于求出驱动方程，应将状态方程的形式写成与特性方程 $Q^{n+1}=J\,\overline{Q^n}+\overline{K}Q^n$ 可类比的形式。例如，在第 i 个触发器的状态方程中，每一项均应含有$\overline{Q_i^n}$或 Q_i^n，其中含有$\overline{Q_i^n}$的项决定 J_i，含有 Q_i^n 的决定 K_i。根据上述原则，FF_2、FF_1、FF_0 的状态方程为

$$\begin{cases} Q_0^{n+1}=\overline{Q_2^n}\cdot\overline{Q_0^n}+\overline{Q_1^n}\cdot\overline{Q_0^n}=\overline{Q_2^nQ_1^n}\cdot\overline{Q_0^n} \\ Q_1^{n+1}=Q_0^n\cdot\overline{Q_1^n}+\overline{Q_2^n}\cdot\overline{Q_0^n}\cdot Q_1^n \\ Q_2^{n+1}=Q_1^n\cdot Q_0^n\cdot\overline{Q_2^n}+\overline{Q_1^n}\cdot Q_2^n \end{cases}$$

与特性方程比较，求出各触发器的驱动方程为

$$\begin{cases} J_0=\overline{Q_2^nQ_1^n}, & K_0=1 \\ J_1=Q_0^n, & K_1=\overline{\overline{Q_2^n}\cdot\overline{Q_0^n}} \\ J_2=Q_1^nQ_0^n, & K_2=Q_1^n \end{cases}$$

(4) 画出逻辑图，如图 5 - 58 所示。

(5) 利用时序电路的分析方法，画出如图 5 - 58 所示计数器的状态转换图，检验所设计的电路是否满足要求。

如图 5 - 58 所示计数器的状态转换图如图 5 - 59 所示，说明所设计的电路是七进制的加法计数器，且能够自启动。

从以上例题可知，在设计时序电路时，应特别注意：

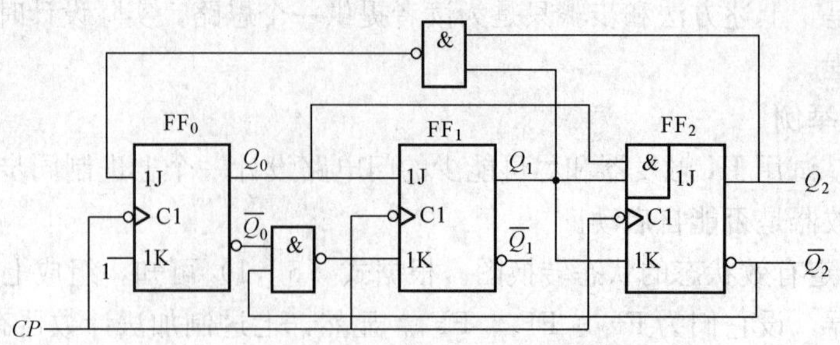

图 5-58 七进制加法计数器

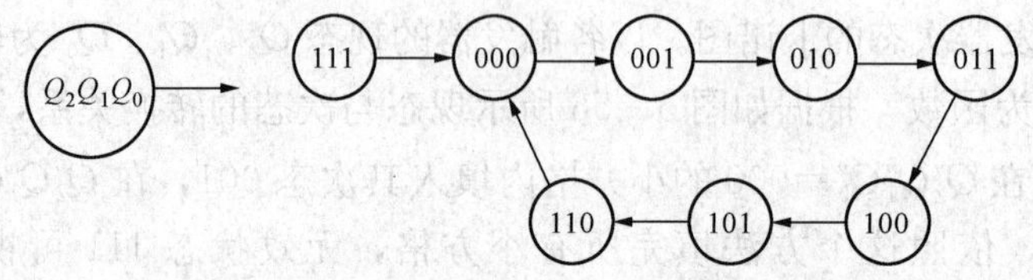

图 5-59 七进制加法计数器状态转换图

(1) 正确理解题意，定义有效状态并画出其状态转换图，这一步是整个设计的基础。

(2) 画卡诺图，应根据状态转换图，在每个小方格内填入其对应的次态，无效状态可作无关项处理。

(3) 根据卡诺图求解状态方程时，应使状态方程的形式与所用触发器的特性方程有对应关系，以便求解驱动方程。

(4) 与任何设计相同，时序电路设计完毕，一定要检验。

【例 5-15】 设计一个 2 位二进制计数器，要求其具有加法计数、减法计数和自保持功能，并有进位和借位输出端。

解 (1) 定义输入、输出信号。

根据题目要求可知，电路有加法计数、减法计数和自保持 3 项功能，因而需要两个输入信号进行控制来选择计数器的操作。设输入控制信号为 S_1、S_2，定义 $S_1S_2=00$ 时计数器自保持，$S_1S_2=01$ 时计数器做加法计数，$S_1S_2=10$ 时计数器做减法计数。

设 C_1 为进位信号，C_2 为借位信号。

(2) 求解有效状态的状态转换图。

2 位二进制计数器由两个触发器 FF_1、FF_0 构成，4 个状态为 00、01、10、11。若在状态转换图中，状态、输入、输出的排列如图 5-60 (a) 所示。进位和借位信号为下降沿，则做加法计数时的状态转换图如图 5-60 (b) 所示，做减法计数时状态转换图如图 5-60 (c) 所示；自保持时的状态转换图如图 5-60 (d) 所示。将它们综合起来，得到所设计电路的状态转换图，如图 5-61 所示。熟练掌握设计方法时，可直接得出图 5-62 所示的卡诺图。

(3) 选择所用触发器类型，并求其驱动方程。

本题选择 D 触发器作为基本单元电路。首先根据状态转换图，以输入信号 C_1、C_2 和现态 Q_1^n、Q_0^n 作为输入变量，以次态 Q_1^{n+1}、Q_0^{n+1} 作为函数，画出卡诺图，如图 5-62 (a) 所示。

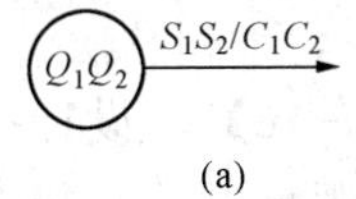

(a)

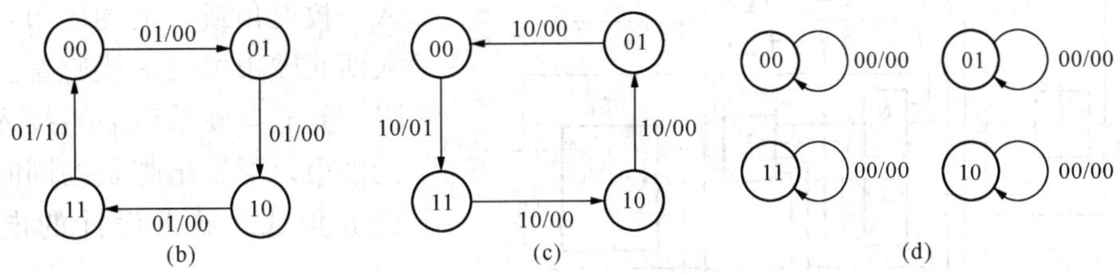

(b)　(c)　(d)

图 5 - 60　［例 5 - 15］状态转换图的分析

(a) 状态、输入、输出的排列；(b) 加法时的状态转换图；(c) 减法时的状态转换图；(d) 自保持时的状态转换图

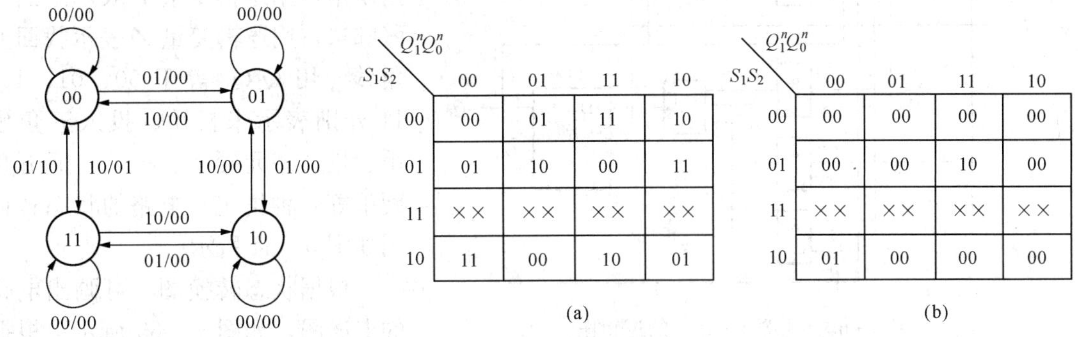

图 5 - 61　［例 5 - 15］的状态转换图

(a)

S_1S_2 \ $Q_1^nQ_0^n$	00	01	11	10
00	00	01	11	10
01	01	10	00	11
11	××	××	××	××
10	11	00	10	01

(b)

S_1S_2 \ $Q_1^nQ_0^n$	00	01	11	10
00	00	00	00	00
01	00	00	10	00
11	××	××	××	××
10	01	00	00	00

图 5 - 62　［例 5 - 15］的卡诺图

根据图 5 - 62（a）所示的卡诺图可求出触发器 FF_1、FF_0 的状态方程为

$$\begin{cases} Q_1^{n+1}=S_1\,\overline{Q_1^n}\cdot\overline{Q_0^n}+\overline{S_1}\cdot Q_1^n\cdot\overline{Q_0^n}+S_2\,\overline{Q_1^n}\cdot Q_0^n+\overline{S_2}\cdot Q_1^nQ_0^n \\ Q_0^{n+1}=\overline{S_1}\cdot\overline{S_2}\cdot Q_0^n+\overline{S_1}\cdot\overline{S_2}\cdot\overline{Q_0^n}+S_1\,\overline{S_2}\cdot\overline{Q_0^n} \end{cases}$$

因为 D 触发器的特性方程为 $Q^{n+1}=D$，所以 FF_1、FF_0 的驱动方程为

$$\begin{cases} D_1=S_1\,\overline{Q_1^n}\cdot\overline{Q_0^n}+\overline{S_1}\cdot Q_1^n\cdot\overline{Q_0^n}+S_2\,\overline{Q_1^n}\cdot Q_0^n+\overline{S_2}\cdot Q_1^nQ_0^n \\ D_0=\overline{S_1}\cdot\overline{S_2}\cdot Q_0^n+\overline{S_1}\cdot\overline{S_2}\cdot\overline{Q_0^n}+S_1\,\overline{S_2}\cdot\overline{Q_0^n} \end{cases} \tag{5 - 2}$$

（4）求解输出方程。

根据状态转换图，以输入信号 S_1、S_2 和现态 Q_1^n、Q_0^n 作为输入变量，以 C_1、C_2 为函数画出卡诺图，如图 5 - 62（b）所示，由卡诺图求出输出方程为

$$\begin{cases} C_1=S_2Q_1^nQ_0^n \\ C_2=S_1\,\overline{Q_1^n}\cdot\overline{Q_0^n} \end{cases} \tag{5 - 3}$$

（5）画逻辑图。

根据式（5 - 2）、式（5 - 3）画出所设计电路的逻辑图，如图 5 - 63 所示。

（6）分析图 5 - 51 所示的逻辑图，检验其是否满足题目要求，请读者自行检验。

应当指出，对输入信号的定义不同，化简时合并最小项的方法将不同，因而所设计电路中各触发器的驱动方程和输出方程也就不同，必然使其逻辑图不同，所以设计结果不唯一。实际上即使对输入信号的定义相同，也可能因合并最小项的方法不同，使得设计结果不唯一。

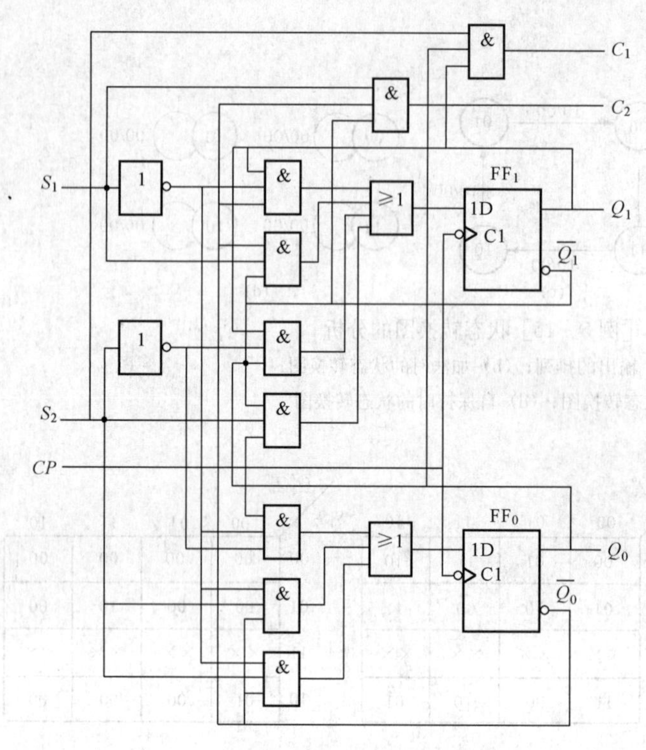

图 5 - 63 ［例 5 - 15］的逻辑图

【例 5 - 16】 设计一个自动售邮票机的逻辑电路。每次只允许投入一枚五角或一元的硬币，累计投入两元硬币给出一张邮票。如果投入一元五角硬币以后再投入一枚一元硬币，则给出邮票的同时还应找回五角钱。要求设计的电路能自启动。

解 用逻辑变量 A 表示投入一元硬币，用逻辑变量 B 表示投入五角硬币，用逻辑变量 Y 表示给出一张邮票，用逻辑变量 Z 表示找回五角钱。用 Q_1Q_0 等于 00、01、10、11 分别表示未投币、投入五角硬币、投入一元硬币、投入一元五角硬币等 4 种情况。电路的状态转换图如图 5 - 64 所示。

根据状态转换图，可画出电路的卡诺图，如图 5 - 65 所示。根据卡诺图，可写出电路的状态方程和输出方程。

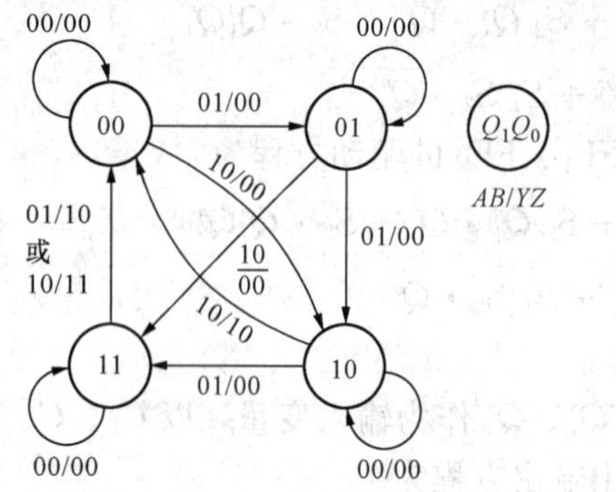

图 5 - 64 状态转换图

$Q_1^{n+1}Q_0^{n+1}/YZ$

$Q_1^nQ_0^n$ \ AB	00	01	11	10
00	00/00	01/00	××/××	10/00
01	01/00	10/00	××/××	11/00
11	11/00	00/10	××/××	00/11
10	10/00	11/00	××/××	00/10

图 5 - 65 卡诺图

状态方程

$$Q_1^{n+1} = (A + BQ_0^n)\overline{Q_1^n} + (\overline{A}\,\overline{B} + \overline{A}\,\overline{Q_0^n})Q_1^n$$

$$Q_0^{n+1} = B\overline{Q_0^n} + (\overline{A}\,\overline{B} + \overline{B}\,\overline{Q_1^n})Q_0^n$$

输出方程

$$Y = AQ_1^n + BQ_1^nQ_0^n = Q_1^n(A + BQ_0^n)$$

$$Z = AQ_1^nQ_0^n$$

如果选用 JK 触发器，电路的驱动方程为

$$J_1 = A + BQ_0^n \qquad K_1 = \overline{\overline{A}\,\overline{B} + \overline{A}\,\overline{Q_0^n}} = A + BQ_0^n$$

$$J_0 = B \qquad K_0 = \overline{\overline{A}\,\overline{B} + \overline{B}\,\overline{Q_1^n}} = B + AQ_1^n$$

根据驱动方程和输出方程，可画逻辑电路图如图 5 - 66 所示。

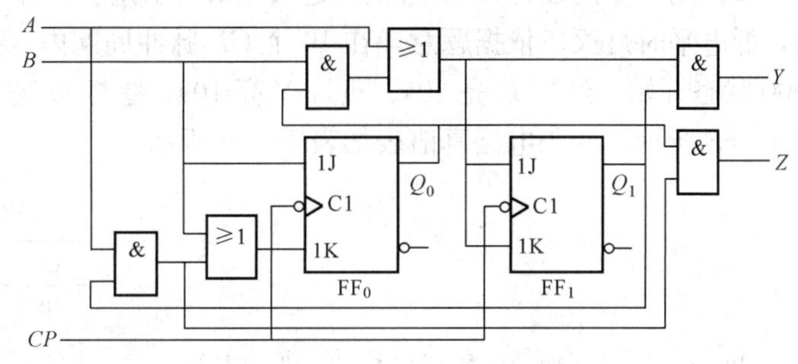

图 5 - 66　逻辑电路图

例 5 - 16 属于较复杂的时序电路的设计题，关键是根据题意合理地选择变量，规定意义并进行逻辑赋值，从而得出状态转换表，再利用卡诺图化简。倘若不规定触发器的类型，选择 D 触发器可方便地得出逻辑图，根据就是 $Q_i^{n+1} = D_i$；如选择 JK 触发器，在得出 Q_i^{n+1} 的表达式后，按 JK 触发器的特征方程进行整理变形，然后经过对照方可得出 J_i、K_i 的表达式，这样做相对难一些。

【例 5 - 17】　试用 4 片 JK 触发器设计一个同步十进制计数器，并将其输出信号用与非门电路译码后控制红（R）、绿（G）、黄（Y）3 个交通灯。要求一个工作循环为：红灯亮 30s、黄灯亮 10s、绿灯亮 50s、黄灯亮 10s。要求写出设计过程，画出 CP、R、G 和 Y 的波形图和逻辑电路图。

解　（1）设计同步十进制计数器。用同步时序电路设计方法可求得激励方程为

$$J_0 = K_0 = 1$$

$$J_1 = \overline{Q_3^n}Q_0^n \qquad K_1 = Q_0^n$$

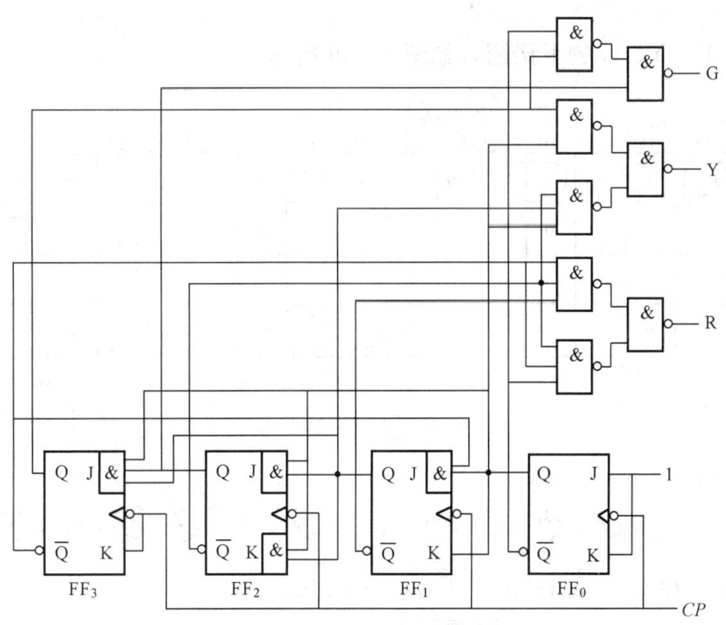

图 5 - 67　［例 5 - 17］逻辑图

$$J_2 = K_2 = Q_1^n Q_0^n$$

$$J_3 = Q_2^n Q_1^n Q_0^n \quad K_3 = Q_0^n$$

电路如图 5 - 67 所示（下半部分）。图中没有考虑进位信号，因为本例不需要（设计过程请读者自己完成，并验证该十进制计数器具有自启动功能）。

(2) 用与非门设计译码电路。设 CP 脉冲周期为 10s；R、Y、G 这 3 个灯在高电平时发亮，低电平时灯灭。依据题意，在 10 个 CP 脉冲周期内（一个工作循环周期），从计数器的 0000 状态开始，红灯 R 亮 30s、黄灯 Y 亮 10s、绿灯 G 亮 50s、黄灯 Y 亮 10s。输出波形如图 5 - 68 所示。译码电路真值表如表 5 - 19 所示。

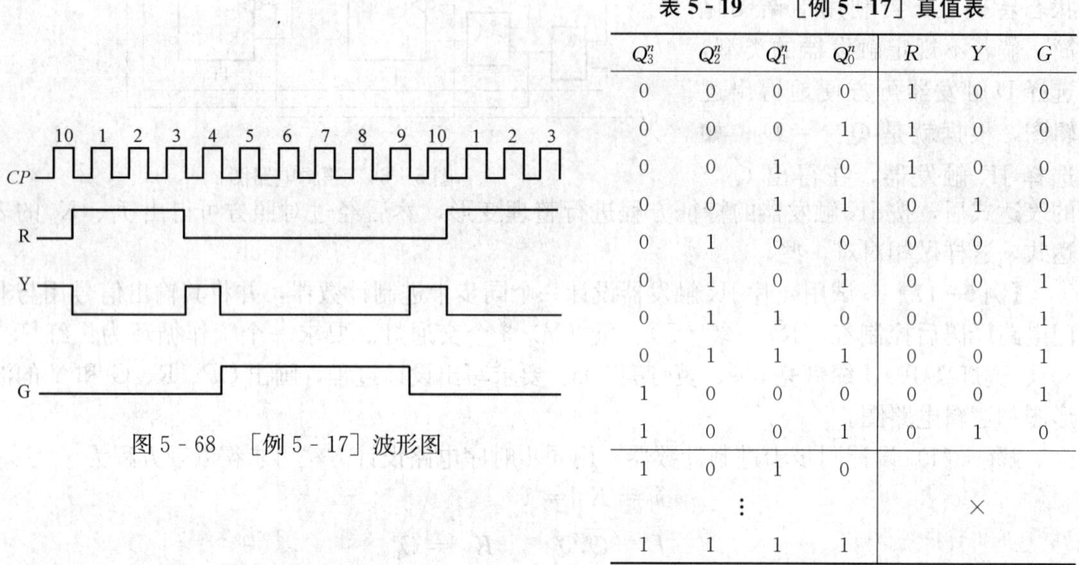

图 5 - 68　[例 5 - 17] 波形图

表 5 - 19　[例 5 - 17] 真值表

Q_3^n	Q_2^n	Q_1^n	Q_0^n	R	Y	G
0	0	0	0	1	0	0
0	0	0	1	1	0	0
0	0	1	0	1	0	0
0	0	1	1	0	1	0
0	1	0	0	0	0	1
0	1	0	1	0	0	1
0	1	1	0	0	0	1
0	1	1	1	0	0	1
1	0	0	0	0	0	1
1	0	0	1	0	1	0
1	0	1	0			
	⋮				×	
1	1	1	1			

由表可画出 R、Y、G 的卡诺图，如图 5 - 69 所示。

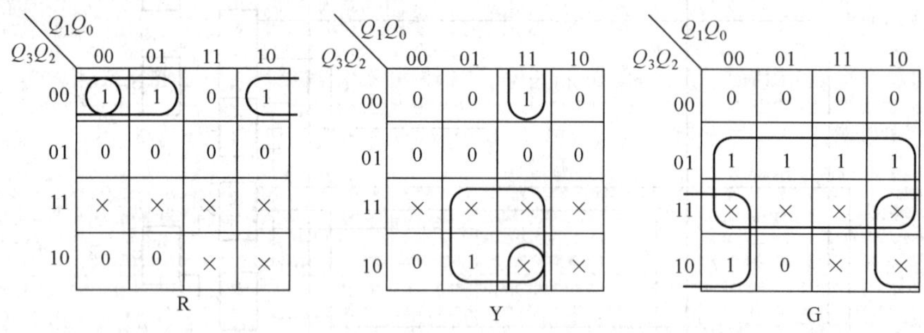

图 5 - 69　[例 5 - 17] 卡诺图

由卡诺图可得

$$R = \overline{Q_3^n}\cdot\overline{Q_2^n}\cdot\overline{Q_1^n} + \overline{Q_3^n}\cdot\overline{Q_2^n}\cdot\overline{Q_0^n} = \overline{\overline{\overline{Q_3^n}\cdot\overline{Q_2^n}\cdot\overline{Q_1^n}}\cdot\overline{\overline{Q_3^n}\cdot\overline{Q_2^n}\cdot\overline{Q_0^n}}}$$

$$Y = Q_3^n Q_0^n + \overline{Q_2^n} Q_1^n Q_0^n = \overline{\overline{Q_3^n Q_0^n}\cdot\overline{\overline{Q_2^n} Q_1^n Q_0^n}}$$

$$G = Q_3^n \overline{Q_0^n} + Q_2^n = \overline{\overline{Q_3^n \overline{Q_0^n}}\cdot\overline{Q_2^n}}$$

(3) 画逻辑电路图，如图 5 - 67 所示。

本 章 小 结

1. 时序电路在任一时刻的输出，不仅与当时的输入信号有关，还与电路原来的状态有关。为了记忆原来的状态，时序电路不仅包含逻辑门电路，还包含具有记忆功能的触发器，这是时序电路结构上的特点。

2. 计数器能对输入脉冲作计数统计。目前集成计数器品种多，功能全，应用灵活，价格低廉，得到广泛应用。

3. 实用电路中除二进制计数器和十进制计数器外，还常用其他进制的计数器。以集成计数器作为基本器件，采用反馈法可以实现任意进制计数器。

4. 寄存器具有存储数码和信息的功能。它分为数码寄存器和移位寄存器两大类。一般寄存器都具有清零、接收、存储和输出的功能。用移位寄存器可构成环形和扭环形计数器。

5. 利用计数器和寄存器以及各种组合电路可以实现功能更多更复杂的时序电路。顺序脉冲发生器由计数器和与之匹配的译码器组成，在连续 *CP* 脉冲作用下，它将输出多路宽度为 *CP* 周期的脉冲，用于协调数字系统有条不紊地工作。环形计数器可不需译码器直接作为顺序脉冲发生器。

6. 利用触发器和门电路可以设计具有各种功能的时序逻辑电路，其关键是正确定义输入变量、输出变量及有效状态，准确求出所设计电路中各触发器的驱动方程和输出方程。

习　题　5

5-1　填空题

(1) 任一时刻的稳定输出不仅决定于该时刻的输入，而且还与电路原来的状态有关的电路叫________。

(2) 时序逻辑电路由________和________两部分组成。

(3) 某 512 位串行输入串行输出右移寄存器，已知时钟频率为 4MHz，数据从输入端到输出端被延迟的时间为________。

(4) 描述时序逻辑电路功能的方法需要 3 种方程，它们是________方程、________方程和________方程。

(5) 时序逻辑电路按触发器时钟端的连接方式分为________和________。

(6) 在设计时序逻辑电路时，对原始状态表中的状态化简，其目的是________。

(7) 可用来暂时存放数据的器件叫________。

(8) 某寄存器由 D 触发器构成，有 4 位代码要存储，此寄存器必须有________个触发器。

(9) 十进制加法计数器现态为 0010，经过 3 个时钟输入之后，其内容变为________，再经过 30 个时钟后，其内容变为________。

(10) 集成计数器的模值是固定的，但可以用________和________来改变其模值。

(11) 一般而言，模值相同的同步计数器比异步计数器的结构________工作速度________。

(12) 一个五位二进制加法计数器，由 00000 状态开始，问经过 169 个输入脉冲后，此计数器的状态为________。

(13) N 级环形计数器的计数长度是________，N 级扭环形计数器的计数长度是________，N 级最大长度移存型计数器的计数长度是________。

(14) 由 8 级触发器构成的二进制计数器模值为________，由 8 级触发器构成的十进制计数器的模值为________。

(15) 移位寄存器的主要功能有________、________和________。

(16) 通过级联方法，把两片 4 位二进制计数器 74LS161 连接成为 8 位二进制计数器后，其最大模值是________，将 3 片 4 位十进制计数器 74160 连接称为 12 位十进制计数器后，其最大模值是________。

5-2 选择题

(1) 由 3 个触发器构成的环形和扭环形计数器的计数模值依次为（　）。

A. 8 和 8　B. 6 和 3　C. 6 和 8　D. 3 和 6

(2) 设计模值为 36 的计数器至少需要（　）个触发器。

A. 3　B. 4　C. 5　D. 6

(3) 同步计数器是指（　）的计数器。

A. 由同类型的触发器构成

B. 各触发器时钟端连在一起，统一由系统时钟控制

C. 可用前级的输出做后级触发器的时钟

D. 可用后级的输出做前级触发器的时钟

(4) 一个 4 位移位寄存器原来的状态为 0000，如果串行输入始终为 1，则经过 4 个移位脉冲后寄存器的内容为（　）。

A. 0001　B. 0111　C. 1110　D. 1111

(5) 由 10 级触发器构成的二进制计数器，其模值为（　）。

A. 10　B. 20　C. 1000　D. 1024

(6) 在设计同步时序逻辑电路时，检查到不能自行启动时，则（　）。

A. 只能用反馈复位法清零

B. 只能用修改驱动方程的方法

C. 必须用反馈复位法清零并修改驱动方程

D. 可以采用反馈复位法，也可以采用修改驱动方程的方法保证电路能自行启动

(7) 若 4 位同步二进制加法计数器当前的状态是 0111，下一个输入时钟脉冲后，其内容变为（　）。

A. 0110　B. 0000　C. 1000　D. 1111

(8) 若 4 位二进制加法计数器正常工作时，由 0000 状态开始计数，则经过 43 个输入计数脉冲后，计数器的状态应为（　）。

A. 0011　B. 1011　C. 1101　D. 1110

(9) 用反馈复位法来改变由 8 位二进制加法计数器的模值，可以实现（　）模值范围的计数。

A. 1～15　B. 1～16　C. 1～32　D. 1～256

（10）异步计数器设计时，比同步计数器的设计多增加的设计步骤是（　　）。

A. 画原始状态转换图　　B. 进行状态编码

C. 求时钟方程　　D. 求驱动方程

（11）在下列器件中，不属于时序逻辑电路的是（　　）。

A. 计数器　　B. 移位寄存器　　C. 全加器　　D. 序列信号检测器

（12）能够比较方便地构成顺序脉冲信号发生器的电路是（　　）。

A. 环形计数器　　B. 扭环形计数器

C. 移位寄存器　　D. 序列信号检测器

5 - 3　分析如图 5 - 70 所示时序电路的逻辑功能。要求列出状态表，画出状态图。

5 - 4　画出如图 5 - 71 所示时序电路的状态图和时序图，并说明其逻辑功能。

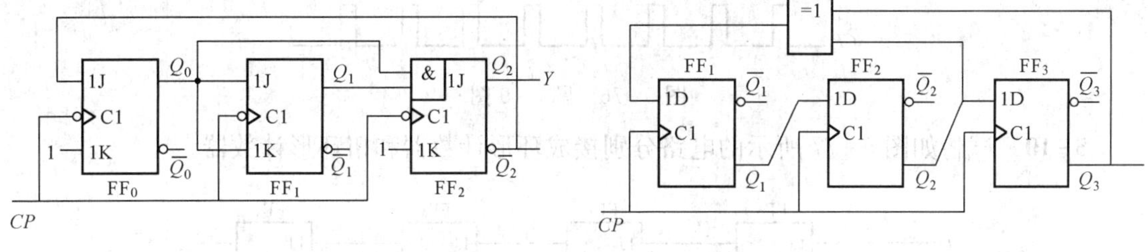

图 5 - 70　题 5 - 3 图　　　　图 5 - 71　题 5 - 4 图

5 - 5　计数器如图 5 - 72 所示，试画出其状态图，并说明电路的逻辑功能。

5 - 6　电路如图 5 - 73 所示，画出其状态图，并说明它是同步计数器还是异步计数器，是几进制计数器，是加法还是减法计数器，能否自启动。

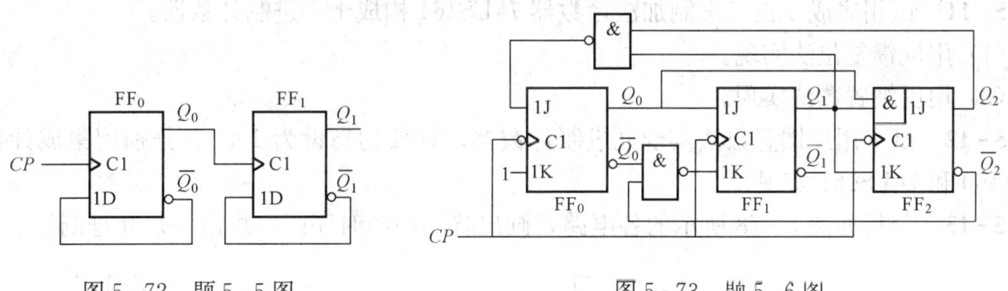

图 5 - 72　题 5 - 5 图　　　　图 5 - 73　题 5 - 6 图

5 - 7　如图 5 - 74 所示的两个计数器。

（1）分别画出它们的状态图。

（2）说明它们各为几进制计数器，加法计数器还是减法计数器。

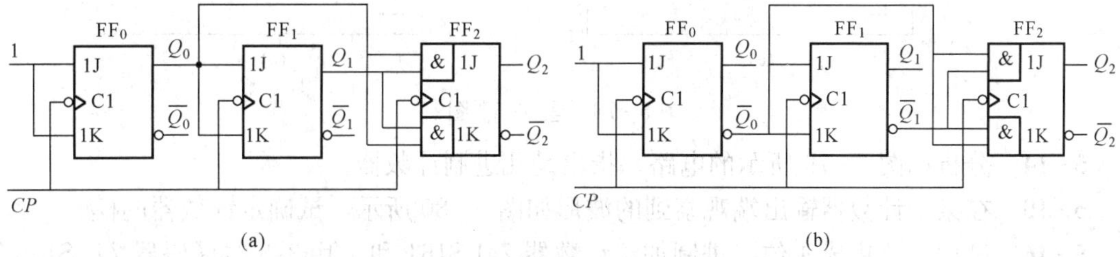

图 5 - 74　题 5 - 7 图

5-8 已知几个计数器的状态图如图 5-75 所示，试分别叙述它们的逻辑功能。

5-9 已知具有如图 5-75（a）所示状态图的计数器由上升沿触发的触发器组成，计数脉冲 CP 如图 5-76 所示。试画出该计数器的时序图。设计数器的初态为 000。

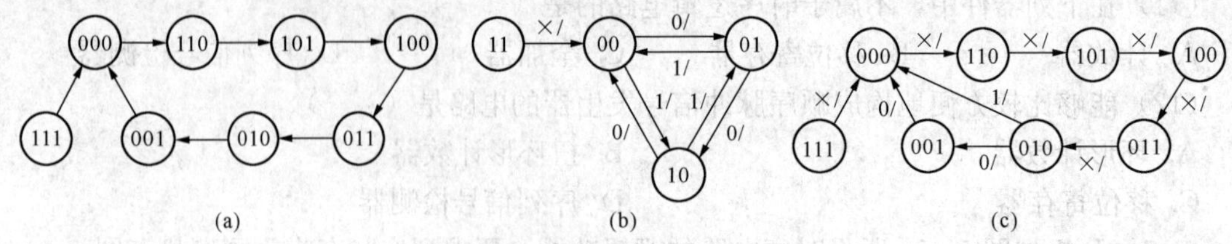

图 5-75 题 5-8 图

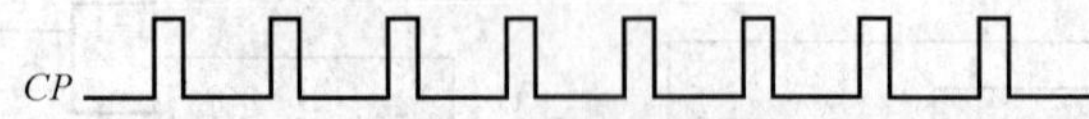

图 5-76 题 5-9 图

5-10 试将如图 5-77 所示的电路分别接成环形计数器和扭环形计数器。

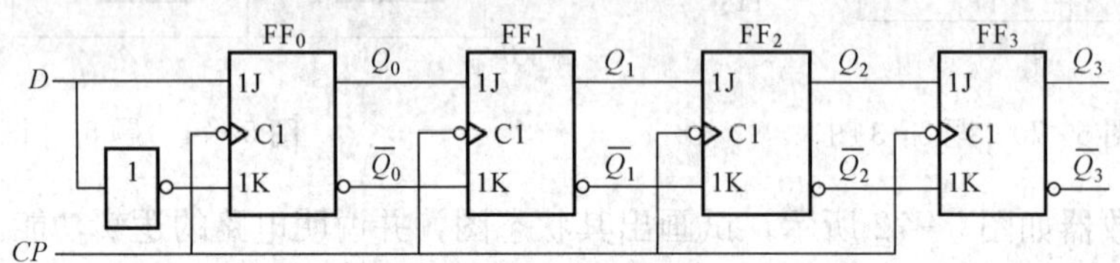

图 5-77 题 5-10 图

5-11 试用集成 4 位二进制加法计数器 74LS161 构成十一进制计数器。

(1) 用反馈复位法实现。

(2) 用反馈置数法实现。

5-12 试采用反馈置数法实现九进制计数器，计数初态设为 1000。分别用集成计数器 74LS160 和 74LS161 实现。

5-13 分析如图 5-78 所示的各电路，画出状态图和时序图，指出各是几进制计数器。

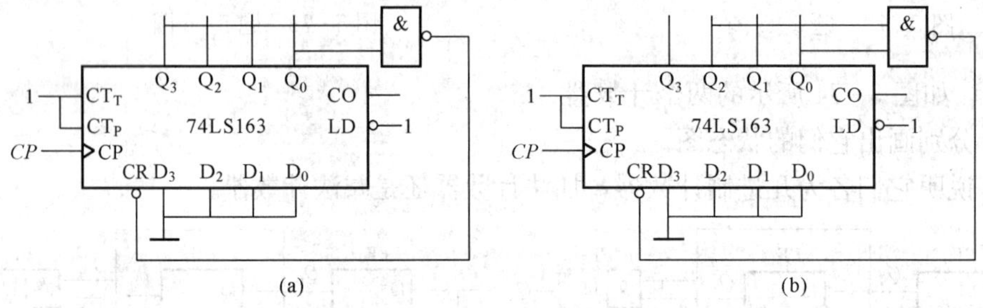

图 5-78 题 5-13 图

5-14 分析如图 5-79 所示的电路，指出是几进制计数器。

5-15 在某个计数器输出端观察到的波形如图 5-80 所示，试确定计数器的模。

5-16 试用 1 片集成 4 位二进制加法计数器 74LS161 和 1 片 3/8 线译码器 74LS138 组

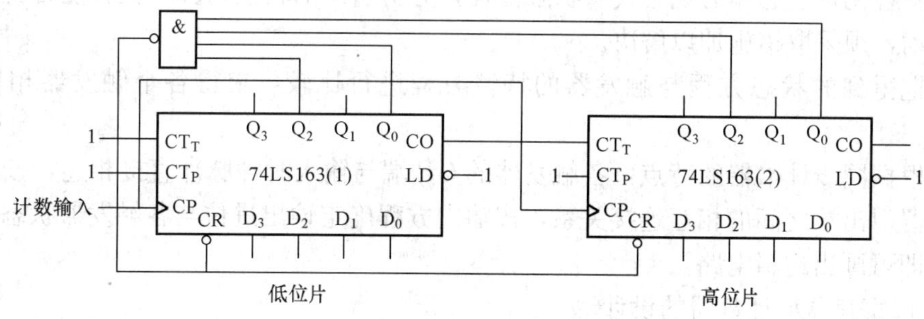

图 5-79　题 5-14 图

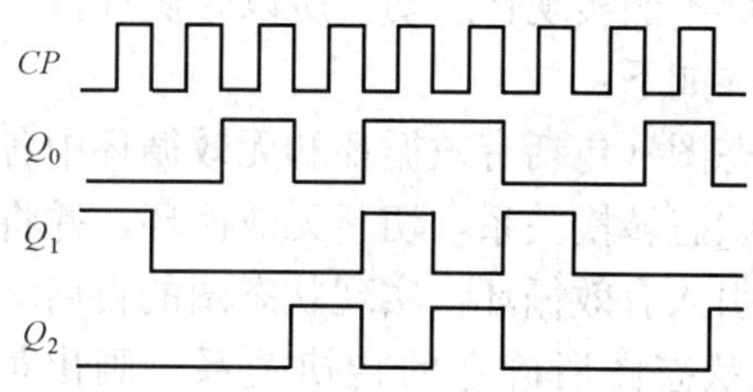

图 5-80　题 5-15 图

成一个五节拍顺序脉冲发生器。

5-17　试用 1 片 4 位二进制加法计数器 74LS161 和尽可能少的门电路设计一个时序电路。要求当控制信号 C=0 时做二进制加法计数，C=1 时做单向移位操作。

本章实验　时序逻辑电路的设计

一、实验目的

1. 熟悉同步计数器的一般分析、设计方法，学会用触发器组成计数器。

2. 熟悉中规模集成触发器的功能特点，学会用中规模集成计数器组成 N 进制计数器的方法。

3. 熟悉移位寄存器的功能特点及其典型应用。

二、实验仪器与器材

1. 数字电路实验箱。

2. 集成电路 74LS112、74LS74、74LS90、74LS161、74LS20、74LS86、74LS04。

三、实验原理

1. 同步计数器是较常用的时序逻辑电路，它由触发器和门电路组成，设计方法比较简单，基本步骤如下：

(1) 分析设计要求，由进制 N 和加减法确定状态数和状态转换规律。

(2) 根据 $2^n \geqslant N$ 的原则确定触发器的数目，选择其类型及计数器的状态编码。

(3) 把状态图中现态与次态以及输出状态的转换关系，用卡诺图表示出来，无效状态可作约束项处理，卡诺图中得到的每一位次态与计数器现态间的函数关系即为计数器的状态方程，输出与计数器现态间的函数关系即为输出方程。

（4）将各无效状态作为现态代入状态方程，分析状态的转换情况，检查能否自启动。若不能自启动，须采取措施加以解决。

（5）把得到的状态方程与触发器的特性方程进行比较，求得各个触发器相应的驱动方程。

（6）根据同步计数器的特点，各触发器的 CP 端与输入时钟脉冲直接相连，按驱动方程确定触发器引出端之间的相互连接关系，按输出方程确定输出进位与各触发器状态的逻辑关系，进而即可画出逻辑电路。

2. 移位寄存器型计数器的设计

移位寄存器型计数器中，通常有环形计数器、扭环形计数器和最大长度移位式计数器等类型，它们的基本电路一般都不能实现自启动，所以，实现自启动是设计移位寄存器型计数器的关键问题，一般设计步骤如下：

（1）画出基本电路及状态图（包括有效循环和无效循环中各状态）。

（2）修改无效循环中的状态转换关系，切断无效循环，并将其直接引入有效循环或间接经另一已修改后的无效循环引入有效循环，实现状态图的自启动。

（3）根据能够自启动的状态图所确定的转换关系，画出最高位触发器状态 Q^{n+1} 的卡诺图，求出 Q^{n+1} 的逻辑表达式，然后与该触发器的特性方程比较求出驱动方程即反馈逻辑。

（4）画出能够自启动的逻辑图。

3. 中规模集成计数器的使用方法

中规模集成计数器中，二进制或十进制（8421 码）加法计数器较常用，如 74LS160 是比较典型的中规模集成十进制同步计数器，其外引线排列图如图 5-81（a）所示。电路具有异步清零、同步置数、十进制计数以及保持原态 4 种功能。计数时，在计数脉冲的上升沿作用下有效。功能表如表 5-6 所示。74LS90 是异步二—五—十进制加法计数器，其外引线排列图如图 5-81（b）所示。通过不同的连接方式，可以实现二进制计数、五进制计数、8421 码十进制计数和 5421 码十进制计数 4 种不同的逻辑功能；而且还可以借助 R_0(1)、R_0(2) 对计数器清零，借助 S_9(1)、S_9(2) 将计数器置 9。功能表如表 5-20 所示。

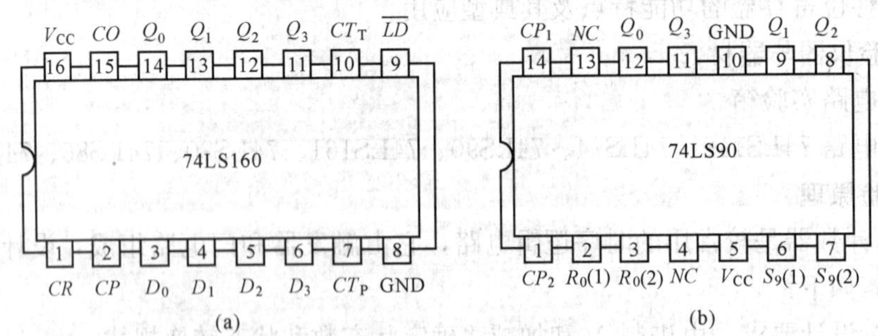

图 5-81 芯片引脚排列图

(a) 74LS160；(b) 74LS90

利用反馈复位法和反馈置数法可以构成任意 N 进制计数器。

表 5-20　　74LS90 的功能表

<table>
<tr><th colspan="3">输入</th><th>输出</th><th rowspan="2">功能</th></tr>
<tr><th>清 0
$R_0(1)$、$R_0(2)$</th><th>置 9
$S_9(1)$、$S_9(2)$</th><th>时钟
CP_1　CP_2</th><th>Q_3　Q_2　Q_1　Q_0</th></tr>
<tr><td>1　1</td><td>0　×
×　0</td><td>×　×</td><td>0　0　0　0</td><td>清 0</td></tr>
<tr><td>0　×
×　0</td><td>1　1</td><td>×　×</td><td>1　0　0　1</td><td>置 9</td></tr>
<tr><td rowspan="5">0　×
×　0</td><td rowspan="5">0　×
×　0</td><td>↓　1</td><td>Q_0 输出</td><td>二进制计数</td></tr>
<tr><td>1　↓</td><td>$Q_3Q_2Q_1$ 输出</td><td>五进制计数</td></tr>
<tr><td>↓　Q_0</td><td>$Q_3Q_2Q_1Q_0$ 输出 8421BCD 码</td><td>十进制计数</td></tr>
<tr><td>Q_3　↓</td><td>$Q_3Q_2Q_1Q_0$ 输出 5421BCD 码</td><td>十进制计数</td></tr>
<tr><td>1　1</td><td>不变</td><td>保持</td></tr>
</table>

四、实验内容与步骤

1. JK 触发器组成同步计数器功能测试

将 74LS112 集成电路芯片插入 IC 空插座中，按图 5-82 接线。用数码管及 LED 状态显示输出状态，*CP* 端接实验箱单次脉冲，用逻辑开关控制各触发器的异步置位、复位端，使计数器分别进入各无效状态，输入 *CP* 脉冲，检查计数器能否自启动。然后使各触发器初始状态为 0，输入脉冲，观察输出端的变化，填表 5-21。画出状态转换图，并说明该电路功能。74LS112 的引脚排列图如图 5-83 所示。

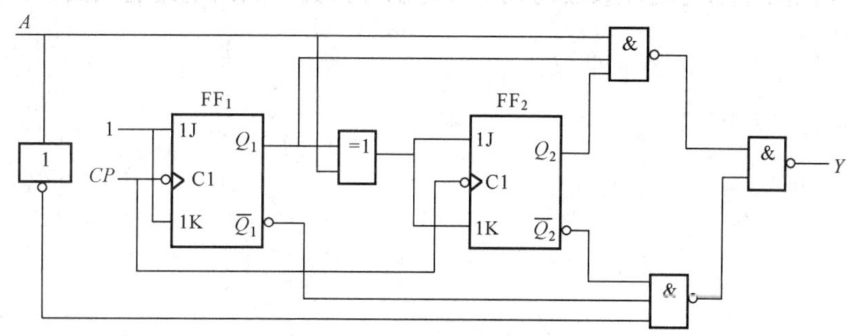

图 5-82　由 JK 触发器构成的同步计数器

表 5-21　　同步计数器功能测试表

A	CP	Q_2^n　Q_1^n	Q_2^{n+1}　Q_1^{n+1}	Y
0	0			
	1			
	2			
	3			
	4			
1	0			
	1			
	2			
	3			
	4			

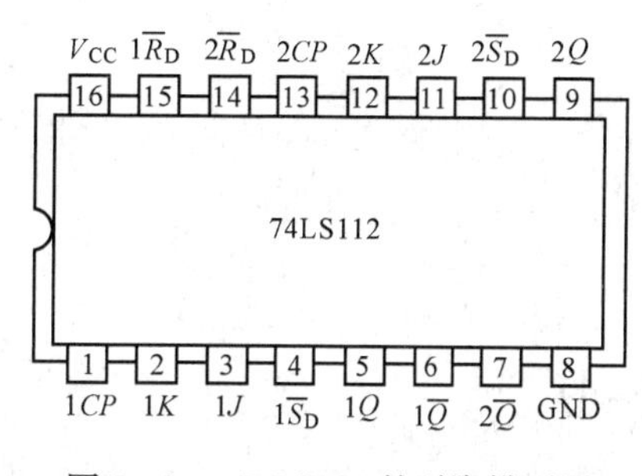

图 5-83　74LS112 的引脚排列图

2. D触发器组成同步计数器功能测试

将74LS74集成电路芯片插入IC空插座中，按图5-84接线。CP 接单次脉冲，输出 Q_1、Q_2、Q_3 分别接LED状态显示。用逻辑开关控制各触发器的 $\overline{R}_D$、$\overline{S}_D$ 端。首先使输出为000（$Q_3Q_2Q_1$），依次输入单次脉冲，观察输出状态的变化规律，找到有效循环，然后预置未出现的各无效状态，观察在 CP 脉冲作用下，能否自动转到有效状态，确定电路能否自启动，画出状态转换图，并说明该电路功能。

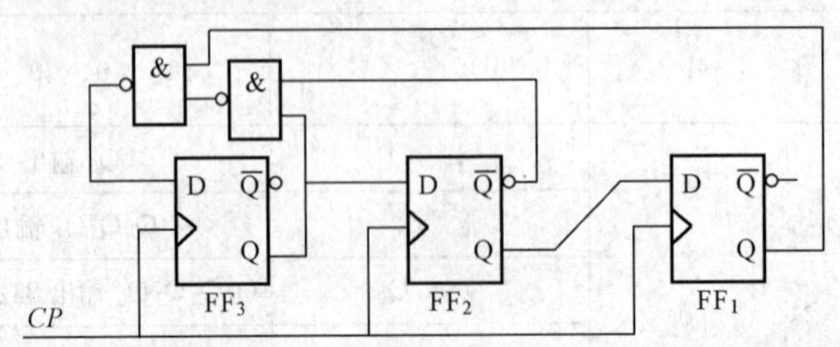

图5-84　同步计数器

3. 中规模集成计数器的应用

（1）试用中规模集成计数器74LS160组成七进制计数器，要求用两种方法实现，画出电路图，并在 CP 作用下验证其功能。

（2）用两片74LS90应用计数器的级联方式，设计一个三十六进制计数器，并用七段数码管显示计数结果。画出电路图，并进行验证。

五、思考题

1. 反馈置零法实现 N 进制计数，反馈支路不加RS触发器能否正常工作？有何缺点？

2. 使用4位同步二进制计数器构成十五进制计数器，画出电路连线图，并验证。

第6章　脉冲信号的产生与整形电路

内容提要

(1) 555定时器的结构及基本功能；
(2) 单稳态触发器的结构、工作原理及应用；
(3) 多谐振荡器的结构、工作原理及应用；
(4) 施密特触发器的结构、工作原理及应用；
(5) 555定时器的典型应用电路。

在数字电路或系统中，常常需要各种脉冲波形，例如时钟脉冲、控制过程中的定时信号等。这些脉冲波形的获取，通常采用两种方法：一是利用脉冲信号产生器直接产生；另一种则是对已有信号进行整形变换，使之满足系统的要求。

本章主要讨论脉冲信号及其参数，几种脉冲信号产生器以及脉冲变换的基本单元电路，如多谐振荡器、施密特触发器、单稳态触发器及定时器等。在讨论它们之前，先介绍一种重要的单片集成电路——555定时器。

6.1　概　　述

脉冲信号的波形多种多样，在数字系统中经常需要的是具有各种宽度、幅度、边沿陡峭的矩形脉冲信号。

6.1.1　脉冲信号的参数

在数字电路中，基本工作信号是二进制的数字信号或称两状态的逻辑信号，两状态逻辑信号只有0、1两种取值，用波形图表示就是矩形脉冲，如图6-1所示。

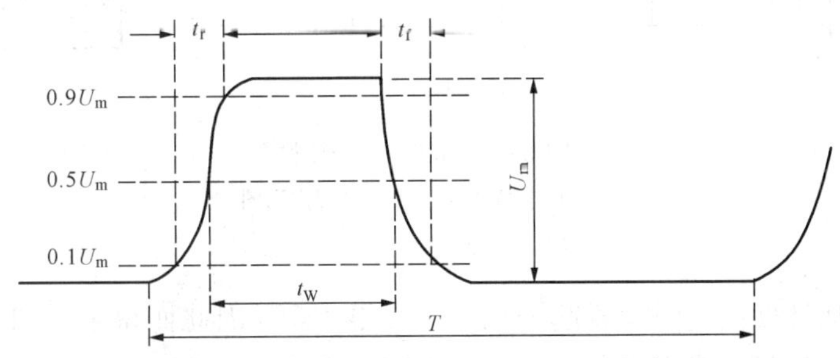

图6-1　矩形脉冲及描述矩形脉冲的指标

在如图6-1所示的波形图中，标出了定量描述矩形脉冲的几个指标：

脉冲幅度U_m——脉冲电压的最大变化幅度。

脉冲周期T——周期性重复的脉冲序列中，两个相邻脉冲相对应点上的时间间隔。有时

也使用频率 $f=\frac{1}{T}$ 表示单位时间内脉冲重复的次数。

脉冲宽度 t_W—— 从脉冲前沿上升到 $0.5U_m$ 处开始，到脉冲后沿下降到 $0.5U_m$ 为止的一段时间。有时也称为脉宽。

上升时间 t_r—— 脉冲前沿从 $0.1U_m$ 上升到 $0.9U_m$ 所需的时间。

下降时间 t_f—— 脉冲后沿从 $0.9U_m$ 下降到 $0.1U_m$ 所需的时间。

占空比 q —— 脉冲宽度 t_W 与脉冲周期 T 之比。

对于理想矩形脉冲，其上升时间与下降时间相等，均视为零。

6.2 555 定时器

555 定时器是一种中规模集成电路，以它为核心，在其外部配上少量阻容元件，就可方便构成多谐振荡器、施密特触发器、单稳态触发器等。由于使用灵活、方便，因此 555 定时器在波形的产生与变换、测量与控制、家用电器、电子玩具等许多领域中都得到应用。

6.2.1 电路结构

如图 6-2（a）所示为 555 集成定时器的电路结构图，图 6-2（b）是引脚排列图。其中 TH 为电压比较器 C_1 的阈值输入端，$\overline{TR}$是电压比较器 C_2 的触发输入端。555 集成定时器由 5 个部分组成：

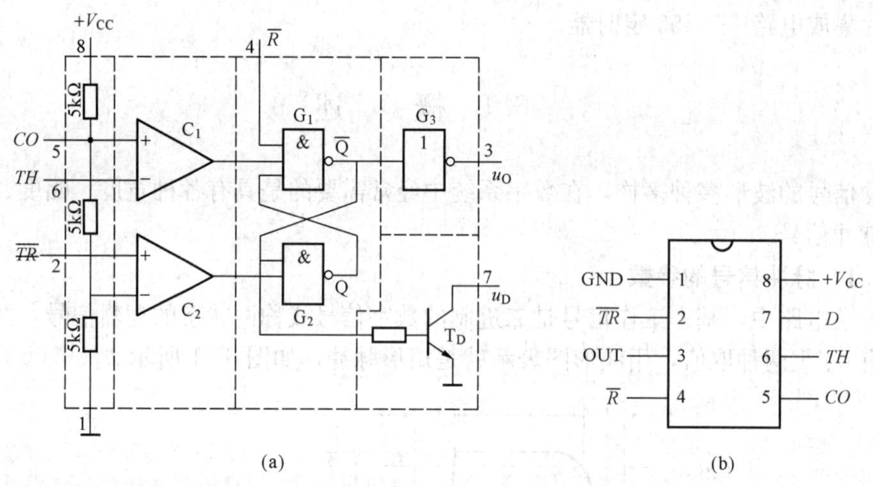

图 6-2 555 集成定时器

（a）电路结构；（b）引脚排列图

1. 分压器

3 个阻值均为 5kΩ 的电阻串联起来构成分压器（555 因此而得名），其作用是为后面的电压比较器 C_1 和 C_2 提供参考电压：C_1 的同相输入端 $U_+=2V_{CC}/3$，C_2 的反相输入端 $U_-=V_{CC}/3$。如果在电压控制端 CO 另加控制电压，则可改变 C_1、C_2 的参考电压。工作中不使用 CO 端时，一般都通过一个 $0.01\mu F$ 的电容接地，以旁路高频干扰。

2. 电压比较器

C_1、C_2 是由运放构成的两个电压比较器。比较器有两个输入端，同相输入端和反相输入端，分别标有“+”、“−”号，其输入电压分别用 U_+ 和 U_- 表示，当 $U_+>U_-$ 时，电压比较器输出高电平，当 $U_+<U_-$ 时，输出低电平。两个输入端基本上不向外电路索取电流，即输入电阻趋于无穷大。

3. 基本 RS 触发器

在电压比较器之后，是由两个与非门组成的基本 RS 触发器，$\overline{R}$ 是专门设置的可从外部进行置 0 的复位端，当 $\overline{R}=0$ 时，使 $Q=0$，$\overline{Q}=1$。

4. 晶体管开关和输出缓冲器

晶体管 T_D 构成开关，其状态受 $\overline{Q}$ 端控制，当 $\overline{Q}$ 为 0 时 T_D 截止，为 1 时 T_D 导通。输出缓冲器就是接在输出端的反相器 G_3，其作用是提高定时器的带负载能力和隔离负载对定时器的影响。

综上所述，555 定时器不仅提供了一个复位电平为 $2V_{CC}/3$、置位电平为 $V_{CC}/3$、可通过 $\overline{R}$ 端直接从外部进行置 0 的基本 RS 触发器，而且还给出了一个状态受该触发器 $\overline{Q}$ 端控制的晶体管开关，因此使用起来非常灵活。

6.2.2　基本功能

表 6-1 所列是 555 定时器的功能表，它全面反映了 555 定时器的基本功能。该表是后面分析 555 定时器各种应用电路的重要理论依据。

表 6-1　　**555 定时器的功能表**

U_{TH}	$U_{\overline{TR}}$	$\overline{R}$	u_o	T_D 的状态
×	×	0	U_{OL}	导通
$>2V_{CC}/3$	$>V_{CC}/3$	1	U_{OL}	导通
$<2V_{CC}/3$	$>V_{CC}/3$	1	不变	不变
$<2V_{CC}/3$	$<V_{CC}/3$	1	U_{OH}	截止

由 555 定时器的电路图和功能表可以看出：

$\overline{R}=0$ 时，$\overline{Q}=1$，输出电压 $u_o=U_{OL}$ 为低电平，T_D 饱和导通。

$\overline{R}=1$、$U_{TH}>2V_{CC}/3$、$U_{\overline{TR}}>V_{CC}/3$ 时，C_1 输出低电平，C_2 输出高电平，$\overline{Q}=1$，$Q=0$，$u_o=U_{OL}$，T_D 饱和导通。

$\overline{R}=1$、$U_{TH}<2V_{CC}/3$、$U_{\overline{TR}}>V_{CC}/3$ 时，C_1、C_2 输出均为高电平，基本 RS 触发器保持原来状态不变，因此 u_o、T_D 也保持原来状态不变。

$R=1$、$U_{TH}<2V_{CC}/3$、$U_{\overline{TR}}<V_{CC}/3$ 时，C_1 输出高电平，C_2 输出低电平，$\overline{Q}=0$，$Q-1$，$u_o=U_{OH}$，T_D 截止。

了解了 555 定时器的结构和基本功能后，下面重点讨论它的应用，即组成各种结构简单、工作可靠的脉冲产生、整形电路。

6.3　单稳态触发器

单稳态触发器是一种常用的脉冲整形电路。与一般双稳态触发器不同的是：它只有一个稳态，另外有一个暂稳态。暂稳态是一种不能长久保持的状态，这时电路的电压和电流会随着电容器的充电与放电发生变化，而稳态时电压和电流是不变的。

在单稳态触发器中，当没有外加触发信号时，电路始终处于稳态；只有当外加触发信号时，电路才从稳态翻转到暂稳态，经过一段时间后，又能自动返回到稳态。暂稳态持续时间的长短取决于电路自身参数，与外触发信号无关。

6.3.1 555定时器构成的单稳态触发器

1. 电路结构

将555定时器高电平触发端TH与D端相连后接定时元件R、C，从低电平触发端$\overline{TR}$加入触发信号u_i，则构成单稳态触发器，如图6-3（a）所示。

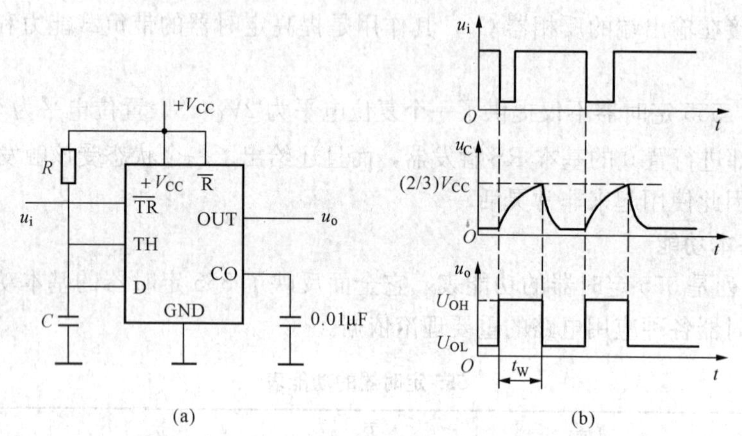

图6-3 由555定时器组成的单稳态触发器

（a）电路组成；（b）工作波形

2. 工作原理

设输入信号u_i为高电平，且大于$V_{CC}/3$，根据表6-1，输出电压u_o为低电平，D端接通，因而电容两端即使原来电压不为零也会放电至零，即$u_C=0$，电路处于稳态。

当u_i由高电平变为低电平且低于$V_{CC}/3$时，u_o由低电平跃变为高电平，D端关断，电路进入暂态。此后，电源通过R对电容C充电，当充电至电容上电压u_C，也就是高电平触发端的电压U_{TH}略大于$2V_{CC}/3$时，u_o由高电平跃变为低电平，D端接通，电容通过D端很快放电，电路自动返回稳态，等待下一个触发脉冲的到来。u_i、u_C、u_o的波形如图6-3（b）所示。

从以上分析可知，单稳态触发器触发脉冲的高电平应大于$2V_{CC}/3$，低电平应小于$V_{CC}/3$，且脉冲宽度应小于暂态时间。输出脉冲的宽度t_W为暂态时间，它等于电容C上电压从0开始充电到$2V_{CC}/3$所需的时间，即

$$t_W \approx RC\ln 3 \approx 1.1RC \tag{6-1}$$

调节R和C的值可以改变脉冲宽度t_W，t_W的值可调范围从几秒到几分钟。

【例6-1】 由CH7555构成的单稳态电路如图6-4（a）所示，其输入触发信号如图6-4（b）所示，试回答下列问题：

（1）确定图6-4（b）中哪个适合作输入触发信号，并画出与其相对的u_C和u_o的波形。

（2）确定该电路的稳态持续时间为多少？

解 根据题意，要确定图6-4（b）中，哪个适合作输入触发信号，关键要求出输出脉冲宽t_W（或暂稳态持续时间），则输入负脉冲宽度小于t_W者适合作输入触发信号。其次，只要从

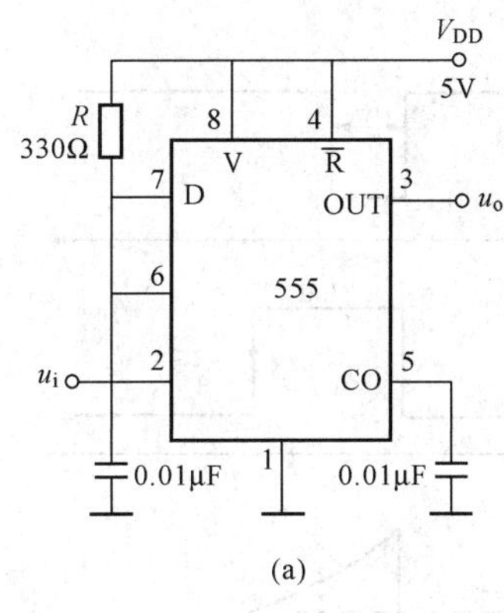

(a)

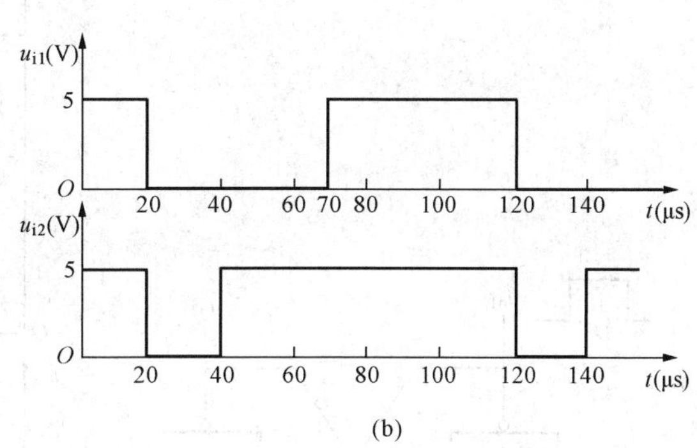

(b)

图 6-4　[例 6-1] 用图

(a) 逻辑图；(b) 波形图

输入触发信号的周期 T 减去 t_W，就是该电路的稳态持续时间，这就回答了第二个问题。

(1) 根据题目所给参数可以求出

$$t_W = 1.1RC$$
$$= 1.1 \times 330 \times 0.1 \times 10^{-6}$$
$$= 36.3\mu s$$

由图 6-4 (b) 可见，上图负脉冲持续时间为 50μs，下图负脉冲持续时间为 20μs，因此下图适合作输入触发信号，与其相对应的 u_C 和 u_o 的波形如图 6-5 所示。

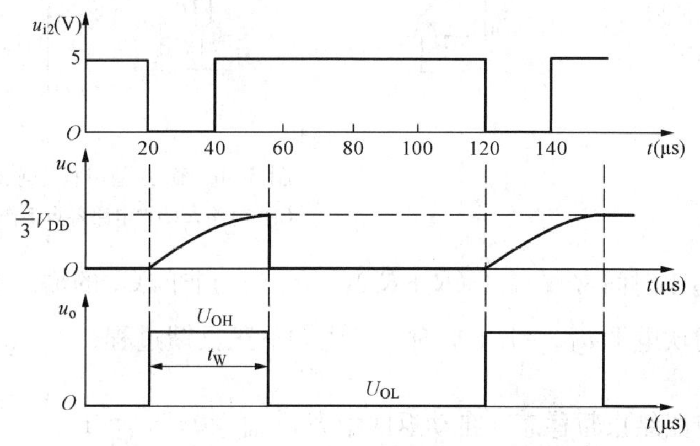

图 6-5　[例 6-1] 波形图

(2) 由图 6-4 (b) 中的 u_{i2} 可见，它的周期为 100μs，故该电路的稳态时间为 100μs－36.3μs＝63.7μs。

6.3.2　由门电路构成的单稳态触发器

用集成门电路构成的单稳态触发器按定时元件 R、C 的不同连接可分为微分型和积分型两类。下面仅讨论由 TTL 与非门构成的微分型单稳态触发器。

1. 电路组成

由 TTL 与非门构成的微分型单稳态触发器电路如图 6-6 (a) 所示。G_1 的输出经微分电路 R、C 接到 G_2 的输入端，G_2 的输出直接耦合到 G_1 的输入端。这里 G_1 和 G_2 是开关元件，RC 是定时元件。

2. 工作原理

(1) 当 u_i 为高电平时，电路处于稳态：u_{o1} 为低电平，u_{o2} 为高电平。为使稳态时 G_2 可靠截止，应选 R 的阻值小于 TTL 与非门的关门电阻 R_{off}，一般取 $R<0.7k\Omega$。

(2) 当 u_i 的负跳沿到来时，使 u_{o1} 由低变高，由于电容两端电压不会突变，因此，u_{i2} 亦由低变高，使 u_{o2} 由高变低，从而引起如下正反馈过程：$u_i\uparrow\rightarrow u_{o1}\uparrow\rightarrow u_{i2}\uparrow\rightarrow u_{o2}\downarrow$。于是使电路迅速进入暂稳态：$u_{o1}=1$，$u_{o2}=0$。

(3) 在暂稳态期间，由 G_1 输出端经 C、R 到地的方向向电容 C 充电，使 G_2 输入电压

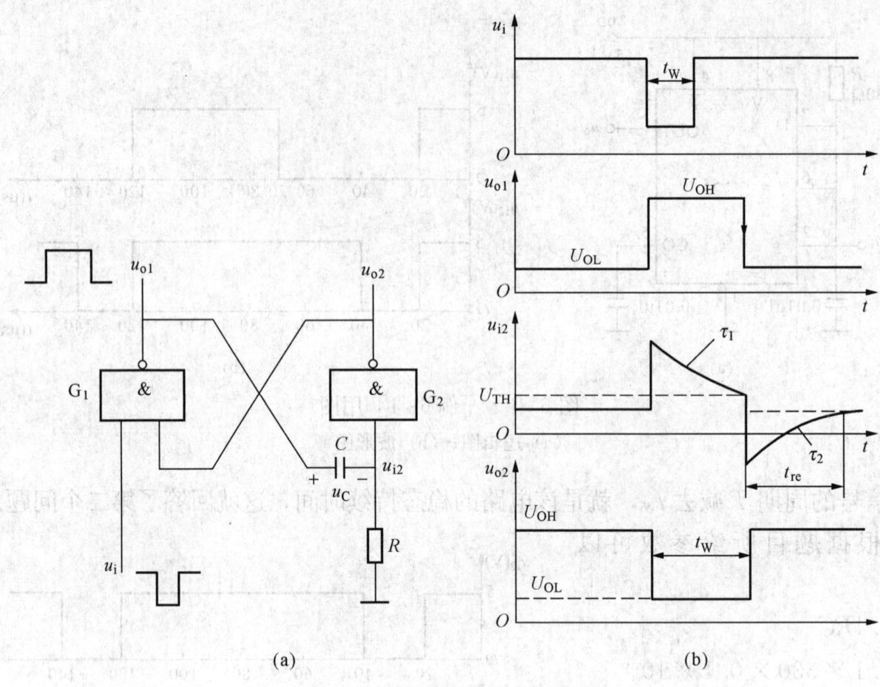

图 6-6 微分型单稳态触发器

(a) 电路；(b) 电路各点工作波形

u_{i2}以时间常数 $\tau_1=(R+R_o)C$（R_o 为与非门 G_1 的输出电阻）按指数曲线下降，当 u_{i2} 下降到门坎电平 $u_{TH}=1.4$ V 时，产生如下正反馈过程：$u_{i2}\downarrow \rightarrow u_{o2}\uparrow \xrightarrow{\text{此时 } u_i \text{ 已为 } 1} u_{o1}\downarrow$，使电路结束暂稳态，自动返回稳态，$u_{o1}=0$，$u_{o2}=1$。

（4）暂稳态结束后，电容 C 放电，使 u_{i2} 以时间常数 $\tau_2=(R_1 /\!/ R)C$ 按指数曲线上升，电路经历一个恢复阶段回到稳态时的初始状态。

电路各点波形如图 6-6（b）所示。

3. 电路的主要参数

（1）输出脉冲宽度（暂稳态时间）t_W。t_W 可由过渡过程有关公式导出，实际常使用如下经验公式估算

$$t_W \approx 0.8RC \tag{6-2}$$

（2）恢复时间 t_{re}

$$t_{re}=(3\sim5)(R_1 /\!/ R)C \tag{6-3}$$

（3）电路的分辨时间 t_d

$$t_d = t_W + t_{re} \tag{6-4}$$

【例 6-2】 电路和输入电压波形分别如图 6-7（a）、（b）所示。试问：

（1）该电路是何种电路？

（2）已知 TTL 门电路的 $U_{OH}=3.6$V，$U_{OL}=0.3$V，门的输出电阻 $R\approx25\Omega$。在给定参数下，求输出脉冲幅度 U_m、脉冲宽度 t_W 及最高工作频率 f_{max}。

（3）对应于输入电压 u_i 的波形，画出输出电压 u_o 的波形。

解　(1) 该电路是微分型单稳态电路。

(2) 输出脉冲幅度为

$$U_m = U_{OH} - U_{OL} = 3.6 - 0.3 = 3.3(\text{V})$$

脉宽为

$$\begin{aligned} t_W &\approx (R+R_o)\cdot C\cdot \ln\left(\frac{R}{R+R_o}\cdot\frac{U_{OH}}{U_{TH}}\right) \\ &= (470+75)\times 0.01\times 10^{-6}\cdot\ln\left(\frac{470}{470+75}\times\frac{3.6}{1.4}\right) \\ &= 5.45\times 10^{-6}\times 0.8 = 4.36(\mu\text{s}) \end{aligned}$$

为了求出最高工作频率，还须求出恢复时间 t_{re}

$$t_{re} = (3\sim 5)RC = (3\sim 5)470\times 0.01\times 10^{-6} = 14.1\mu\text{s}\sim 23.5\mu\text{s}$$

最高工作频率

$$f_{max} = \frac{1}{t_W + t_{re}} = 54.2(\text{kHz})$$

(3) 波形如图 6-7 (c) 所示。

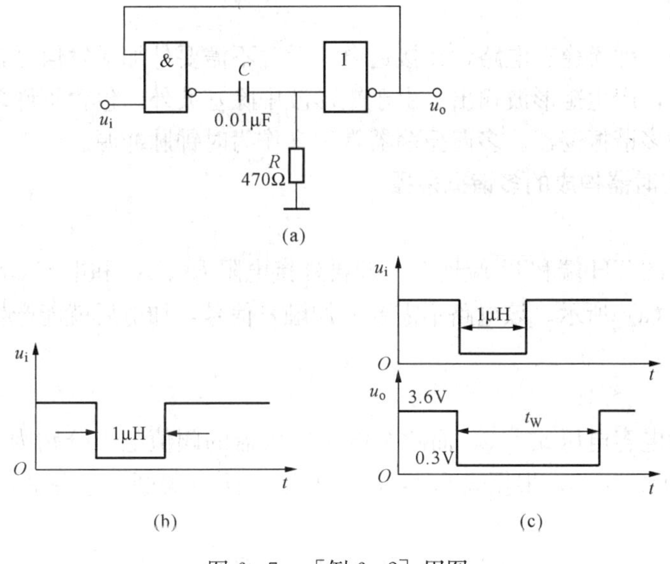

图 6-7　[例 6-2] 用图

6.3.3　应用举例

单稳态触发器应用很广，主要有定时、整形和延时 3 种。以下举几个简单例子说明。

1. 延时与定时

(1) 延时。前面我们讨论过，单稳态触发器 u_o 的下降沿滞后于 u_i 的下降沿的时间总是 t_W，这个 t_W 正好生动具体地反映了单稳态触发器的延时作用，如图 6-8 所示。

(2) 定时。在图 6-8 中，单稳态触发器的输出 u_o' 送给与门作为定时控制信号，当 $u_o'=U_{OH}$时，与门打开，$u_o=u_F$，当 $u_o'=U_{OL}$时，与门关闭，$u_o=U_{OL}$。显然，与门打开的时间是恒定不变的，就是单稳态触发器输出脉冲 u_o' 的宽度 t_W。

2. 整形电路

单稳态触发器能够把不规则的输入信号 u_i，整形成为幅度、宽度都相同的“干净”的矩

形脉冲 u_o，如图 6-9 所示。

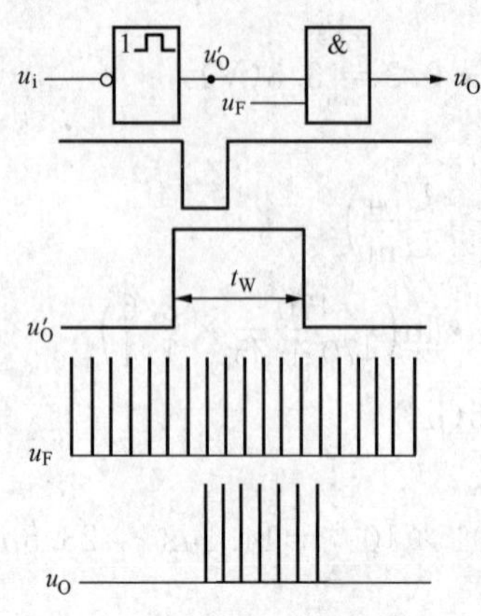

图 6-8 脉冲的延时与定时选通

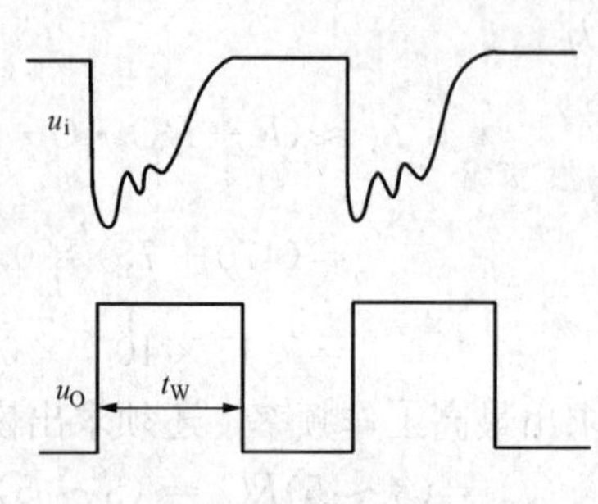

图 6-9 波形的整形

6.4 多谐振荡器

多谐振荡器是一种无稳态电路，在接通电源后，不需要外加触发信号，电路在两个暂稳态之间作交替变化，产生矩形波输出。由于矩形波中除基波外，包含了许多高次谐波，因此这类振荡器被称为多谐振荡器。多谐振荡器常用来作为时钟脉冲源。

6.4.1 555 定时器构成的多谐振荡器

1. 电路结构

将 555 定时器的 TH 端和 $\overline{\text{TR}}$ 端连在一起再外接电阻 R_1、R_2 和电容 C，便构成了多谐振荡器，如图 6-10（a）所示。该电路不需要外加触发信号，加电后就能产生周期性的矩形脉冲或方波。

2. 工作原理

接通电源，设电容电压 $u_C=0$，而两个电压比较器的阈值电压分别为 $2V_{CC}/3$ 和 $V_{CC}/3$，所以 $U_{TH}=U_{\overline{TR}}=0<V_{CC}/3$，根据表 6.1，$u_o=U_{OH}$，且 D 关断。电源对电容 C 充电，充电回路为

$$+V_{CC} \to R_1 \to R_2 \to C \to \text{地}$$

随着充电过程的进行，电容电压 u_C 上升，当上升到 $2V_{CC}/3$ 时，u_o 从 U_{OH} 跃变为 U_{OL}，且 D 导通。此后电容 C 放电，放电回路为

$$C \to R_2 \to \text{放电管 D} \to \text{地}$$

随着放电过程的进行，u_C 下降；当 u_C 下降到 $V_{CC}/3$ 时，u_o 从 U_{OL} 跃变为 U_{OH}，且 D 再次关断，电容 C 又充电，充电到 $2V_{CC}/3$ 又放电，如此周而复始，电路形成自激振荡。输出电压为矩形波，波形如图 6-10（b）所示。

矩形波的周期取决于电容的充、放电时间常数 τ，其充电的时间常数为 $(R_1+R_2)C$，放电时间常数约为 R_2C，因而输出脉冲的周期约为

$$T \approx 0.7(R_1+2R_2)C \tag{6-5}$$

占空比为

$$q=\frac{R_1+R_2}{R_1+2R_2} \tag{6-6}$$

若 $R_2 \gg R_1$，$q \approx 1/2$，输出的矩形脉冲近似为对称方波。

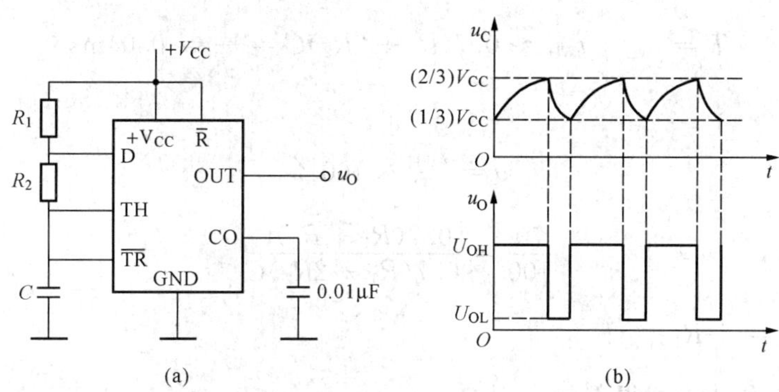

图 6-10　由 555 定时器组成的多谐振荡器

(a) 电路组成；(b) 工作波形

3. 改进电路

图 6-10 (a) 所示电路占空比 D 固定不变，且始终大于 50%，只需将电路改成如图 6-11所示，就能得到占空比可调的多谐振荡器。

在如图 6-11 所示的电路中，利用二极管 VD_1、VD_2 将电容 C 的充放电电路分开，且 R_P 是可调电位器，因而它就变成占空比可调的多谐振荡器。

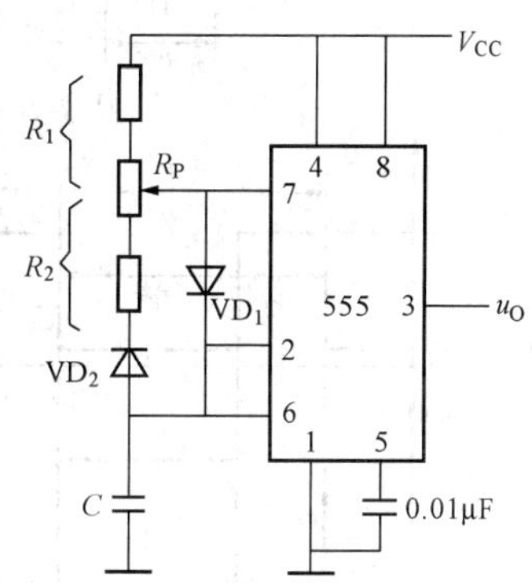

图 6-11　占空比可调的多谐振荡器

在如图 6-11 所示的电路中，电源 V_{CC} 通过 R_1、VD_1 向 C 充电，充电时间为

$$T_1 = 0.7R_1C$$

电容 C 通过 R_2、VD_2 和放电管 T_D 放电，放电时间为

$$T_2 = 0.7R_2C$$

振荡周期为

$$T = T_1 + T_2 = 0.7(R_1+R_2)C$$

占空比为

$$q=\frac{T_1}{T_1+T_2}=\frac{R_1}{R_1+R_2}$$

若取 $R_1 = R_2$，则 $q=50\%$。

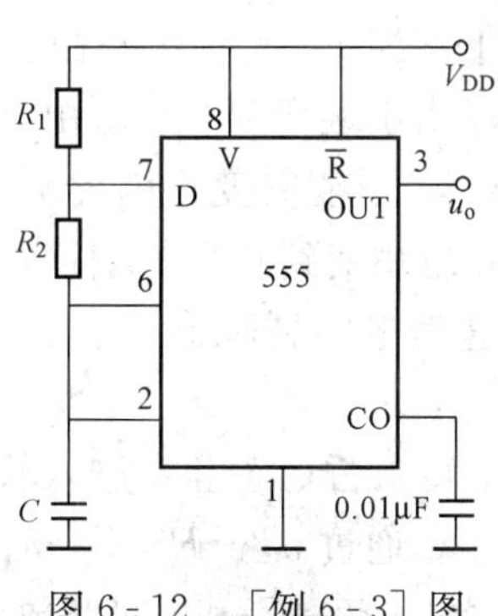

图 6-12　[例 6-3] 图

【例 6-3】　由 555 定时器构成的多谐振荡器如图 6-12 所示，图中 $V_{DD}=12V$，$R_1=10k\Omega$。要求输出电压 u_o 的振荡频率为 25kHz，占空比 $q=70\%$ $\left(q=\frac{t_{WH}}{T}\times 100\%\right)$，试选择定时元件 R_2 和 C 的数值。

解　根据题意，可得输出电压 u_o 的高电平持续时间（即电容充电时间）为

$$t_{WH} \approx 0.7(R_1+R_2)C = qT$$

低电平持续时间（即电容放电时间）为

$$t_{WL} \approx 0.7R_2C = (1-q)T$$

振荡周期为

$$T = t_{WL} + t_{WH} \approx 0.7(R_1+2R_2)C = \frac{1}{f} = 0.04\text{ms}$$

又

$$q = \frac{t_{WH}}{T} \times 100\%$$

即

$$\frac{70}{100} = \frac{0.7(R_1+R_2)C}{0.7(R_1+2R_2)C}$$

解上式得 $R_2=\frac{3}{4}R_1$。

将 $R_1=10\text{k}\Omega$ 代入上式得 $R_2=7.5\text{k}\Omega$。

于是

$$t_{WL} = (1-q)T = 0.3\times 0.04\text{ms} = 0.012\text{ms} = 0.012\times 10^{-3}\text{s}$$

则电容 C 的容量为

$$C = \frac{0.012\times 10^{-3}}{0.7\times 7.5\times 10^{3}} = 2286\text{pF}$$

取 $C=2200\text{pF}$。

6.4.2 由门电路构成的多谐振荡器

1. *RC* 环形振荡器

(1) 电路组成。带有 *RC* 的环形振荡电路如图 6-13（a）所示。其中门电路为 TTL 非门，因此 $R+R_1$ 必须小于关门电阻 R_{off}，电路才能起振，否则，若 $R+R_1$ 过大，G_3 只能输出低电平，无法变化。该电路的特点是振荡器的振荡频率可以方便地进行调节。

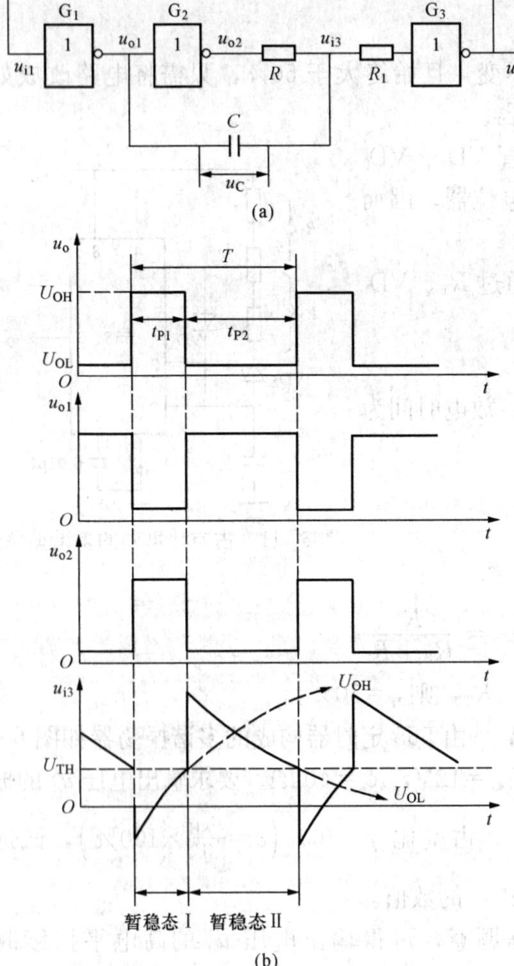

图 6-13 带 RC 电路的环形振荡器

（a）电路图；（b）波形图

(2) 工作原理。假定门电路的传输特性为矩形。

暂稳态Ⅰ：当 u_{i1}（$=u_o$）由 0 跳变到 1 时，u_{o1} 由 1 跳变到 0，u_{o2} 由 0 跳变到 1。由于 u_C 不能突变，因此 u_{o1} 跳变到 0 时，u_{i3} 也跳变到 0，从而使 u_o 保持 1 电平，这是电路暂稳态Ⅰ。此时，$u_{i1}=0$，$u_{o2}=1$，$u_o=1$。

暂稳态Ⅰ转入暂稳态Ⅱ：进入暂稳态Ⅰ后，电容 C 通过 $u_{o2}\rightarrow R\rightarrow C\rightarrow u_{o1}$ 回路及 G_3 输入端$\rightarrow R_1\rightarrow C\rightarrow u_{o1}$ 回路放电，

使 u_{i3} 上升，当 $u_{i3}=u_{TH}$（门槛电平）时，会产生正反馈过程，最后电路转入暂稳态Ⅱ。此时，$u_{o1}=1$，$u_{o2}=0$，$u_o=0$。

暂稳态Ⅱ再转入暂稳态Ⅰ：进入暂稳态Ⅱ以后，电容反方向放电，放电回路为 $u_{o1}\to C\to R\to u_{o2}$，$u_{i3}$ 会不断下降，当 $u_{i3}=u_{TH}$ 时，又将产生另一个正反馈过程，电路又回到暂稳态Ⅰ，此时，$u_{o1}=0$，$u_{o2}=1$，$u_o=1$。

如此周而复始，产生一系列矩形波。其工作波形如图 6-13（b）所示。

（3）主要参数估算。

振荡幅度 U_m 为

$$U_m = U_{OH} - U_{OL}$$

振荡周期 T 为

$$T = t_{P1} + t_{P2} \approx 2.2RC \tag{6-7}$$

2. 石英晶体多谐振荡器

为了提高振荡器的频率稳定度，可采用如图 6-14（a）所示的由非门和石英晶体组成的多谐振荡器。石英晶体的阻抗频率特性如图 6-14（b）所示，由特性可知，只有频率为 f_0 的信号在电路中不衰减（因为晶体等效阻抗为 0），且可放大输出，其他频率信号均会被电路衰减掉。因此，振荡电路的工作频率为晶体本身的谐振频率 f_0，与 R、C 参数无关。

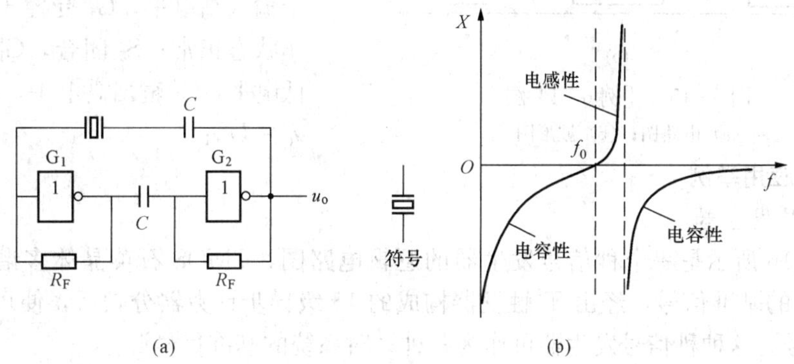

图 6-14　石英晶体多谐振荡器

（a）电路图；（b）石英晶体阻抗频率特性

【例 6-4】　RC 环形振荡器电路如图 6-15（a）所示，已知 $U_{OH}=3\text{V}$，$U_{OL}=0\text{V}$，$R=470\Omega$，$R_3=100\Omega$，$C=3800\text{pF}$。

（1）当开关 S_1、S_2 断开时，定性地给出 u_A、u_B 和 u_o 的波形；

（2）计算振荡频率；

（3）S_1 断开，S_2 闭合时，u_o 的波形如何？

（4）S_1 闭合，S_2 闭合时，u_o 的波形如何？

（5）S_1 闭合，S_2 断开时，u_o 的波形如何？

解　（1）定性地画出 u_A、u_B 和 u_o 的波形如图 6-15（b）所示。

（2）振荡频率

$$f_0 \approx \frac{1}{2.2RC} = \frac{1}{2.2\times470\times3800\times10^{-12}} = 254(\text{kHz})$$

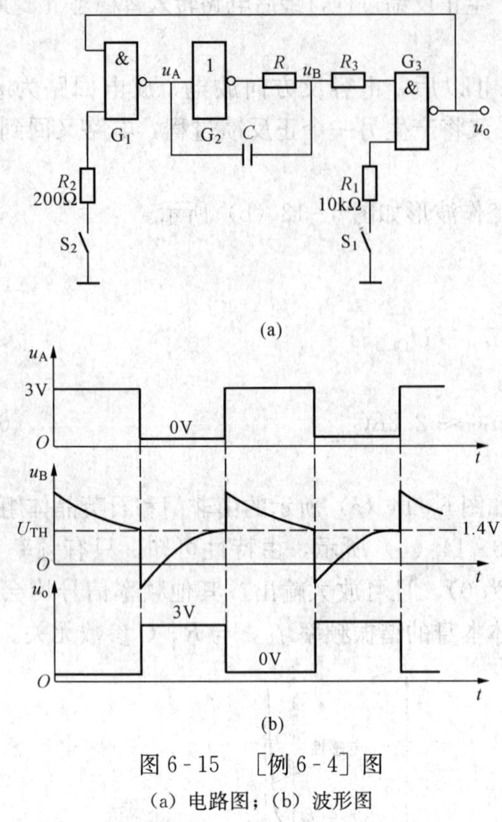

图 6-15 ［例 6-4］图

(a) 电路图；(b) 波形图

(3) 当 S_1 断开，S_2 闭合时，由于 S_2 闭合，则 G_1 相当于输入低电平，即逻辑 0，G_1 输出为高电平，G_2 输出低电平，G_3 输出为高电平，且不会变化，故 $u_o=U_{OH}$，此时没有振荡波形。

(4) 同理，当 S_1 闭合，S_2 闭合时，与 (3) 相同，$u_o=U_{OH}$，没有振荡波形。

(5) S_1 闭合，S_2 断开时，电路状态与 (1) 相同，G_1 受 u_o 的控制，电路振荡，振荡波形如图 6-15 (b) 所示。

由以上分析不难发现，S_1 闭合、断开与否对电路的工作状态并无影响，因为不论闭合或断开，G_3 输入的始终是高电平。只有 S_2 闭合或断开对电路的工作状态有影响。S_2 断开 G_1 相当于输入高电平，G_1 受控于 u_o，电路工作状态正常；S_2 闭合，G_1 相当于输入低电平，G_1 输出高电平，电路不振荡，$u_o=U_{OH}$。

6.4.3 应用举例

1. 秒信号发生器

如图 6-16 所示是一个秒信号发生器的逻辑电路图，CMOS 石英晶体多谐振荡器产生 $f=32768$Hz 的基准信号，经由 T′触发器构成的 15 级异步计数器分频后，便可得到稳定度极高的秒信号。这种秒信号发生器可作为各种计时系统的基准信号源。

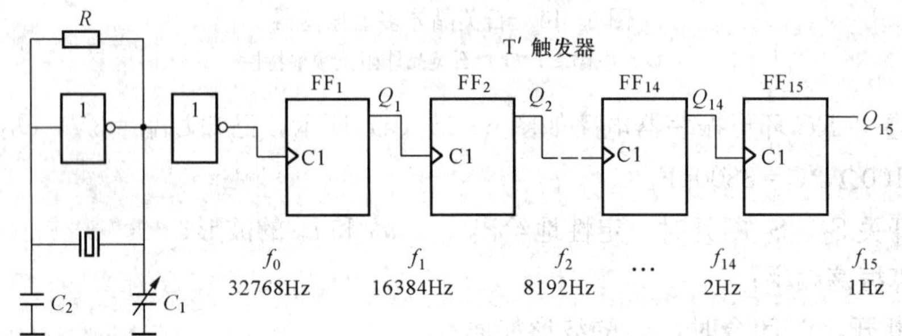

图 6-16 秒信号发生器

2. 模拟声响电路

如图 6-17 (a) 所示是用两个多谐振荡器构成的模拟声响电路。若调节定时元件 R_{A1}、R_{B1}、C_1，使振荡器（Ⅰ）的 $f=1$Hz，调节 R_{A2}、R_{B2}、C_2，使振荡器（Ⅱ）的 $f=1$kHz，那么扬声器就会发出呜……呜的间隙声响。因为振荡器Ⅰ的输出电压 u_{o1} 接到振荡器Ⅱ中 555 定时器的复位端 $\overline{R}$，当 u_{o1} 为高电平时（Ⅱ）振荡，为低电平时 555 复位，（Ⅱ）停止振荡。如图 6-17（b）所示是电路的工作波形。

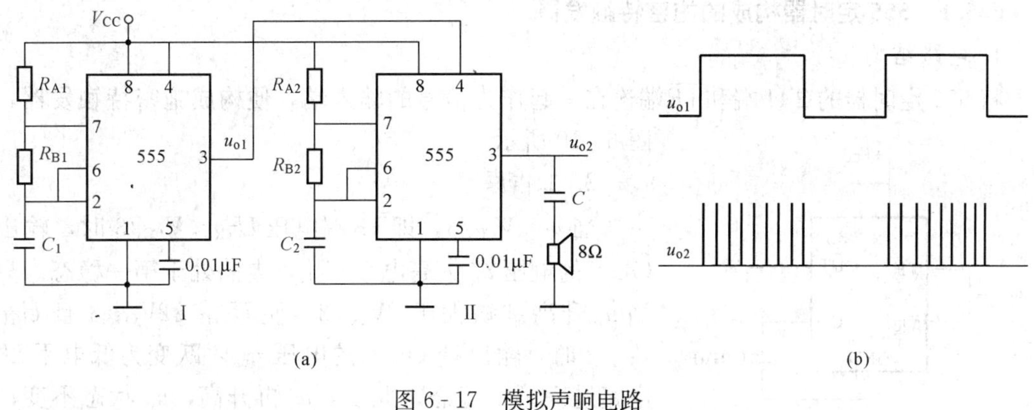

图 6-17　模拟声响电路

（a）电路图；（b）工作波形

6.5　施密特触发器

施密特触发器是又一种脉冲信号的整形电路，它能够将变化非常缓慢的输入脉冲波形，整形成为适合于数字电路需要的矩形脉冲，而且由于具有滞回特性，所以抗干扰能力也很强。施密特触发器在脉冲的产生和整形电路中应用很广。

施密特触发器与双稳态触发器都具有两个稳态，但在性能上有下面两个重要特点：

（1）施密特触发器属于电平触发，缓慢变化的信号也可作为输入信号，当输入信号达到某一特定值时，输出电平就会发生突变。

（2）输入信号从低电平上升时，电路状态转换时对应的输入电平与输入信号从高电平下降过程中对应的输入转换电平不同，如图 6-18（a）、（b）所示。如图 6-18（a）所示为反相输出的电压传输特性，如图 6-18（b）所示为同相输出的电压传输特性，如图 6-18（c）所示为施密特触发器的逻辑符号。

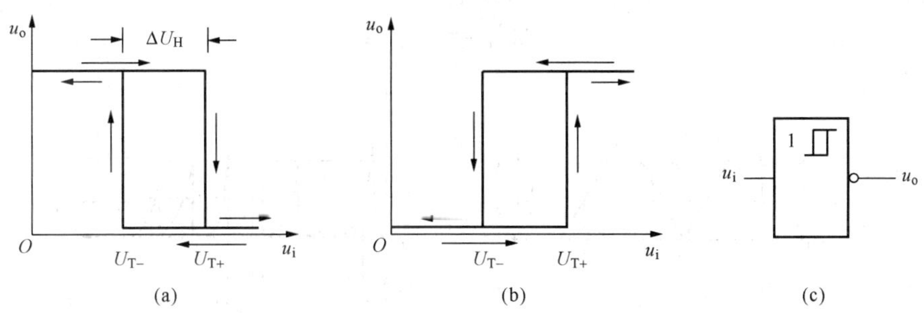

图 6-18　施密特触发器

（a）反相输出的传输特性；（b）同相输出的传输特性；（c）逻辑符号

以反相输出的施密特触发器为例，由电压传输特性可知，当输入电压 u_i 由小到大，达到或超过正向阈值电压 U_{T+} 时，输出电压 u_o 由高电平翻转为低电平。反之，当输入电压 u_i 由大到小，达到或小于负向阈值电压 U_{T-} 时，输出电压 u_o 由低电平翻转到高电平。正向阈值电压 U_{T+} 与负向阈值电压 U_{T-} 的差值 ΔU_T 称为回差电压，即

$$\Delta U_T = U_{T+} - U_{T-} \tag{6-8}$$

6.5.1　555定时器构成的施密特触发器

1. 电路结构

将555定时器的TH端和$\overline{TR}$端连在一起作为信号的输入端，便构成施密特触发器，如图6-19所示。

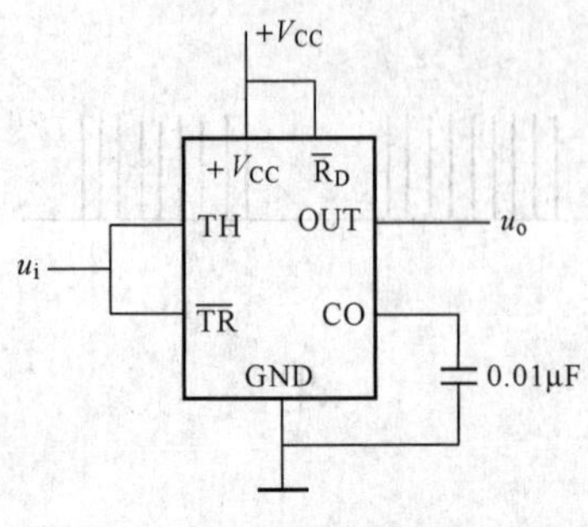

图6-19　由555定时器组成的施密特触发器

2. 工作原理

当$u_i < V_{CC}/3$，即$\overline{TR}$端电压$U_{\overline{TR}} < V_{CC}/3$时，输出端OUT的电压$u_o$为高电平$U_{OH}$，电路处于第一稳态。只有当$u_i$升高到略大于$2V_{CC}/3$，使$U_{TH} > 2V_{CC}/3$且$U_{\overline{TR}} > V_{CC}/3$时，输出端OUT的电压$u_o$才跃变为低电平$U_{OL}$，电路进入第二稳态。此后，$u_i$再升高，$u_o$状态不变；只有当$u_i$下降到略小于$V_{CC}/3$，即$\overline{TR}$端电压小于$V_{CC}/3$时，输出电压才又变为高电平，触发器回到第一稳态。可见，阈值电压和回差电压分别为

$$\begin{cases} U_{T-} = V_{CC}/3 \\ U_{T+} = 2V_{CC}/3 \\ \Delta U_T = U_{T+} - U_{T-} = V_{CC}/3 \end{cases} \tag{6-9}$$

若u_i为三角波，则u_i与u_o的波形如图6-20（a）所示，说明施密特触发器可将非脉冲信号整形成标准幅值的脉冲信号；若u_i为幅值不等、宽度也不等的尖顶波，则u_i与u_o的波形如图6-20（b）所示，说明施密特触发器可以作为鉴幅器，将幅值大于$2V_{CC}/3$的尖顶波转换为标准幅值的矩形波。整形和鉴幅是施密特触发器的基本功能。

如果在电压控制端CO加直流电压U_{CO}，便可以通过调节U_{CO}来改变回差电压ΔU_T的值，此时

$$\begin{cases} U_{T-} = U_{CO}/2 \\ U_{T+} = U_{CO} \\ \Delta U_T = U_{CO}/2 \end{cases} \tag{6-10}$$

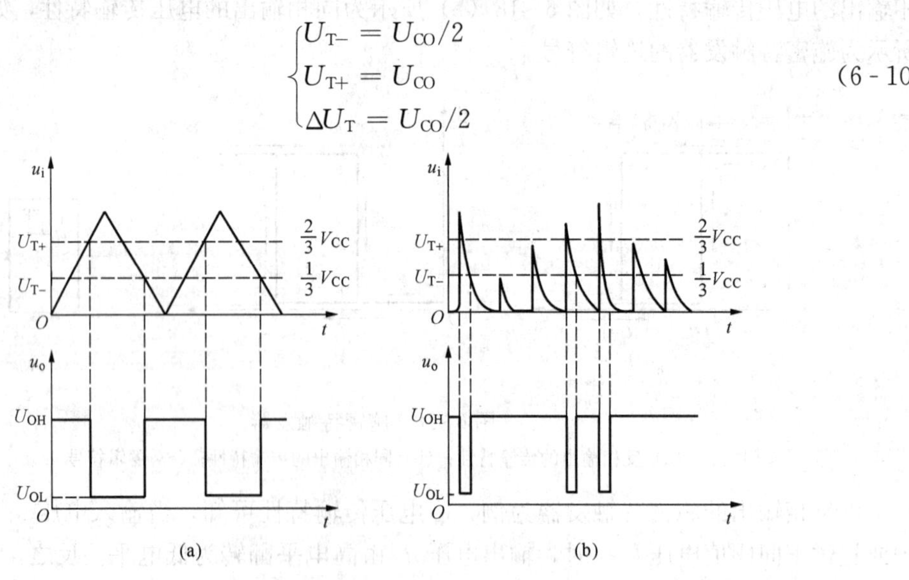

图6-20　施密特触发器输入、输出电压波形分析

（a）输入为三角波；（b）输入为尖顶波

【例6-5】　电路如图6-21（a）所示，试回答：

（1）555定时器组成的是什么电路？

（2）在给定的 u_i 的波形［见图6-21（b）］下，画出 u_o 的波形。

解　（1）该电路是施密特触发器。

（2）由于在⑤端外加7V直流电压，所以正向阈值电压 $U_{T+}=7V$，负向阈值电压 $U_{T-}=3.5V$，据此画出在 u_i 作用下的 u_o 波形如图6-21（c）所示。

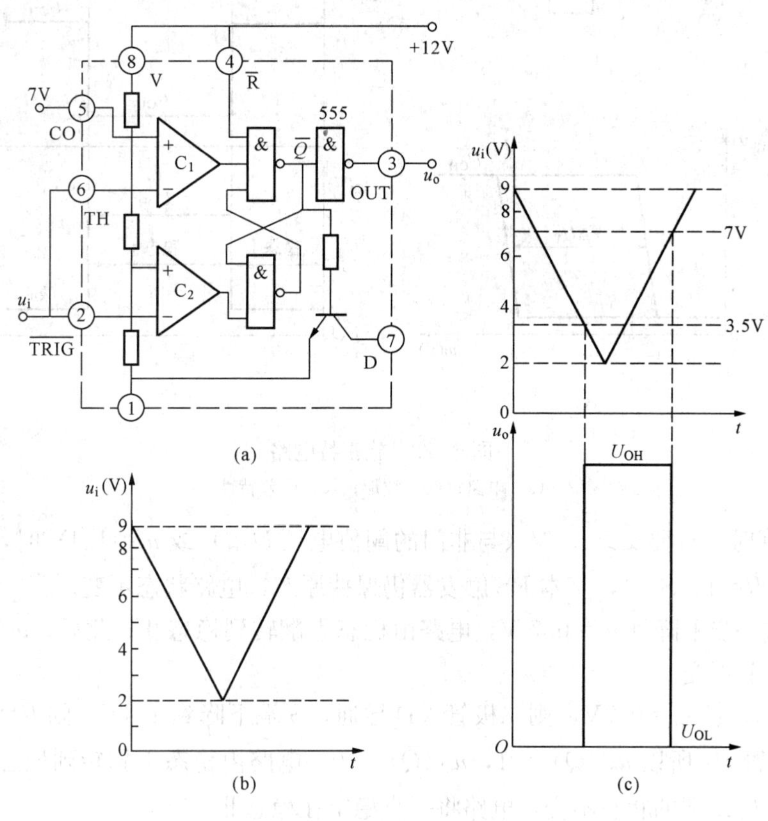

图6-21　［例6-5］图

（a）电路图；（b）u_i 波形图；（c）u_o 波形图

6.5.2　由门电路构成的施密特触发器

下面介绍一种用TTL与非门构成的施密特触发器。

1. 电路组成

一种用TTL与非门构成的施密特触发器电路如图6-22（a）所示。其中与非门 G_1、G_2 组成基本RS触发器，门 G_3 是控制门，二极管起电平移位作用。

2. 工作原理

设输入信号为三角波，如图6-22（b）所示，电路工作原理如下：

（1）u_i 高电平，电路处于稳态Ⅰ。

开始 u_i 为高电平，G_3 导通，二极管VD截止，则 $\overline{S}=1$，$\overline{R}=0$，基本RS触发器置0，$u_{o1}(\overline{Q})=1$，$u_{o2}(Q)=0$，电路处于稳态Ⅰ，如图6-22（b）所示。

（2）u_i 下降，电路状态保持不变。

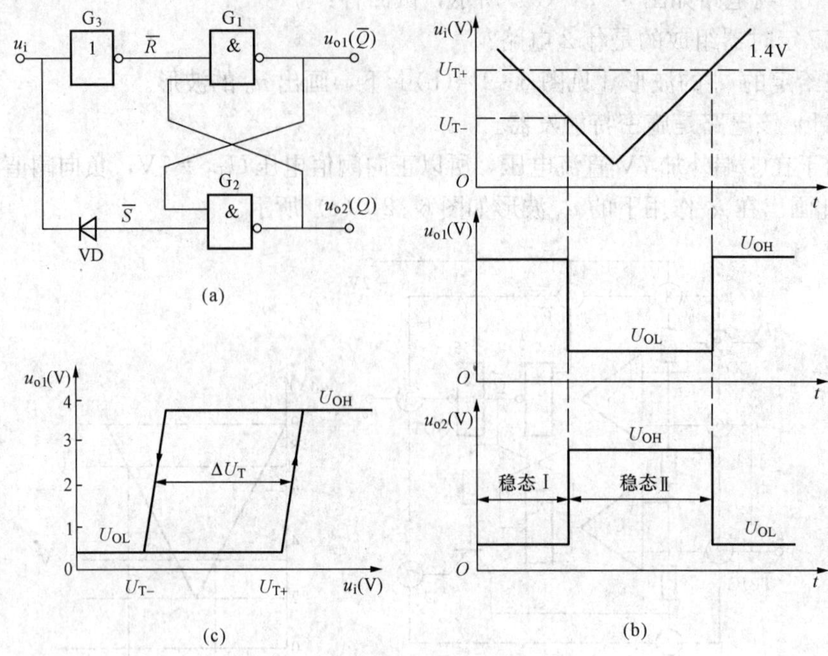

图 6-22　施密特电路

(a) 电路；(b) 波形；(c) 回差特性

当 u_i 下降时，只要 $u_i>1.4V$（与非门的阈值电压 U_{TH}）或 $u_i=1.4V$ 时，G_3 和二极管 VD 截止，则 $\overline{R}=1$，$\overline{S}=1$，基本 RS 触发器仍保持原态，电路状态不变。

(3) u_i 进一步下降且 $u_i=0.7$ V，电路由稳态Ⅰ翻转到稳态Ⅱ；此后，u_i 继续降低，电路仍维持稳态Ⅱ不变。

当 u_i 下降，且 $u_i=0.7V$，则二极管 VD 导通，$\overline{S}$ 端下降到 1.4V，则 $\overline{R}=1$，$\overline{S}=0$，基本 RS 触发器置 1，所以 $u_{o2}(Q)=1$，$u_{o1}(\overline{Q})=0$，电路由稳态Ⅰ翻转到稳态Ⅱ。此后，u_i 继续下降，$\overline{S}$ 及 $\overline{R}$ 端的状态不变，电路将一直稳定在稳态Ⅱ。

(4) u_i 由三角波最低值开始增加，当 $u_i=U_{T+}=1.4V$ 时，电路由稳态Ⅱ翻转回稳态Ⅰ。

u_i 由三角波最低值开始增加，当 $u_i=0.7V$，$\overline{S}$ 端电压上升到 1.4V，则 $\overline{S}=1$，$\overline{R}=1$，基本 RS 触发器处于保持状态，电路状态不变。

只有当 u_i 上升到 1.4V 时，G_3 导通，二极管 D 截止，使 $\overline{R}=0$，$\overline{S}=1$，基本 RS 触发器置 0，所以 $u_{o2}(Q)=0$，$u_{o1}(\overline{Q})=1$，电路由稳态Ⅱ翻转到稳态Ⅰ。此后，u_i 继续上升，电路仍保持稳态Ⅰ不变。

综上所述，在输入信号 u_i 作用下，施密特电路具有两个稳定状态，即稳态Ⅰ和稳态Ⅱ。由此可进一步确定电路的回差特性。

3. 回差特性

通过上面的分析可见，u_i 下降时的电路翻转电压 U_{T-}，与 u_i 上升时的翻转电压 U_{T+} 不同，其中 U_{T+} 为正向阈值电压，U_{T-} 为负向阈值电压，所以回差电压为

$$\Delta U_T=U_{T+}-U_{T-} \tag{6-11}$$

回差特性如图 6 - 22（c）所示。

【例 6 - 6】 施密特电路如图 6 - 23（a）所示，它是利用射极跟随器的射极电阻来调节回差的。

（1）分析电路的工作原理。

（2）当 R_{e1} 要求回差的变化范围为 0.7～1.4V 时，可变电阻 R_{e1} 的变化范围为多少？

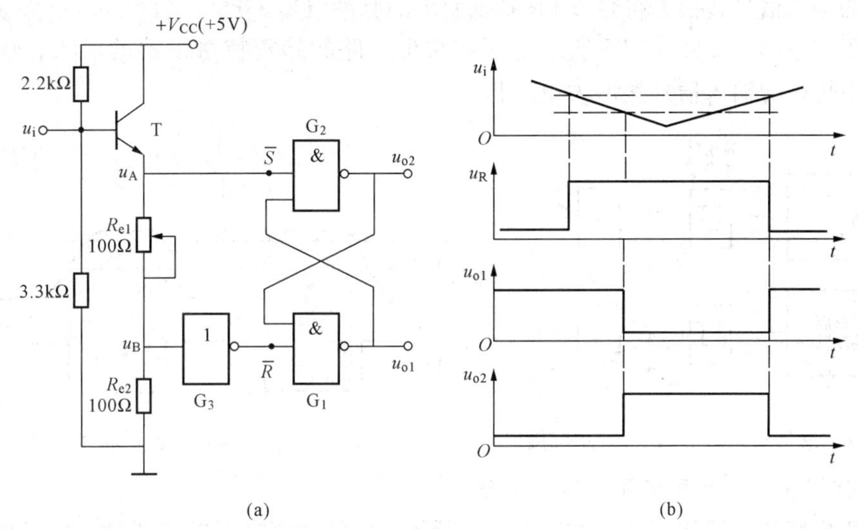

图 6 - 23　[例 6 - 6] 图

（a）电路图；（b）波形图

解　（1）如图 6 - 23 所示的施密特触发器，是利用射极输出器的射极电阻分压来改变滞回电压的。工作原理如下：

当 u_i 足够高时，u_A、u_B 均为高电平，由于门 G_3 的作用，使 $\overline{R}=0$，$\overline{S}=1$，则基本 RS 触发器置 0，$u_{o2}(Q)=0$，$u_{o1}(\overline{Q})=1$。

当 u_i 下降且使 $u_B=1.4V$ 时，门 G_3 关闭，$\overline{R}=1$，但 u_A 仍高于 1.4V，门 G_2 开通，电路仍保持原态不变。只有当 u_i 进一步下降，且使 $u_A=1.4V$ 时，基本 RS 触发器发生翻转，使 $u_{o2}(Q)=1$，$u_{o1}(\overline{Q})=0$。这时，u_i 为低电平触发电压 U_{T-}，显然，$U_{T-}=1.4V+u_{BE}$。

当 u_i 上升，且使 $u_A=1.4V$ 时，触发器不翻转，只有当 u_B 上升，且 $u_B=1.4V$ 时，电路再次发生翻转，这时 u_i 为高电平触发电压 U_{T+}，显然，$U_{T+}=\frac{1.4}{R_{e2}}(R_{e1}+R_{e2})+u_{BE}$。

因此回差电压为

$$\Delta U_T=U_{T+}-U_{T-}=1.4\frac{R_{e1}}{R_{e2}}$$

上述分析表明，改变电阻 R_{e1} 的大小可以调节回差电压。当输入 u_i 为三角波时，电路的波形如图 6 - 23（b）所示。

（2）由 $\Delta U_T=1.4\frac{R_{e1}}{R_{e2}}$ 可以算出，当 $\Delta U_T=0.7V$ 时，$R_{e1}=\frac{0.7}{1.4}\times100=50\Omega$；当 $\Delta U_T=1.4V$ 时，$R_{e1}=\frac{1.4}{1.4}\times100=100\Omega$。所以，当 ΔU_T 的变化范围为 0.7～1.4V 时，可变电阻

R_{e1}的变化范围为50～100Ω。

6.5.3 应用举例

施密特触发器广泛应用于波形的变换、整形以及幅度鉴别等方面。

1. 接口与整形

(1) 用作接口。在如图6-24所示的电路中，施密特触发器用作TTL系统的接口，将缓慢变化的输入信号转换为符合TTL系统要求的脉冲波形。

(2) 用作整形。如图6-25所示是用作整形电路的施密特触发器的输入、输出电压波形，它把不规则的输入信号整形为矩形脉冲。

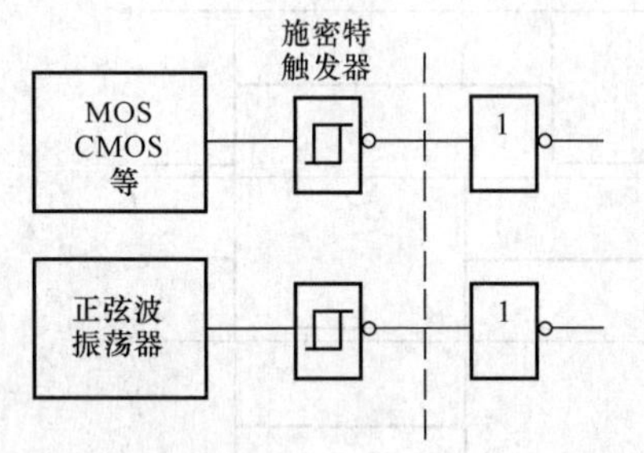

图6-24 缓慢输入波形的TTL系统接口

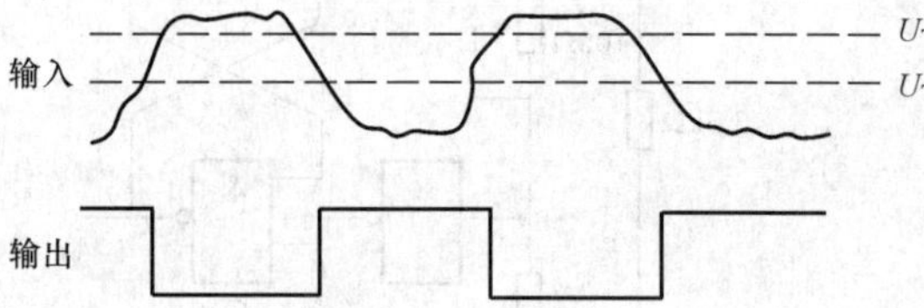

输入 U_{T+} U_{T-} 输出

图6-25 脉冲整形电路的输入、输出波形

2. 阈值探测、脉冲展宽和多谐振荡器

(1) 用作阈值电压探测器。如图6-26所示是用作阈值电压探测器时，施密特触发器的输入、输出电压波形，显然，凡是幅值达到U_{T+}的输入电压信号，均可被探测出来并形成相应的输出脉冲。

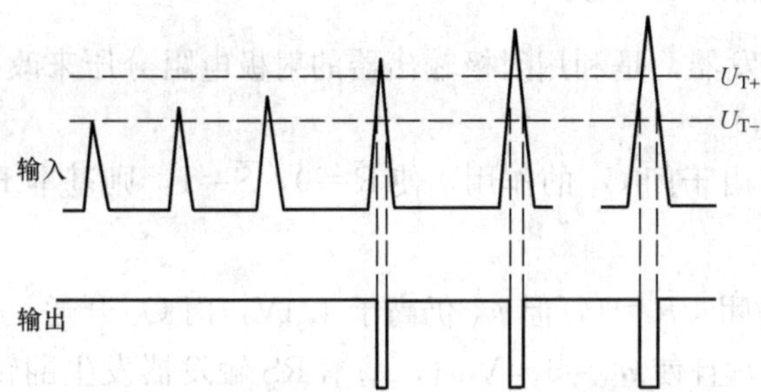

图6-26 阈值电压探测器的输入、输出波形

(2) 用作脉冲展宽。如图6-27所示是用施密特触发器构成的脉冲展宽器的电路及工作波形图。如图6-27(a)所示的电路中，当输入电压u_i为低电平U_{iL}时，集电极开路门的输出三极管是截止的，施密特触发反相器的输入特性，可以保证A点电位u_A为高电平，因此输出电压u_o为低电平U_{OL}。

当u_i跳变到高电平U_{iH}时，三极管饱和导通，电容C迅速放电，u_A很快下降到低电平，

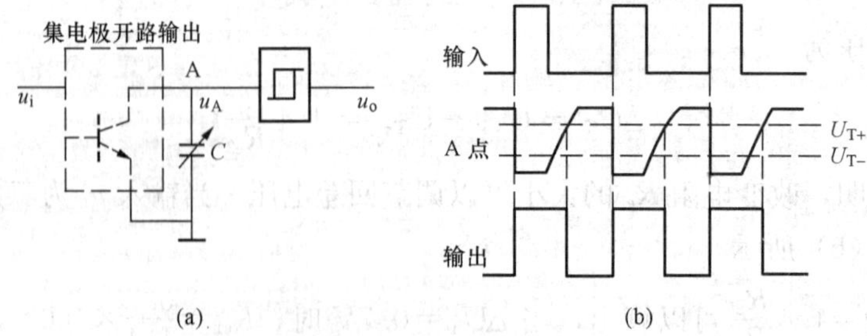

图6-27 脉冲展宽器

(a) 电路图；(b) 波形图

u_o 跳变到高电平 U_{OH}。

当 u_i 由 U_{iH} 跳变到 U_{iL} 时，三极管截止，电源 V_{CC} 通过施密特触发反相器的输入端电路对电容 C 充电，u_A 缓慢上升，当 u_A 升高到 U_{T+} 时，u_o 才会由 U_{OH} 跳变到 U_{OL}。因此，输出电压 u_o 的脉冲宽度比输入电压 u_i 的脉冲宽度显然要宽，而且改变电容 C 的大小，可方便地调节展宽的程度。

（3）用作多谐振荡器。如图 6-28 所示是用施密特触发器构成的多谐振荡器，其工作原理比较简单。当施密特触发反相器的输入端的电压 u_i 为低电平时，其输出电压 u_o' 为高电平，电容 C 充电，随着充电过程的进行，u_i 逐渐升高，当 u_i 上升到 U_{T+} 时，u_o' 由 U_{OH} 跳变到 U_{OL}，电容 C 放电，随着放电过程的进行，u_i 逐渐降低，当 u_i 下降到 U_{T-} 时，u_o' 由 U_{OL} 跳变到 U_{OH}，电容 C 又放电，……，如此周而复始，电路不停地振荡，在施密特触发反相器的输出端所得到的便是接近矩形的脉冲电压 u_o'，再经过反相器整形，就可得到比较理想的矩形脉冲 u_o。

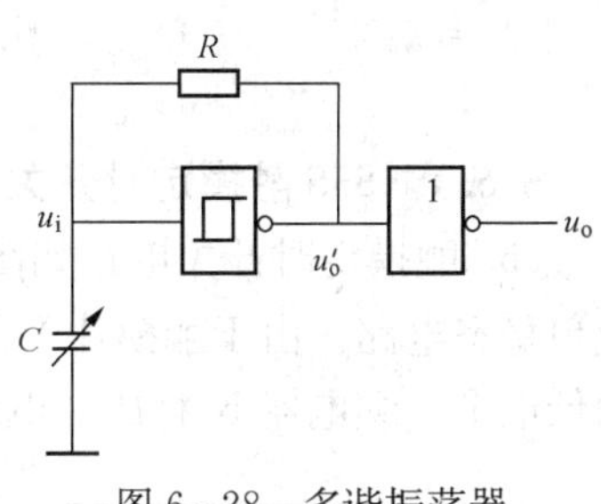

图 6-28　多谐振荡器

施密特触发器应用很广，上面仅是几个比较简单的例子。

【例 6-7】　电路连接如图 6-29（a）所示。其中 $R_1 = R_2 = 71.5\text{k}\Omega$，$C = 0.01\mu\text{F}$，VD 为理想二极管；理想运放的供电电压为±15V，其他参数见图 6-29。

（1）指出 555（Ⅰ）、555（Ⅱ）各是什么电路；

（2）画出 u_C、u_A 和 u_o 的波形；

（3）计算输出电压 u_o 的周期 T 值。

解　（1）定时器 555（Ⅰ）是多谐振荡器，555（Ⅱ）是施密特触发器。

（2）对于定时器 555（Ⅰ）组成的多谐振荡器，其电源电压为 15V，所以电路翻转时电容 C 上的电压 u_C 分别为 5V 和 10V。又由于二极管 VD 的作用，使得 $T_1 = T_2 = (0.7 \times 71.5 \times 10^3 \times 0.01 \times 10^{-6})\text{s} = 0.5\text{ms}$，根据以上两项参数可以画出 u_C 的波形。

运放 A 组成反相加法器，其输出电压 $u_A = 10\text{V} - u_C$，据此可以画出 u_A 的波形。

对于定时器 555（Ⅱ）组成的施密特触发器，其 $U_{T+} = \frac{2}{3}V_{DD} = \frac{2}{3} \times 5 = 3.33$（V），$U_{T-} = \frac{1}{3}V_{DD} = \frac{1}{3} \times 5 = 1.66$（V），

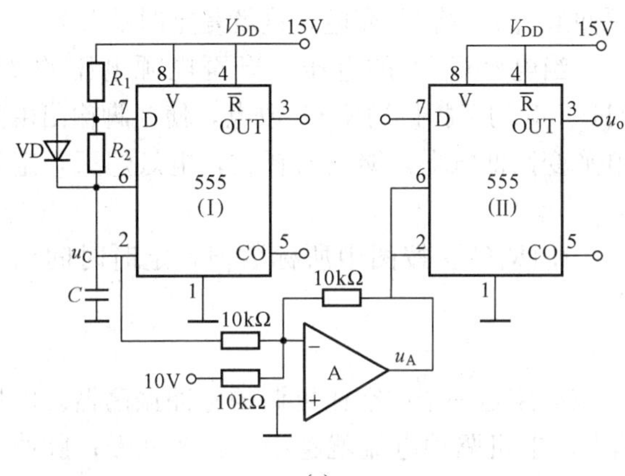

(a)

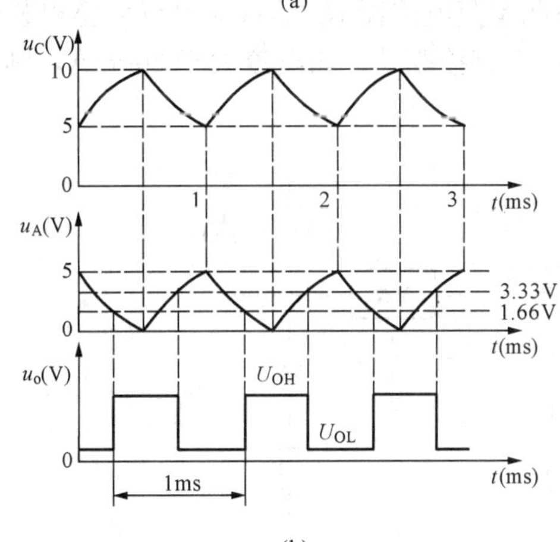

(b)

图 6-29　［例 6-7］图
（a）电路图；（b）波形图

其输出电压的高电平 $U_{OH}\approx 5V$，低电平 $U_{OL}\approx 0V$，据此可以画出 u_o 的波形。

电路的 u_C、u_A 和 u_o 的波形如图 6-29（b）所示。

（3）由多谐振荡器可以确定输出电压的周期为

$$T = 0.7(R_1 + R_2) \cdot C = 1\text{ms}$$

6.6　555 定时器的典型应用

6.6.1　555 触摸定时开关

555 触摸定时开关电路如图 6-30 所示。集成电路 IC_1 是一片 555 定时电路，在这里接成单稳态电路。由于触摸片 P 端无感应电压，电容 C_1 通过 555 的 7 脚放电完毕，3 脚输出为低电平，继电器 K 释放，电灯不亮。

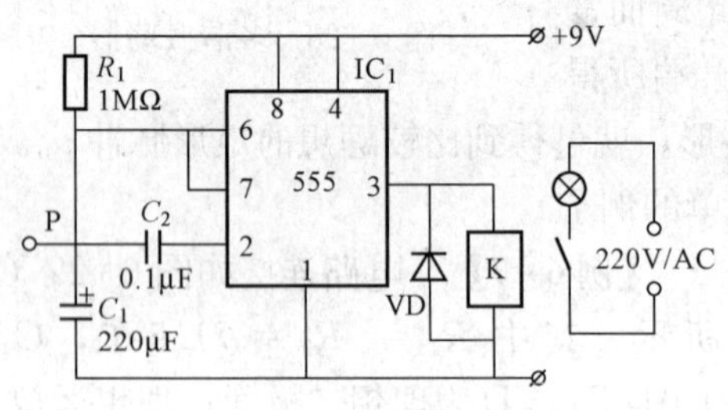

图 6-30　555 触摸定时开关电路

当需要开灯时，用手触碰一下金属片 P，人体感应的杂波信号电压由 C_2 加至 555 的触发端，使 555 的输出由低电平变成高电平，继电器 K 吸合，电灯点亮。同时，555 的 7 脚内部截止，电源便通过 R_1 给 C_1 充电，这就是定时的开始。

当电容 C_1 上的电压上升至电源电压的 2/3 时，555 的 7 脚接通使 C_1 放电，使 3 脚输出由高电平变回低电平，继电器释放，电灯熄灭，定时结束。

定时长短由 R_1、C_1 的大小决定，即 $T_1 = 1.1R_1C_1$。按图中所标数值，定时时间约为 4min。二极管 VD 可选用 1N4148 或 1N4001。

6.6.2　直流电机调速控制电路

直流电机调速控制电路如图 6-31 所示，该电路是一个占空比可调的脉冲振荡器。电机 M 是用它的输出脉冲驱动的。脉冲占空比越大，电机驱动电流就越小，转速减慢；脉冲占空比越小，电机驱动电流就越大，转速加快。因此调节电位器 R_P 的数值可以调整电机的速度。如电机驱动电流不大于 200mA，则可用 CB555 直接驱动；如电流大于 200mA，则应增加驱动级和功放级。

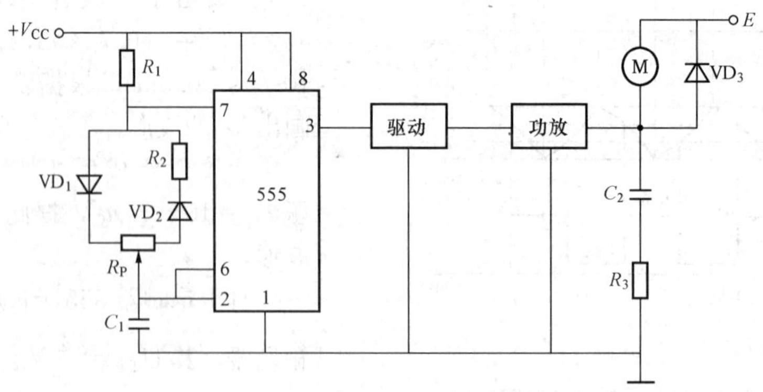

图 6-31　直流电机调速控制电路

图 6-31 中，VD_3 是续流二极管，在功放管截止期间为电机驱动电流提供通路，既保证电机驱动电流的连续性，又防止电机线圈的自感反电动式损坏功放管。电容 C_2 和电阻 R_3 是补偿网络，可使负载呈电阻性。整个电路的脉冲频率选在 3～5kHz 之间。频率太低，电机会抖动；太高时，因占空比范围小使电机调速范围减小。

6.6.3　电热温控器

电热温控器电路如图 6-32 所示。图中，IC 为 NE555 时基电路。R_{P3} 为温控调节电位器，其滑动臂电位决定 IC 的触发电位 U_2 和阈值电位 U_f，且 $U_5 = U_f = 2U_Z$。220V 交流电压经 C_1、R_1 限流降压，VD_1、VD_2 整流，C_2 滤波及 VD_Z 稳压后，获得 9V 左右的电压供 IC 用。在室温下，接通电源，因已调 $U_2 < U_Z$，$U_6 < U_f$，故 IC 的 3 脚为高电位，晶闸管 V 被触发导通，电热毯通电发热，温度逐渐升高。热敏传感器 T_1 随温度的升高，其穿透电流 I_{CEO} 增大，U_2、U_6 升高。当 $U_2 > U_Z$，$U_6 \geqslant U_f$ 时，IC 翻转，3 脚变为低电平，V 截止，电热丝停止发热，温度开始逐渐下降，T_1 的 I_{CEO} 随之逐渐减小，U_2、U_6 降低。当 $U_6 < U_f$，$U_2 < U_Z$ 时，IC 的 3 脚回到高电位，V 又触发导通，电热丝又开始发热。实践证明，调节 R_{P2} 的大小使 $U_2 = 1/2U_6$ 时，温差为零；而 $U_2 = U_6$ 时，温差最大。

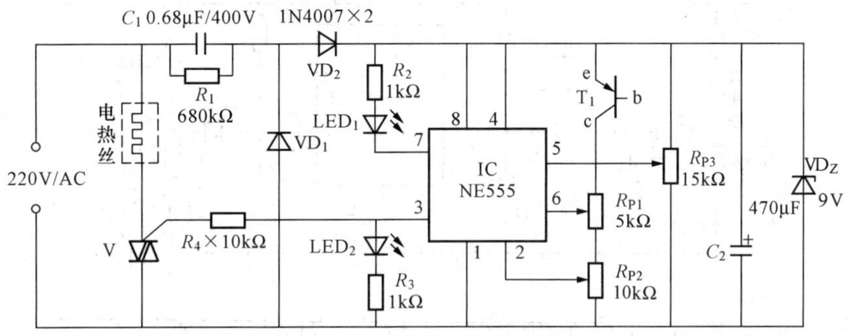

图 6-32　电热温控器电路

热敏传感器 T1 可选用 3AX、3AG 等 PNP 型锗管；晶闸管 V 用 400 V 以上的小型双向晶闸管，其他元件按图标选用。热敏传感器 T_1 可用耐温的细软线引出，并将其连同管脚接头装入一电容器铝壳内，注入导热硅酯，制成温度探头。使用时，把该温度探头放在适当部位即可。

6.6.4　简易电子琴电路

由 555 构成的简易电子琴电路如图 6-33 所示。当琴键 $S_1 \sim S_n$ 均未按下时，三极管 T 接近饱和导通，u_E 约为 0V，使 555 定时器组成的振荡器停振。当按下不同的琴键时，$R_1 \sim R_n$ 的阻值不等，扬声器发出不同的声音。

图 6-33 中三极管采用的是 PNP 型三极管，一般地，PNP 型三极管以锗管居多，锗管导通时发射结电压 u_{EB} 约为 0.2V，因此 T 的发射极电位（亦即 555 定时器的控制电压）$u_E = u_{EB} + u_B = 0.2 + 8 = 8.2V$。如果 $R_1 = R_2 = 10k\Omega$，$C = 0.1\mu F$，$V_{CC} = 12V$，则可计算出电路的振荡频率为

$$f = \frac{1}{(R_1 + R_2)C\ln\dfrac{V_{CC} - 0.5u_E}{V_{CC} - u_E} + R_2C\ln 2} \approx 463(\text{Hz})$$

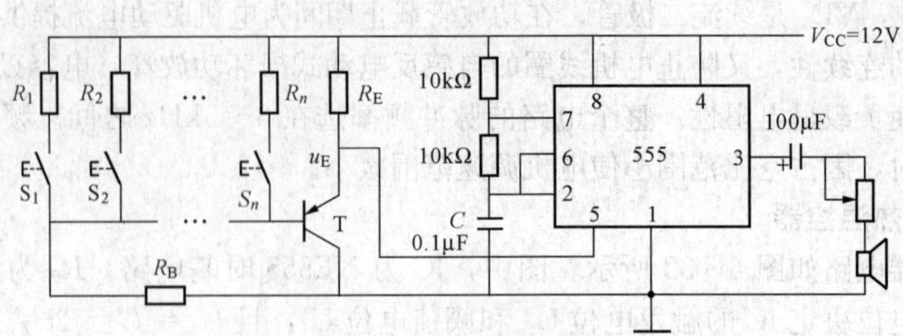

图 6 - 33 简易电子琴电路

6.6.5 速率检测电路

如图 6 - 34（a）所示是由 555 构成的检测汽车速率的汽车速率表电路，如图 6 - 34（b）所示是各电压、电流波形图。汽车在行驶时，点火线圈的点火次数与车速是成正比的，也就是说，点火线圈的接通、断开频率与车速成正比。点火线圈的接通与断开会产生脉冲信号，利用这一信号，用一块 555 定时器集成电路即可构成速率表。

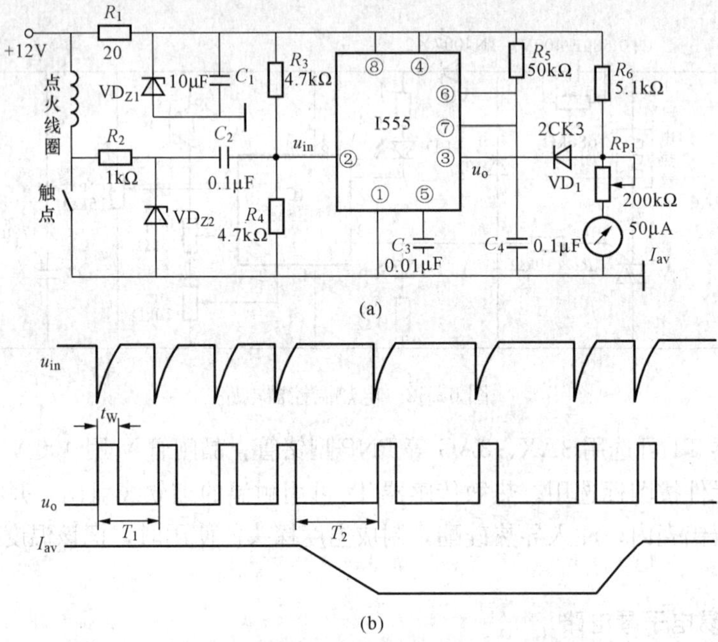

图 6 - 34 555 定时器构成的汽车速率检测电路

（a）汽车速率检测电路图；（b）电压电流波形

如图 6 - 34（a）所示的电路中，当点火线圈因接通、断开产生的尖峰脉冲被 R_2 电阻和 VD_{Z2} 稳压管钳位整形后，负向脉冲作为触发信号经 C_2 耦合加到 IC_1 的②脚，每一负向触发脉冲使定时电路翻转一次，在③脚产生一个输出脉冲，其宽度为

$$t_W = 1.1R_5C_4 = 1.1 \times 50 \times 10^3 \times 0.1 \times 10^{-6} = 5.5(\text{ms})$$

当车速不同时，输出波形 u_o 的占空比系数 $D=\frac{t_W}{T}$ 也会随之变化，电表指示出 u_o 的平均值为：$I_{av} \approx V_{CC} \cdot \frac{t_W}{T}$。

由此可见，当车速快时，$\frac{t_W}{T_1}$（T_1 为车速快时的振荡周期）就大；车速慢时，$\frac{t_W}{T_2}$（T_2 为车速慢时的振荡周期）就小，从而使 I_{av} 反映了速度的大小。

【例 6-8】 如图 6-35 所示是一个用 555 定时器组成的电路，用来实现对冰箱温度的控制。R_{t1} 和 R_{t2} 均为负温度系数热敏电阻，K 为冰箱压缩机控制继电器线圈，K 通电，压缩机工作，反之停机。

（1）简述整个电路的工作原理，并求出回差电压 ΔU_T；

（2）说明图中电位器 R_{P1} 和 R_{P2} 的作用。

解 （1）555 定时器构成施密特触发器，其中阈值输入 u_{i1} 和触发输入 u_{i2} 由电阻分压获得。该施密特触发器的正向阈值电压 $U_{T+}=\frac{2}{3}V_{CC}=10V$，反向阈值电压 $U_{T-}=\frac{1}{3}V_{CC}=5V$。

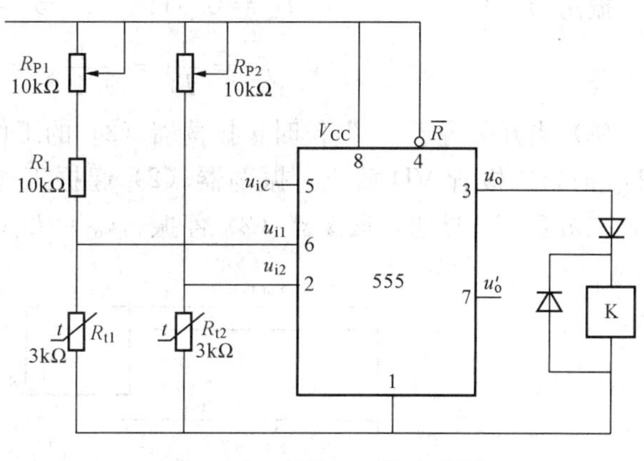

图 6-35　[例 6-8] 电路图

当压缩机停止工作时，冰箱内温度上升，热敏电阻阻值下降，u_{i1} 和 u_{i2} 电位下降。当 u_{i2} 下降到 U_{T-} 时（此时 u_{i1} 小于 U_{T+}），555 输出 $u_o=U_{OH}$，压缩机工作。

随着压缩机的工作，冰箱内温度下降，热敏电阻阻值上升，u_{i1} 和 u_{i2} 电位上升。当 u_{i1} 上升到 U_{T-} 时（此时 u_{i2} 大于 U_{T-}），555 输出 $u_o=U_{OL}$，压缩机停止工作。

回差电压 $\Delta U_T=U_{T+}-U_{T-}=10-5=5$（V）。

（2）R_{P1} 用来调整 u_{i1} 的电位，即调整压缩机的停机温度；R_{P2} 用来调整 u_{i2} 的电位，即调整压缩机的启动温度。

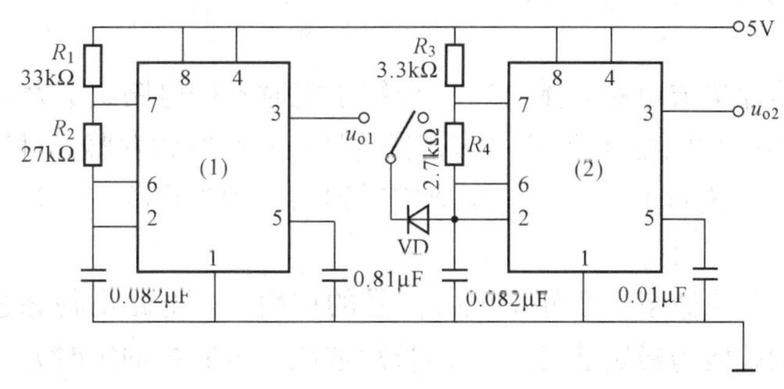

图 6-36　[例 6-9] 电路图

【例 6-9】 由 555 定时器构成的电路如图 6-36 所示。设输出高电平为 5V，输出低电平为 0V；VD 为理想二极管。

（1）试问：当开关置于“2”位时，两个 555 定时器各构成什么电路？计算输出信号 u_{o1}、u_{o2} 的频率 f_1 和 f_2；

（2）当开关置于“1”位时，画出 u_{o1} 和 u_{o2} 的波形。

解 本例电路当开关置于“2”位时，两个 555 定时器均构成多谐振荡器电路。由于定时元件中电容值相同，而电阻值相差 10 倍，因此振荡器 $f_2=10f_1$。而当开关置于“1”位时，振荡器（2）受控于振荡器（1）的输出信号 u_{o1}，若 $u_{o1}=U_{OH}$（即 5V），则振荡器（2）起振工作；若 $u_{o1}=U_{OL}$（即 0V），则振荡器（2）停振，输出 $u_{o2}=U_{OH}$。

当开关置于“1”位时，第一个振荡器对第二个振荡器有控制作用，这一控制作用是由二极管 VD 传递的，正确判断第一个振荡器工作时，二极管 VD 何时导通，何时截止，即可得知第二个振荡器何时停振，何时起振，进而可画出两个振荡器输出电压 u_{o1} 和 u_{o2} 的波形。

(1) 当开关置于“2”位时，两个 555 定时器各自构成一多谐振荡器，输出电压 u_{o1} 和 u_{o2} 的频率计算如下：

振荡器(1) $$T_1 = T_{WH} + T_{WL} = 0.7(R_1 + R_2)C + 0.7R_2C = 3.44 + 1.55 = 4.99(\text{ms})$$

$$f_1 = \frac{1}{T_1} = \frac{1}{4.99} = 200.4(\text{Hz})$$

振荡器(2) $$T_2 = 0.344 + 0.155 = 0.499(\text{ms})$$

$$f_2 = \frac{1}{T_2} = \frac{1}{0.499} = 2004(\text{Hz})$$

(2) 当开关置于“1”位时，振荡器 (2) 的工作状态受控于振荡器 (1) 的输出，当 $u_{o1} = U_{oH}$ 时，二极管 VD 截止，振荡器 (2) 起振工作，振荡频率 $f_2 = 2004\text{Hz}$；当 $u_{o1} = U_{OL}$ 时，二极管 VD 导通，振荡器 (2) 停振，$u_{o2} = U_{OH}$。u_{o1} 和 u_{o2} 的波形如图 6-37 所示。

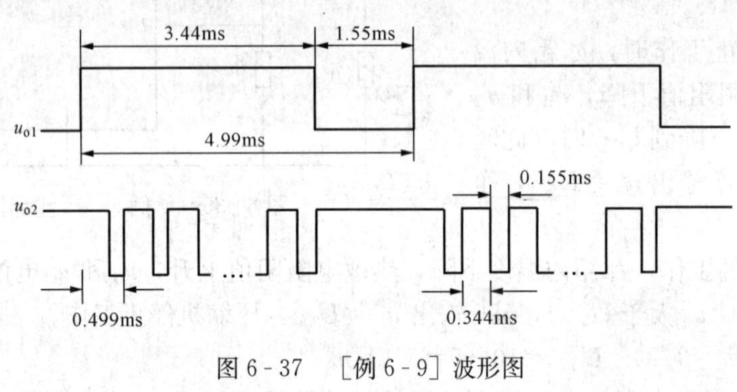

图 6-37 ［例 6-9］波形图

本 章 小 结

1. 555 定时器是一种多用途的单片集成电路，本章首先介绍了定时器的电路组成及功能，然后重点介绍了由 555 定时器构成的单稳态触发器、多谐振荡器和施密特触发器。对定时器各种应用的讨论，都是围绕表 6-1 进行的，因此对集成定时器的 3 种工作状态及其对应的输入电压必须熟练掌握。

2. 单稳态触发器有一个稳态和一个暂稳态。在外来触发信号的作用下，电路由稳态进入暂稳态，经过一段时间 t_W 后，自动翻转为稳定状态。t_W 的长短取决于电路中的定时元件 R、C 的参数。单稳态触发器主要用于脉冲定时和延迟控制。

3. 多谐振荡器是一种无稳态的电路。在接通电源后，它能够自动地在两个暂稳态之间不停地翻转，输出矩形脉冲电压。矩形脉冲的周期 T 以及高、低电平的持续时间的长短取决于电路的定时元件 R、C 的参数。在脉冲数字电路中，多谐振荡器常用作产生标准时间信号和频率信号的脉冲发生器。

4. 施密特触发器是一种具有回差特性的双稳态电路。它的主要特点是能够对输入信号进行整形，将变化缓慢的输入信号整形成边沿陡峭的矩形脉冲。

5. 应用 555 定时器还可以构成矩形脉冲发生器、可控方波发生器、分频电路等。

习　题　6

6-1　填空题

（1）单稳态触发器的主要功能是________。最重要的参数是________，其大小取决于________。

（2）一个振荡器中的晶振元件标称频率是 6MHz，其他电容为 30pF，该电路输出信号的频率是________。

（3）施密特触发器的主要功能是________、________、________和________，参数有________、________和________。

（4）回差是________电路的主要特性参数。

（5）石英晶体振荡器的振荡频率仅取决于晶体本身的________，而与电路中________的数值无关。

（6）单稳态触发器有一个________和一个________。

（7）单稳态触发器有________个稳定状态，施密特触发器有________个稳定状态，多谐振荡器有________个稳定状态。

（8）已知由 101 级非门构成的振荡器的振荡周期为 10.1μs，这些非门的平均传输延迟时间 t_{pd} 为________ μs。

（9）欲把输入的正弦波信号转换成同频率的矩形波信号，可采用________电路。

（10）利用门电路的传输延迟时间，可以把________个与非门首尾相接，组成多谐振荡器。

6-2　判断题

（1）单稳态触发器能将幅值不等、宽度也不等的脉冲信号整形成标准幅值、标准宽度的脉冲信号。（　　）

（2）单稳态触发器可作为时钟脉冲源。（　　）

（3）单稳态触发器能将模拟信号转换成脉冲信号。（　　）

（4）单稳态触发器可用于延时。（　　）

（5）通常用门电路组成的多谐振荡器最高振荡频率高于用 555 定时器所组成的多谐振荡器的最高振荡频率。（　　）

（6）因为施密特触发器有两个稳态，故可用它作存储电路的基本单元电路。（　　）

（7）施密特触发器能将模拟信号转换成脉冲信号。（　　）

（8）施密特触发器能将幅值不等、宽度也不等的脉冲信号整形成标准幅值、标准宽度的脉冲信号。（　　）

（9）施密特触发器可用于对脉冲信号的鉴幅。（　　）

6-3　根据如图 6-38 所示的电路方框图和各部分的输出电压波形，填空：

（1）电路 1 的作用是________，电路 2 的作用是________，电路 3 的作用是________。

（2）对于电路 1，当 $u_i > U_{T1}$ 时，$u_{o1}=$________电平，当 $u_i < U_{T2}$ 时，$u_{o1}=$________电平，当 $U_{T2} < u_i < U_{T1}$ 时，$u_{o1}=$________电平。

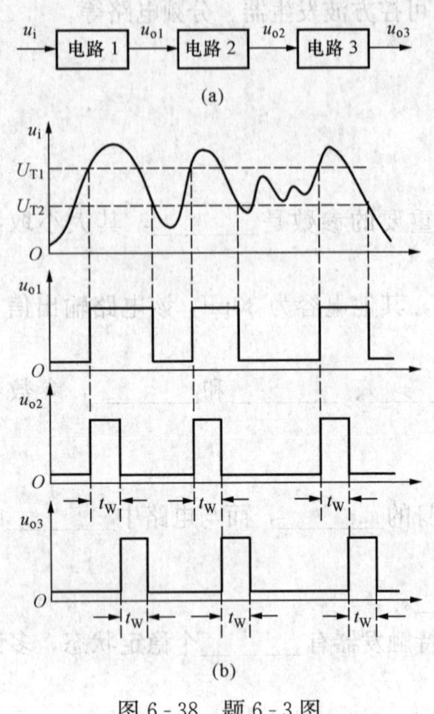

图 6-38 题 6-3 图

(3) 电路 2 是________沿触发，电路 3 是________沿触发。

6-4 试用 555 定时器构成施密特触发器。已知电源电压为 15V，两个触发电平分别为 4V 和 8V。

(1) 画出外部元件与定时器相互连接的电路图；

(2) 画出其电压传输特性。

6-5 电路如图 6-3 (a) 所示，已知 $V_{CC}=5V$，$R=10k\Omega$，$C=3000pF$。求暂态时间 t_W；若想改变 t_W，可以采用哪些方法？

6-6 多谐振荡器电路如图 6-10 (a) 所示，$V_{CC}=9V$，$R_1=10k\Omega$，$R_2=2k\Omega$，$C=4700pF$。试估算其振荡频率。

6-7 已知多谐振荡器如图 6-10 (a) 所示。试问通过什么措施可改变其振荡频率？通过什么措施可改变输出电压的占空比？通过什么措施可改变输出电压的幅值？

6-8 如图 6-39 所示为门铃电路，S 为门铃按键，试分析其工作原理。若要改变扬声器的声调，则应改变哪些参数？若要扬声器响的时间更长些，则应改变哪些参数？若要按钮按下时电路马上振荡，则 R_3 的阻值应取的大些还是小些？分别简述所采用措施的原因。

6-9 在图 6-19 用 555 定时器接成的施密特触发器电路中，试问：

(1) 当 $V_{CC}=12V$ 而且没有外接控制电压时，U_{T1}、U_{T2}、ΔU_T 各等于多少？

(2) 当 $V_{CC}=9V$，控制电压 $U_{CO}=5V$ 时，U_{T+}、U_{T-}、ΔU_T 各等于多少？

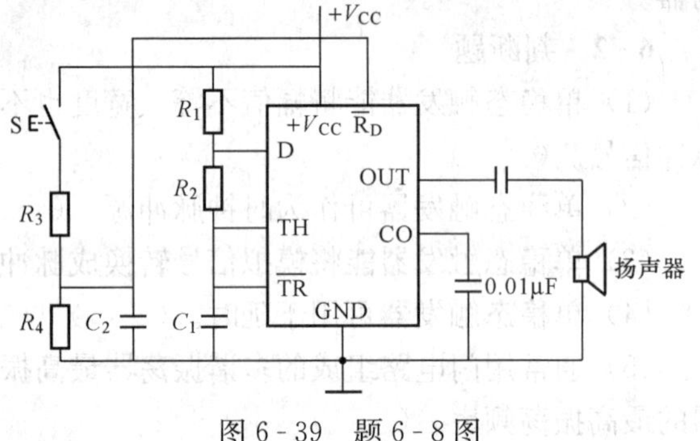

图 6-39 题 6-8 图

6-10 试用 555 定时器设计一个单稳态触发器，要求输出脉冲宽度在 1～10s 的范围内连续可调。

6-11 试用 555 定时器设计一个多谐振荡器，要求输出脉冲的振荡频率为 20kHz，占空比等于 25%。

6-12 判断如图 6-40 所示由门电路组成的脉冲的发生和整形电路中，分别说明它们哪个是单稳态触发器，哪个是施密特触发器，哪个是多谐振荡器。

6-13 在如图 6-41 (a) 所示的施密特触发器电路中，已知 $R_1=10k\Omega$，$R_2=30k\Omega$。G_1 和 G_2 为 CMOS 反相器，$V_{DD}=15V$。

(1) 试计算电路的正向阈值电压 U_{T+}、负向阈值电压 U_{T-} 和回差电压 ΔU_T；

(2) 若将图 6-41 (b) 给出的电压信号加到电路的输入端，试画出输出电压的波形。

6-14 分析如图 6-42 (a) 所示的整形电路。输入电压 u_i 的波形如图 6-42 (b) 所示，

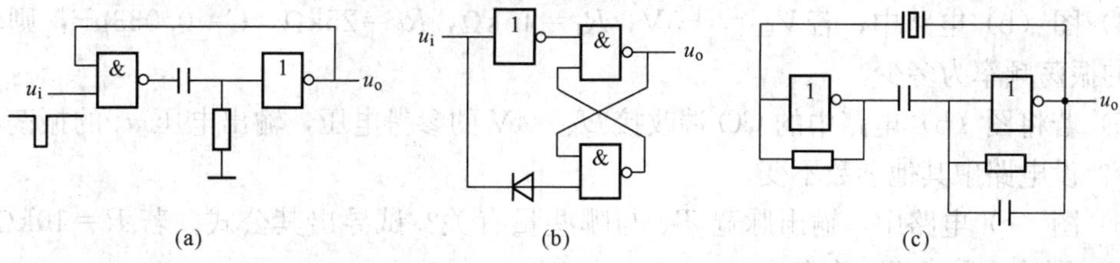

图 6-40　题 6-12 图

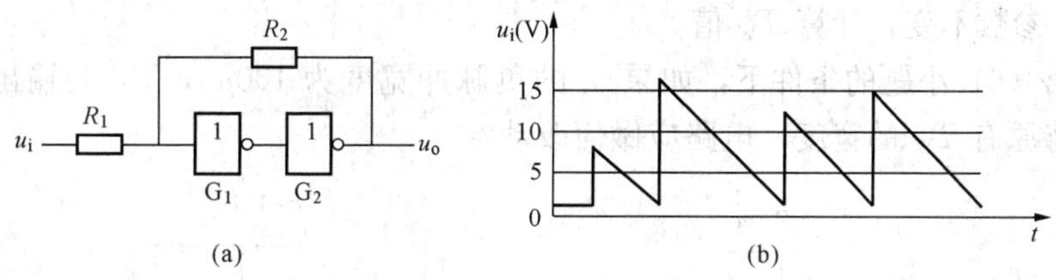

图 6-41　题 6-13 图

（a）电路图；（b）波形图

假定它的低电平持续时间比 RC 电路的时间常数大得多。

（1）画出输出电压 u_o 的波形。

（2）这个电路是否可以作为单稳态触发器使用？

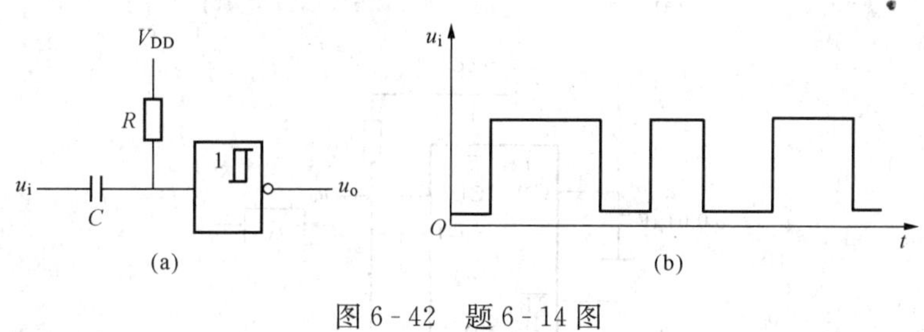

图 6-42　题 6-14 图

（a）电路图；（b）波形图

6-15　在图 6-43 给出的微分型单稳态触发器电路中，已知 $R=51\text{k}\Omega$，$C=0.01\mu\text{F}$，电源电压 $V_{DD}=10\text{V}$，试求在触发信号作用下输出脉冲的宽度和幅度。G_1 和 G_2 均为 CMOS 门电路。

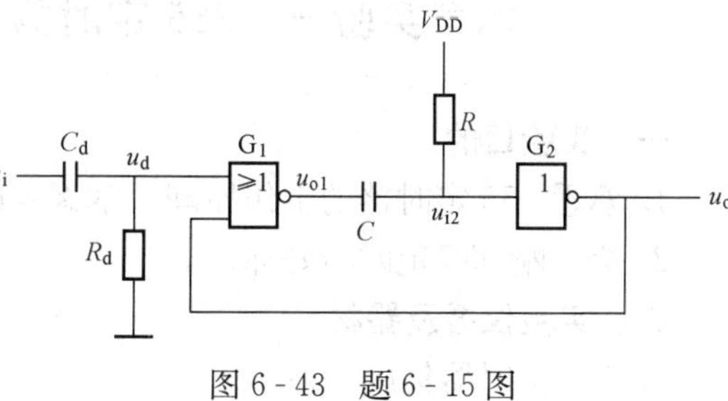

图 6-43　题 6-15 图

6-16　如图 6-44 所示是 5G555 三个应用电路。试根据各电路的特点，回答如下问题：

（1）图（a）电路中，若 $V_{CC}=+5\text{V}$，则电路的 U_{T+}、U_{T-}、ΔU 各等于多少？

（2）画出图（a）电路的电压传输特性曲线 $u_o=f(u_i)$。若在 u_i 端加三角波，峰—峰值为 $+5\sim-5\text{V}$，定性画出 u_o 的波形。

（3）若将图（a）中的 CO 端改接 $U_R=4\text{V}$ 的参考电压，则电路的 U_{T+}、U_{T-}、ΔU 应为多少伏？

(4) 图 (b) 电路中，若 $V_{CC}=+5V$，$R_1=15k\Omega$，$R_2=25k\Omega$，$C=0.033\mu F$，则输出电压 u_o 的振荡频率为多少?

(5) 若将图 (b) 电路中的 CO 端改接 $U_R=4V$ 的参考电压，输出电压 u_o 的振荡频率又为多少? 设电路中其他参数不变。

(6) 图 (c) 电路中，输出脉宽 T_W 与哪些量有关? 试导出其公式。若 $R=10k\Omega$，$C=6200pF$，则输出脉宽 T_W 为多大?

(7) 若将图 (c) 电路中的 CO 端改接 $U_R=4V$ 的参考电压，上述 T_W 的公式有什么变化? 若 R、C 参数不变，计算 T_W 值。

(8) 在第 (6) 小题的条件下，如果 u_i 的负脉冲宽度为 $100\mu s$，T_W 的输出会有什么变化? 若要保持原有 T_W 的宽度，电路应做何改动?

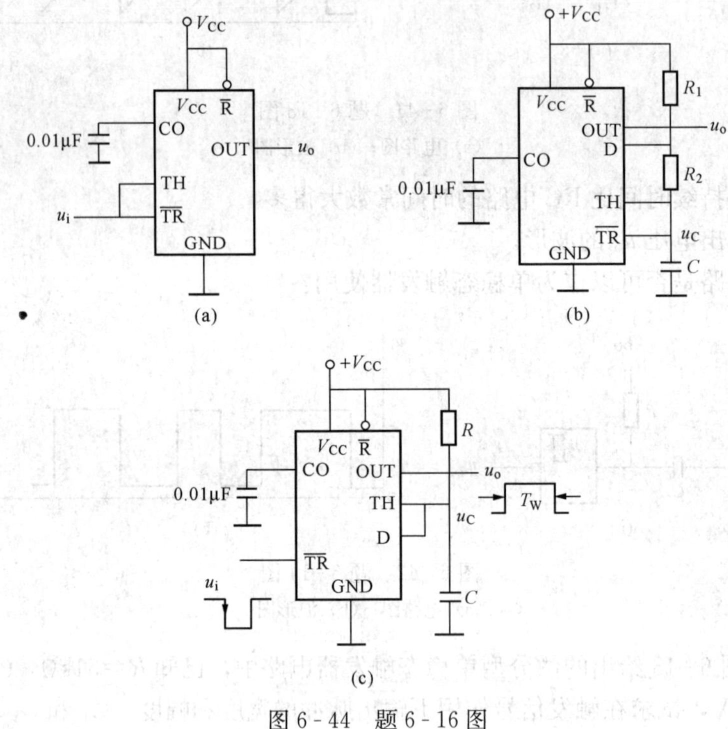

图 6-44 题 6-16 图

本章实验一 555 定时器及其应用电路的设计与检测

一、实验目的

1. 熟悉 555 定时器的工作原理，掌握定时元件对输出信号周期及脉宽的影响。
2. 会判断 555 定时器好坏。

二、实验仪器及器材

1. 555 定时器集成电路。
2. 部分电阻、电容。
3. 直流稳压电源。
4. 万用表等。

5. 数字实验箱。

三、实验内容及步骤

1. 555 定时器电路好坏的检查

将 555 电路按如图 6-45 所示的方法连接好，就构成了一个多谐振荡器，若集成电路正常，就会产生振荡，其频率为

$$f=\frac{1.443}{(R_1+2R_2)C_1}\approx 1\text{Hz}$$

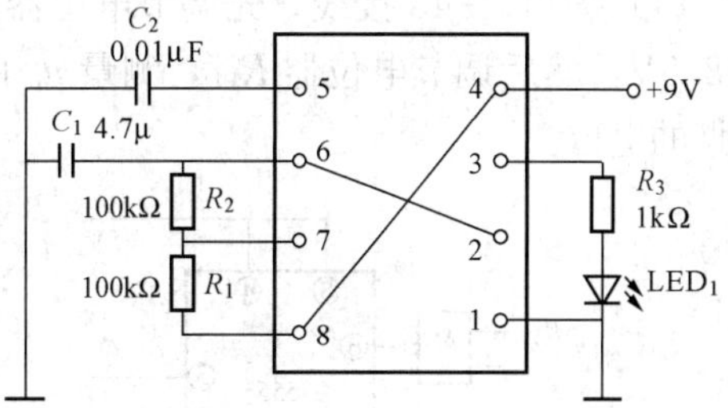

因此，输出端的发光二极管就会 1s 发光一次，如不发光或常亮不熄，均说明被测的时基电路已经损坏。

图 6-45　555 定时器电路好坏检测方法

2. 定时时间的检测

将图 6-45 中的电阻、电容改为以下两种情况，用示波器观察各自的波形（即 IC_1 的③脚输出波形），试分析它们的区别。

（1）电阻 $R_1=51\text{k}\Omega$，$R_2=4.7\text{k}\Omega$，电容 $C=0.1\mu\text{F}$。

（2）电阻 $R_1=R_2=33\text{k}\Omega$，电容 $C=0.01\mu\text{F}$。

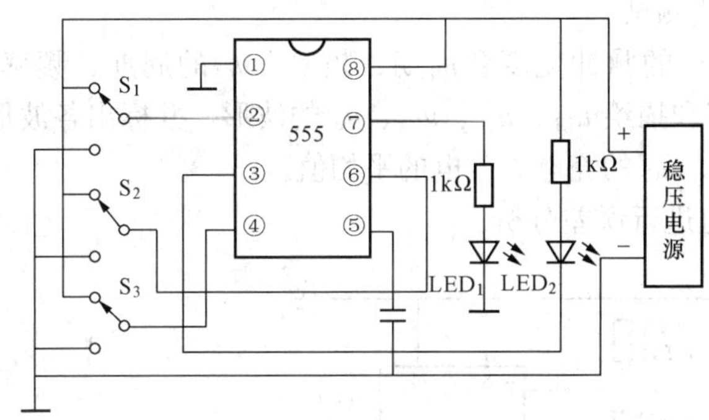

图 6-46　检测 555 定时器逻辑功能电路

记录实验结果主要是记录上面实验得到的波形，从示波器上读出波形的幅度、周期、脉宽，并从理论上加以验证，对存在的误差分析其原因。

3. 555 定时器逻辑功能的检测

555 定时器逻辑功能检测电路如图 6-46 所示，图中 S_1、S_2、S_3 是 3 只三位逻辑开关，通过这 3 只开关的接通与断开，分别为 555 集成电路的②脚（$\overline{TR}$）、⑥脚（TH）、④脚（$\overline{R}$）提供不同的逻辑电平。LED_1、LED_2 是两只发光二极管，通过其点亮与熄灭，来反映 555 集成电路⑦脚（D）和③脚（OUT）输出情况。根据表 6-2 的要求，将得到的结果填入该表中。

表 6-2　检测 555 定时器逻辑功能记录表

输　入			输　出		发光二极管点亮情况	
⑥脚（TH）	②脚（$\overline{TR}$）	④脚（$\overline{R}$）	⑦脚（D）	③脚（OUT）	LED_1	LED_2

4. 用 555 定时器构成的 RS 触发器电路测试

按图 6-47 接线，R、S 分别接电平开关，Q 接指示灯，分别拨动电平开关，使 R、S 分别为 0、1，1、0，1、1，观察并列表记录 Q 端的状态。

5. 用 555 定时器构成的电平检测器电路测试

(1) 按图 6-48 接线，先调节电位器 R_{P2}，用数字万用表测量 555 第⑤脚的点位，使它为 2.5V，然后调节电位器 R_{P1}，测量 u_o 由高电平变为低电平或低电平变为高电平时 555 第⑥脚的电位。

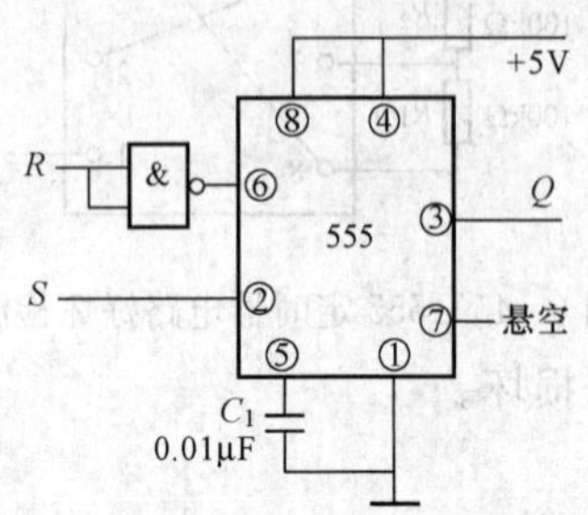

图 6-47　用 555 构成的 RS 触发器电路

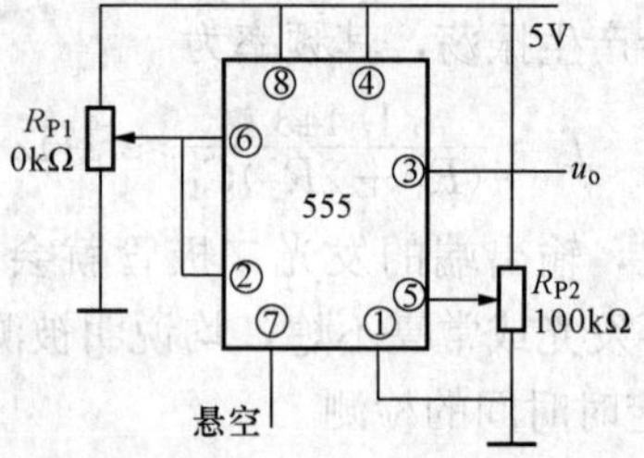

图 6-48　用 555 构成的电平检测器

(2) 调节电位器 R_{P2}，用数字万用表测量 555 第⑤脚的点位，使它分别为 1.5V 和 3.5V，重复上面的测量，列表记录各数值，分析实验结果。

6. 用 555 定时器构成的救护车音响电路测试

(1) 分析图 6-49 的工作原理，计算 u_{o1} 的脉冲宽度和周期、频率，u_{o2} 的周期、频率，然后用 555 按图 6-49 接线；用示波器观察和描绘 u_{C1}、u_{o1}、u_{C3}、u_{o2} 的波形，并标出各波形的实际测量参数，注意各波形要同步和 u_{C1}、u_{C3} 的充电、放电的平均值。

(2) 根据计算的理论值和实际的测量值进行误差分析。

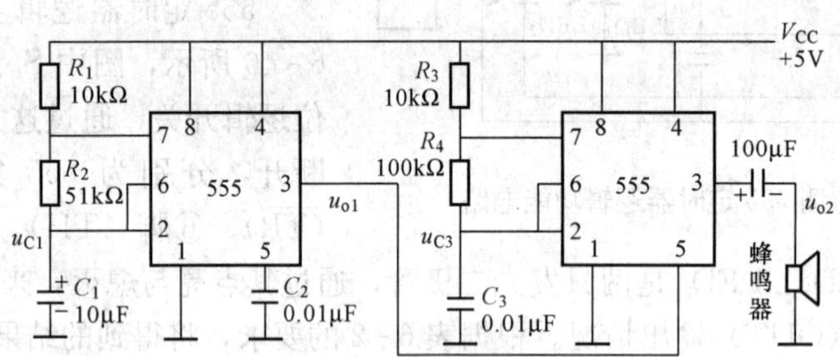

图 6-49　用 555 构成的救护车音响电路

7. 用 555 定时器构成的三极管好坏判别器的测试

电路如图 6-50 所示，注意 NPN 型和 PNP 型管脚接插的位置，试分析其工作原理，并说明三极管的 β 值与蜂鸣器声音大小的关系。

8. 用 555 定时器构成的酒精浓度判别器的测试

电路如图 6-51 所示，酒精浓度越高，电阻 R_x 的阻值越大。试分析该电路的工作原理，说明酒精浓度与蜂鸣器声调的关系。

9. 试用 555 定时器设计一个压控振荡器，要求主振频率为 1kHz，控制信号为 10～100Hz 的连续可调方波信号。

最后需提示一点，本实验要测试的是各个波形电平和时间参数，故应该正确调节和使用示波器。关于示波器的使用，请参阅有关书籍。

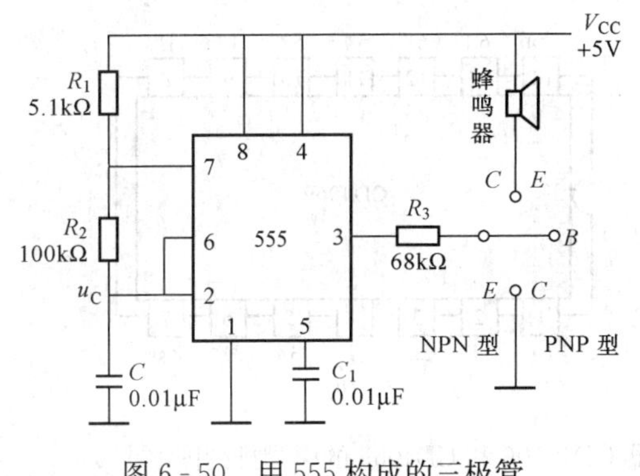

图 6-50　用 555 构成的三极管好坏判别器电路

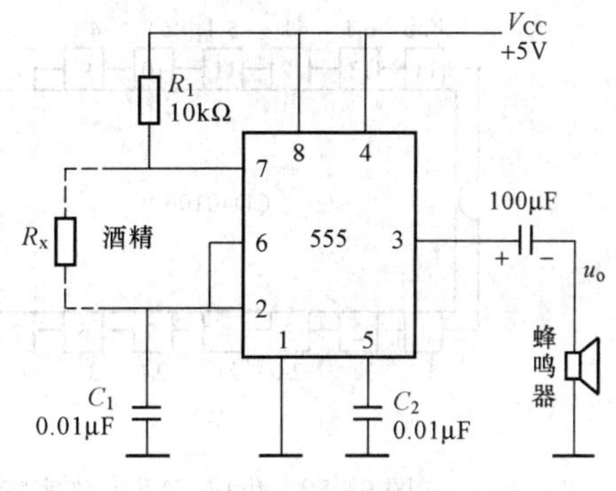

图 6-51　用 555 构成的酒精浓度判别器电路

四、实验报告要求

1. 按各实验内容原理图的元件参数计算各电路所要求的理论参数，并简述其工作原理。对于设计内容，写出设计过程和实验步骤，画出实验原理图。

2. 整理实验过程中所记录的各波形参数，如多电容的充、放电电平，输出电压 u_o 的高、低电平、周期和频率等，并把各路信号的波形正确地描绘在直角坐标平面内。

3. 把理论计算值与实际测量值进行比较，计算其相对误差，分析其误差来源。记录实验过程中的实验现象。

本章实验二　施密特触发器的应用实验

一、实验目的

1. 进一步掌握施密特触发器的原理和特点。

2. 熟悉和了解由施密特触发器构成的部分应用电路。

3. 学会正确使用 TTL、CMOS 集成的施密特触发器。

二、实验仪器及器材

1. 双踪示波器。

2. 数字实验箱。

3. 万用表。

4. CD40106——具有施密特触发特性的反相器，CD4069——六缓冲/转换器（反相），具有施密特触发特性的与非门。

三、实验原理

施密特触发器因其性能良好，得到广泛应用，它可由分立元器件也可由集成门电路组成。无论是集成 TTL 还是集成 CMOS 电路中，都有施密特触发器产品。

图 6-52 所示是集成 CMOS 施密特触发器 40106（六反相器）和 4093（四 2 输入与非门）的引脚排列图。

图 6-53 所示是集成 TTL 施密特触发器 7414（六反相器）和具有施密特触发特性的 74132（四-2 输入与非门）的引脚排列图。

此外，还有两个以上多输入端的与非施密特触发器集成电路，如 74LS7413 为二-4 输

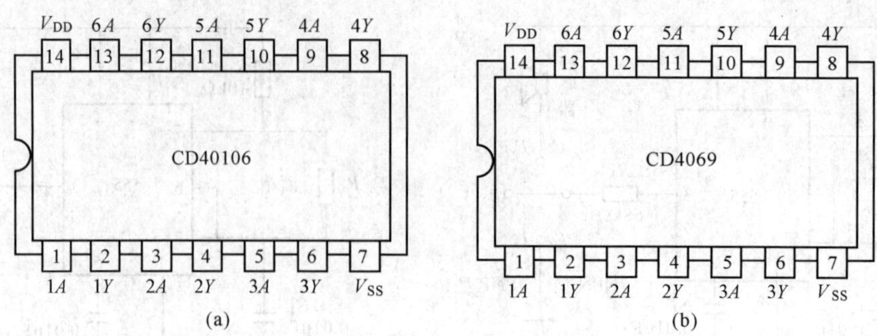

图 6 - 52 集成 CMOS 施密特触发器 CD40106 和 CD4069 的引脚排列图

(a) CD40106；(b) CD4069

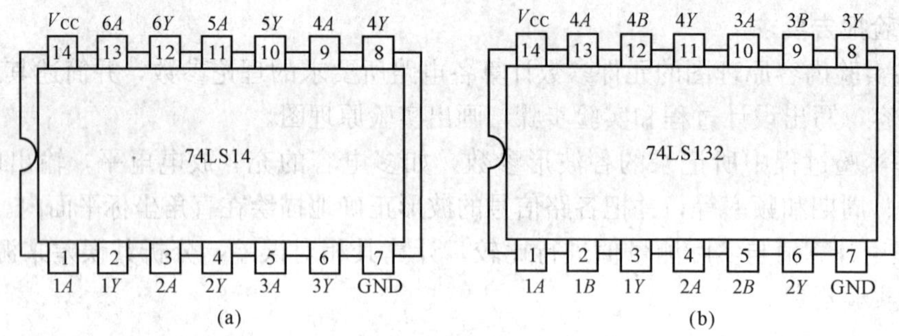

图 6 - 53 集成 TTL 施密特触发器 74LS14 和 74LS132 的引脚排列图

(a) 74LS14；(b) 74LS132

入与非施密特触发器。多输入与非施密特触发器可以作为多输入与非门使用，若作为整形电路使用，只要在任意一个输入端接入被整形的信号，余下的输入端全部接高电平即可。

四、实验内容及步骤

1. 74LS132 芯片的特性测试

图 6 - 54 所示为 74LS132 芯片的原理电路和逻辑符号。用实验法测出芯片的电压传输特

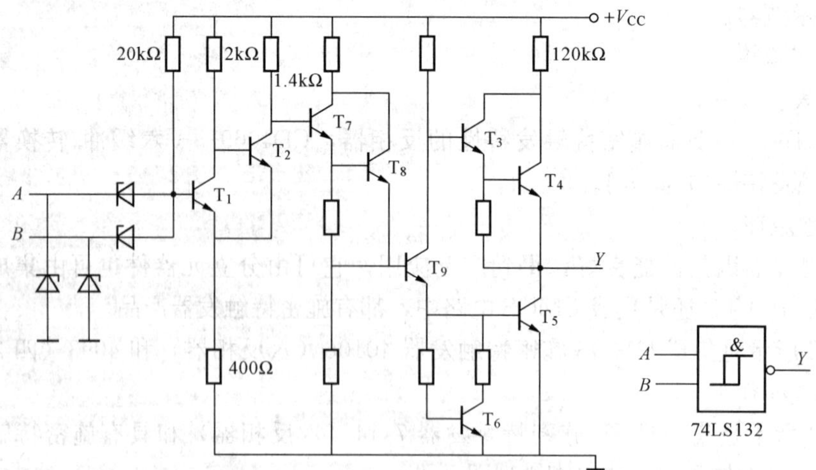

图 6 - 54 74LS132 原理电路和逻辑符号

性曲线。并标出 U_{T+}、U_{T-}、ΔU_T 值，参照给定的电路原理图，说明 U_{T+}、U_{T-}、ΔU_T 值和理论分析值是否一致。理论分析时，可假设肖特基三极管的 $U_{BES}\approx0.8V$，$U_{CES}\approx0.3V$，肖特基二极管的正向压降 $U_D\approx0.4V$。

2. CMOS、CD40106 芯片的特性测试

图 6-55 所示为 CD40106 芯片的逻辑符号，令 $V_{DD}=+5V$，测出 CD40106 的 U_{T+}、U_{T-}、ΔU_T 值，画出相应的电压传输特性曲线。改变 V_{DD} 值使之为 +10V、−15V，重复上述内容。

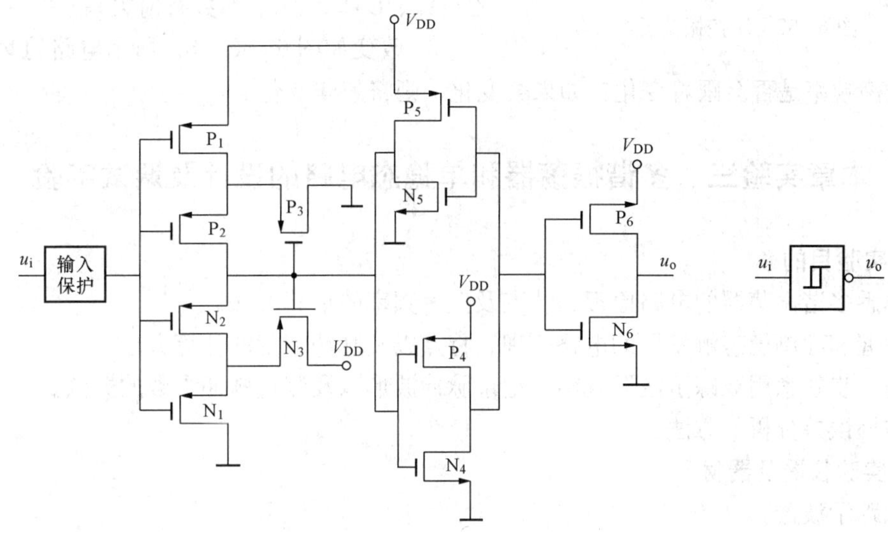

图 6-55　CD40106 的原理电路和逻辑符号

3. 由施密特触发器构成的多谐振荡器电路测试

按图 6-56 所示的电路连线，$V_{DD}=+5V$。用示波器观察图 6-56（a）、（b）电路输出电压 u_o 的波形。

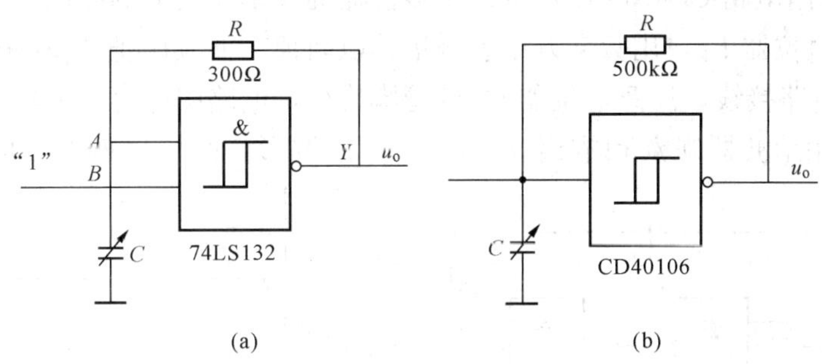

图 6-56　多谐振荡器

（a）由 74LS132 构成；（b）由 CD40106 构成

选择电容 C，使图 6-56（a）中 u_o 的频率 $f=(100\sim150)kHz$。选取如实验图6-56（b）所示电路中的电容 C，令其分别为 100pF 和 1μF。测出 u_o 端振荡波形相应的频率。

4. 由施密特触发器构成的压控振荡器的测试

按如图 6-57 所示的电路接线。$V_{DD}=+5V$，信号 u_i 的变化范围为 2.5～5.0V，用示波器观察并记录 u_o 端的波形，当 u_i 的取值分别为 2.5、3、3.5、4.0、4.5、5V 时测出 u_o 端

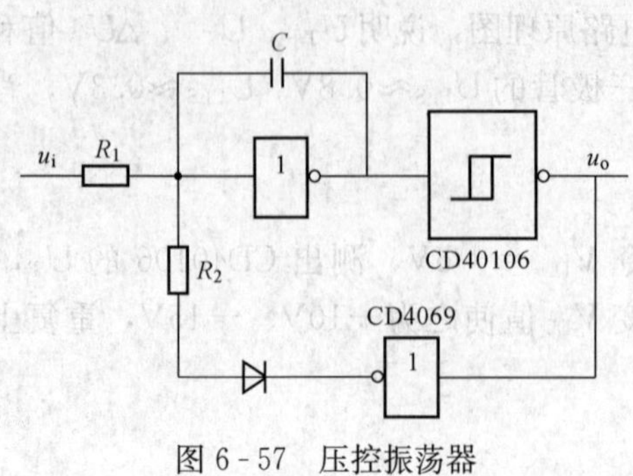

图 6-57 压控振荡器

波形相应的频率 f，观察电路中元件参数的大小（如电阻 R、电容 C）和 f 的关系。

五、思考题

1. 施密特触发器电路的特点是什么？如图 6-57所示的原理图由哪几部分构成？各部分的作用是什么？

2. CMOS 施密特触发器 V_{DD} 值的大小与芯片的 U_{T+}、U_{T-}、ΔU_T 参数有何关系？

3. 改变如图 6-56（b）所示电路的 V_{DD} 值时，u_o 端的振荡频率是否会跟着变化？如果会变化，则将怎样变化？

本章实验三　多谐振荡器和单稳态电路的设计及调试实验

一、实验目的

1. 熟悉多谐振荡器的电路原理、特点及振荡频率的估算方法。
2. 掌握 555 单稳态触发器的电路原理、特点以及脉冲宽度的估算方法。
3. 进一步熟悉用双踪示波器观察、记录脉冲波形以及测量脉冲参数的方法。
4. 掌握误差分析的方法。

二、实验仪器及器材

1. 双踪示波器。
2. 数字实验箱。
3. 数字万用表。
4. 四-2 输入与非门 CD4011，555 定时器、电阻、电容、电位器。

三、实验内容及步骤

1. 用 CMOS 门电路 CD4011 组成的多谐振荡器的频率及波形的测试

（1）先调节电位器 R_P，用数字万用表测量其电阻值，使其阻值为 $R=45\text{k}\Omega$，然后按如图 6-58 所示的电路接线，注意电位器 R_P 的管脚排列，电路中电容 $C=0.1\mu\text{F}$，计算振荡器的周期和频率；用示波器观察和描绘 u_i、u_{o1}、u_o 的波形，并标出各波形的实际测量参数，

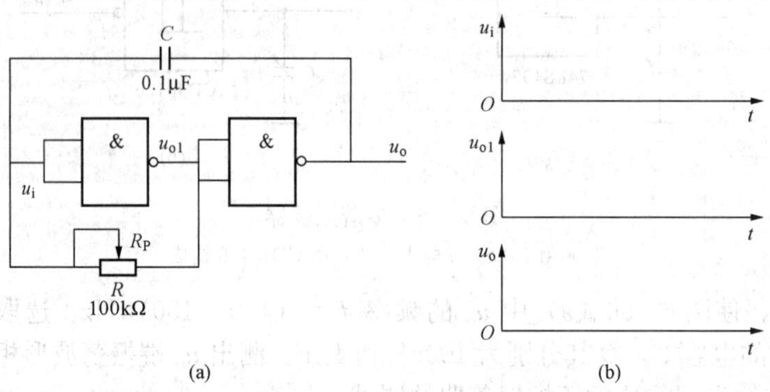

图 6-58　由 CD4011 组成的多谐振荡器

（a）电路图；（b）波形图

注意各波形要同步。计算并分析误差。

（2）调节电位器 R_P，使其阻值 R 在 1～100kΩ 范围内变化，用示波器观察 u_i、u_o 的变化，叙述此变化过程。u_o 的波形是变好还是变差了？

2. 用 555 构成的多谐振荡器

（1）分析如图 6－59 所示电路的工作原理，计算其周期、频率，然后用 555 按图 6－59 接线；用示波器观察和描绘 u_C、u_o 的波形，并标出各波形的实际测量参数，注意 u_C 的两个特征电位点。

（2）根据计算的理论值和实际的测量值进行误差分析。

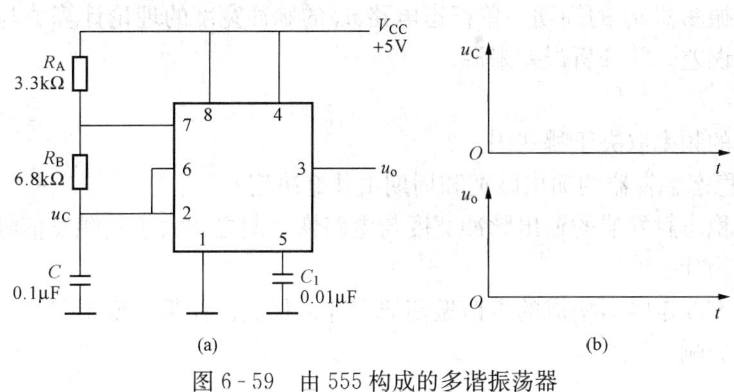

图 6－59　由 555 构成的多谐振荡器

（a）电路图；（b）波形图

3. 用 555 构成的单稳态触发器

（1）分析如图 6－60 所示电路的工作原理，计算 u_o 的脉冲宽度，然后用 555 按图 6－60 接线；用示波器观察和描绘 u_i、u_C、u_o 的波形，并标出各波形的实际测量参数，注意各路波形要同步和 u_C 的转换电平值。

（2）根据计算的理论值和实际的测量值进行误差分析。

需要注意的是，本实验要测量的是各个波形电平和时间参数，故应该正确地调节和使用示波器。在测量前，应该把通道设置菜单中的“耦合”设定为“直流”，“探头”设定为“1×”，然后调出光标进行测量。注意在光标菜单中的“信源”是指被测的信号源，光标线

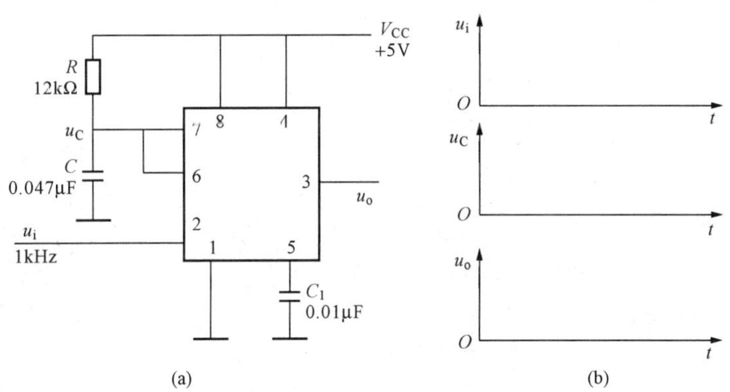

图 6－60　由 555 构成的单稳态触发器

（a）电路图；（b）波形图

的颜色与被测信号的波形颜色相同，因此，在测量不同信号的波形参数时应该相应地改变“信源”的选择。

四、实验报告要求

（1）按各实验原理图的元件参数计算多谐振荡器 u_o 的周期和频率以及单稳态电路 u_o 的脉冲宽度、占空比。

（2）整理实验过程中记录的各波形参数，如多谐振荡器 u_C 的充、放电电平，单稳态电路 u_o 的周期和脉冲宽度、u_C 的转换电平，并把各路信号的波形正确地描绘在直角坐标平面上。

（3）把多谐振荡器 u_o 的周期、单稳态电路 u_o 的脉冲宽度的理论计算值与实际测量值比较，计算其相对误差，并分析误差来源。

五、思考题

（1）振荡器的频率取决于哪些因素？

（2）555 单稳态触发器的输出脉宽和周期由什么决定？

（3）如果单稳态触发器的输出脉冲宽度与电路恢复期之和大于其触发信号的周期，电路能否正常工作？为什么？

（4）简述由 555 定时器构成的多谐振荡器有什么优点。如果改变第⑤脚的阈值电平，对电路会产生什么影响？

第7章　D/A和A/D转换电路

内容提要

(1) D/A转换器的工作原理、技术指标及集成DAC0832;
(2) A/D转换过程中的取样、保持、量化与编码;
(3) 逐次渐近型A/D转换器的工作原理;
(4) 双积分型A/D转换器的原理;
(5) 集成ADC0809。

数字系统，特别是计算机的应用范围越来越广，它们处理的都是不连续的0、1数字信号，处理后的结果也是数字信号。然而实际所遇到的许多物理量，如语音、温度、压力、流量、亮度、速度等都是在数值和时间上连续变化的模拟量，这些物理量经传感器转换后的电压或电流也是连续变化的模拟信号，这些模拟信号不能直接送入数字系统处理，需要把它们先转换成相应的数字信号，然后才能输入数字系统进行处理。处理后的数字信息也必须先转换成电模拟量，送到执行元件中才能对控制对象实行实时控制，进行必要的调整。这一过程如图7-1所示。

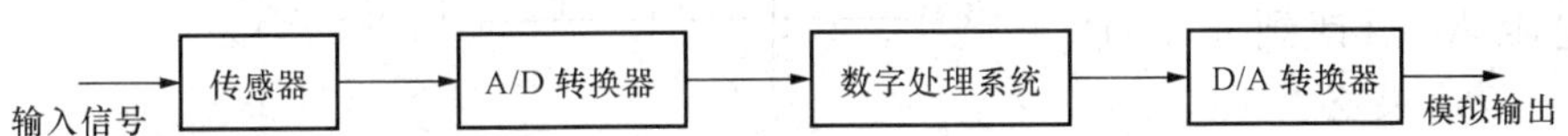

图7-1　典型的数字控制系统框图

图中，A/D转换器简称ADC (Analog to Digital Converter)，就是把输入的模拟量转换成数字量的接口电路，而D/A转换器简称DAC (Digital to Analog Converter)，就是把输入的数字量转换成模拟量（电压或电流）输出的接口电路。它们都是数字系统中必不可少的组成部分。

本章讨论DAC及ADC的组成及基本工作原理。

由于DAC有时也是ADC的一个重要组成部分，所以先讨论D/A转换，然后再讨论A/D转换。

7.1　D/A转换器

DAC是先把输入二进制码的每一位转换成与其成正比的电压或电流模拟量，然后将这些模拟量相加，即得与输入的数字信息成正比的模拟量。

输入到DAC的数字信息可以是原码，也可以是反码或补码。图7-2是原码输入的3位二进制DAC的转换特性，它具体而形象地反映了对DAC的基本要求。

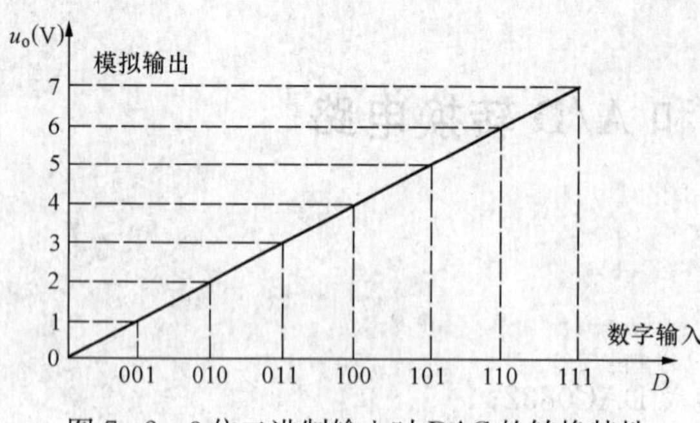

图 7-2　3 位二进制输入时 DAC 的转换特性

7.1.1　权电阻网络 D/A 转换器

如图 7-3 所示是 4 位权电阻网络 D/A 转换器的原理图，它由权电阻网络、4 个模拟开关和 1 个求和放大器组成。

S_3、S_2、S_1、S_0 是 4 个电子开关，它们的状态分别受输入代码 d_3、d_2、d_1、d_0 的取值控制，代码为 1 时开关接到参考电压 U_{REF} 上，代码为 0 时开关接地。故 $d_i=1$ 时有支路电流 I_i 流向求和放大器，$d_i=0$ 时支路电流为零。

求和放大器是一个接成负反馈的运算放大器。为了简化分析计算，可以把运算放大器近似看成是理想放大器——即它的开环放大倍数为无穷大，输入电流为零（输入电阻为无穷大），输出电阻为零。当同相输入端的电位 u_+ 高于反相输入端的电位 u_- 时，输出端对地的电压 u_o 为正；当 u_- 高于 u_+ 时，u_o 为负。

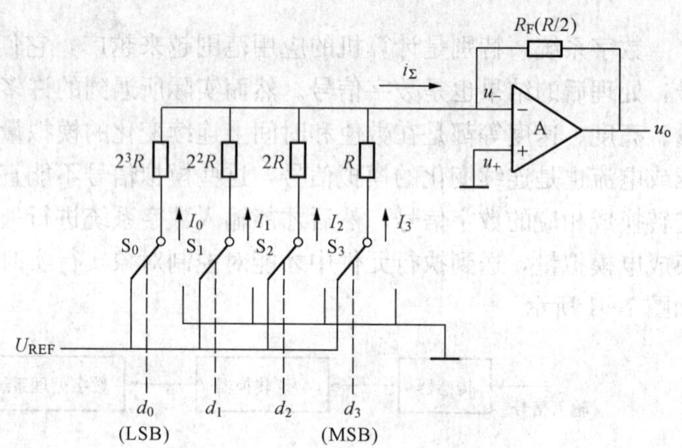

图 7-3　权电阻网络 D/A 转换器

当参考电压经电阻网络加到 u_- 时，只要 u_- 稍高于 u_+，便在 u_o 产生很负的输出电压。u_o 经反馈电阻 R_F 反馈到 u_- 端使 u_- 降低，其结果必然使 $u_-\approx u_+=0$。

在认为运算放大器输入电流为零的条件下可以得到

$$u_o=-R_F i_\Sigma=-R_F(I_3+I_2+I_1+I_0) \tag{7-1}$$

由于 $u_-\approx 0$，因而各支路电流分别为

$$I_3=\frac{U_{REF}}{R}d_3(d_3=1\text{时},I_3=\frac{U_{REF}}{R};d_3=0\text{时},I_3=0)$$

$$I_2=\frac{U_{REF}}{2R}d_2$$

$$I_1=\frac{U_{REF}}{2^2R}d_1$$

$$I_0=\frac{U_{REF}}{2^3R}d_0$$

将它们代入式（7-1）并取 $R_F=R/2$，则得到

$$u_o=-\frac{U_{REF}}{2^4}(d_3 2^3+d_2 2^2+d_1 2^1+d_0 2^0) \tag{7-2}$$

对于 n 位的权电阻网络 D/A 转换器，当反馈电阻取 $R/2$ 时，输出电压的计算公式可写成

$$u_o = -\frac{U_{REF}}{2^n}(d_{n-1}2^{n-1}+d_{n-2}2^{n-2}+\cdots+d_1 2^1+d_0 2^0)$$

$$= -\frac{U_{REF}}{2^n}D_n \tag{7-3}$$

式（7-3）表明，输出的模拟电压正比于输入的数字量 D_n，从而实现了从数字量到模拟量的转换。

当 $D_n=0$ 时，$u_o=0$，当 $D_n=11\cdots11$ 时，$u_o=-\frac{2^n-1}{2^n}U_{REF}$，故 u_o 的最大变化范围是 $0\sim-\frac{2^n-1}{2^n}U_{REF}$。

从式（7-3）中还可以看到，在 U_{REF} 为正电压时输出电压 u_o 始终为负值。要想得到正的输出电压，可以将 U_{REF} 取为负值。

图7-3所示权电阻网络D/A转换器的优点是结构比较简单，所用的电阻元件数很少。它的缺点是各个电阻的阻值相差较大，尤其在输入信号的位数较多时，这个问题就更加突出。要想在极为宽广的阻值范围内保证每个电阻都有很高的精度是十分困难的，尤其对制作集成电路更加不利。

为了克服权电阻网络D/A转换器中电阻阻值相差太大的缺点，研制出了一种倒T形电阻网络D/A转换器。

7.1.2　倒T型电阻网络D/A转换器

1. 电路组成

如图7-4所示是一个3位二进制倒T形电阻网络D/A转换器的原理电路图。由图可见，电阻网络中只有 R、$2R$ 两种阻值的电阻，这就给集成电路的设计和制作带来了很大的方便。

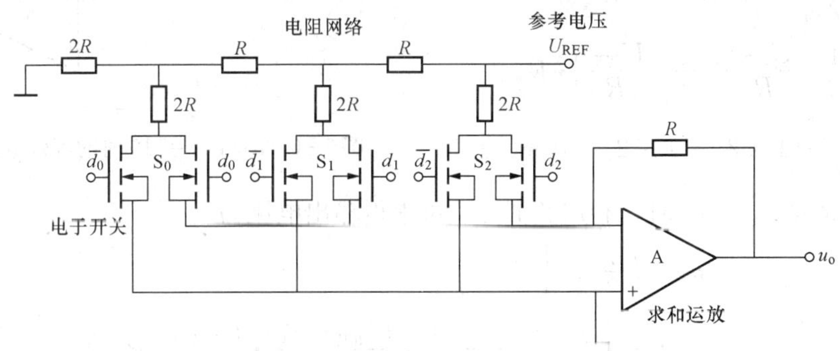

图7-4　倒T形电阻网络D/A转换器

图中，$d_2d_1d_0$ 是输入的3位二进制数，它们控制着由N沟道增强型MOS管组成的3个电子开关 S_2、S_1、S_0，R、$2R$ 组成倒T形电阻转换网络，运放完成求和运算，u_o 是输出模拟电压，U_{REF} 是参考电压（也叫做基准电压）。

S_2、S_1、S_0 与 d_2、d_1、d_0 的对应关系是：当 $d_2=1$，即为高电平时，$\overline{d_2}=0$ 为低电平，S_2 右边的MOS导通，左边MOS管截止，将相应的 $2R$ 电阻接到运放的反相输入端，反之若 $d_2=0$，$\overline{d_2}=1$，S_2 右边MOS管截止，左边MOS管导通，$2R$ 电阻接地。d_1、d_0 对 S_1、S_0 的控制作用与 d_2 对 S_2 的控制作用相同。一般地说，输入 n 位二进制数中第 i 位 $d_i=1$

时，S_i 就把网络中相应的 $2R$ 电阻接到求和运放的反相输入端，反之 $d_i=0$ 时，S_i 则将 $2R$ 电阻接地。

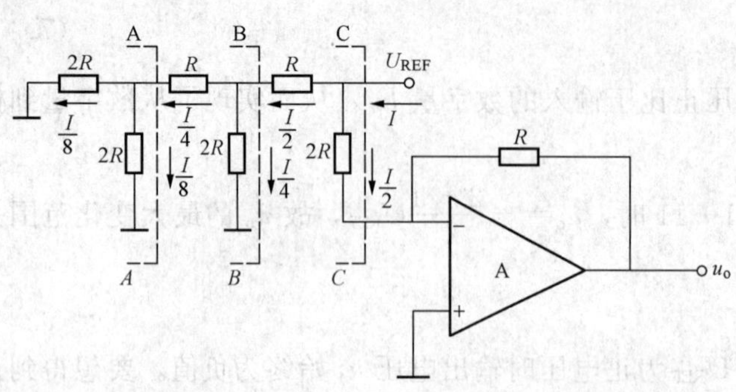

图 7-5 $d_2d_1d_0=100$ 时的等效电路

2. 工作原理

下面通过具体例子进行说明。

(1) 当 $d_2d_1d_0=100$ 时。如图 7-5 所示是 $d_2d_1d_0=100$ 时的等效电路。由于引入了深度电压负反馈，集成运放工作在线性区，而其同相输入端接地，故其反相输入端为"虚地"。倒 T 形电阻网络中，无论是从 AA 端、BB 端还是 CC 端向左看进去，其等效电阻均为 R，因此，由参考电压提供的电流 $I=U_{REF}/R$。

当 $d_2d_1d_0=100$ 时，不难发现，流入求和电路的电流为 $I/2$，输出电压为

$$u_o=-\frac{I}{2}\cdot R=-\frac{1}{2}\cdot\frac{U_{REF}}{R}\cdot R$$
$$=-\frac{U_{REF}}{2}=-\frac{U_{REF}}{2^3}(1\times 2^2+0\times 2^1+0\times 2^0)$$

(2) 当 $d_2d_1d_0=110$ 时。如图7-6 所示是 $d_2d_1d_0=110$ 时的等效电路，显然，流入求和电路的电流是$I/2+I/4$，输出电压为

$$u_o=-\left(\frac{I}{2}+\frac{I}{4}\right)\cdot R$$
$$=-\left(\frac{1}{2}\cdot\frac{U_{REF}}{R}+\frac{1}{4}\cdot\frac{U_{REF}}{R}\right)\cdot R$$
$$=-\frac{U_{REF}}{2^3}(1\times 2^2+1\times 2^1+0\times 2^0)$$

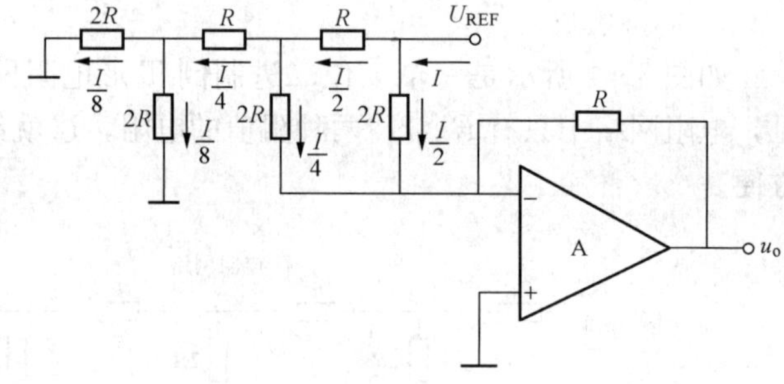

图 7-6 $d_2d_1d_0=110$ 时的等效电路

(3) 当 $d_2d_1d_0=111$ 时。利用类似方法可求得输出电压为

$$u_o=\left(\frac{I}{2}+\frac{I}{4}+\frac{I}{8}\right)\cdot R$$
$$=-\left(\frac{1}{2}\cdot\frac{U_{REF}}{R}+\frac{1}{4}\cdot\frac{U_{REF}}{R}+\frac{1}{8}\cdot\frac{U_{REF}}{R}\right)\cdot R$$
$$=-\frac{U_{REF}}{2^3}(1\times 2^2+1\times 2^1+1\times 2^0)$$

(4) 表达式的一般形式。根据 $d_2d_1d_0$ 为 100、110、111 时的分析结果，可推论得到 u_o 的一般表达形式为

$$U_o=-\frac{U_{REF}}{2^3}(d_2\times 2^2+d_1\times 2^1+d_0\times 2^0) \tag{7-4}$$

式 (7-4) 告诉我们，图 7-4 所示电路可以将输入的 3 位二进制数 $d_2d_1d_0$ 转换成相应的模拟输出电压 u_o。若令 $U_{REF}=-8V$，那么便可得到图 7-2 所示的转换特性。

当输入 $D=d_{n-1}d_{n-2}\cdots d_1 d_0$，即为 n 位二进制数时，由式（7-4）不难推论出

$$\begin{aligned} u_o &= -\frac{U_{REF}}{2^n}(d_{n-1}\times 2^{n-1}+d_{n-2}\times 2^{n-2}+\cdots+d_1\times 2^1+d_0\times 2^0) \\ &= -\frac{U_{REF}}{2^n}\cdot D = K_u\cdot D_n \end{aligned} \tag{7-5}$$

式（7-5）中 K_u 是将二进制数 D_n 转换成模拟电压 u_o 的转换比例系数，也可以看成是 D/A 转换器中的单位电压

$$K_u = -\frac{U_{REF}}{2^n} \tag{7-6}$$

单位电压 K_u 乘上二进制数 D 的数值，所得到的便是输出模拟电压 u_o。

7.1.3　D/A 转换器的主要技术指标

衡量 D/A 转换器性能一般看下面几个技术参数。

1. 分辨率

分辨率用于描述 D/A 转换器对输入量微小变化的敏感程度。它是输入数字量在只有最低有效位（LSB，Least Significant Bit）为 1（即为 00…01）时的输出电压 U_{LSB} 与输入数字量全为 1（即为 11…11）时的输出电压 U_M 之比。将 00…01 和 11…11 代入式（7-2），可得 U_{LSB} 和 U_M，因此对于 n 位的 DAC，其分辨率为

$$分辨率 = U_{LSB}/U_M = 1/(2^n-1) \tag{7-7}$$

例如，10 位 D/A 转换器的分辨率为 $1/(2^{10}-1)$。如果输出模拟电压满量程为 10V，那么 10 位 DAC 能够分辨的最小电压为 10/1023≈0.009 775V；而 8 位 D/A 转换器能够分辨的最小电压为 10/255≈0.039215V。可见位数越高，DAC 分辨输出电压的能力越强。

分辨率表示 D/A 转换器在理论上可以达到的精度。

2. 转换精度

通常，转换精度用转换误差和相对精度来描述。

转换误差是在对应给定的满刻度数字量情况下，D/A 转换器实际输出与理论值之间的误差。该误差是由于 D/A 转换器的增益误差、零点误差、线性误差和噪声等共同引起的。

相对精度指在满刻度已校准的情况下，整个刻度范围内，对于任一数码的模拟量输出与其理论值之差。对于线性的 D/A 转换器，相对精度就是非线性度。相对精度有两种方法表示，一种是用数字量最低有效位的位数 LSB 表示，另一种是用该偏差的相对满刻度值的百分比表示。

某 DAC 精度为±0.1%，满量程 $U_{FS}=10V$，则该 DAC 的最大线性误差电压

$$U_E = \pm 0.1\% \times 10V = \pm 10mV$$

对于 n 位 DAC，精度为 $\pm\frac{1}{2}$LSB，其最大可能的线性误差电压

$$U_E = \pm\frac{1}{2}\times\frac{1}{2^n}U_{FS} = \pm\frac{1}{2^{n+1}}U_{FS}$$

转换精度和分辨率是两个不同的概念，即使 D/A 转换器的分辨率很高，但由于电路的稳定性不好等原因，也可能使电路的转换精度不高。

3. 转换速度

转换速度由转换时间决定，转换时间是指数据变化量是满度值（输入由全 0 变为全 1 或

全1变为全0）时，达到终值±2LSB时所需的时间。

4. 线性误差

由于种种原因，DAC的实际转换特性与理想转换特性之间是有偏差的，这个偏差就是线性误差，如图7-7所示。理想转换特性是线性的，而实际转换特性大都是非线性的。它们之间误差的最大值称为线性误差。

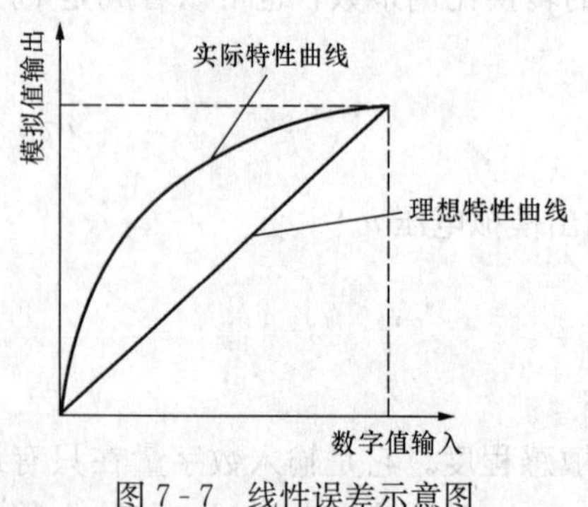

图7-7 线性误差示意图

线性误差一般也用LSB的分数形式给出，好的DAC线性误差应小于$\pm\frac{1}{2}$LSB。

5. 温度灵敏度

这项指标表明DAC受温度变化影响的特性。它是指数字量输入不变的情况下，模拟输出信号随温度的变化。一般DAC的温度灵敏度为±50ppm/℃，ppm为百万分之一。

6. 建立时间

数字量从零变到最大时，其模拟输出达到满刻度值的$\pm\frac{1}{2}$LSB对应值时所需要的时间。电流型的DAC转换较快，电压输出的DAC较慢，主要是运算放大器的响应时间，在实际应用中，要正确选用DAC，使它的转换时间小于数字输入信号发生变化的周期。

7. 电源灵敏度

这项指标反映DAC对电源电压变化的灵敏程度。它又称为电源抑制比，其值等于满量程电压变化百分数与电源变化的百分数之比。

8. 输出电平

不同型号DAC的输出电平相差较大，一般DAC为5～10V，而高压输出型DAC可达24～30V；电流型DAC输出电流相差也较大，低至几毫安，高至几个安培。

7.1.4 集成DAC

1. 8位集成DAC0832

集成DAC0832是用CMOS工艺制成的8位DAC转换芯片。数字输入端具有双重缓冲功能，可根据需要接成不同的工作方式，特别适用于要求几个模拟量同时输出的场合。它与微处理器接口很方便。

（1）DAC0832的主要技术指标。

分辨率：　8位
转换时间：　≤1μs
单电源：　5～15V
线性误差：　≤±0.2%LSB
温度灵敏度：　20ppm/℃
功耗：　20mW

（2）DAC0832的内部结构。DAC0832的内部结构如图7-8所示。

DAC0832内部由一个8位输入寄存器、一个8位DAC寄存器、一个8位D/A转换器、

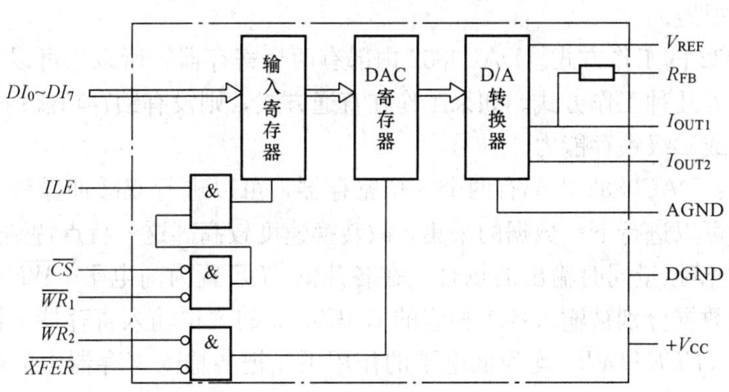

图 7-8　DAC0832 内部结构框图

逻辑控制电路以及输出电路的辅助元件 R_{FB} 等组成。D/A 转换器采用了倒 T 形 $R-2R$ 电阻网络。由于 DAC0832 有两个可以分别控制的数据寄存器，所以在使用时有较大的灵活性，可以接成双缓冲、单缓冲或直接输入等工作方式。DAC0832 中无运算放大器，且是电流输出，使用时需外接运算放大器。

(3) DAC0832 的引脚功能。DAC0832 的引脚排列图如图 7-9 所示。各引脚的功能如下。

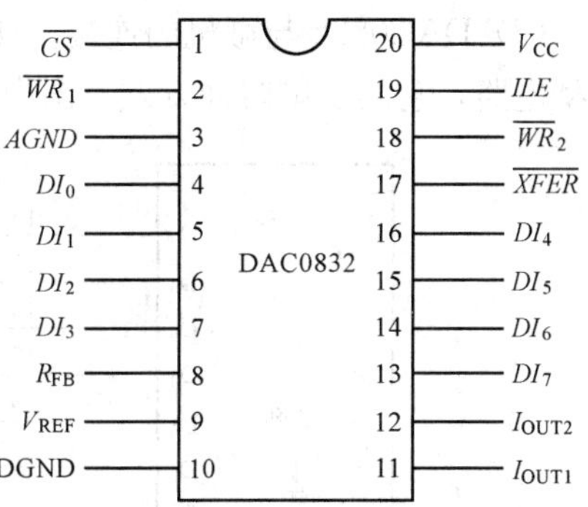

图 7-9　DAC0832 的引脚排列图

ILE：输入锁存允许信号，输入高电平有效。

$\overline{CS}$：片选信号，输入低电平有效。它与 *ILE* 结合起来可以控制 $\overline{WR}_1$ 是否起作用。

$\overline{WR}_1$：写信号 1，输入低电平有效。在 $\overline{CS}$ 和 *ILE* 为有效电平时，用它将数据输入并锁存于输入寄存器中。

$\overline{WR}_2$：写信号 2，输入低电平有效。在 $\overline{XFER}$ 为有效电平时，用它将输入寄存器中的数据传送到 8 位 DAC 寄存器中。

$\overline{XFER}$：传输控制信号，输入低电平有效。用它来控制 $\overline{WR}_2$ 是否起作用。在控制多个 DAC0832 同时输出时特别有用。

$DI_7 \sim DI_0$：8 位数字量输入端。

V_{REF}：基准（参考）电压输入端。一般此端外接一个精确、稳定的电压基准源。V_{REF} 可在 $-10 \sim +10$V 范围内选择。

R_{FB}：反馈电阻。反馈电阻被制作在芯片内，用作外接运算放大器的反馈电阻，它与内部的 $R-2R$ 电阻相匹配。

I_{OUT1}：模拟电流输出 1，接运算放大器反相输入端。其大小与输入的数字量 $DI_7 \sim DI_0$ 成正比。

I_{OUT2}：模拟电流输出 2，接地。其大小与输入的数字取反后的数字量 $DI_7 \sim DI_0$ 成正比，$I_{OUT1} + I_{OUT2} =$ 常数。

V_{CC}：电源输入端（一般为 5～15V）。

DGND：数字地。

AGND：模拟地。

(4) DAC0832的工作方式。DAC0832内部有两个寄存器，所以它可以有双缓冲型、单缓冲型和直通型等几种工作方式。如果工作在直通方式，则没有锁存功能；如果工作在缓冲方式，则有一级或二级锁存能力。

双缓冲方式：DAC0832内部有两个8位寄存器，可以进行双缓冲操作，即在对某数据转换的同时，又可以进行下一数据的采集，故转换速度较高。这一特点特别适用于要求多片DAC0832的多个模拟量同时输出的场合。在各片的 ILE 置为高电平、$\overline{WR}_1$ 和 $\overline{CS}$ 为低电平的控制下，有关数据分别被输入各个相应的DAC0832的8位输入寄存器。当需要进行同时模拟输出时，在 $\overline{XFER}$ 和 $\overline{WR}_2$ 均为低电平的作用下，把各输入寄存器中的数据同时传送给各自的DAC寄存器。各个D/A转换器同时转换，同时给出模拟输出。

单缓冲方式：在不要求多片D/A同时输出时，可以采用单缓冲方式，使两个寄存器之一始终处于直通状态，这时只需要一次操作，因而可以提高D/A的数据吞吐量。

直通方式：如果两级寄存器都处于常通状态，这时D/A转换器的输出将跟随数字输入随时变化，这就是直通方式。这种情况是将DAC0832直接应用于连续反馈控制系统中，作为数字增量控制器使用。

(5) DAC0832与微机的连接。如图7-10所示为DAC0832与80x86计算机系统连接的典型电路，它属于单缓冲方式。图中的电位器用于满量程调整。

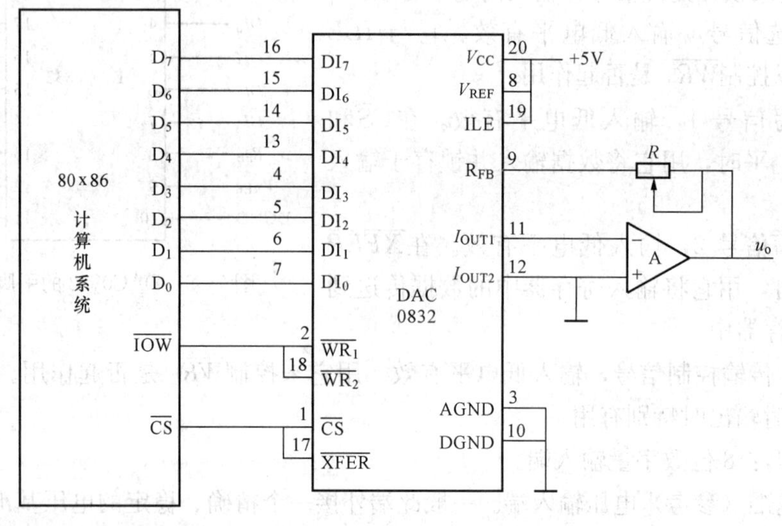

图7-10 DAC0832与80X86计算机系统连接的典型电路

DAC0832在输入数字量为单极性数字时，输出电路可接成单极性工作方式；在输入数字量为双极性数字时，输出电路可接成双极性工作方式。所谓单极性输出是指微处理机输出到D/A转换器的代码为00H～FFH，经D/A转换器输出的模拟电压要么全为负值，要么全为正值。输出极性总与基准电压的极性相反。所谓双极性输出是指微处理机输出到DAC的数字量有正负之分，经D/A转换器输出的模拟电压也有正负极性之分。如控制系统中对电动机的控制，正转和反转对应正电压和负电压。

【例7-1】 某一检测系统有一个D/A转换器，若系统要求该D/A转换器的精度小于0.2%，试问应选多少位的D/A转换器？

解　本题要求该 D/A 转换器的精度小于 0.2%，是指 D/A 转换器的实际输出值与理论值之间的误差，即绝对精度，该参数一般应低于 $\frac{1}{2}$LSB。所以其分辨率应小于 0.4%。8 位 D/A 转换器的分辨率为 $\frac{1}{2^8-1}\times 100\%\approx 0.39\%$，故所选择的 D/A 转换器的位数应为 8 位或多于 8 位。

【例 7-2】　某一 D/A 转换器如图 7-11（a）所示，图中 $Q_i=1$ 时，相应的模拟开关 S_i 在位置 1；$Q_i=0$ 时，相应的开关在位置 0。

（1）该电路是哪一种 D/A 转换器？

（2）求输出电压 u_o 与数字量 $Q_3Q_2Q_1Q_0$ 之间的关系式。

（3）若 $U_{REF}=1V$，求 $Q_3Q_2Q_1Q_0=0001$ 和 0111 时的 u_o 值。

（4）画出计数器输入连续计数脉冲 CP 时的 u_o 波形，设计数器的初态为 0。

解　（1）该电路是权电阻 D/A 转换器。

（2）$u_o=-U_{REF}\ (2^3Q_3+2^2Q_2+2^1Q_1+2^0Q_0)$

（3）当 $U_{REF}=1V$，$Q_3Q_2Q_1Q_0=0001$ 时，$u_o=-1V$；$Q_3Q_2Q_1Q_0=0111$ 时，$u_o=-7V$。

（4）输入连续计数脉冲 CP 时，u_o 为一阶梯波，其波形如图 7-11（b）所示。

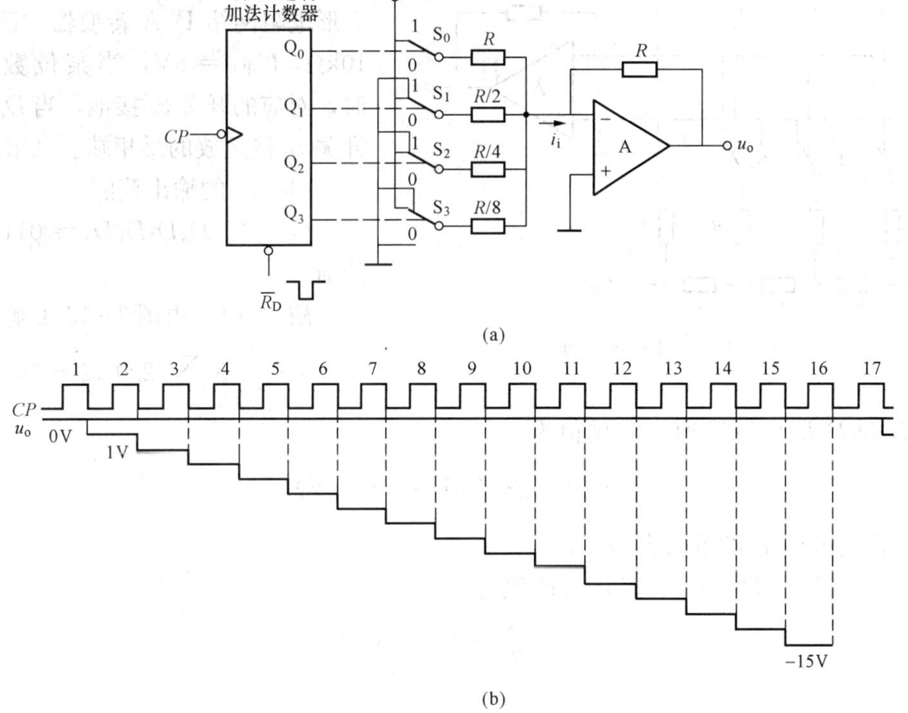

图 7-11　［例 7-2］图

（a）电路图；（b）u_o 的波形图

【例 7-3】　在如图 7-12 所示的电路中，$D_3D_2D_1D_0$ 为输入信号。若 $D_i=1$，则 S_i 接参考电压 U_{REF}，若 $D_i=0$，则 S_i 接地。试问：

(1) 此电路是什么电路?

(2) 若 $U_{REF}=-8V$，分别求出 $D_3D_2D_1D_0=1001$ 及 1010 时的 u_o 值。

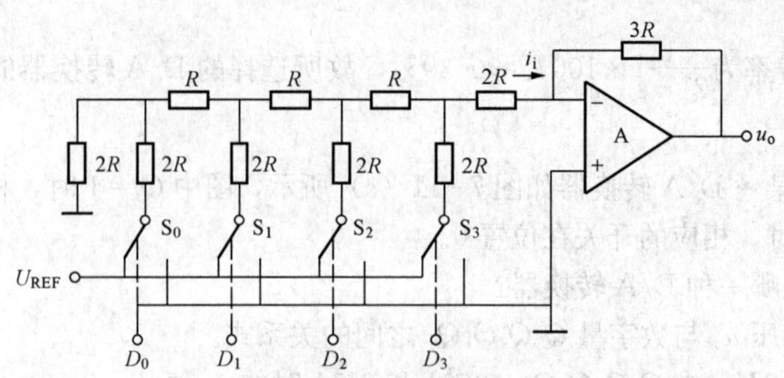

图 7-12 [例 7-3] 图

解 (1) 图 7-12 所示的电路是倒 T 形电阻网络 D/A 转换器。

(2) 当 $D_3D_2D_1D_0=1001$ 时，$u_o=-\frac{8}{2^4}(1\times2^3+1\times2^0)=-4.5(V)$。

当 $D_3D_2D_1D_0=1010$ 时，$u_o=-\frac{8}{2^4}(1\times2^3+1\times2^1)=-5(V)$

【例 7-4】 如图 7-13 所示是倒 T 形电阻网络 D/A 转换器。已知 $R=10k\Omega$，$U_{REF}=8V$，当某位数 $D_i=0$ 时，对应的开关 S_i 接地，当 $D_i=1$ 时，开关 S_i 接运放的反相端。试求：

(1) u_o 的输出范围。

(2) 当 $D_3D_2D_1D_0=0111$ 时 u_o 的值。

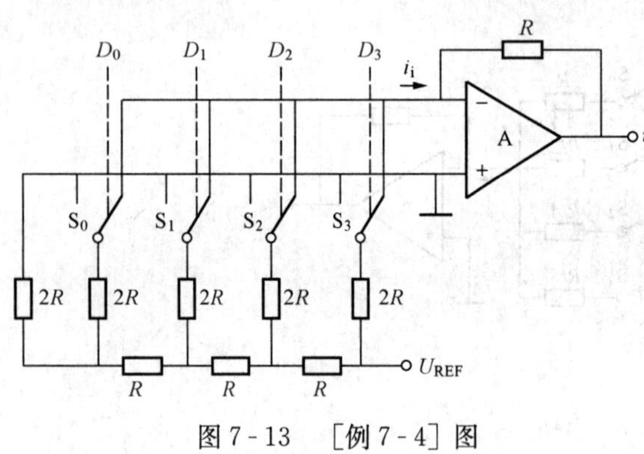

图 7-13 [例 7-4] 图

解 (1) 由图 7-13 可解出

$$u_o=-\frac{U_{REF}}{2^4}\sum_{i=0}^{3}2_iD_i(i=0,1,2,3)$$

当 $D_3D_2D_1D_0=1111$ 时，u_o 的值为

$$u_o=-\frac{8}{2^4}\times15=-7.5(V)$$

所以输出电压 u_o 的范围为 0～7.5V。

(2) 当 $D_3D_2D_1D_0=0111$ 时，u_o 的值为

$$u_o=-\frac{8}{2^4}\times7=-3.5(V)$$

7.2 A/D 转 换 器

A/D 转换器的功能是将输入的模拟电压量 u_i 转换成相应的数字量 D 输出，D 为 n 位二进制代码 $d_{n-1}d_{n-2}\cdots d_1\ d_0$。

A/D 转换器的种类很多，按工作原理可分为直接型和间接型两大类。前者直接将模拟

电压转换成输出的数字代码，而后者是将模拟电压量转换成一个中间量（如时间或频率），然后将中间量转换成数字量。下面首先说明 A/D 转换的一般原理和步骤，再分别介绍直接型中的逐次渐近比较型 A/D 转换器和间接型中的双积分型 A/D 转换器。

7.2.1　A/D 转换的一般步骤

ADC 的输入电压信号 u_i 在时间上是连续量，而输出的数字量 D 是离散的，所以进行转换时必须按一定的频率对输入的信号 u_i 进行取样，得到取样信号 u_S，并在两次取样之间使 u_S 保持不变，从而保证将取样值转化成稳定的数字量。因此，A/D 转换过程是通过取样、保持、量化、编码 4 个步骤完成的。通常取样和保持用同一个电路实现，量化和编码也是在转换过程同时实现的。

1. 取样与保持

取样是将在时间上连续变化的模拟量转换成时间上离散的模拟量，如图 7-14 所示。可以看到，为了用取样信号 u_S 准确地表示输入信号 u_i，必须有足够高的取样频率 f_S，取样频率 f_S 越高就越能准确地反映 u_i 的变化。那么如何来确定取样频率呢？

对任何模拟信号进行谐波分析时，均可以表示为若干正弦信号之和，若谐波中最高频率为 f_{imax}，则根据取样定理，取样频率应满足

$$f_S \geqslant 2f_{imax} \tag{7-8}$$

此时，取样信号 u_S 就能准确地反映输入信号 u_i。

由于取样时间极短，取样输出 u_S 为一串断续的窄脉冲。而要把一个取样信号数字化需要一定时间，因此在两次取样之间应将取样的模拟信号存储起来以便进行数字化，这一过程称为保持。取样保持电路见 7.2.2 节。

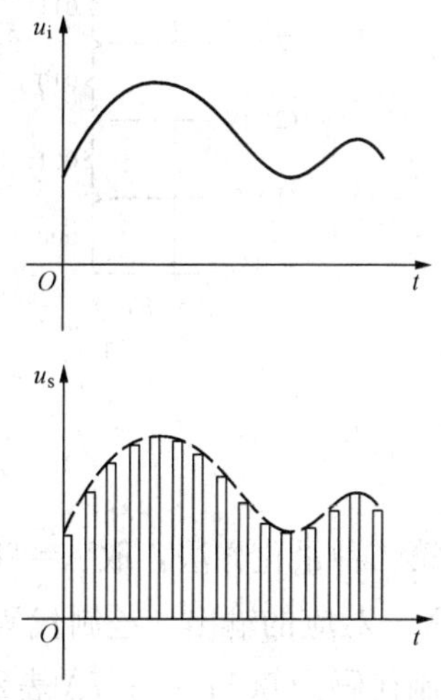

图 7-14　对输入模拟信号的取样

2. 量化与编码

数字信号不仅在时间上是离散的，而且在数值上的变化也是不连续的。也就是说，任何一个数字量的大小都是以某个最小数量单位的整数倍来表示的。因此，在用数字量表示取样电压时，也必须把它化成这个最小数量单位的整数倍，所规定的最小数量单位称为量化单位，用 Δ 表示。将量化的结果用二进制代码表示称为编码。这个二进制代码就是 A/D 转换的输出信号。

输入模拟电压通过取样保持后转换成阶梯波，其阶梯幅值仍然是连续可变的，所以它就不一定能被量化单位 Δ 整除，因而不可避免地会引起量化误差。对于一定的输入电压范围，输出的数字量的位数越高，Δ 就越小，因此量化误差也越小。而对于一定的输入电压范围、一定位数的数字量输出，不同的量化方法，量化误差的大小也不同。量化的方法有两种，下面将分别说明。

设输入电压 u_i 的输入电压范围为 $0 \sim U_M$，输出为 n 位的二进制代码。现取 $U_M = 1V$，$n=3$。

第一种量化方法：取 $\Delta = U_M/2^n = (1/2^3)V = (1/8)V$，规定 0Δ 表示 $0V < u_i < (1/8)V$，对应的输出二进制代码为 000；1Δ 表示 $(1/8)V < u_i < (2/8)V$，对应的输出二进制代码为

001；…；7Δ 表示（7/8）V<u_i<1V，对应的输出二进制代码为 111，如图 7-15（a）所示。显然，这种量化方法的最大量化误差为 Δ。

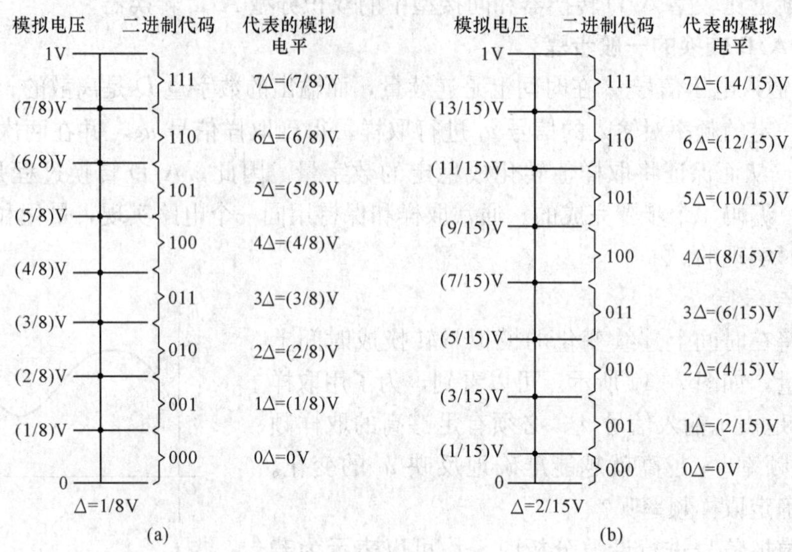

图 7-15　两种量化方法

（a）量化误差为 Δ；（b）量化误差为 Δ/2

第二种量化方法：取 $\Delta=2U_M/(2^{n+1}-1)$ =（2/15）V，并规定 0Δ 表示 0V<u_i<（1/15）V，对应的输出二进制代码为 000；1Δ 表示（1/15）V<u_i<（3/15）V，对应的输出二进制代码为 001；…；7Δ 表示（13/15）V<u_i<1V，对应的输出二进制代码为 111，如图 7-15（b）所示。显然，这种量化方法的最大量化误差为 Δ/2。实际电路中多采用这种量化方法。

7.2.2　取样保持电路

取样保持电路实现 A/D 转换的取样和保持两个步骤。其基本形式如图 7-16 所示。它由 N 沟道 MOS 管 T（作为取样开关）、存储电容 C 和运算放大器等组成。

当取样控制信号 u_L 为高电平时，T 导通，输入信号 u_i 经电阻 R_i 向电容 C 充电。取 $R_i=R_f$ 且忽略运算放大器的净输入电流，则充电结束后 $u_o=u_C=-u_i$。

取样控制信号 u_L 跃变为低电平后，MOS 管 T 截止，由于电容 C 上的电压 u_C 保持基本不变，即取样的结果被保持下来直到下一个取样控制信号的到来。可以看出，只有电容 C 的漏电越小，运算放大器的输入阻抗越大，u_o 保持的时间才越长。

显然，取样过程是一个充电过程，且 R_i 越小，充电时间越短，取样频率可以越高；在充电过程中，电路的输入电阻为 R_i，为使电路从信号源索取的电流小些，则要求输入电阻大；因此取样速度与输入阻抗产生了矛盾。下面介绍在如图 7-16 所示电路的基础上改进而得的电路，如图 7-17 所示。A_1 和 A_2 是两个运放，取样控制信号 u_L 通过驱动电路 L 控制开关 S。$u_L=1$ 时，开关 S 闭合。A_1 和 A_2 工作在单位增益的电压跟随状态，则 $u_i=u'_o=u_C=u_o$；$u_L=0$ 时，开关 S 断开。由于电容 C 没有放电回路，u_C 保持 u_i 不变，所以输出 u_o 也保持 u_i 不变。

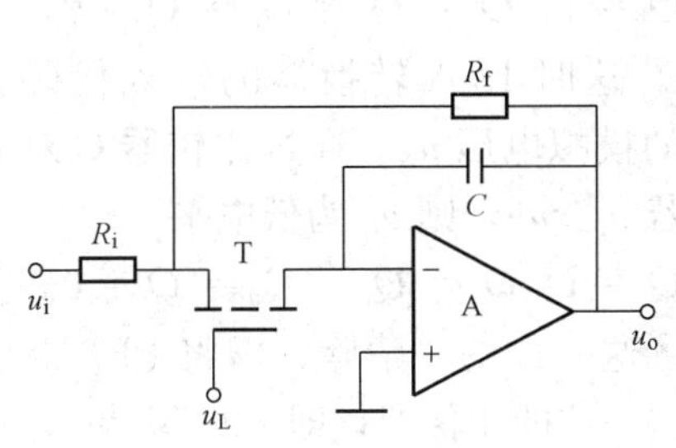

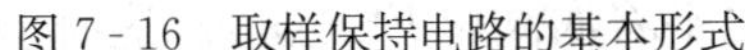

图 7-16　取样保持电路的基本形式

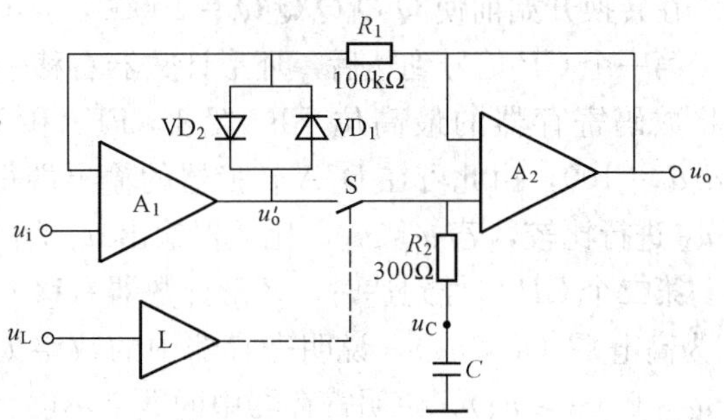

图 7-17　改进的取样保持电路

开关 S 断开，电路处于保持阶段，如果 u_i 变化，u_o'可能变化非常大，甚至会超过开关电路能够承受的电压，因此用二极管 D_1、D_2 构成保护电路。当 u_o'比保持电压 u_o 高（或低）于一个二极管的压降 U_D 时，D_1（或 D_2）导通，从而使 $u_o' = u_o + U_D$（或 $u_o' = u_o - U_D$）。在开关 S 闭合时 $u_o' = u_o$，所以 D_1 和 D_2 不导通，保护电路不起作用。

由于电路在取样开关与输入信号之间加一级运算放大器 A_1，提高了输入阻抗。同时由于运放 A_1 输出阻抗小，使电容充、放电过程加快，从而提高了取样速度。

7.2.3　逐次渐近型 A/D 转换器

逐次渐近型 A/D 转换器是直接型 A/D 转换器，也是目前集成 A/D 转换器产品中用得最多的一种电路。其转换过程类似于天平称物的过程，天平的一端放物 M，一端放砝码。用天平将各种质量的砝码按一定规律与 M 进行比较、取舍，直到天平基本平衡，这时天平托盘中砝码的质量之和就表示 M 的质量。

如图 7-18 所示是逐次渐近型 A/D 转换器的原理框图。它由比较器、n 位 D/A 转换器、n 位寄存器、控制电路、输出电路、时钟信号 CP 以及参考电压源等组成。输入为 u_i，输出为 n 位二进制代码。

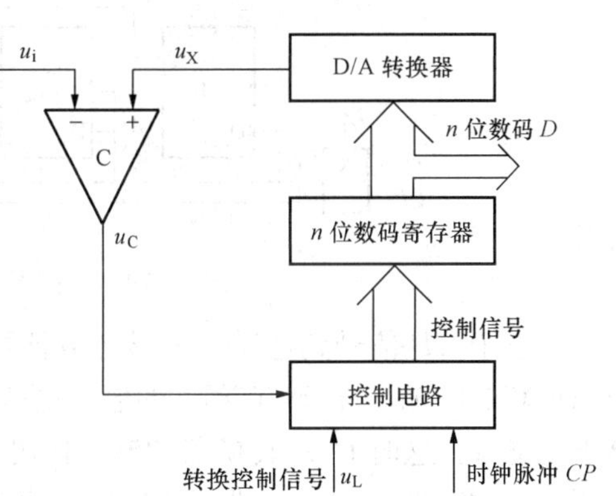

图 7-18　逐次渐近型 A/D 转换器的原理框图

转换开始之前将寄存器清零（$d_{n-1}d_{n-2}\cdots d_1 d_0 = 00\cdots00$）。开始转换时，控制电路先将寄存器的最高位置 1（$d_{n-1}=1$），其余位全为 0，使寄存器输出为（$d_{n-1}d_{n-2}\cdots d_1 d_0 = 1\cdots00$），这组数码被 D/A 转换器转换成相应的模拟电压 u_X 后通过电压比较器与 u_i 进行比较。若 $u_i > u_X$，说明寄存器中的数字不够大，则将这一位的 1 保留；若 $u_i < u_X$，说明寄存器中的数字大，则将这一位的 1 清除，从而决定了 d_{n-1}的值。然后将次高位置 1（$d_{n-2}=1$），再通过 D/A 转换器将此时寄存器的输出（$d_{n-1}d_{n-2}\cdots d_1 d_0 = d_{n-1}1\cdots00$）转换成相应的模拟电压 u_X，通过 u_X 与 u_i 比较决定 d_{n-2}的取值。依次类推，逐位比较，一直到最低位为止。

下面以 3 位逐次渐近型 A/D 转换器的电路为例，如图 7-19 所示，具体说明转换过程和转换时间。

图中 FF_2、FF_1 和 FF_0 组成 3 位数码寄存器；触发器 $FF_a \sim FF_e$ 和门 $G_1 \sim G_5$ 构成控制电路，其中 $FF_a \sim FF_e$ 接成环形计数器；门 $G_6 \sim G_8$ 为输出电路。

在转换开始前使 $Q_aQ_bQ_cQ_dQ_e=10000$，且 $Q_2=Q_1=Q_0=0$。

第一个 CP 信号到达后，环形计数器右移一位，使 $Q_b=1$、$Q_a=Q_c=Q_d=Q_e=0$，并且将数码寄存器的最高位 FF_2 置 1，FF_1 和 FF_0 置 0。这时 D/A 转换器的输入代码为 $d_2d_1d_0=100$，由此可在 D/A 转换器的输出端得到相应的模拟电压 u_X。通过比较器 C 对 u_i 与 u_X 进行比较，若 $u_i<u_X$，比较器输出 u_C 为高电平；若 $u_i\geqslant u_X$，则 u_C 为低电平。

第二个 CP 信号到达时，环形计数器右移一位，使 $Q_c=1$、$Q_a=Q_b=Q_d=Q_e=0$。若 u_C 为高电平（$u_i<u_X$），说明寄存器中的数字太大，则将这一位的 1 清除，即将 FF_2 置 0；若 $u_C=0$（$u_i\geqslant u_X$），说明寄存器中的数字不够大，则将这一位的 1 保留，即 FF_2 保持 1，从而确定了数码寄存器中“Q_2”的值。与此同时，Q_c 的高电平将次高位 FF_1 置 1。这时 D/A 转换器的输入代码为 $d_2d_1d_0=Q_210$，输出为这个代码相应的模拟电压 u_X。通过对 u_i 与 u_X 进行比较决定比较器 C 的输出 u_C。

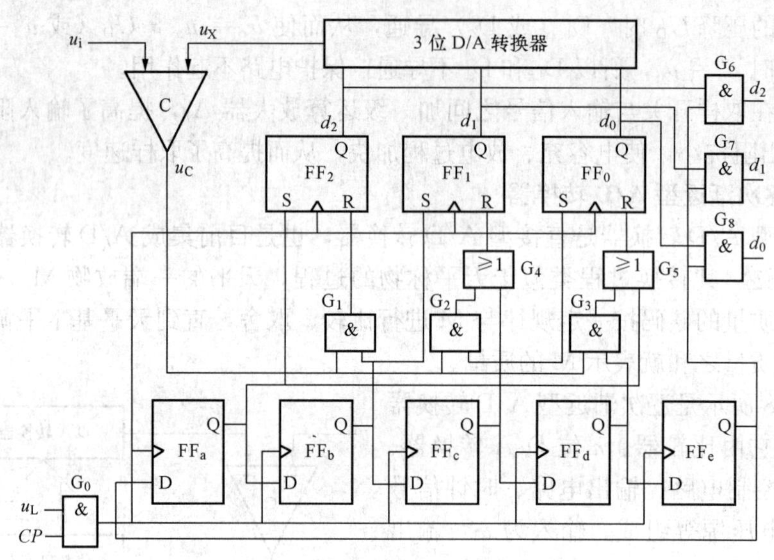

图 7-19 三位逐次渐近型 A/D 电路原理图

第三个 CP 信号到达时，环形计数器再右移一位，使 $Q_d=1$、$Q_a=Q_b=Q_c=Q_e=0$。根据比较器的输出 u_C 确定 FF_1 的值，也就是确定了数码寄存器中“Q_1”的值，同时将寄存器 FF_0 置 1。这时 D/A 转换器的输入代码为 $d_2d_1d_0=Q_2Q_11$，输出为这个代码相应的模拟电压 u_X。通过对 u_i 与 u_X 进行比较决定比较器 C 的输出 u_C。

第四个 CP 信号到达时，环形计数器再右移一位，使 $Q_e=1$、$Q_a=Q_b=Q_c=Q_d=0$。根据比较器的输出 u_C 确定 FF_0 的值，也就是确定了数码寄存器中“Q_0”的值。$Q_e=1$ 将门 G_6～G_8 打开，寄存器 FF_2、FF_1 和 FF_0 的状态“$Q_2Q_1Q_0$”作为转换结果输出。

第五个 CP 信号到达时，$Q_a=1$、$Q_b=Q_c=Q_d=Q_e=0$ 且 $Q_2=Q_1=Q_0=0$，电路回到初态准备下一次转换。

可见，3 位逐次渐近型 A/D 转换器完成 1 次转换需要 5 个时钟 CP 周期。依次类推，n 位 A/D 转换器需要（$n+2$）个 CP 周期。

7.2.4 双积分型 A/D 转换器

双积分型 A/D 转换器是间接型 A/D 转换器中最常用的一种。它与直接型 A/D 转换器相比具有精度高、抗干扰能力强等特点。双积分型 A/D 转换器首先将输入的模拟电压 u_i 转换成与之成正比的时间量 T，再在时间间隔 T 内对固定频率的时钟脉冲计数，则计数的结果就是一个正比于 u_i 的数字量。

如图 7-20 所示为双积分型 A/D 转换器的原理图，它由积分器、比较器、n 位计数器、控制电路、固定频率时钟源 CP、开关 S_2～S_0 以及基准电压等组成。输入为模拟电压 u_i，输出为 n 位二进制代码。下面结合工作波形说明它的转换过程。

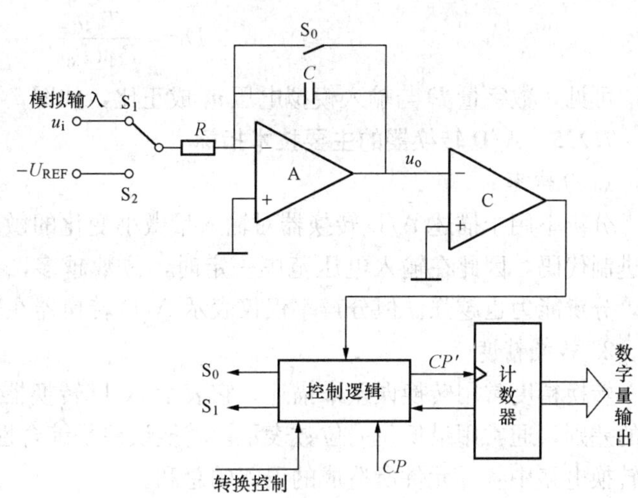

图 7-20 双积分型 A/D 转换器的原理图

电路的工作分为两个积分阶段。

转换开始前开关 S_0 闭合使电容 C 完全放电，计数器清零。

第一阶段为定时积分，积分时间为 T_1。控制电路将开关 S_1 闭合，开关 S_2 和 S_0 断开。积分器对输入模拟电压 u_i 积分，其输出

$$u_o=-\frac{1}{RC}\int_0^{T_1}u_i\mathrm{d}t=-\frac{u_iT_1}{RC} \tag{7-9}$$

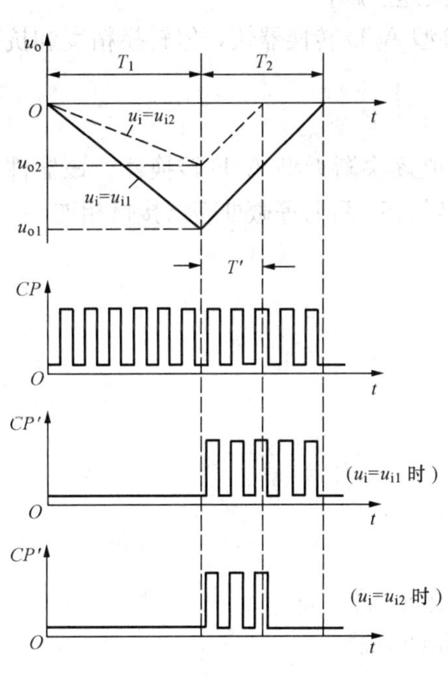

图 7-21 双积分型 A/D 转换器的波形图

式中 T_1、R 和 C 均为常数，因此 u_o 与 u_i 成正比。若 $u_{i1}>u_{i2}$，则定时积分的终值 $|u_{o1}|>|u_{o2}|$，如图 7-21 所示。

第二阶段为反向积分，并在积分的同时进行计数。控制电路将开关 S_2 闭合，开关 S_1 断开，开关 S_0 保持断开状态。积分器对基准电压（$-U_{REF}$）进行积分，与此同时计数器开始对固定频率的时钟脉冲计数。由于基准电压（$-U_{REF}$）与 u_i 极性相反，因此积分器的积分方向与定时积分时相反，$|u_o|$ 逐渐减小。当 $u_o=0$ 时，比较器的输出 u_C 产生跃变，且通过控制电路停止积分和计数。该过程所需时间为 T_2，因此

$$\begin{aligned}u_o&=-\frac{u_iT_1}{RC}-\left(-\frac{1}{RC}\int_0^{T_2}U_{REF}\mathrm{d}t\right)\\&=-\frac{u_iT_1}{RC}+\frac{U_{REF}}{RC}=0\end{aligned}$$

所以

$$T_2=\frac{T_1}{U_{REF}}\cdot u_i \tag{7-10}$$

可见，第二阶段的积分时间 T_2 是一个与输入电压 u_i 成正比的量。若时钟脉冲的固定频

率为 f_{CP}，则第二阶段结束时计数器的输出为

$$D = T_2 \cdot f_{CP} = T_2 / T_{CP} \tag{7-11}$$

T_{CP}为 CP 的周期。将式（7-8）代入式（7-10），可得

$$D = \frac{T_1 u_i}{T_{CP} U_{REF}} \tag{7-12}$$

可见，数字量 D 与输入模拟电压 u_i 成正比，如图 7-21 所示的波形。

7.2.5 A/D 转换器的主要技术指标

1. 分辨率

分辨率用于描述 A/D 转换器对输入量微小变化的敏感程度。A/D 转换器的输出是 n 位二进制代码，因此在输入电压范围一定时，位数越多，量化误差也就越小，转换精度也越高，分辨能力也越强。但分辨率仅仅表示 A/D 转换器在理论上可以达到的精度。

2. 转换精度

转换精度常用转换误差来描述。它表示 A/D 转换器实际输出的数字量与理想输出数字量的差别，通常用最低位的位数表示。转换误差是综合性误差，它是量化误差、电源波动以及转换电路中各种元件所造成的误差的总和。

实际的转换精度和分辨率是两个不同的概念。分辨率很高，但由于电路的稳定性不好等原因，可能使电路的转换精度并不高。

3. 转换速度

转换速度用完成 1 次转换时间来表示。它是从接到转换控制信号起，到输出端得到稳定的数字输出为止所需的时间。转换时间越短，说明转换速度越快。

总体来说，直接型 A/D 转换器的转换速度较间接型 A/D 转换器快，但转换精度和抗干扰能力都不及间接型 A/D 转换器。

7.2.6 集成 ADC

集成 ADC0809 是用 CMOS 工艺制成的 8 位八通道逐次渐近型 A/D 转换器。该器件具有与微处理器兼容的控制逻辑，可以直接与 80x86 系列、51 系列等微处理器接口相连。

（1）ADC0809 的主要技术指标。

分辨率： 8 位
精度： 8 位
转换时间： $\leqslant 100\mu s$
输入电压范围： 5～15V
温度灵敏度： 20×10^{-6}℃$^{-1}$
功耗： 15mW

（2）ADC0809 的内部结构及工作原理。

ADC0809 的内部结构如图 7-22 所示，由两部分组成。

第一部分：8 路模拟通道选择开关、地址锁存器和译码器。

第二部分：比较器、8 位逐次渐近寄存器 SAR、8 位树形 D/A 转换电路、控制逻辑、三态输出缓冲锁存器。

ADC0809 工作原理如下：

由 ADD_C、ADD_B、ADD_A 及 ALE 选择 8 个模拟量之一，并通过通道选择开关加至比

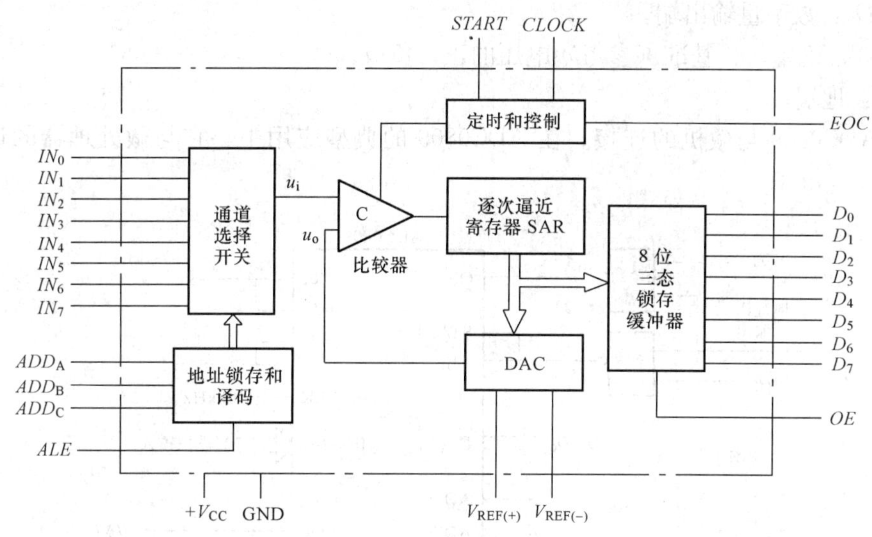

图 7 - 22　ADC0809 内部结构框图

较器一端。由 *START* 信号启动 A/D 转换开始且 SAR 清零，在 *CLOCK* 控制下，将 SAR 从高位到低位逐次置 1，并将每次置位后的 SAR 送 D/A 转换器转换成与 SAR 中数字量成正比的模拟量。DAC 的输出加至比较器的另一端与输入的模拟电压进行比较：若 $u_i \geqslant u_o$，保留 SAR 中该位的 1；若 $u_i < u_o$，该位清零，经过 8 次比较（8 个 *CLOCK*）后，SAR 中的 8 位数字量即是结果。在 *OE* 有效下，将 SAR 中 8 位二进制数输出至锁存器，并通过 $D_7 \sim D_0$ 输出，同时发出 *EOC* 转换结束信号。

（3）ADC0809 的引脚功能。ADC0809 的引脚排列图如图 7 - 23 所示，各引脚功能如下。

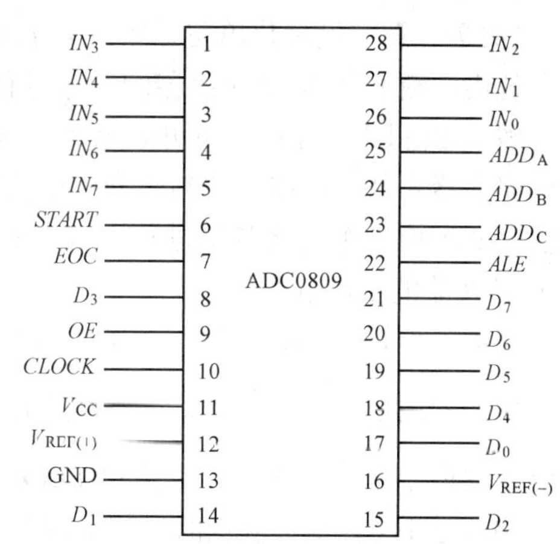

图 7 - 23　ADC0809 引脚排列图

$IN_0 \sim IN_7$：8 路模拟电压输入，电压范围为 0～5V。可由 8 路模拟开关选择其中任何一路送至 8 位 A/D 转换电路进行转换。

ADD_C、ADD_B、ADD_A：3 个地址信号输入端，构成 3 位地址码，用以选择 8 个模拟量之一。

ALE：地址锁存允许信号，它是一个正脉冲信号。在脉冲的上升沿将 3 位地址 ADD_C、ADD_B、ADD_A 存入锁存器。

CLOCK：时钟脉冲输入。控制 A/D 转换速度，频率范围是 10kHz～1MHz。

START：A/D 转换启动信号，为一正脉冲信号。在 *START* 的上升沿，将逐次比较寄存器清零，在 *START* 的下降沿开始转换。

EOC：A/D 转换结束信号，高电平有效。

OE：输出允许信号，*OE* 有效时将打开输出缓冲器，使转换结果出现在 $D_7 \sim D_0$ 端。

V_{CC}：芯片工作电压，+5V。

$D_7 \sim D_0$：数字量输出端。

$V_{REF(+)}$、$V_{REF(-)}$：基准（参考）电压的正、负极。

GND：地端。

（4）ADC0809与微机的连接。在ADC0809的典型应用中，它与微处理器的连接如图7-24所示。

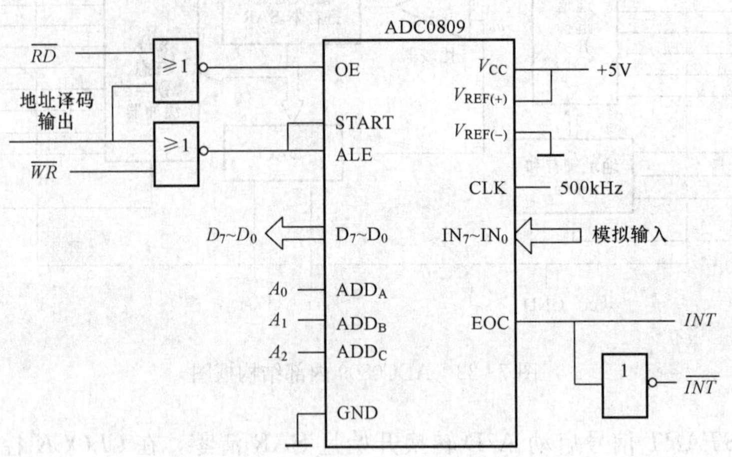

图7-24　ADC0809与微处理器的连接

【例7-5】　如果要将一个最大幅值为5.1V的模拟信号转换为数字信号，要求能分辨出5 mV输入信号的变化，试问应选用几位的A/D转换器。

解　由于$5.1\text{V}/5\text{mV}=1020<2^{10}$，因此可以选用十位的A/D转换器。

【例7-6】　设量化单位$\Delta=1\text{V}$，若输入模拟信号$u_i=5.7\text{V}$，试分析图7-25（a）所示的3位逐次渐近型A/D转换器的工作过程及输出结果。

解　由图7-25（a）可见，该A/D转换器由比较器、D/A转换器、节拍脉冲发生器及数码寄存器4部分组成。节拍脉冲发生器发出5个节拍脉冲［如图7-25（b）所示］，A/D转换器的转换工作按此节拍进行。设节拍脉冲发生器的初始状态为$Q_AQ_BQ_CQ_DQ_E=10000$，A/D转换器的工作过程如下：

当第1个CP脉冲到达时，FF_2被置1，FF_1和FF_0被置0，即$Q_2Q_1Q_0=100$，于是D/A转换器的输出$u_o=4-\dfrac{\Delta}{2}=3.5$（V）。由于$u'_i$(=5.7V)$>u_o$，所以比较器的输出$C_o=0$。同时，移位寄存器右移一位，使$Q_AQ_BQ_CQ_DQ_E=01000$。

当第2个CP脉冲到达时，FF_1被置1，FF_0被置0，又因为原来的$C_o=0$，故FF_2的状态保持不变。所以$Q_2Q_1Q_0=110$，D/A转换器的输出电压$u_o=6-\dfrac{\Delta}{2}=5.5$（V）。由于$u'_i$(=5.7V)$>u_o$，所以$C_o=0$。同时，移位寄存器又右移一位，于是，$Q_AQ_BQ_CQ_DQ_E=00100$。

第3个CP脉冲到达后，FF_0被置1，由于原来的$C_o=0$，所以FF_2和FF_1保持原来状态不变，则$Q_2Q_1Q_0=111$，D/A转换器的输出$u_o=7-\dfrac{\Delta}{2}=6.5$（V）。由于$u'_i$（=5.7V）$<u_o$，所以$C_o=1$。移位寄存器再右移一位，于是$Q_AQ_BQ_CQ_DQ_E=00010$。

第 4 个 CP 脉冲到达后，由于原来的 $C_o=1$，所以 FF_0 的 1 状态不能保留，使 $Q_0=0$，而 FF_2、FF_1 的状态保持不变。此时 FF_2、FF_1、FF_0 的状态就是转换的结果，即 $Q_2Q_1Q_0=110$。同样移位寄存器再右移一位，使 $Q_AQ_BQ_CQ_DQ_E=00001$。由于 $Q_E=1$，使 FF_2、FF_1、FF_0 的状态（110）通过门 G_A、G_B、G_C 送到输出端。又由于 $Q_2Q_1Q_0=110$，所以 $u_o=5.5V$，而 $u_i'>u_o$，故 $C_o=0$。

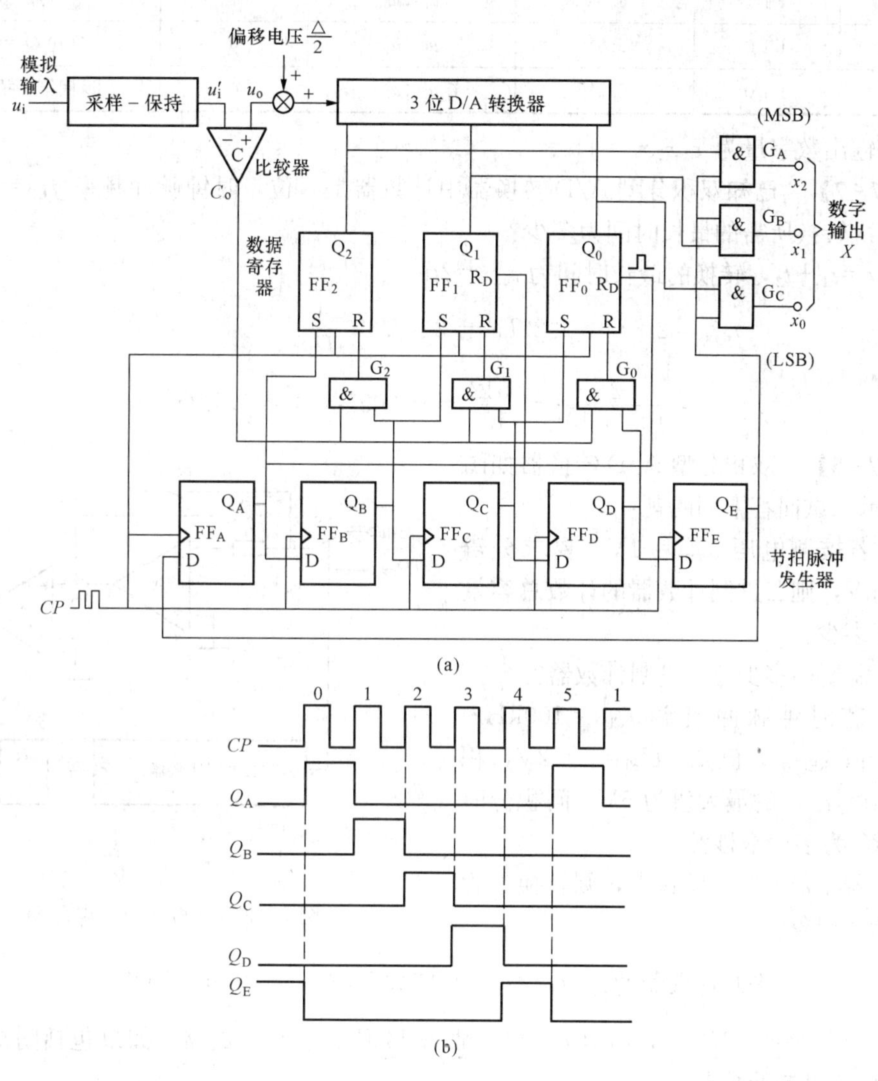

图 7-25　［例 7-6］用图

(a) 电路图；(b) 节拍脉冲波形图

第 5 个 CP 脉冲到达后，FF_2、FF_1、FF_0 的状态仍保持不变。同时，移位寄存器又右移一位，$Q_AQ_BQ_CQ_DQ_E=10000$，又返回到初态。由于 $Q_E=0$，将门 G_A、G_B、G_C 封锁，转换输出信号 $X_2X_1X_0$ 随之消失，完成一次转换。

工作过程见表 7-1。

表 7-1 [例 7-5] 的工作过程及输出结果

节拍次序	$Q_2Q_1Q_0$	u_o 值	$u_i \geqslant u_o$	Q_0 状态	下一拍 $Q_2Q_1Q_0$ 状态
1	1 0 0	3.5V	$u_i' > u_o$	0	$Q_2=1$
2	1 1 0	5.5V	$u_i' > u_o$	0	$Q_1=1$
3	1 1 1	6.5V	$u_i' < u_o$	1	$Q_0=0$
4	1 1 0	5.5V	$u_i' < u_o$	0	$Q_2Q_1Q_0=110$
5	1 1 0	5.5V	$u_i' < u_o$	0	返回第一拍状态

最后输出数字量为 $x_2x_1x_0=110$。

【例 7-7】 已知双积分型 A/D 转换器中计数器是 8 位，时钟脉冲频率 $f_{CP}=100\text{kHz}$，求完成一次转换所需的最长时间为多少？

解 $t=t_1+t_2$，转换的最长时间为 $t_{max}=2t_1$

则
$$t_{max}=2t_1=2\times 2^n T_C=2\times 2^8\times\frac{1}{f_{CP}}$$
$$=\frac{2^9}{100\times 10^3}=\frac{512}{10^5}=0.00512(\text{s})=5.12(\text{ms})$$

【例 7-8】 双积分型 A/D 转换器如图 7-26 所示，试回答下列问题：

(1) 若被测电压 $u_{imax}=1\text{V}$，要求分辨率$\leqslant 0.1\text{mV}$，则二进制计数器的计数总容量 N 应大于多少？

(2) 需要用多少位二进制计数器？

(3) 若时钟脉冲频率 $f_{CP}=100\text{kHz}$，$|u_i|<|U_{REF}|$，已知 $|U_{REF}|=2\text{V}$，积分器输出电压 u_o 的最大值为 5V，问积分时间常数 RC 为多少毫秒？

(4) 若 $|u_i|>|U_{REF}|$，则转换过程会产生什么现象？

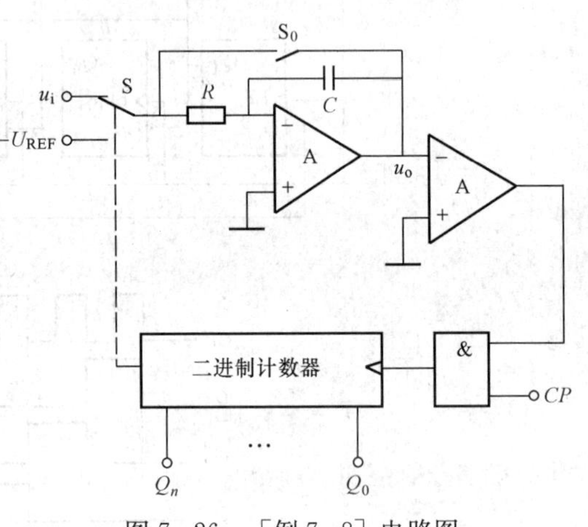

图 7-26 [例 7-8] 电路图

解 (1) 二进制计数器的计数总容量 N 应大于$\left(\frac{1\times 10^3}{0.1}+1\right)=10001$。

(2) 由于 $2^{n-1}<N\leqslant 2^n$，所以 $n=14$，故需 14 位二进制计数器；如果包括附加计数器，则需 15 位二进制计数器。

(3) 由于 $u_{omax}=\frac{|U_{REF}|\cdot 2^n\cdot T_C}{RC}$，而 $T_C=\frac{1}{f_{CP}}=\frac{1}{100\text{kHz}}=1\times 10^{-5}\,\text{s}=0.01\text{ms}$。所以 $RC=\frac{2\times 2^{14}\times 1\times 10^{-5}}{5}=0.065536\ (\text{s})\ =65.536\ (\text{ms})$。

(4) 根据双积分型 A/D 转换器的工作原理可知，当 $|u_i|>|U_{REF}|$ 时，会使计数器在第二次计数时复位溢出后重新计数，使转换出错。

本 章 小 结

1. 数/模（D/A）转换和模/数（A/D）转换是沟通数字量和模拟量的桥梁。

2. 评价数/模（D/A）转换器和模/数（A/D）转换器的主要技术指标是转换精度和转换速度，也是挑选转换器电路的主要依据。在选择方案时，要综合考虑性价比，不可一味追求不必要的高精度和高速度。

3. 数/模转换器是用权电流（权电阻或权电容）使输出电压与输入数字量成正比的。

4. 将模拟量转换为数字量的基础是取样定理，只要取样频率大于模拟信号最高频率的两倍（$f_S \geqslant 2f_{imax}$）即可不失真地重现原来的输入信号。

5. 模/数转换包括取样、保持、量化、编码。量化、编码的方案很多，本章介绍了逐次渐近型和双积分型两种。

习 题 7

7-1 填空题

（1）输入二进制的 n 位 D/A 转换器的 n 越大，分辨率越________。D/A 转换器的基本结构主要包括________、________和________三部分。

（2）D/A 和 A/D 转换器的主要技术指标是________和________。

（3）若 n 是输入信号有效位数，则 D/A 转换器的分辨率是________。

（4）一个 10 位的倒 T 型电阻网络 DAC，若 $U_{REF}=5V$，$R_F=2R$，则当数字信号 $D=$ 0101010100 时，对应的输出电压 $u_o=$________。

（5）一个 10 位 DAC 的最小分辨电压为 0.025V，则它能表示最大电压是________ V。

（6）一个 8 位的 DAC，当输入为 10000001 时输出电压为 5V，则输入为 01010000 时，输出电压为________ V。

（7）若一个 14 位的 D/A 转换器的慢刻度输出电压为 $U_{omax}=10V$，当输入的二进制数为 10111010101111 时，输出电压为________ V。

（8）在 3 位二进制 A/D 转换器中，已知最大输入模拟电压为 10V，Δ 是量化单位，并采取“只舍不取”的方法划分量化电平，则 1Δ 代表的量化电压为________ V。

（9）A/D 转换的基本步骤是________、________、________和________ 4 个。

（10）A/D 转换器的量化方式有________、________两种；逐次比较 A/D 转换器只能采用________方式。

7-2 选择题

（1）数/模转换是________，模/数转换是________。

A. 把模拟信号转换成数字信号　　B. 把数字信号转换成模拟信号

C. 把幅值、宽度均不规则的脉冲信号转换成模拟信号

D. 把幅值、宽度均不规则的脉冲信号转换成数字信号

（2）工业中多数参数（如温度、压力、流量……）通过传感器转换成的电信号均为________，因而在利用计算机构成控制系统时应首先将它们转换成________，经计算机处理

后，再转换成________，以驱动执行机构。

A. 数字量　B. 模拟量　C. 矩形波电压信号　D. 正弦波电压信号

(3) 在倒T型电阻网络D/A转换器中，当电子开关状态变化时，电阻网络各支路的电流________，因而________。

A. 变化很大　B. 基本不变　C. 电流建立时间近似为零　D. 电流建立时间很长

7-3 判断题

(1) 数/模转换器的功能是将数字量转换成模拟量。(　　)

(2) 模/数转换器的功能是将模拟量转换成数字量。(　　)

(3) 数/模转换器的功能是将幅值、宽度均不规则的脉冲信号转换成模拟信号。(　　)

(4) 数/模转换器的位数越多，分辨率越高。(　　)

(5) 模/数转换器的位数越多，分辨率越高。(　　)

(6) 倒T型电阻网络D/A转换器的电阻网络中阻值分散，因此不便于集成化。(　　)

(7) 在D/A转换时，取样频率应大于输入模拟信号的基波频率。(　　)

(8) 按图7-19所示电路组成的10位逐次渐近型A/D转换器完成一次转换需10个时钟脉冲CP的周期。(　　)

7-4 按图7-4组成的4位倒T形电阻网络D/A转换器中$U_{REF}=10V$，$R=10k\Omega$。试问当输入数字信号$d_3d_2d_1d_0=1111$时各电子开关中的电流分别为多少？输出电压u_o为多少？若测得$d_3d_2d_1d_0=0101$时输出电压$u_o=0.625V$，则$U_{REF}=$？

7-5 在10位倒T形电阻网络D/A转换器中，电阻取值如图7-4所示，$U_{REF}=10V$。求解输入数字信号为0000000001、0011001100和1111111111时的输出电压u_o。

7-6 今有一4位倒T形电阻网络D/A转换器，电路结构参照图7-4，已知$U_{REF}=8V$。

(1) 求解$d_3d_2d_1d_0=0000$、0011、1111时的输出电压u_o。

(2) 将d_3、d_2、d_1、d_0分别接4位二进制加法计数器的状态输出Q_3、Q_2、Q_1、Q_0（其中Q_3为最高位状态，Q_0为最低位状态），试画出计数器在连续计数脉冲CP作用下CP和u_o的波形。

7-7 10位倒T形电阻网络D/A转换器如图7-27所示。

(1) 试求输出电压的取值范围。

(2) 若要求电路输入数字量为200 H时输出电压$u_o=5V$，试问U_{REF}应取何值？

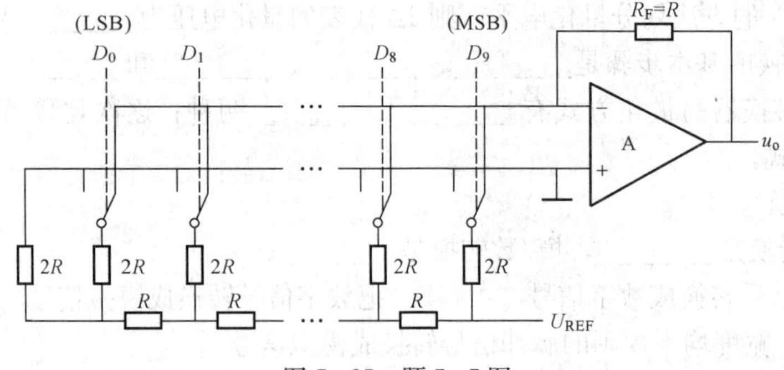

图7-27　题7-7图

7-8 在如图7-28所示的倒T形电阻网络D/A转换器中，设反馈电阻$R_F=R$，外接参考电压$U_{REF}=-10V$，为保证U_{REF}偏离标准值所引起的误差小于LSB/2，试计算U_{REF}的相对稳定度应取多少？

7-9　已知时钟脉冲 CP 的周期为 $2\mu s$。

（1）试问如图 7-19 所示的电路完成 1 次转换需多长时间？

（2）若按如图 7-19 所示的电路组成 10 位 A/D 转换器，则完成 1 次转换需多长时间？

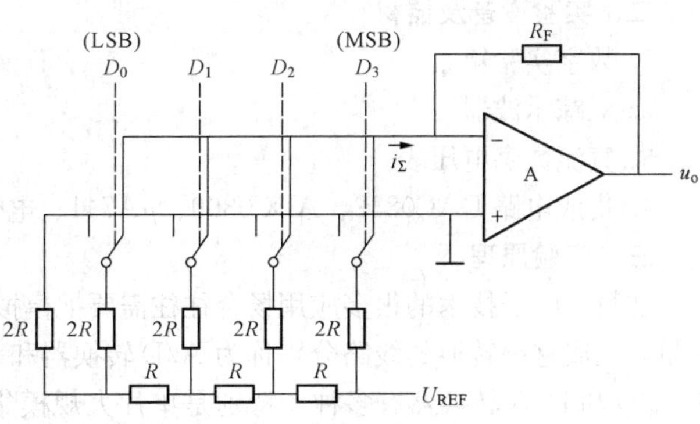

图 7-28　题 7-8 图

7-10　按如图 7-19 所示电路的原理组成 10 位逐次渐近型 A/D 转换器完成 1 次循环所需时间为 $12\mu s$，试问时钟脉冲 CP 的周期为多少？

7-11　在如图 7-20 所示双积分型 D/A 转换器中，已知输入取样电压最大值为 8V，其定时积分的终值为 $-8V$，输出数字量为 4 位二进制数，时钟脉冲 CP 的周期为 $2\mu s$。试问：

（1）反向积分时间为多少？

（2）定时积分时间为多少？

（3）当输入模拟信号为最大值时，转换时间为多少？

7-12　在如图 7-29 所示的 D/A 转换电路中，已知参考电压 $U_{REF}=5V$，试计算：

（1）输入数字量 $d_9 \sim d_0$ 每一位为 1 时在输出端产生的电压值。

（2）输入为全 1、全 0 时在输出端产生的电压值。

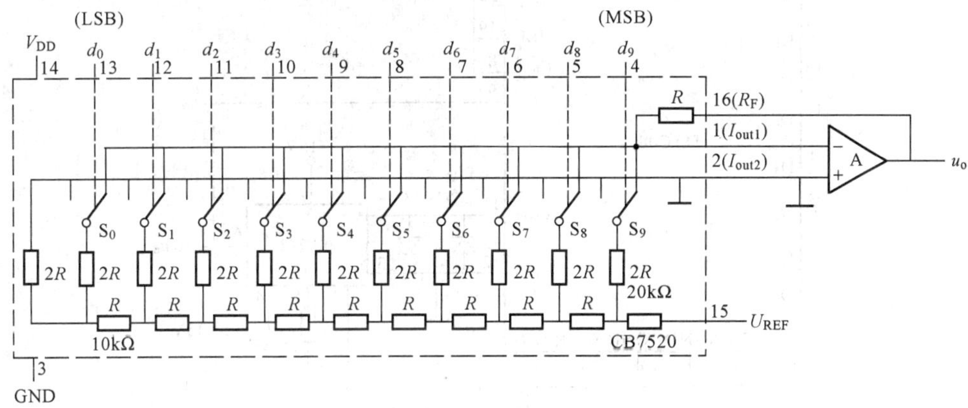

图 7-29　题 7-12 图

7-13　对于一个 10 位逐次渐近型 A/D 转换电路，当时钟频率为 1MHz 时，其转换时间是多少？如果要求完成一次转换的时间小于 $10\mu s$，试问时钟频率应为多少？

本章实验一　D/A、A/D 转换器的测试

一、实验目的

1. 了解 D/A 和 A/D 转换器的基本工作原理和基本结构。
2. 掌握大规模集成 D/A 和 A/D 转换器的功能及典型应用。

二、实验设备及器材

1. 数字实验箱。

2. 双踪示波器。

3. 直流数字电压表。

4. 集成电路DAC0832、ADC0809、μA741、电位器、电阻、电容若干。

三、实验原理

在数字电子技术的很多应用场合往往需要把模拟量转换为数字量，或把数字量转换成模拟量，完成这种转换的线路分别称为A/D转换器和D/A转换器，简称ADC和DAC。实际中A/D和D/A转换器有多种，特别是单片大规模集成A/D、D/A转换器的问世，为实现上述的转换提供了极大的方便。使用者可借助于手册提供的器件性能指标及典型的应用电路，即可正确使用这些器件。本实验将采用大规模集成电路DAC0832实现D/A转换，ADC0809实现A/D转换。

1. D/A转换器DAC0832

DAC0832是采用CMOS工艺制成的单片电流输出型8位数/模转换器。DAC0832的逻辑框图及外引线排列如图7-8和图7-9所示。

DAC0832输出的是电流，要转换为电压，还必须经过一个外接的运算放大器，实验线路图如图7-30所示。

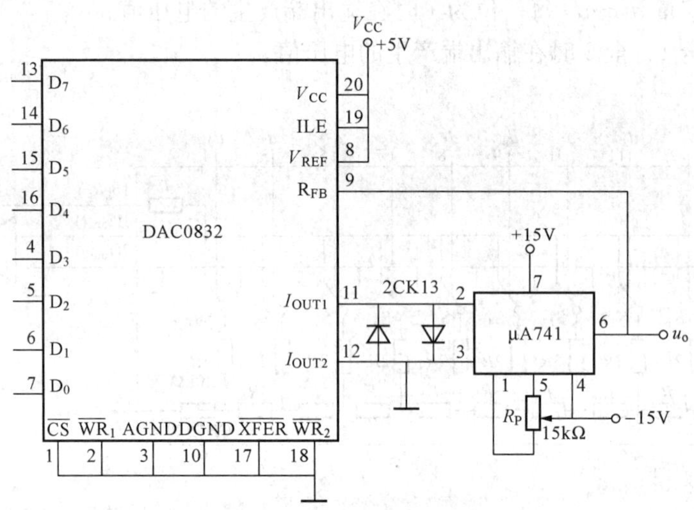

图7-30 D/A转换器实验线路图

2. A/D转换器ADC0809

集成ADC0809是用CMOS工艺制成的8位八通道逐次渐近型A/D转换器。该器件具有与微处理器兼容的控制逻辑，可以直接与80x86系列、51系列等微处理器接口相连。ADC0809的逻辑框图及外引线排列如图7-22和图7-23所示。

（1）模拟量输入通道选择。8路模拟开关由ADD_C、ADD_B、ADD_A三地址输入端选通8路模拟信号中的任何一路进行A/D转换，地址译码与模拟输入通道的选通关系如表7-2所示。

表7-2　模拟量输入通道的选择表

被选模拟通道		IN_0	IN_1	IN_2	IN_3	IN_4	IN_5	IN_6	IN_7
地址	ADD_C	0	0	0	0	1	1	1	1
	ADD_B	0	0	1	1	0	0	1	1
	ADD_A	0	1	0	1	0	1	0	1

（2）在启动端（START）加启动脉冲（正脉冲），D/A转换即开始。如将启动端与转换结束端（EOC）直接相连，转换将是连续的，在用这种转换方式时，开始应在外部加启动脉冲。

四、实验内容

1. D/A转换器DAC0832的功能测试

（1）按图7-30接线，电路接成直通方式，即：$\overline{CS}$、$\overline{WR_1}$、$\overline{WR_2}$、$\overline{XFER}$接地；ILE、V_{CC}、V_{REF}接+5V电源；运放电源接±15V；D_0～D_7接逻辑开关，输出端u_o接数字万用表。

（2）调零。令D_0～D_7全置零，调节运放μA741的电位器使其输出为零。

（3）按表7-2所列的数字信号进行输入，用数字万用表电压挡测量运算放大器的输出电压u_o，并将测量结果填入表7-3中，并与理论值进行比较。

表7-3　D/A转换器DAC0832的功能测试表

输入数字量								输出模拟量U_o（V）
D_7	D_6	D_5	D_4	D_3	D_2	D_1	D_0	V_{CC}=+5V
0	0	0	0	0	0	0	0	
0	0	0	0	0	0	0	1	
0	0	0	0	0	0	1	0	
0	0	0	0	0	1	0	0	
0	0	0	0	1	0	0	0	
0	0	0	1	0	0	0	0	
0	0	1	0	0	0	0	0	
0	1	0	0	0	0	0	0	
1	0	0	0	0	0	0	0	
1	1	1	1	1	1	1	1	

2. A/D转换器ADC0809的功能测试

按图7-31接线。

（1）八路输入模拟信号1～4.5V，由+5V电源经电阻R分压组成；变换结果D_0～D_7接LED显示状态，CP时钟脉冲由计数脉冲源提供，取f=100kHz；ADD_C、ADD_B、ADD_A地址端接逻辑开关。

（2）接通电源后，在启动端（START）加一正单次脉冲，下降沿一到即开始A/D转换。

（3）按表 7-4 的要求进行观察，记录 $IN_0 \sim IN_7$ 八路模拟信号的转换结果，并将转换结果换算成十进制数表示的电压值，并与数字电压表实测的各路输入电压值进行比较，分析误差原因。

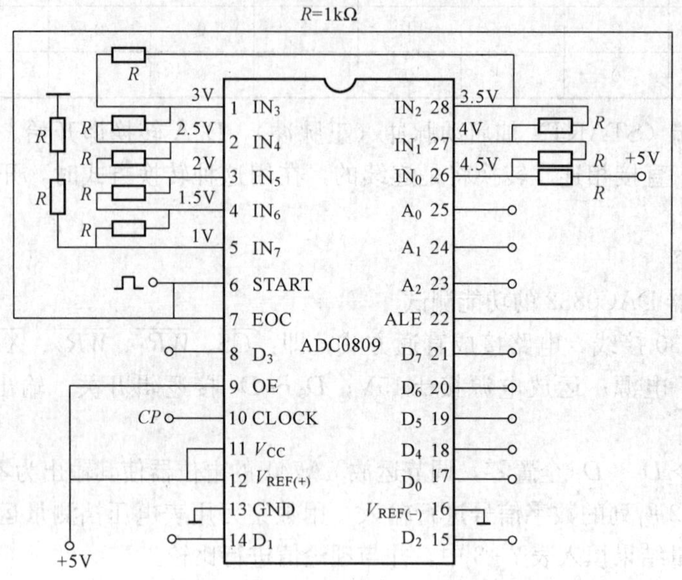

图 7-31　ADC0809 实训线路图

表 7-4　　A/D 转换器 ADC0809 的功能测试表

被选模拟通道	输入模拟量	地址			输出数字量								
IN	u_i（V）	ADD_C	ADD_B	ADD_A	D_7	D_6	D_5	D_4	D_3	D_2	D_1	D_0	十进制
IN_0	4.5	0	0	0									
IN_1	4.0	0	0	1									
IN_2	3.5	0	1	0									
IN_3	3.0	0	1	1									
IN_4	2.5	1	0	0									
IN_5	2.0	1	0	1									
IN_6	1.5	1	1	0									
IN_7	1.0	1	1	1									

本章实验二　D/A 转换器应用实验

一、实验目的

（1）了解 D/A 转换器 MC3408L 的工作原理及应用。

（2）验证 D/A 转换器的部分指标。

二、实验设备和器材

(1) 双踪示波器。

(2) 数字实验箱。

(3) 数字万用表。

(4) 集成器件(MC3408L、LM324、MC14516)。

(5) 阻容元件。

三、实验原理

1. D/A转换器的基本组成

D/A转换的功能是把数字量输入转换为模拟量输出,转换器的基本结构如图7-32所示。其中,数码寄存器是解决高速数字信号和低速D/A变换的缓冲问题。参考电压源是供给模拟开关和译码网络的参考电压。D/A转换的精度受基准(参考)电压精度的影响。因而,在D/A转换要求较高的场合,参考电压源通常采用精密基准电压源。模拟开关盒译码网络的功能是把各位数字信号转换成与其位权成正比的模拟电压或电流,然后叠加求和输出。

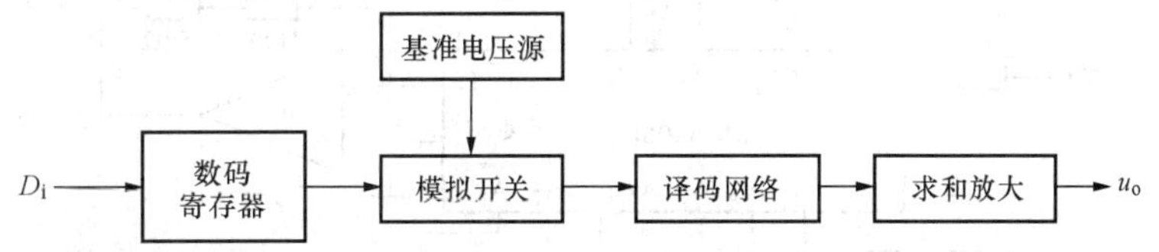

图7-32 D/A转换基本结构框图

2. 8位二进制D/A转换器MC3408L

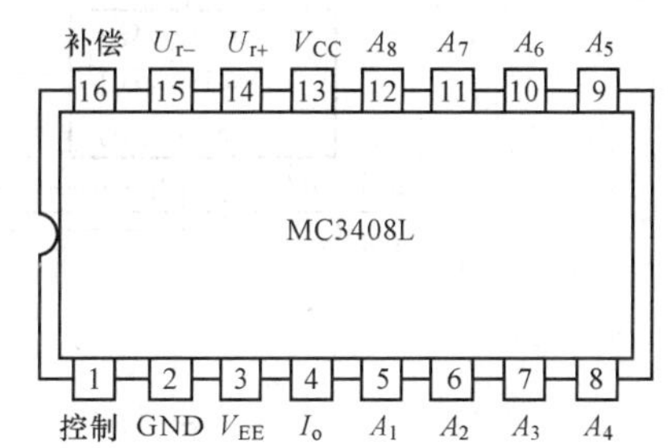

图7-33 MC3408L的引脚排列图

图7-33所示是D/A转换器MC3408L的引脚排列图,各引脚的作用如下。

(1) $A_1 \sim A_8$:8位数字信号输入端,其中A_1是最高位(MSB),A_8是最低位(LSB)。

(2) U_{r+}和U_{r-}:参考正电压和负电压的输入端。单电源工作时,通常U_{r-}接地。

(3) I_o:电流输出端,MC3408L以负电流的形式输出,I_o与输入数字信号的关系满足方程

$$I_o = -\frac{U_r}{R_r}\left(\frac{A_1}{2}+\frac{A_2}{4}+\frac{A_3}{8}+\frac{A_4}{16}+\frac{A_5}{32}+\frac{A_6}{64}+\frac{A_7}{128}+\frac{A_8}{256}\right)$$

$$= -\frac{U_r}{R_r}\sum\frac{A_i}{2^i} \tag{7-13}$$

上式中,A_i——输入数字信号,高电平为"1",低电平为"0";

U_r——参考电压的大小;

R_r——参考电阻的大小。

(4) 补偿端:通常外接一个电容,电容的另一端接负电源或地,以防止电路自激振荡。

(5) 控制端:其作用是控制输出电压范围。

当U_r/R_r=2.0mA、负载电阻为2kΩ(即I_o端与地之间串联一个2kΩ的电阻)、负电源

低于－10V 的工作条件时，若控制端悬空，输出电压范围在－5.0～＋0.4V 之间变化。若控制端接地，输出电压范围在－0.5～＋0.4V 之间变化。

在实际应用中，MC3408L 输出端通常接一个运算放大器，将负电源输出转变为输出电压为正电压的形式输出，电路如图 7－34 所示。输出电压为

$$u_o = \frac{U_r}{R_r} R_f \sum_{i=1}^{8} \frac{A_i}{2^i} \qquad (7-11)$$

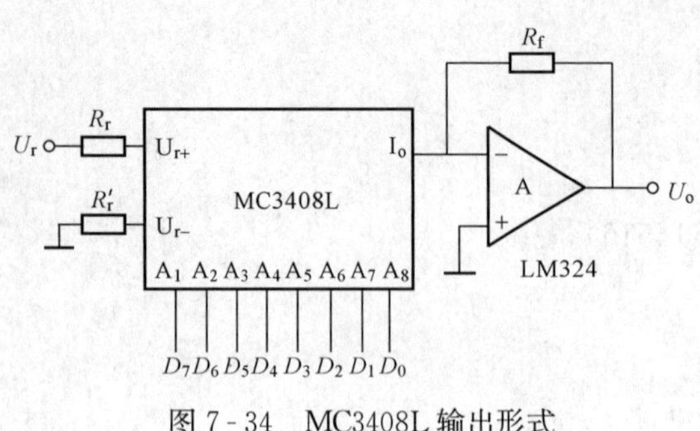

图 7－34 MC3408L 输出形式

D/A 转换器可以产生三角波和锯齿波，其线性度（特别是信号频率很低的情况下）比用模拟电路产生的三角波和锯齿波优良得多。

（1）锯齿波电路发生器。如图 7－35（a）所示为锯齿波信号发生器的电路原理图。

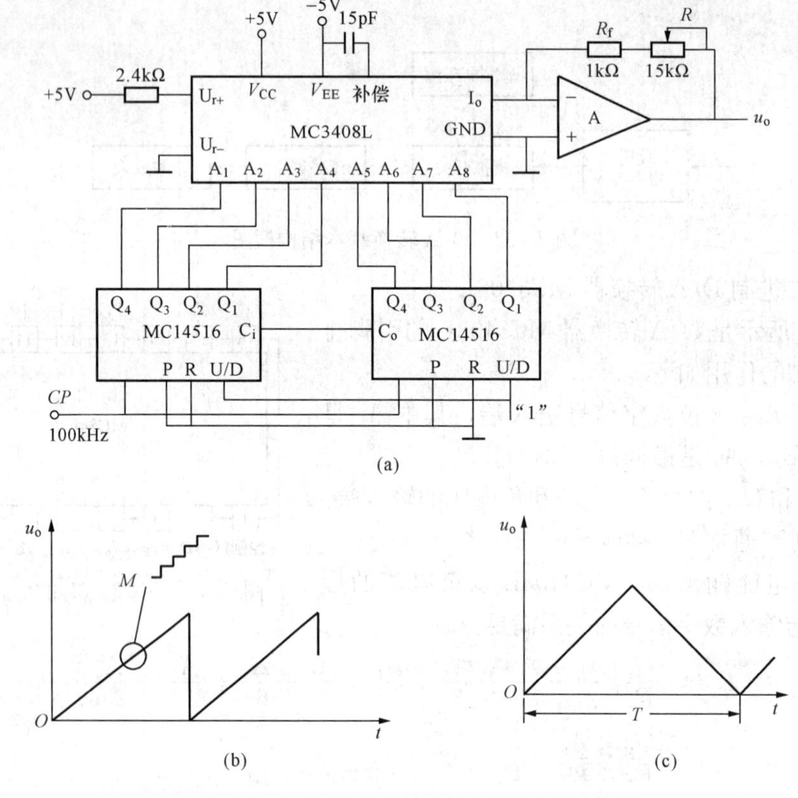

图 7－35 D/A 转换器的电路原理图及波形图

（a）电路原理图；（b）输出波形；（c）输出波形

当计数器作加法计数时，随着 CP 信号的输入，计数器的计数值增加，则 D/A 的输出电压 u_o 也随式（7－11）的规律增加。当计数器计到全“1”时，u_o 输出为“0”。因此，在整个计数周期内 D/A 输出是一个阶梯波，如图 7－35（b）所示。从全“0”到全“1”有 256 级。在 U_{max}＝5V 时，每阶电压 U_{LSB}约为 20mV，所以在示波器上不易观察到如图7－35（b）中 M 处的阶梯波，看到的是一线性良好的锯齿波。

（2）三角波电路发生器。若计数器采用可逆计数器MC14516，当U/D控制端为“1”时，计数器输出从“0”增加到全“1”，然后使U/D控制端为“0”，计数器作减法计数，输出从全“1”递减为全“0”，则其模拟量输出波形如图7-35（c）所示。其频率

$$f=\frac{1}{2\times 2^{N}T_{CP}}=\frac{1}{2^{N+1}T_{CP}} \tag{7-12}$$

上式中，N——可逆计数器的位数；

T_{CP}——时钟周期。

4位二进制可逆计数器MC14516的引脚排列如图7-36所示。

四、实验内容与步骤

1. 验证D/A输出模拟电压与输入数字量之间的关系，即式（7-11）。

（1）按图7-34所示连接电路（每个电阻、参考电压及电源电压均需测量），四运算放大器LM324的V_{CC}接+5V，V_{EE}接地。LM324的引脚排列图如图7-37所示。

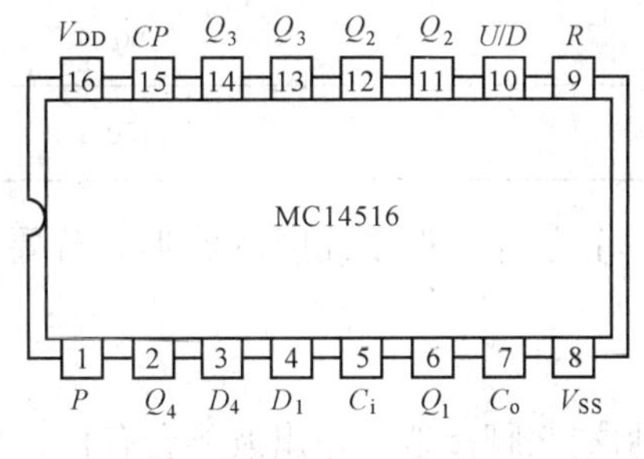

图7-36 MC14516的引脚排列图

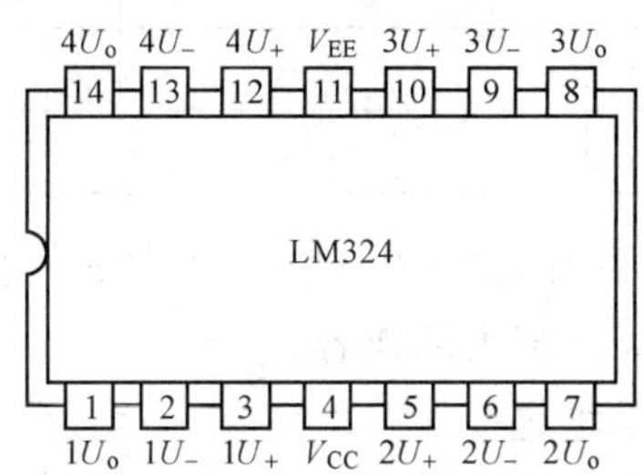

图7-37 LM324的引脚排列图

（2）按表7-5输入数字量，用数字电压表测量输出电压u_o记录于表中，并与按式（7-11）计算的理论值进行比较，求出误差大小。

表7-5 电路在不同数字量输入时的模拟电压输出

D_7	D_6	D_5	D_4	D_3	D_2	D_1	D_0	实测u_o	理论值u_o
0	0	0	0	0	0	0	0		
0	0	0	0	0	0	0	1		
0	0	0	0	0	0	1	0		
0	0	0	0	0	1	0	0		
0	0	0	0	1	0	0	0		
0	0	0	1	0	0	0	0		
0	0	1	0	0	0	0	0		
0	1	0	0	0	0	0	0		
1	0	0	0	0	0	0	0		
1	1	1	1	1	1	1	1		

（3）将MC3408L的控制脚接地，与（2）比较并记录输出电压有何变化。

2. 验证D/A输出波形的频率与时钟频率的关系

（1）按图7-35接好电路，时钟频率取100kHz，用双踪示波器观察输出波形，测量其

频率（LM324 的 V_{CC} 接+5V，V_{EE} 接地）。

(2) 对图 7-35 作适当改变，使可逆计数器作自动加或减法计算，输出三角波信号。

(3) 按表 7-36 调节计数器的时钟频率，用双踪示波器测量 CP 与 D/A 输出三角波的关系。

3. 产生梯形波

(1) 把图 7-35 中的 R_f 换成一个 10kΩ 的电位器，时钟频率取 100kHz。

(2) 记下表 7-7 中不同平顶宽度时对应的电阻值。需要注意的是：平顶宽度为“0”是指输出刚出现平顶时的反馈电阻值。

表 7-6　不同时钟频率下输出频率

时钟	实测三角波频率	理论值
f_1=1kHz		
f_2=10kHz		
f_3=100kHz		
f_4=1MHz		

表 7-7　不同输出波所对应的不同 R_f 值

R_f	平顶宽度（μs）
	0
	80
	150

4. 当平顶宽度为“0”时，在 R_f 两端并联一个电容，观察此时的波形。若要产生一个正弦波，需接多大的电容。

五、思考题

(1) 在实验步骤 2 中，若把 MC3408L 的控制端 9 脚接地，输出波形会有什么变化?

(2) 若把图 7-35 (a) 中的 MC14516 改成 74LS90，输出波形会有什么变化? 最大输出电压是多少?

附录A 习题参考答案

习题1

1-1 (1) $\overline{A}BC+A\overline{B}\cdot\overline{C}+A\overline{B}C$，$A+BC$；

(2) $(A+\overline{B})(\overline{A}+C)$,$(A+\overline{B})(\overline{A}+C)$；

(3) 10101110，000101110100；

(4) 100101.01111011，25.7B；

(5) 46.375；

(6) 376.604；

(7) 1246.78125；

(8) 001000111111.01000101；

(9) $\Pi_M(0,1,2,4)$。

1-2 (1) D； (2) D； (3) C； (4) A； (5) D； (6) B； (7) C； (8) C。

1-3 (1) $A_{原}=A_{反}=A_{补}=1110$；(2) $A_{原}=A_{反}=A_{补}=10110$；

(3) $A_{原}=11110$，$A_{反}=10001$，$A_{补}=10010$；

(4) $A_{原}=110110$，$A_{反}=101001$，$A_{补}=101010$。

1-4 (1) $(12+9)_{补}=00010101$，求出（00010101）的十进制数为21。

(2) $(11-3)_{补}=00001000$，求出（00001000）的十进制数为8。

(3) $(-29-25)_{补}=11001010$，求出（11001010）的十进制数为−54。

(4) $(-120+30)_{补}=10100110$，将10100110求反补得到有符号的二进制数$(1011010)_2$，再转换成十进制数为−90。

1-5 (1) $\overline{W}=(A+B)(\overline{A}+C)(\overline{B}+\overline{C})$，$W'=(\overline{A}+\overline{B})(A+\overline{C})(B+C)$；

(2) $\overline{X}=(A+\overline{C})\overline{(B+\overline{C})[\overline{A}+(B\cdot\overline{\overline{C}+\overline{D}})]}$，

$X'=(\overline{A}+C)\overline{(\overline{B}+C)[A+(\overline{B}\cdot\overline{C+D})]}$；

(3) $\overline{Y}=AB+\overline{\overline{B}\cdot\overline{C}+\overline{A}C}$，$Y'=\overline{A}\cdot\overline{B}+\overline{BC+A\overline{C}}$；

(4) $\overline{Z}=[A+\overline{B}+\overline{(B+\overline{C})\cdot\overline{D}}](\overline{A}+\overline{B}C)$，

$Z'=[\overline{A}+B+\overline{(\overline{B}+C)\cdot D}](A+B\overline{C})$。

1-6 略

1-7 略

1-8 函数表达式 $Y_a=ABC$，$Y_b=(A+B)\overline{C}$，$Y_c=\overline{AB}\,\overline{C}$。

1-9 (1) $F(A,B,C)=\sum_m(1,2,3,4,5,6,7)$； (2) $F(A,B,C)=\sum_m(6,7)$；

(3) $F(A,B)=\sum_m(1,2,3)$； (4) $F(A,B,C)=\sum_m(2,4,5,6,7)$。

1-10 $Y_1\sim Y_4$ 的函数表达式分别为：

$$Y_1=\overline{AB},\ Y_2=\overline{A+B},\ Y_3=A\oplus B,\ Y_4=\overline{AB}\odot C$$

波形图略。

1-11 (1) $F=A\overline{B}+\overline{A}B$； (2) $F=\overline{\overline{A\overline{B}}\cdot\overline{\overline{A}B}}$； (3) $F=(A+B)(\overline{A}+\overline{B})$；

(4) $F=\overline{\overline{A+B}+\overline{\overline{A}+\overline{B}}}$； (5) $F=\overline{\overline{A}\cdot\overline{B}+AB}$。

1-12 (a) $Y_1=(A+B)+(\overline{B}+C)$； (b) $Y_2=\overline{\overline{\overline{A\cdot\overline{AB}}\cdot\overline{B\cdot\overline{AB}}\cdot\overline{C\cdot\overline{CD}}\cdot\overline{D\cdot\overline{CD}}}}$；

(c) $Y_3=\overline{A\oplus B+C\oplus D}$。

1-13 (1) 1；(2) $A\overline{B}\cdot\overline{D}+ABC+ABD$；(3) $A+CD+E$；(4) $B\overline{C}+\overline{B}\,\overline{D}+A\overline{D}$；

(5) $\overline{A}+\overline{B}+\overline{C}$；(6) 1；(7) $B+AC$；(8) $A\overline{B}+B\overline{C}+\overline{A}C=\overline{A}B+\overline{B}C+A\overline{C}$；

(9) $A+C\overline{D}$；(10) $\overline{A}+C$；(11) $A+B$；(12) 1；(13) 1；

(14) $A+C+BD+\overline{B}EF$；(15) $\overline{A}\,\overline{C}+AC+\overline{B}\,\overline{D}$。

1-14 (1) $\overline{A}\,\overline{B}+\overline{A}D+\overline{B}D$；(2) $\overline{A}\,\overline{D}+BC+C\overline{D}+\overline{A}\,\overline{B}\,\overline{C}+ABD$；

(3) $A\overline{B}+B\overline{C}+\overline{A}C=\overline{A}B+\overline{B}C+A\overline{C}$；(4) $A+B+C+D$；

(5) $AB\overline{D}+A\overline{B}D+BC\overline{D}+\overline{B}\,\overline{C}D$；(6) $\overline{A}\,\overline{C}+\overline{B}C$；(7) $\overline{C}+AB$；

(8) $\overline{A}+\overline{B}+\overline{C}$；(9) $\overline{A}+B$；(10) $\overline{B}\,\overline{C}+A\overline{B}\,\overline{D}$；

(11) $\overline{A}\,\overline{B}+AB+A\overline{C}D+AC\overline{D}$；(12) $\overline{C}\,\overline{D}+A\overline{D}+BC\overline{D}$；

(13) $A\overline{B}+\overline{B}D+AC$；(14) $A\overline{B}\,\overline{C}+B\overline{C}D+ABC+\overline{B}CD$；

(15) $\overline{B}C+\overline{B}\,\overline{D}+\overline{A}\,\overline{C}\,\overline{D}$；(16) $\overline{A}\,\overline{B}+AB+\overline{B}C+\overline{B}D+\overline{A}\,\overline{C}\,\overline{D}$；

(17) $\overline{C}\,\overline{D}+AB+\overline{B}\,\overline{C}+A\overline{D}+B\overline{D}$；(18) $A\overline{B}+BC+B\overline{D}+ACD+\overline{A}C\overline{D}$。

1-15 (1) $Y_1=B\overline{C}+B\overline{D}+\overline{B}CD$；(2) $Y_2=D+A\overline{C}$；

(3) $Y_3=\overline{B}\,\overline{D}+\overline{A}BC+A\overline{C}\,\overline{D}$；(4) $Y_4=\overline{B}\,\overline{D}+\overline{A}\,\overline{C}$；(5) $Y_5=\overline{B}\,\overline{D}+BD$；

(6) $Y_6=\overline{D}\,\overline{C}+\overline{A}C+BCD$；(7) $Y_7=B\overline{D}+C\overline{D}+\overline{A}\,\overline{C}D$；

(8) $Y_8=A+\overline{D}+\overline{B}C+B\overline{C}$；(9) $Y_9=\overline{A}D$；(10) $Y_{10}=AB+\overline{B}CD+BC\overline{D}$；

(11) $Y_{11}=C+BD+\overline{B}\,\overline{D}$。

1-16 略

1-17 略

1-18 真值表略。最简与或表达式为：$F=AB+AC+BCD$（其中 A、B、C、D 分别表示股份由多到少的四个股东，F 表示表决结果，且按正逻辑赋值）。

1-19 设某个运动员在场用 1 表示，不在场用 0 表示；能否举行拳击比赛用逻辑函数 F 表示，F 为 1 表示能举行比赛，为 0 表示不能举行比赛。表达式为：$F=BC\overline{D}$。此式表明：只要 B、C 在场，而 D 不在场，则可举行一次拳击比赛。显然与 A 是否在场无关。若 A 在场则 A 与 C 比赛，若 A 不在场则 B 与 C 比赛。

1-20 设 $F=1$ 表示报警，真值表如表 A-1 所示。

表 A-1 **题 1-20 表**

$ABCD$	F	$ABCD$	F
0 0 0 0	1	1 0 0 0	1
0 0 0 1	0	1 0 0 1	1
0 0 1 0	1	1 0 1 0	1
0 0 1 1	0	1 0 1 1	1
0 1 0 0	1	1 1 0 0	1
0 1 0 1	0	1 1 0 1	0
0 1 1 0	1	1 1 1 0	0
0 1 1 1	0	1 1 1 1	0

习题 2

2-1 （1）截止，饱和；（2）高电平，1.4V；（3）3.6V，0.35V；
（4）$U_{\mathrm{ILmax}}-U_{\mathrm{OLmax}}$，$U_{\mathrm{OHmin}}-U_{\mathrm{iHmin}}$；（5）CT74LS、CT74H、CT74LS；
（6）3.2V；0.2V；−1.2mA；0.04mA；0.9V；1.7V；0.7V；1.5V；15；1.3V；6mA；−18mA；
（7）在相同信号线上分时；（8）ECL、TTL、CMOS；（9）高，低。

2-2 （1）D；（2）C；（3）B；（4）B；（5）B。

2-3 （1）低电平 0；（2）低电平 0；（3）低电平 0；（4）高电平 1；
（5）高电平 1；（6）高电平 1；（7）高电平 1。

2-4 略

2-5 （1）$u_{\mathrm{Imax}}=2.84\mathrm{V}$；（2）$u_{\mathrm{Imin}}=3.62\mathrm{V}$；
（3）所以三极管饱和，输出电压 $u_o=U_{\mathrm{CES}}=0.3\mathrm{V}$。

2-6 $Y_1=1$；$Y_2=\overline{A}$；$Y_3=\overline{A}$；$Y_4=1$；$Y_5=\overline{A}$；$Y_6=0$；
$Y_7=0$；$Y_8=\overline{A}$；$Y_9=A$；$Y_{10}=\overline{A}$；$Y_{11}=\overline{A}$；$Y_{12}=A$。

2-7 （a）正确。
（b）错误。与门多余输入端不应接地，应接高电平，可以接电源或通过大于 2kΩ 的电阻接地。
（c）错误。或门多余输入端不应悬空，即不应置 1，而应置 0，通过接地实现。
（d）正确。
（e）错误。一个异或门只能是两个输入信号相异或，若三个信号异或，需两个异或门。
（f）错误。普通的 TTL 门电路，输出端不能并接，OC 门可以。
（g）错误。理由同（c）。
（h）错误。由三极管构成的非门，输入端（基极）缺少电阻 R。

2-8 $Y_1=\overline{\overline{AB}+C}$；　$Y_2=AB\overline{C}$；

$$Y_3=\begin{cases}A\oplus B & (C=0)\\ \text{高阻} & (C=1)\end{cases}；\quad Y_4=\begin{cases}A & (B=0)\\ \text{高阻} & (B=1)\end{cases}；\quad Y_5=\overline{A}\cdot\overline{B}。$$

2-9 $R\approx 169\sim 270\Omega$。

2-10 $R_L\approx 290\Omega\sim 2.875\mathrm{k}\Omega$。

2-11 $Y=\overline{AB+CD}=\overline{\overline{\overline{AB}\cdot\overline{CD}}}$

2-12 根据与非门的逻辑功能，多余输入端不能为 0。因此若只用了 A、B 及 C、D 四个输入端，E、F 中应至少有一个接地，使其为 0，从而保证该与非门的输出为 1。若只用了 A、B 及 C、D 和 E 端，那么 F 应接高电平 1，悬空即可。

2-13 用与非门和与门实现时，控制信号 A 的高电平持续时间是 B 输入信号的 6 倍，逻辑图如图 A-1（a）、（b）所示；用或门和或非门实现时，控制信号 A 的低电平持续时间是 B 输入信号的 6 倍，如图 A-1（c）、（d）所示。

2-14 （1）U_2 信号消失后灯仍然保持亮。因为图中有反馈线，不难分析出，如果灯原来亮，当 U_2 由 1 变为 0 后，F 输出端仍可获得高电平 1。

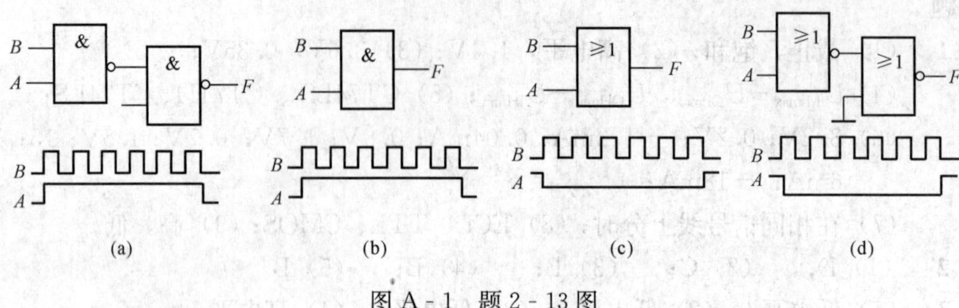

图 A-1 题 2-13 图

(2) 令 $U_1=1$ 即可。

2-15 (a) 正确。(b) 错误。

(c) 错误。TTL 门电路输出高电平的标准值为 2.4V，而 CMOS 门电路的输入高电平一般高于 3.5V，这就使二者的逻辑电平不能兼容。为此，应在 TTL 门的输出端接一电阻 R，用来将 TTL 门电路的输出电平上拉至 5V 左右。

(d) CMOS 门电路的输出电平与 TTL 门电路输入逻辑电平可以兼容，但 CMOS 门电路驱动电流较小，不能够直接驱动 TTL 门电路。为此，可采用 CMOS/TTL 专用接口电路，实现 CMOS 门电路与 TTL 门电路之间的连接。

2-16 为 TTL 电路时，Y_1、Y_2、Y_4 的 C 输入端接地，或与 A 或 B 并联；Y_3 的 C 输入端悬空，或接 $+V_{CC}$ 或与 A 或 B 并接。

为 CMOS 时，Y_1、Y_2、Y_4 的 C 输入端接地，或与 A 或 B 并联；Y_3 的 C 输入接 $+V_{CC}$ 或与 A 或 B 并接。

习题 3

3-1 (1) 1；(2) 输入，原来，逻辑门；(3) 或非，异或；(4) $F_1=\overline{B}D+CD$，$F_2=\overline{B}D+CD$；(5) 数据，选择控制；(6) D_0，D_2；(7) 余 3 码；(8) 100，101；(9) 3，8，原，低；(10) 编码。

3-2 (1) A，D；(2) B；(3) A；(4) B；(5) C；(6) A；(7) C；(8) B，A；(9) B；(10) D。

3-3 (a) 逻辑表达式：$Y=A\overline{B}+\overline{A}B$。根据表达式可画出真值表（略），根据真值表可判断出该电路实现的功能是：判断输入变量 A、B 是否相等，若相等输出为 0，否则为 1，即实现的是异或逻辑功能。

(b) 逻辑表达式：$Y_1=\overline{AB}$，$Y_2=\overline{A\cdot\overline{AB}}=\overline{A\cdot\overline{B}}$，$Y_3=\overline{\overline{A\cdot\overline{AB}}\cdot\overline{AB}\cdot\overline{B\cdot\overline{AB}}}$，$Y_4=\overline{B\cdot\overline{AB}}=\overline{\overline{A}B}$，真值表略。给电路实现的功能是：电路为 2/4 线译码器，输出低电平有效。

(c) 逻辑表达式：$Y_1=\overline{A}B$，$Y_2=\overline{\overline{A}B+A\overline{B}}$，$Y_3=A\overline{B}$，真值表略。电路实现的功能是：数值比较，是一个数值比较器，Y_1 表示 $A<B$，Y_2 表示 $A=B$，Y_3 表示 $A>B$。

3-4 (1) 设输入变量为 $X_2X_1X_0$，输出变量为 $Y_2Y_1Y_0$，则无论 K 为何值，Y_2Y_1 的逻辑表达式均为

$$Y_2=X_2,\quad Y_1=X_2\oplus X_1$$

Y_0 的逻辑表达式为

$$K=1\text{ 时},\quad Y_0=X_1\oplus X_0$$

$$K=0\text{ 时},\quad Y_0=X_2\oplus X_1\oplus X_0$$

(2) 图中多了一个非门。

3-5 将异或表达式化成与非—与非式为：$Y=\overline{A}B+A\,\overline{B}=\overline{\overline{\overline{A}B}\cdot\overline{A\,\overline{B}}}$，共需 5 个与非门。

将异或表达式化成或非—或非式为：$\overline{Y}=\overline{\overline{A+\overline{B}}+\overline{\overline{A}+B}}$，共需 6 个或非门。

3-6 逻辑图略。

3-7 (1) 设输入为 A、B、C，输出为 Y，高电平有效。真值表略。根据真值写出表达式并化简得

$$Y=A\oplus B\oplus C$$

为此可用两个异或门实现该逻辑问题。

(2) 设输入为 A、B、C、D，输出为 Y，高电平有效。真值表略。根据真值表写出表达式并化简得

$$Y=BCD+ABD+ACD+ABC$$

为此可用 4 个三输入的与门和 1 个四输入的或门实现该逻辑问题。

(3) 根据二进制乘法规则列出真值表，写出函数表达式并化简得

$$D_3=A_1A_0B_1B_0,\qquad D_2=A_1\,\overline{A}_0B_1+A_1B_1\,\overline{B}_0$$

$$D_1=\overline{A}_1A_0B_1+A_1\,\overline{A}_0B_1+A_1A_0\,\overline{B}_1B_0+A_1A_0B_1\,\overline{B}_0,\qquad D_0=A_0B_0$$

根据表达式选择与门、非门、或门实现该逻辑问题。

3-8 用 S 表示总电源开关，用 A、B、C 表示安装在三个不同地方的分开关，用 Y 表示路灯。按照正逻辑赋值，根据题意列出真值表如表 A-2 所列。根据真值表写出表达式并化简得

$$Y=SA\,\overline{B}\cdot\overline{C}+SABC+S\,\overline{A}B\,\overline{C}+S\,\overline{A}\cdot\overline{B}C$$

本题用异或门实现较简单，为此需要变换表达式为

$$\begin{aligned}Y&=S(A\overline{B}\cdot\overline{C}+ABC+\overline{A}B\overline{C}+\overline{A}\cdot\overline{B}C)\\&=S[A(\overline{B}\cdot\overline{C}+BC)+\overline{A}(B\overline{C}+\overline{B}C)]=S(A\oplus B\oplus C)\end{aligned}$$

逻辑图略。

表 A-2 **题 3-8 表**

S	A	B	C	Y	S	A	B	C	Y
0	0	0	0	0	1	1	0	0	1
0	0	0	1	0	1	1	0	1	0
0	0	1	1	0	1	1	1	1	1
0	0	1	0	0	1	1	1	0	0
0	1	1	0	0	1	0	1	0	1
0	1	1	1	0	1	0	1	1	0
0	1	0	1	0	1	0	0	1	1
0	1	0	0	0	1	0	0	0	0

3-9 3-7 用变量 A、B、C 表示三个开关，0、1 表示通、断状态；用变量 L 表示灯，0、1 表示灯灭、亮状态。列真值表并写出表达式，与 4 选 1 数据选择器的表达式对照，可得：$A_1=A$，$A_0=B$，$D_0=D_3=C$，$D_1=D_2=\overline{C}$，$Y=L$。逻辑图略。

3-10 （1）输入变量是 D_3、D_2、D_1、D_0，输出变量用 Y 表示，且 D 中没有一个 1 时，$Y=1$，否则 $Y=0$。列出真值表，写出表达式并化简，最终画出逻辑图。

（2）输入变量是 D_3、D_2、D_1、D_0，输出变量用 Y 表示，且 D 中有两个 1 时，$Y=1$，否则 $Y=0$。列出真值表，写出表达式并化简，最终画出逻辑图。

（3）输入变量是 D_3、D_2、D_1、D_0，输出变量用 Y 表示，且 D 中有奇数个 1 时，$Y=1$，否则 $Y=0$。列出真值表，写出表达式并化简，最终画出逻辑图。

3-11 用 A_3、A_2、A_1、A_0 分别代表火警电话、急救电话、工作电话、生活电话作为输入变量，用 D_1、D_0 组成两位二进制数作为输出变量。输入信号低电平有效，输出为原码。据此可列出真值表。

由真值表写逻辑表达式并化简得 $D_1=\overline{\overline{A}_3\overline{A}_2}=\overline{A_3A_2}$ $D_0=\overline{\overline{A}_3\ \overline{\overline{A}_2\overline{A}_1}}$

上面两式为与非—与非式，根据表达式，用 7 个与非门即可实现，A_0 为隐含码。

3-12 设输入逻辑变量为 H、M、L，当水高于某一水位时，相应的变量取值为 1，否则为 0，输出逻辑变量为 A、B，当泵开启时取值为 1，否则为 0。真值表如表 A-3 所示。

表 A-3 **题 3-12 表**

H	M	L	A	B	H	M	L	A	B
0	0	0	0	0	1	0	0	×	×
0	0	1	0	1	1	0	1	×	×
0	1	0	×	×	1	1	0	×	×
0	1	1	1	0	1	1	1	1	1

3-13 编码器用二—十进制编码器 74LS147，译码器用显示译码器 74LS249。由于 74LS147 输出是反码，而 74LS249 是原码输入，故 74LS147 的 4 个输出端要接 4 个反相器。又由于 74LS249 的输出是高电平有效，所以其后要接共阴极接法的七段显示器。逻辑连线图略。

3-14 本题的求解方法：首先将函数表达式化成最小项之和形式，然后化成与非—与非式，最终化成用 74LS138 输出信号 $\overline{Y}_0\sim\overline{Y}_7$ 表示的与非—与非式。选择集成译码器 74LS138 和与非门实现即可。具体步骤可参照教材中相关例题。

3-15 略

3-16 略

3-17 略

3-18 （1）$S_i=\overline{A}_i\overline{B}_iC_{i-1}+\overline{A}_iB_i\overline{C}_{i-1}+A_i\overline{B}_i\overline{C}_{i-1}+A_iB_iC_{i-1}$，

$C_i=\overline{A}_iB_iC_{i-1}+A_i\ \overline{B}_iC_i+A_iB_i\ \overline{C}_{i-1}+A_iB_iC_{i-1}$；

（2）逻辑图如图 A-2 所示。

3-19 根据题意可得

设 $A=A_1$，$B=A_0$，$1D_0\sim1D_3$ 对应 C，Y_1 表示奇偶校验结果；则 $1D_0=1D_3=C$，$1D_1=1D_2=\overline{C}$。

设 $A=A_1$，$B=A_0$，$2D_0\sim2D_3$ 对应 C，Y_2 表示多数表决结果；则 $2D_1=2D_2=C$，$2D_0=0$，$2D_3=1$。逻辑图略。

3-20 略

3-21 略

3-22 略

3-23 设献血者和受血者的血型定义，如表 A-4 所示。

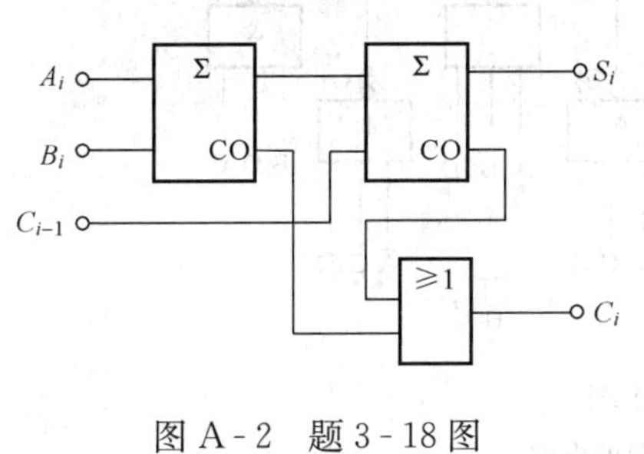

图 A-2 题 3-18 图

表 A-4 **题 3-23 (1) 表**

血型	献血者		受血者	
	D_1	D_0	X_1	X_0
A	0	0	0	0
B	0	1	0	1
AB	1	0	1	0
O	1	1	1	1

判断结果为 Y，$Y=1$ 时表示受血者可以接受献血者的血液，否则不能，由此可得真值表如表 A-5 所列。

表 A-5 **题 3-23 (2) 表**

D_1	D_0	X_1	X_0	Y	D_1	D_0	X_1	X_0	Y
0	0	0	0	1	1	0	0	0	0
0	0	0	1	0	1	0	0	1	0
0	0	1	0	1	1	0	1	0	1
0	0	1	1	0	1	0	1	1	0
0	1	0	0	0	1	1	0	0	1
0	1	0	1	1	1	1	0	1	1
0	1	1	0	1	1	1	1	0	1
0	1	1	1	0	1	1	1	1	1

根据真值表写出函数表达式并化简得

$Y=\overline{D}_1\ \overline{D}_0\ \overline{X}_1\ \overline{X}_0+D_1 D_0 X_0+\overline{D}_1 D_0\ \overline{X}_1\ \overline{X}_0+\overline{D}_1 D_0 X_1\ \overline{X}_0+D_1\ \overline{D}_0 X_1\ \overline{X}_0+D_1 D_0$

根据上述表达式即可画出逻辑图。(图略)

3-24 函数的卡诺图如图 A-3 (a) 所示。采用增加冗余项的办法来消除冒险现象，修改后的电路如图 A-3 (b) 所示。

习题 4

4-1 (1) 2，2，3；(2) 1，0，控制输入，时钟输入；(3) 触发器；(4) T，T'；
(5) 特性表，特性方程，状态转换图，时序图； (6) $Q^{n+1}=J\overline{Q^n}+\overline{K}Q^n$；
(7) 将 D 接至$\overline{Q^n}$； (8) 边沿 JK 触发器，维持-阻塞 D 触发器；
(9) $\overline{R}+\overline{S}=1$； (10) 上升沿，$Q^{n+1}=D$。

4-2 (1) A； (2) D； (3) C； (4) D； (5) C；
(6) A； (7) B； (8) D； (9) B； (10) A

4-3 各触发器输出信号波形如图 A-4 所示。

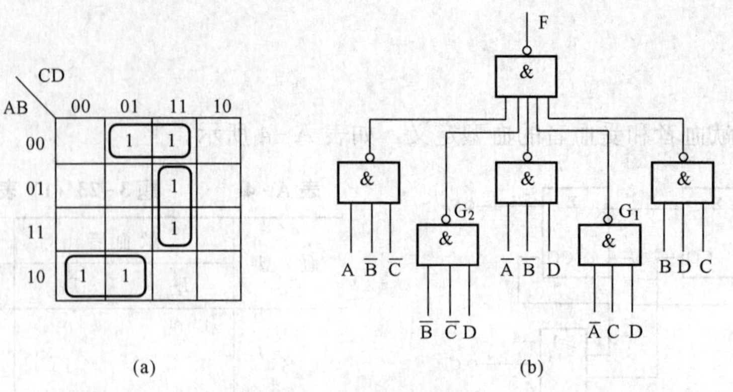

图 A-3　题 3-24 图

(a) 卡诺图；(b) 修改后的电路

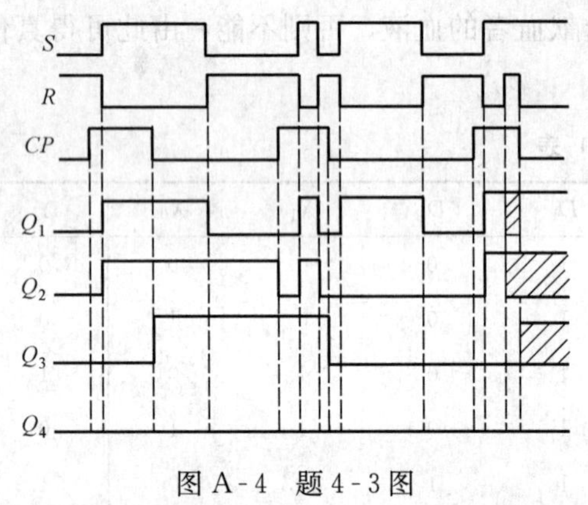

图 A-4　题 4-3 图

4-4　(1) 满足 $Q^{n+1}=1$ 的触发器 $\underline{FF_8}$；

(2) 满足 $Q^{n+1}=Q^n$ 的触发器 $\underline{FF_1, FF_{10}}$；

(3) 满足 $Q^{n+1}=\overline{Q^n}$ 的触发器 $\underline{FF_2, FF_5, FF_7, FF_9}$；

(4) 满足 D 触发器功能的是 $\underline{FF_3, FF_6}$；

(5) 满足 T 触发器功能的是 $\underline{FF_4}$。

4-5　略

4-6　略

4-7　各触发器的逻辑表达式

$$Q_1^{n+1}=(A+B)\oplus Q_1^n \qquad Q_2^{n+1}=A\oplus B$$

$$Q_3^{n+1}=\overline{ABC} \qquad Q_4^{n+1}=(A\oplus B)\,\overline{Q}_4^n+\overline{C}Q_4^n$$

根据表达式，即可画出各触发器输出端 $Q_1\sim Q_4$ 的波形。在画波形前，最好列一个简单的真值表，对照真值表画波形图最为直观、清楚。(波形略)。

4-8　各触发器的次态表达式为：$Q_1^{n+1}=AB$，$Q_2^{n+1}=(A\oplus B)\ Q_2^n$ (波形略)。

4-9　(1) 设各触发器初态均为 0，则在一个 CP 脉冲作用下次态变为 1 的触发器有 $\underline{FF_1, FF_3, FF_5, FF_6, FF_7}$；

(2) 设各触发器初态均为 1，则在一个 CP 脉冲作用下次态变为 0 的触发器有 $\underline{FF_2, FF_3, FF_4, FF_6}$；

(3) 次态方程 $Q^{n+1}=\overline{Q^n}$ 的触发器有 $\underline{FF_3, FF_6}$。

4-10　各触发器输出端 Q 的表达式分别为：

$$Q_1^{n+1}=\overline{Q}_1^n,\ Q_2^{n+1}=D=\overline{Q}_2^n \qquad Q_3^{n+1}=J\,\overline{Q}_3^n+\overline{K}Q_3^n=\overline{Q}_3^n$$

$$Q_4^{n+1}=S+\overline{R}Q_4^n=\overline{Q}_4^n+\overline{Q}_4^nQ_4^n=\overline{Q}_4^n$$

可见，4 个触发器均为 T′触发器，但 CP 的触发沿不完全相同。它们的波形图如解图 A-5所示。

4-11　$Q^{n+1}=A$。

4-12 略

4-13 略

4-14 波形见解图 A-6。

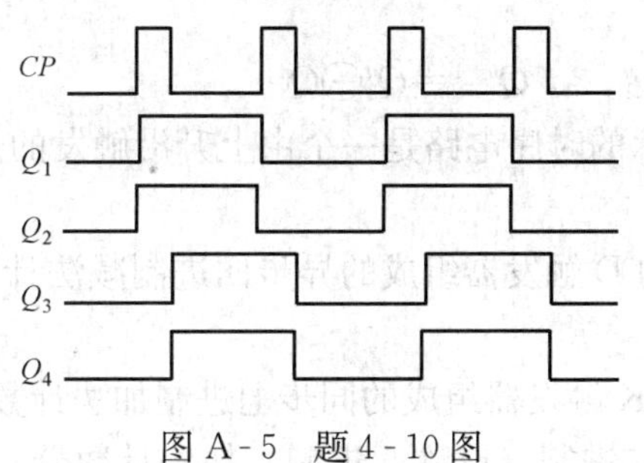

图 A-5 题 4-10 图

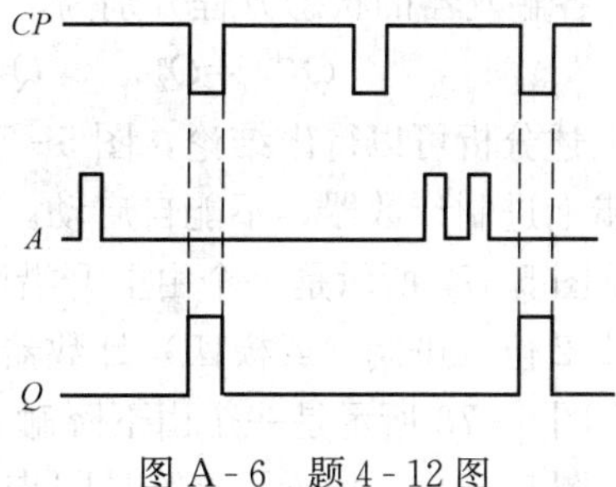

图 A-6 题 4-12 图

4-15 略

4-16 波形见解图 A-7。

4-17 略

4-18 略

4-19 波形见解图 A-8。

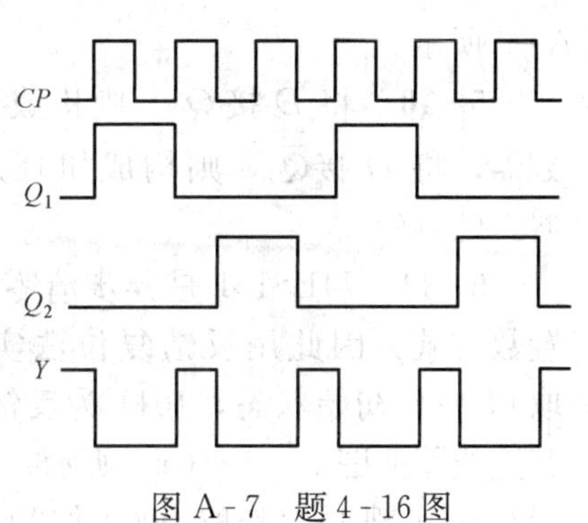

图 A-7 题 4-16 图

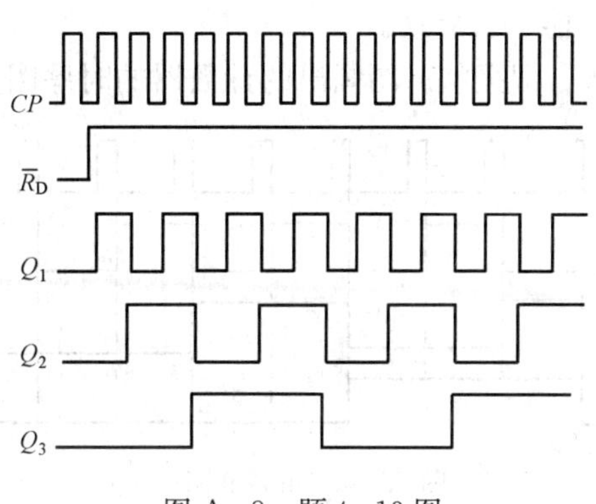

图 A-8 题 4-19 图

习题 5

5-1 （1）时序逻辑电路；（2）组合逻辑电路，存储电路（触发器）；（3）$\frac{512}{4\times10^6}$ s；
（4）驱动，状态，输出； （5）同步时序逻辑电路，异步时序逻辑电路；
（6）去掉多余项； （7）寄存器； （8）4； （9）0101，0101；
（10）反馈复位，预置数； （11）复杂，块； （12）01001；
（13）N，$2N$，2^N-1； （14）256，100；
（15）暂存数据，构成移存型计数器，实现并/串转换或串/并转换；
（16）256，1000。

5-2 （1）D； （2）D； （3）B； （4）D； （5）D； （6）D； （7）C；
（8）B； （9）D； （10）C； （11）C； （12）A

5-3 各触发器的状态方程分别为

$$Q_0^{n+1}=\overline{Q}_2^n\,\overline{Q}_0^n,\ Q_1^{n+1}=Q_0^n\,\overline{Q}_1^n+\overline{Q}_0^nQ_1^n,\ Q_2^{n+1}=Q_0^nQ_1^n\,\overline{Q}_2^n$$

根据逻辑图求输出方程为 $Y=Q_2$

通过分析可知，图 5-70 所示时序电路是一个同步五进制加法计数器，并且能够自启动。

5-4 各触发器的状态方程分别为

$$Q_3^{n+1}=Q_2^n,\quad Q_2^{n+1}=Q_1^n,\quad Q_1^{n+1}=Q_2^n \oplus Q_3^n$$

通过上述分析可以得出结论，图 5-71 所示的时序电路是一个由上升沿触发的 D 触发器组成的同步七进制计数器，不能自启动。

5-5 图 5-72 所示是一个由上升沿触发的 D 触发器组成的异步四进制减法计数器，也可称为异步 2 位二进制（或模四）计数器。

5-6 图 5-73 所示是一个由下降触发的 JK 触发器组成的同步七进制加法计数器。

5-7 图 5-74（a）所示电路是同步 3 位二进制（或称八进制）加法计数器；图 5-74（b）所示电路为同步 3 位二进制（或称八进制）减法计数器。

5-8 图 5-75（a）所示为七进制加法计数器，能够自启动；

图 5-75（b）所示为三进制可逆计数器，C（控制信号）$=0$ 时作加法计数器，$C=1$ 时作减法计数，能够自启动；

图 5-75（c）所示为可控制计数长度的计数器，$C=0$ 时作七进制计数，$C=1$ 时作六进制计数，能够自启动。

5-9 根据状态图画出的计数器的时序图如图 A-9 所示。

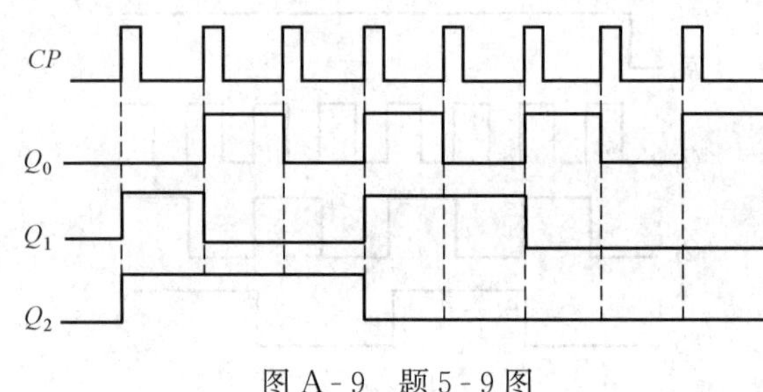

图 A-9 题 5-9 图

5-10 将 D 接 Q_3，则构成环形计数器；将 D 接 $\overline{Q}_3$，则构成扭环形计数器。（图略）

5-11 74LS161 是异步清零、同步置数方式，因此用反馈复位法实现时，取 0000 作初始状态，1011 为反馈状态，其连线图如图 A-10（a）所示；用反馈置数法实现时，若取 0000 作初态，则 1010 为反馈状态，其连线图如图 A-10（b）所示。

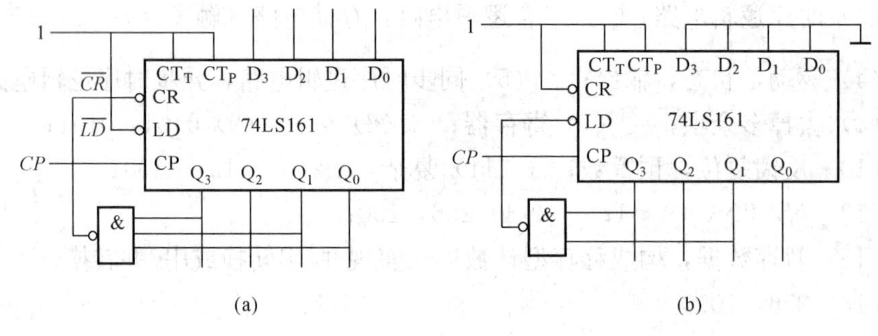

图 A-10 题 5-11 图

5-12 74LS160 是 4 位模十计数器，74LS161 是 4 位模十六计数器，两者都是异步清零、同步置数方式。选 1000 作为初始状态时，用 74LS160 实现九进制计数器时，0110 为反馈状态；用 74LS161 实现九进制计数器时，0000 作为反馈状态。连线图分别如图 A-11（a）和解图 A-11（b）所示。

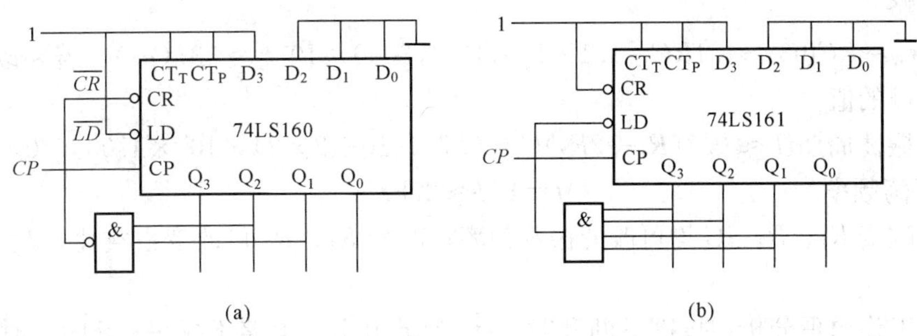

图 A-11 题 5-12 图

5-13 略

5-14 八十六进制计数器。

5-15 略

5-16 图 A-12（a）所示电路即为五节拍顺序脉冲发生器，其中 74LS160 已构成五进制加法计数器；当计数器按 000、001、010、011、100 五个状态循环变化时，CP、Q_0、Q_1、Q_2、$\overline{Y}_0 \sim \overline{Y}_4$ 的波形如图 A-12（b）所示。可见，在连续脉冲 CP 作用下，$\overline{Y}_0 \sim \overline{Y}_4$ 依次产生负向脉冲，其宽度等于 CP 的周期。

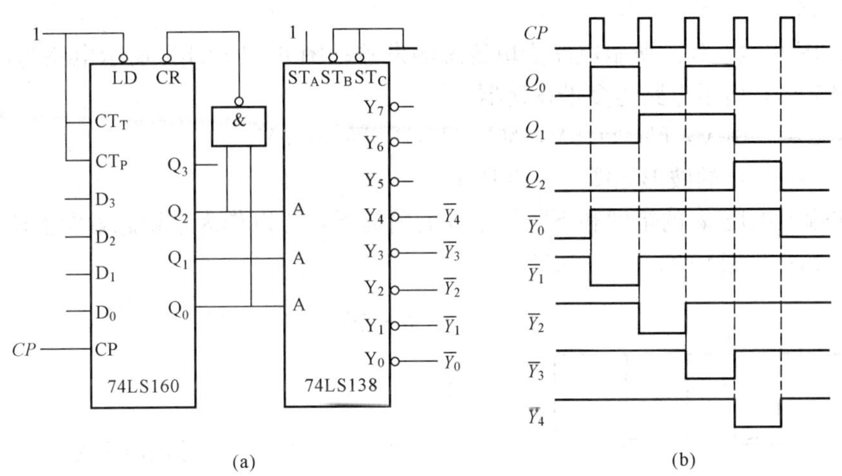

图 A-12 题 5-16 图

5-17 按下列各式接线：

$$\overline{R}_D = ET = EP = 1,\ D_0 = D,\ D_1 = Q_0,\ D_2 = Q_1,\ D_3 = Q_2,\ \overline{LD} = \overline{C}。$$

习题 6

6-1 （1）延时，暂稳宽度 t_W，电路时间常数 RC；（2）6MHz；（3）整形、波形变换、抑制干扰、幅度鉴别，上触发电平、下触发电平、回差；（4）施密特触发器；（5）谐振频率，RC；

（6）稳态，暂稳态；（7）1，2，0；（8）10；（9）施密特触发器；（10）2。

6-2 √，×，×，√，√，×，√，×，√。

6-3 (1) 施密特触发器，单稳态触发器，单稳态触发器；

(2) 高，低，保持原电平；(3) 上升，下降。

6-4 略

6-5 $t_W \approx RC\ln 3 \approx 1.1RC = 1.1\times 10\times 10^3\times 3000\times 10^{-12} = 33$ (μs)，若要改变 t_W，可以增大 R、C 的值。

6-6 振荡周期 $T\approx 0.7(R_1+2R_2)C = 0.7\times(10+2\times 2)\times 10^3\times 4700\times 10^{-12}\approx 46(\mu s)$

所以振荡频率 $f=1/T\approx 22kHz$

6-7 改变 R_1、R_2、C 均可改变振荡频率；改变 R_1、R_2 可改变占空比；改变 V_{DD} 可改变幅值。

6-8 工作原理分析：按键 S 断开时，$\overline{R}_D$ 为低电平，电路不振荡；S 闭合时，$\overline{R}_D$ 为高电平，电路振荡，扬声器发出声音。

若要改变扬声器的声调，则应通过改变 R_1、R_2、C_1 的值来改变振荡频率；若要扬声器响的时间更长些，则应通过增大 R_4、C_2 的值来增大时间常数；为了减小响应时间，则 R_3 取值应小一些。

6-9 (1) $U_{T+}=(2/3)V_{CC}=8V$，$U_{T-}=(1/3)V_{CC}=4V$，$\Delta U_T=U_{T+}-U_{T-}=4V$

(2) $U_{T+}=U_{CO}=5V$，$U_{T-}=(1/2)U_{CO}=2.5V$，$\Delta U_T=U_{T+}-U_{T-}=2.5V$

6-10 如取 $V_{CC}=5V$，$R=10k\Omega$，则 $t_W\approx RC\ln 3\approx 1.1RC=1\sim 10s$，可计算出电容 C 的值应为 91～910μF。

6-11 略

6-12 图 6-40 (a) 所示电路为单稳态触发器；图 6-40 (b) 所示电路为施密特触发器；图 6-40 (c) 所示电路为多谐振荡器。

6-13 $U_{T+}=10V$，$U_{T-}=5V$，$\Delta U_T=U_{T+}-U_{T-}=5V$。

6-14 (1) u_o 的波形如图 A-13 所示。

(2) 在输入电压 u_i 的幅度和下降沿不变的前提下，可以作为单稳态触发器使用。

6-15 $t_w\approx 0.354ms$，$U_m=10V$。

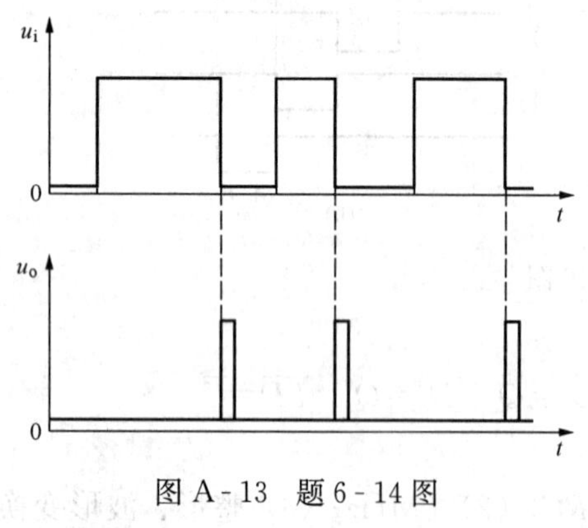

图 A-13 题 6-14 图

6-16 (1) $U_{T+}=\frac{10}{3}V$，$U_{T-}=\frac{5}{3}V$，$\Delta U_= = \frac{5}{3}V$；

(2) $u_o=f(u_i)$ 曲线如图 A-14 (a) 所示，u_o 的波形如图 A-14 (b) 所示；

(3) $U_{T+}=4V$，$U_{T-}=2V$，$\Delta U=2V$；

(4) $T=1.49ms$，$f=\frac{1}{T}=671Hz$；

(5) $T=2.02ms$，$f=\frac{1}{T}=500Hz$；

(6) $T_W=RC\ln 3=10k\Omega\times 6200pF\times\ln 3=68\mu s$；

(7) $T_W=RC\ln 5=100\mu s$；

(8) 在第 (6) 小题给定条件下，图 A-14 (c) 电路的输出脉宽为 68μs，如果输入 u_i 的负脉冲宽度为 100μs；即输入负脉冲宽度大于电路输出脉宽 T_W，这种情况下，图 A-14 (c)

电路不能正常工作。

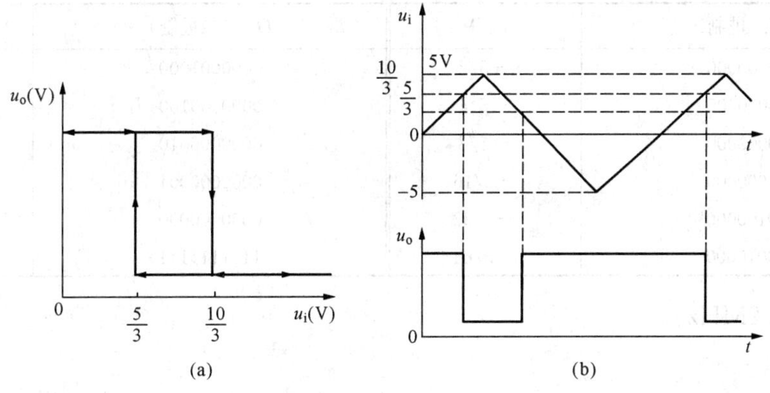

图 A-14 题 6-16 图

若要保持原有 T_W 的宽度，或者减小 u_i 负脉冲的宽度，使之小于 T_W；或者在 u_i 端引入微分电路，减小 u_i 负脉冲宽度，使输入到 $\overline{TR}$ 端的负脉冲宽度小于电路的输出脉宽 T_W，以保证电路能正常工作。

习题 7

7-1 （1）越高，模拟电子开关、电阻网网络、求和电路；（2）转换精度，转换速度；（3）$1/(2^n-1)$；（4）3.32V；（5）25.575；（6）3.1；（7）14.59；（8）10/8；（9）取样、保持、量化、编码；（10）四舍五入、舍尾取整，舍尾取整。

7-2 （1）B，A；（2）B，A，B；（3）B，C。

7-3 √，√，×，√，×，×，×，×。

7-4 当 $d_3d_2d_1d_0=1111$ 时，$u_o=-9.375$V；若测得 $d_3d_2d_1d_0=0101$ 时输出电压 $u_o=0.625$V，则 $U_{REF}=2$V。

7-5 当输入数字信号为 0000000001、0011001100 和 1111111111 时的输出电压 u_o 分别为：0.00976V、7.62V、9.99V 。

7-6 （1）当 $d_3d_2d_1d_0=0000$、0011、1111 时的输出电压 u_o 分别为 0V、1.5V、7.5V。

7-7 （1）$-U_{REF}\sim0$；（2）$U_{REF}=-10$V。

7-8 U_{REF}的相对稳定度为：$\left|\dfrac{\Delta U_{REF}}{U_{REF}}\right|\leqslant\dfrac{\frac{2^4}{2^4-1}}{2^5}=\dfrac{2^4}{2^4-1}\times\dfrac{1}{2^5}\approx3.1\%$。

7-9 （1）3 位逐次渐近型 A/D 转换器完成一次转换需要五个时钟 CP 周期，即 10μs；（2）同理，10 位逐次渐近型 A/D 转换器完成一次转换需要 12 个时钟 CP 周期，即需要 24μs。

7-10 CP 的周期为 1μs 。

7-11 （1）反向积分时间为 30μs ；

（2）定时积分时间为 30μs ；

（3）当输入模拟信号为最大值时，转换时间为 60μs 。

7-12 根据公式 $u_o=(-U_{REF}/2^{10})D_{10}$ 求出如表 A-6 所示的结果。

表 A-6 题 7-12 表

D_{10}（二进制）	u_o/V	D_{10}（二进制）	u_o/V
1000000000	−5/2	0000001000	−5/128
0100000000	−5/4	0000000100	−5/256
0010000000	−5/8	0000000010	−5/512
0001000000	−5/16	0000000001	−5/1024
0000100000	−5/32	0000000000	0
0000010000	−5/64	1111111111	−5115/1024

7-13 1.2MHz。

参 考 文 献

1. 侯建军. 数字电子技术基础. 北京：高等教育出版社，2007.
2. 胡锦. 数字电路与逻辑设计. 北京：高等教育出版社，2002.
3. 杨富云，孙怀东. 数字电子技术基础辅导及习题全解. 成都：电子科技大学出版社，2006.
4. 张钢，方舒燕. 数字电子技术基础. 北京：中国电力出版社，2005.
5. 张锡赓. 数字电子技术重点难点及典型题精解. 西安：西安交通大学出版社，2001.
6. 杨颂华，冯毛官，孙万蓉，等. 数字电子技术基础. 西安：西安电子科技大学出版社，2000.
7. 庞学民. 数字电子技术. 北京：清华大学出版社，2005.
8. 徐志军，等. EDA 技术与 PLD 设计. 北京：人民邮电出版社，2006.
9. 王振红，张常年. 综合电子设计与实践. 北京：清华大学出版社，2005.
10. 王春波. 数字电子技术基础. 武汉：武汉大学出版社，2008.